TECNOLOGIAS EMERGENTES NO PROCESSAMENTO DE ALIMENTOS

Blucher

Marcelo Cristianini
Adriano Gomes da Cruz
Elane Schwinden Prudêncio
Erick Almeida Esmerino
Sueli Rodrigues
Tatiana Colombo Pimentel

TECNOLOGIAS EMERGENTES NO PROCESSAMENTO DE ALIMENTOS

Tecnologias emergentes no processamento de alimentos

Editora Edgard Blücher Ltda.

Publisher Edgard Blücher

Editor Eduardo Blücher

Coordenação editorial Jonatas Eliakim

Diagramação Taís do Lago

Preparação de texto Gabriela Castro

Revisão de texto Samira Panini

Capa Laércio Flenic

Imagem da capa Istockphoto

Blucher

Rua Pedroso Alvarenga, 1245, 4° andar
04531-934 – São Paulo – SP – Brasil
Tel 55 11 3078-5366
contato@blucher.com.br
www.blucher.com.br

Segundo Novo Acordo Ortográfico, conforme 6. ed. do *Vocabulário Ortográfico da Língua Portuguesa*, Academia Brasileira de Letras, 21 de julho de 2021.

Dados Internacionais de Catalogação na Publicação (CIP)
Angélica Ilacqua CRB-8/7057

Tecnologias emergentes no processamento de alimentos / Marcelo Cristianini...[et al]. – São Paulo : Blucher, 2023.
388 p.
Outros autores: Adriano Gomes da Cruz, Elane Schwinden Prudêncio, Erick Almeida Esmerino, Sueli Rodrigues, Tatiana Colombo Pimentel

Bibliografia
ISBN 978-65-5506-451-3 (impresso)
ISBN 978-65-5506-452-0 (eletrônico)

1. Processamento de alimentos
2. Tecnologia de alimentos I. Cristianini, Marcelo

22-5644 CDD 664

Índice para catálogo sistemático:
1. Processamento de alimentos

APRESENTAÇÃO

Tecnologias emergentes vêm ganhando cada vez mais destaque no processamento de lácteos. Nos últimos anos houve um aumento expressivo em termos científicos e tecnológicos de diferentes tecnologias sendo aplicadas em alimentos. Aquecimento ôhmico, plasma frio, alta pressão hidrostática e ultrassom de alta intensidade, são alguns exemplos dessas novas tecnologias.

Processamento mais rápido e eficiente, menor perda nutricional e sensorial, menor prejuízo ao meio ambiente, são só alguns dos benefícios e justificativas para a utilização dessas tecnologias. Em paralelo a isso, novos hábitos alimentares e novo perfil de consumidor possuem influencia direta na indústria de alimentos.

Não existe material em português sobre o assunto escrito de forma clara e didática. Nesse contexto, essa obra é inédita e pode ser útil para estudantes de curso técnico, graduação, pós-graduação em engenharia de alimentos, engenharia química, engenharia de produção, engenharia de bioprocessos, química, química industrial, ciência e tecnologia de alimentos, agronomia, medicina veterinária, biologia, e áreas afins.

COLABORADORES

ADRIANA GAMBARO

Doutorado em Ciência e Tecnologia de Alimentos pela Universidad de la República, Uruguai. Professora da Universidad de la República, Uruguai

ANA CAROLINA AGUIAR

Doutorado em Engenharia de Alimentos pela Universidade Estadual de Campinas – UNICAMP.

ARTHUR LUIZ BAIÃO DIAS

Doutorado em Engenharia de Alimentos pela Universidade Estadual de Campinas – UNICAMP.

ANTÔNIO VICENTE

Doutorado em Engenharia Química e Biológica pela Universidade do Minho – Portugal. Professor na Universidade do Minho.

BEATRIZ LEDERMAN VALENTE

Mestre em Tecnologia de Alimentos pela Universidade Estadual de Campinas – UNICAMP.

CARMEN CECILIA TADINI

Doutorado em Engenharia Química pela Universidade de São Paulo – USP. Professora titular da Escola Politécnica da Universidade de São Paulo.

CÁSSIA PEREIRA BARROS

Doutorado em Higiene Veterinária e Processamento Tecnológico de Alimentos de Origem Animal pela Universidade Federal Fluminense – UFF.

CELSO FASURA BALTHAZAR

Doutorado em Higiene Veterinária e Processamento Tecnológico de Alimentos de Origem Animal pela Universidade Federal Fluminense – UFF. Pós-Doutorado em Ciência de Alimentos pela Universidade Estadual de Campinas.

EDUARDO DOS SANTOS FUNCIA

Doutorado em Engenharia Química pela Universidade de São Paulo – USP.

ELIANE TEIXEIRA MÁRSICO

Doutorado em Higiene Veterinária e Processamento Tecnológico de Alimentos de Origem Animal pela Universidade Federal Fluminense – UFF. Professora Titular da Faculdade de Veterinária da UFF.

ÉRICA SAYURI SIGUEMOTO

Doutorado em Engenharia Química pela Universidade de São Paulo – USP.

ÉRICO MARLON DE MORAES FLORES

Doutorado em Engenharia de Minas, Metalúrgica e dos Materiais pela Universidade Federal do Rio Grande do Sul – UFRGS. Professor titular da UFSM.

FABIANO ANDRÉ NARCISO FERNANDES

Doutorado em Engenharia Química pela Universidade Estadual de Campinas – UNICAMP. Professor Titular da Universidade Federal do Ceará.

FABIANA HELEN DOS SANTOS

Mestrado em Ciência e Tecnologia de Alimentos pela Universidade Federal dos Vales do Jequitinhonha e Mucuri – UFJVM. Doutoranda em Tecnologia de Alimentos pela UNICAMP

HÉLIO CARVALHO VITAL

Doutorado em Engenharia Nuclear pela Purdue University. Professor Seção de Energia Nuclear do Instituto Militar de Engenharia.

HUGO SCUDINO

Doutorado em Higiene Veterinária e Processamento Tecnológico de Alimentos de Origem Animal pela Universidade Federal Fluminense - UFF.

JÉSSICA FERREIRA RODRIGUES

Doutorado em Ciência dos Alimentos pela Universidade Federal de Lavras - UFLA. Professora ajunta (D33) do Instituto Federal de Educação, Ciência e Tecnologia de Minas Gerais - IFMG.

JONAS DE TOLEDO GUIMARÃES

Doutorado em Higiene Veterinária e Processamento Tecnológico de Alimentos de Origem Animal pela Universidade Federal Fluminense - UFF.

JORGE ANDREY WILHELMS GUT

Doutorado em Engenharia Química pela Universidade de São Paulo - USP. Professor associado da Escola Politécnica da Universidade de São Paulo.

JULIAN MARTINEZ

Doutorado em Engenharia de Alimentos pela Universidade Estadual de Campinas - UNICAMP. Professor Livre Docente da UNICAMP.

JULIANE VIGANÓ

Doutorado em Engenharia de Alimentos pela Universidade Estadual de Campinas - UNICAMP. Pós-Doutorado em Ciência de Alimentos na Faculdade de Ciências Aplicadas (FCA) da UNICAMP.

LORENA EDUARDA APARECIDA DE OLIVEIRA

Graduação em Engenharia de Alimentos pelo do Instituto Federal de Educação, Ciência e Tecnologia de Minas Gerais - IFMG.

LUDMILLA DE CARVALHO OLIVEIRA

Doutorado em Tecnologia de Alimentos pela Universidade Estadual de Campinas - UNICAMP. Pós-Doutorado em Tecnologia de Alimentos pela UNICAMP.

MARCIA CRISTINA SILVA

Doutorado em Ciência de Alimentos pela Universidade Federal do Rio de Janeiro – UFRJ. Professora Associado IV (D44) do do Instituto Federal de Educação, Ciência e Tecnologia do Rio de Janeiro

MARIA CARMELA KASNOWSKI HOLANDA DUARTE

Doutorado em Higiene Veterinária e Processamento Tecnológico de Alimentos de Origem Animal pela Universidade Federal Fluminense – UFF. Professora Adjunta da Universidade Federal Fluminense.

MARIA HELENA MACHADO CANELLA

Doutorado em Ciência dos Alimentos pela Universidade Federal de Santa Catarina – UFSC

MARIANA MOYSES DELORME

Mestrado em Higiene Veterinária e Processamento Tecnológico de Alimentos de Origem Animal pela Universidade Federal Fluminense – UFF.

RODRIGO NUNES CAVALCANTI

Doutorado em Engenharia de Alimentos pela Universidade Estadual de Campinas – UNICAMP. Pós-doutorado em Ciência e Tecnologia de Alimentos pelo Instituto Federal de Educação, Ciência e Tecnologia do Rio de Janeiro.

RICARDO NUNES PEREIRA

Doutorado em Engenharia Biológica pela Universidade do Minho – Portugal. Pesquisador Assistente na Universidade do Minho.

RUI RODRIGUES

Doutorado em Engenharia Química e Biológica pela Universidade do Minho – Portugal. Pesquisador Júnior na Universidade do Minho.

TIAGO RUSIN

Doutorado em Nutrição Humana pela Universidade de Brasília – UnB. Assessor Técnico na Presidência da República, Brasil.

VITORIA HAGEMANN CAUDURO

Mestrado em Química pela Universidade Federal de Santa Maria – UFSM. Doutoranda em Química pela UFSM

CONTEÚDO

CAPÍTULO 1

ASPECTOS GERAIS

Rodrigo Nunes Cavalcanti, Tatiana C. Pimentel, Márcia Cristina Silva,
Adriano Gomes da Cruz, Marcelo Cristianini

INTRODUÇÃO

O alimento é considerado uma matriz complexa que contém nutrientes suficientes para favorecer o desenvolvimento de microrganismos. Vários fatores podem inibir ou favorecer a multiplicação microbiana, podendo ser divididos em dois grupos: intrínsecos e extrínsecos (Figura 1.1). Entre os fatores intrínsecos, destacam-se a atividade de água, pH/acidez, disponibilidade de oxigênio (O_2), nutrientes disponíveis, agentes antimicrobianos naturais e característica da microbiota natural. Já os fatores extrínsecos compreendem parâmetros relacionados às condições de armazenamento e estocagem, como temperatura, umidade relativa, composição atmosférica, ausência/presença de luz e embalagem.

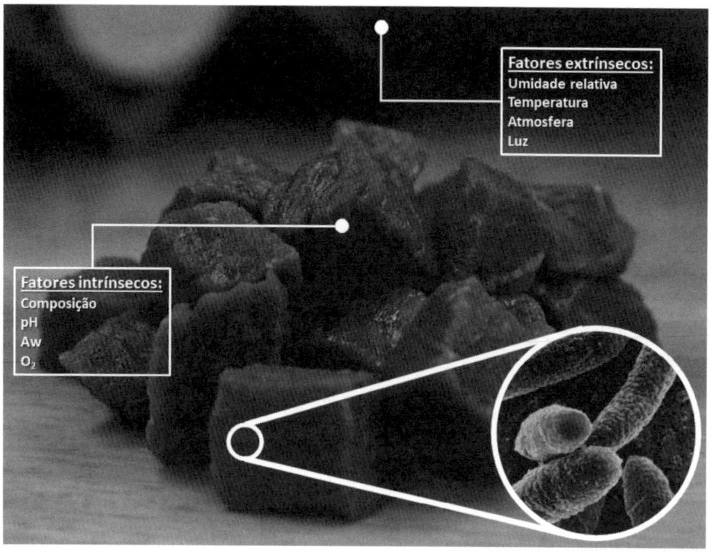

Figura 1.1 – Fatores extrínsecos e intrínsecos para crescimento microbiano.

Entender os fatores que afetam o desenvolvimento microbiano é essencial para selecionar os processos de conservação mais adequados para serem aplicados nos diversos tipos de alimentos. De modo geral, a aplicação de métodos de conservação está associada ao controle do crescimento microbiano para eliminar riscos à saúde do consumidor, bem como prevenir ou retardar o surgimento de alterações indesejáveis nos alimentos. Assim, os processos de conservação de alimentos baseiam-se na inativação parcial ou total dos microrganismos e enzimas capazes de alterar o alimento ou na modificação/eliminação de um ou mais fatores que são essenciais para a sua multiplicação, de modo que o alimento não se torne propício ao desenvolvimento microbiano.

Os métodos de conservação são baseados em princípios ou fatores conservantes, que podem ser classificados como métodos biológicos, químicos ou físicos (Figura 1.2). Os métodos biológicos se resumem a processos fermentativos, como é o caso do vinho, da cerveja e do iogurte. Já os métodos químicos estão relacionados aos processos de controle do pH/acidez e adição de conservantes químicos, como agentes antimicrobianos e antioxidantes. Por fim, os métodos físicos podem ser subdivididos em outras categorias, como térmicos e não térmicos, com uso de temperaturas elevadas ou baixas, remoção parcial do conteúdo de água, diminuição ou remoção do oxigênio na embalagem entre outros.

Os métodos convencionais de conservação de alimentos geralmente utilizam o aquecimento para eliminar microrganismos, porém podem apresentar como desvantagem alterações sensoriais e nutricionais no produto. A crescente demanda dos consumidores por produtos "frescos" tem estimulado o desenvolvimento de novos métodos que sejam capazes de preservar ao máximo a qualidade sensorial e nutricional do produto *in natura*. Como exemplos de novos métodos de conservação estão o aquecimento ôhmico, micro-ondas, alta pressão hidrostática, ultrassom, irradiação, campos elétricos pulsados, luz ultravioleta e plasma frio. Este capítulo tem por objetivo apresentar uma abordagem geral acerca das tecnologias convencionais e emergentes de conservação de alimentos.

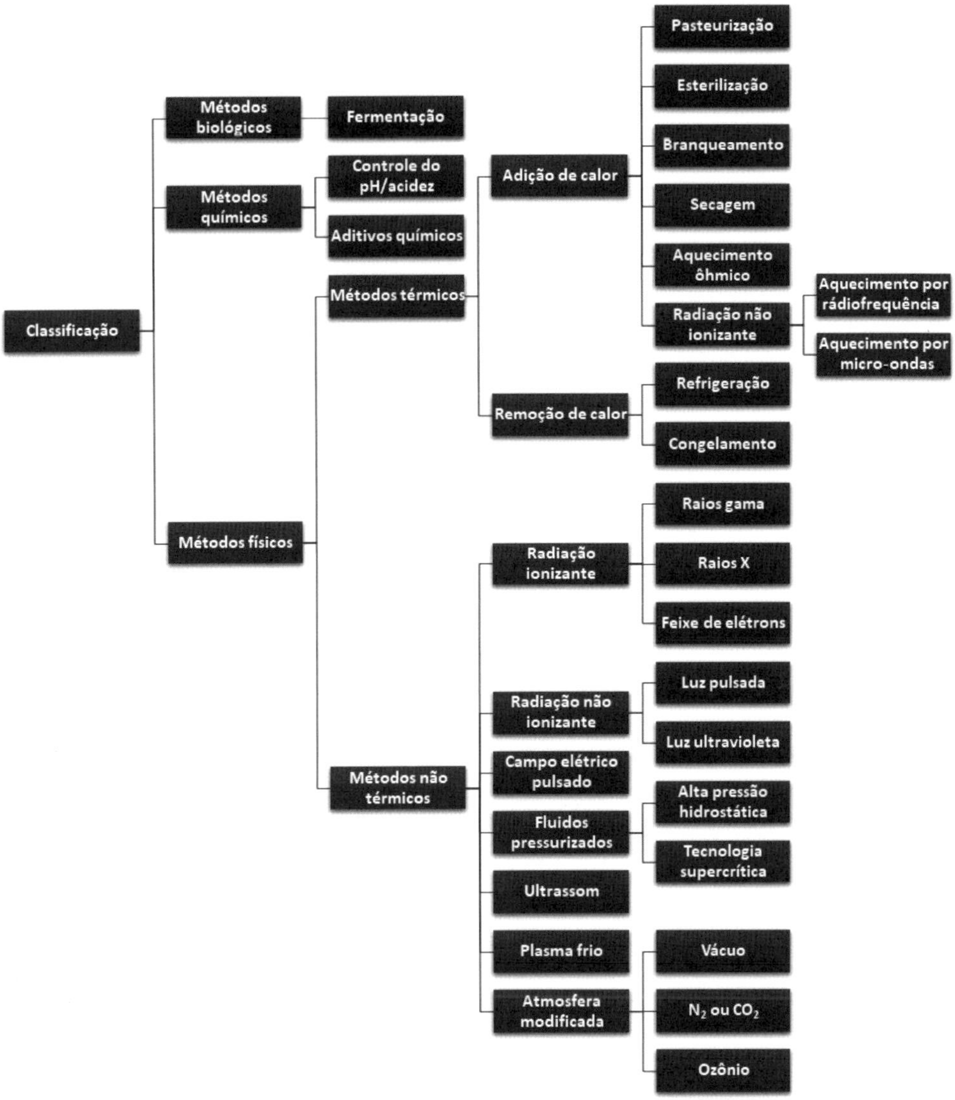

Figura 1.2 – Principais métodos de conservação de alimentos.

TECNOLOGIAS CONVENCIONAIS DE CONSERVAÇÃO DE ALIMENTOS

O tratamento térmico continua sendo um dos métodos mais importantes e utilizados no processamento de alimentos. A aplicação de calor tem efeito de conservação por meio da inativação de enzimas e destruição de microrganismos, insetos e parasitas. Adicionalmente, o processamento térmico proporciona outros benefícios, como:

- Aumento da vida útil dos alimentos
- Eliminação da necessidade de refrigeração/congelamento (em alguns casos)
- Inativação de enzimas responsáveis pelo escurecimento em frutas e hortaliças
- Destruição de fatores antinutricionais, como inibidores de tripsina em algumas leguminosas, como feijão e soja
- Aumento da biodisponibilidade de alguns nutrientes, como aumento da digestibilidade de proteínas, gelatinização de amidos e liberação de niacina ligada.

A pasteurização e a esterilização são as técnicas mais comumente utilizadas para destruir microrganismos e inativar enzimas. A pasteurização consiste em um tratamento térmico que aquece o alimento a temperaturas inferiores a 100 °C (por exemplo, 63 °C por 30 minutos para processos em batelada e 72 °C por 15 segundos para processos contínuos), com o objetivo de destruir, mesmo que parcialmente, microrganismos patogênicos e deteriorantes. Nesse caso, durante a pasteurização, os esporos não são destruídos. Assim, considerando que alguns microrganismos sobrevivem à pasteurização, um método complementar de conservação é em geral associado, como refrigeração, adição de conservantes ou acondicionamento em embalagem com atmosfera modificada. Portanto, a vida útil de um alimento pasteurizado depende do tratamento térmico aplicado (tempo e temperatura), do método de conservação complementar (quando houver) e das condições de armazenamento.

Por outro lado, a esterilização pelo calor ocorre quando um alimento é aquecido a temperaturas superiores a 100 °C (por exemplo, 121 °C por 3 segundos), para destruir microrganismos, enzimas e/ou esporos. Como resultado, os alimentos esterilizados alcançam uma vida útil maior do que os pasteurizados e podem ser armazenados em temperatura ambiente. Portanto, a esterilização é um tratamento térmico de maior intensidade, quando comparado à pasteurização, e objetiva a completa destruição dos esporos dos microrganismos patogênicos e dos micro-organismos deteriorantes que poderiam crescer durante a estocagem do produto. Algumas formas esporuladas mais resistentes são capazes de sobreviver ao tratamento térmico, mas não se desenvolvem durante o armazenamento. Daí surge o termo "esterilidade comercial", em que um alimento pode até conter certo número de microrganismos e esporos viáveis, porém estes não possuem condições de se desenvolver durante o armazenamento – portanto, o produto é considerado seguro.

No entanto, a aplicação do calor também destrói componentes responsáveis pelo sabor, cor ou textura, e, como resultado característico, esses alimentos são, muitas vezes, percebidos como de menor qualidade ou valor em relação ao produto *in natura*.

TECNOLOGIAS EMERGENTES DE CONSERVAÇÃO DOS ALIMENTOS

A indústria de alimentos é um domínio cada vez mais competitivo e dinâmico, com crescente consciência dos consumidores sobre o que é consumido. Características importantes que definem a qualidade dos alimentos, como aparência, textura, sabor e conteúdo nutricional, são fortemente afetadas pela forma como eles são processados. A fim de atender às demandas dos consumidores, o processamento de alimentos está se tornando cada vez mais desafiador e diversificado, incluindo alterações nas técnicas predominantes e adoção de tecnologias inovadoras ou emergentes.

As tecnologias emergentes são aquelas que estão atualmente em desenvolvimento ou serão desenvolvidas nos próximos cinco a dez anos e que irão alterar substancialmente o ambiente empresarial, social e o meio ambiente. Observe que essa definição se refere a desenvolvimentos que ocorrem durante um período relativamente curto, de cinco a dez anos. Contudo, uma tecnologia leva, muitas vezes, várias décadas para amadurecer na realidade prática industrial.

Nesse contexto, o desenvolvimento de tecnologias emergentes no processamento de alimentos atende às necessidades específicas do consumidor em relação a alimentos seguros, saudáveis e minimamente processados. Esses processos inovadores também resultam em técnicas de fabricação de alimentos ecologicamente corretas e sustentáveis, com uso reduzido de energia e de água, o que supera algumas limitações dadas pelas práticas atuais de processamento de alimentos.

As tecnologias emergentes podem ser amplamente divididas em térmicas (por exemplo: aquecimento ôhmico, micro-ondas, radiofrequência) e não térmicas (por exemplo: processamento de alta pressão, eletrotecnologias e irradiação). As tecnologias térmicas emergentes propiciam um aquecimento mais uniforme, mais rápido, mais eficiente e mais sustentável, o que possibilita a maior preservação das características nutricionais e sensoriais dos produtos, além de menor custo, impacto ambiental e gasto energético.

Em contraste com mecanismos de transferência de calor por convecção ou condução, os processos de aquecimento por radiofrequência, micro-ondas e infravermelho são mecanismos de aquecimento por irradiação que ocorrem devido à interação da radiação eletromagnética em determinadas frequências com os alimentos. Esses processos permitem que o alimento seja aquecido sem a necessidade de uso de superfícies ou fluidos de aquecimento, como água quente e vapor superaquecido. Por exemplo, o aquecimento por radiofrequência e por micro-ondas ocorre através da interação das ondas eletromagnéticas em suas respectivas faixas de frequência com materiais dielétricos, gerando aquecimento volumétrico no interior do alimento, o que confere maior uniformidade e rapidez ao tratamento térmico. Já o aquecimento por infravermelho é baseado na capacidade dos materiais de absorver parte do espectro dessa radiação. O aquecimento profundo ou superficial do corpo irradiado, bem como a secagem local sem aquecimento de todo o objeto, pode ser realizado com a seleção adequada do espectro de emissão da radiação infravermelha.

Já o aquecimento ôhmico – também chamado de aquecimento Joule, aquecimento por resistência elétrica ou aquecimento elétrico – é um método avançado de processamento térmico, em que se aplica uma corrente elétrica através do alimento, por meio de eletrodos, e o calor é gerado internamente devido à resistência elétrica do alimento.

Atualmente, o desenvolvimento de tecnologias emergentes de processamento não térmicas tem recebido enorme atenção, devido à crescente demanda dos consumidores por alimentos seguros e minimamente processados com atributos nutricionais, sensoriais e funcionais de alta qualidade. Uma tecnologia não térmica significa, para um processador de alimentos, que a inativação de patógenos não depende da morte térmica. Entre essas tecnologias, estão as eletrotecnologias (luz pulsada, campo elétrico pulsado, plasma frio), processamento mecânico (ultrassom, cavitação hidrodinâmica) e baseadas em pressão (alta pressão, homogeneização de alta pressão, tecnologia supercrítica).

Estudos têm mapeado as tendências acerca de tecnologias emergentes ao redor do mundo. Uma das pesquisas investigou a extensão do uso de novas tecnologias emergentes não térmicas nos Estados Unidos. Nessa pesquisa, especialistas em alimentos foram convidados para estudar as principais razões para o uso de novas tecnologias, as limitações para não implementar processos específicos e os impulsionadores mais importantes. O estudo enfocou o processamento por alta pressão, campo elétrico pulsado, luz pulsada, irradiação, ultrassom, campos magnéticos oscilantes e plasma frio. O processamento a alta pressão foi a tecnologia não térmica de processamento de alimentos mais utilizada (35,6%), seguida pelo campo elétrico pulsado (20%). Novas tecnologias em rápido crescimento incluíam plasma frio e campos magnéticos oscilantes (ambos 14,1%). Mais de 70% dos entrevistados indicaram que o principal fator para a escolha da tecnologia emergente foi a maior quantidade de nutrientes e melhores propriedades sensoriais. A principal limitação para a sua implementação foi o alto investimento (41%). Os resultados indicaram que os principais impulsionadores da inovação foram os fabricantes de equipamentos (43,8%) e pesquisas governamentais (42,3%).

Em outro artigo, duas pesquisas independentes foram conduzidas com norte-americanos (Pesquisa 1) e europeus (Pesquisa 2). Os entrevistados eram profissionais de alimentos da indústria, academia e governo. As questões buscavam identificar novas tecnologias aplicadas na atualidade ou com potencial para serem comercializadas em 5 a 10 anos, fatores de comercialização, regulamentos associados e limitações. Na Pesquisa 1, alta pressão (80%), micro-ondas (88%) e UV (84%) foram as principais tecnologias atuais e previstas nos próximos 5 a 10 anos. Essas tecnologias apareceram nas mesmas posições na Pesquisa 2, com exceção do UV, que foi substituído pelo campo elétrico pulsado em terceiro lugar, e do plasma frio e do campo elétrico que seriam as tecnologias mais importantes em 10 anos. Os principais motivadores das tecnologias emergentes foram produtos de alta qualidade (94%), segurança do produto (92%) e maior vida de prateleira (91%). Assim, a tendência é aumentar o uso de tecnologias emergentes não térmicas em substituição às térmicas. Como já comentado, os principais aspectos que direcionam o desenvolvimento dessas tecnologias são a obtenção de produtos de maior qualidade, segurança e longa vida útil.

A tecnologia de micro-ondas é a mais versátil e estudada, tanto na América Latina quanto no mundo, pois apresenta uma variedade de aplicações no processamento de alimentos, especialmente em combinação com métodos convencionais de aquecimento em sistemas híbridos. Existe um grande potencial no uso de micro-ondas para a pasteurização ou esterilização de alimentos prontos para consumo.

Já o aquecimento ôhmico é o mais aceito industrialmente por ser uma das tecnologias verdes mais demandadas pela indústria de alimentos. Chile, México e Brasil estão conduzindo pesquisas sobre esse tópico na América Latina. É importante reconhecer que a pesquisa em tecnologias emergentes para processamento de alimentos é amplamente dominada pelos Estados Unidos; na América Latina, ela é realizada em menor escala, mas existe uma vasta gama de aplicações possíveis dentro da diversidade de produtos nessa região.

DESAFIOS, TENDÊNCIAS E PERSPECTIVAS

Nas últimas décadas, uma série de novas técnicas de processamento foram desenvolvidas para melhorar as propriedades físico-químicas dos alimentos e minimizar os impactos do processo (por exemplo, degradação térmica). O foco principal dessas inovações tem sido aumentar a produção e a eficiência do processamento com o mínimo ou nenhuma alteração nas propriedades nutricionais dos alimentos, diminuir o consumo de energia e reduzir o desperdício, melhorando a qualidade nutricional e sensorial e aumentando a vida de prateleira (Figura 1.3).

Figura 1.3 – Principais objetivos para aplicação de tecnologias emergentes na conservação de alimentos.

A adoção de novas tecnologias pela indústria de alimentos é determinada pela necessidade de crescimento, aumento de receita e produtividade, enquanto os principais fatores que a restringem são a disponibilidade de recursos, familiaridade com o uso da tecnologia e riscos de mercado. O uso industrial de tecnologias emergentes pode exigir investimento, adaptação dos processos de fabricação e treinamento de pessoal especializado. Consequentemente, a menos que as novas tecnologias possam fornecer vantagens de custo e/ou desempenho em relação às tecnologias existentes, sua adoção pela indústria é improvável. Dessa forma, uma tecnologia a ser adotada pela indústria deve ser competitiva internacionalmente, produzir produtos de alta qualidade e atender aos padrões e regulamentações ambientais, bem como às preferências dos consumidores.

Os custos de adoção e benefícios percebidos pelos consumidores são fatores determinantes para adoção de tecnologias emergentes. Esses benefícios, no caso de indústrias, são geralmente a diferença nos lucros quando há a mudança de uma tecnologia convencional para a tecnologia emergente. Além disso, as indústrias precisam avaliar a percepção de benefícios e riscos (de saúde, econômicos, sociais e ambientais) aos consumidores. Preocupações éticas, marcos regulatórios, acúmulo diferencial de riscos e benefícios, assim como diferenças socioculturais são outros pontos de consideração. Por exemplo, enquanto a aplicação de irradiação para preservação de alimentos tem sido aprovada por agentes regulatórios ao redor do mundo, seu uso é limitado devido à falta de conscientização do consumidor e percepção pública. Outros fatores a serem considerados incluem: disponibilidade de recursos e habilidades técnicas, relações com o consumidor, tamanho da indústria e participação de mercado. Por fim, fatores relativos ao ambiente competitivo da indústria e suas características de processamento de informações também desempenham um papel na adoção de novas tecnologias.

A aceitação do consumidor por tecnologias emergentes depende se este percebe os benefícios associados ao produto e, na maioria das vezes, define o sucesso/sobrevivência do produto nas prateleiras de varejo e, consequentemente, a adoção pelas indústrias. Já a falta de benefícios constatados pelos consumidores resulta em preocupações acentuadas e riscos percebidos. Outros fatores que impactam a aceitação de novas tecnologias pelos consumidores são as características sociodemográficas, conhecimento e informação sobre a tecnologia, além de confiança na fonte das informações.

Até o momento de publicação deste livro em 2022, o processamento de alta pressão atendeu aos requisitos de inativação microbiana quando usado sozinho na conservação de alimentos, sendo o mais adotado industrialmente. Isso se deve ao fato de os mecanismos subjacentes à inativação de microrganismos por outras tecnologias emergentes não terem sido totalmente elucidados. Além disso, estudos mais confiáveis de vida de prateleira são necessários, por causa dos riscos associados a lesões subletais, que levam à revitalização e efeito de "estresse" em microrganismos.

Considerando a aplicação industrial, sabe-se que os processos de alta pressão e irradiação já estão sendo utilizados para a produção de alimentos comerciais, como sucos, guacamole e presunto, processados por alta pressão hidrostática e especiarias irradiadas. No entanto, um dos desafios da comercialização de novas tecnologias é a necessidade de aprovação junto a órgãos regulatórios. Nos Estados Unidos, por exemplo, o *Food and Drug Administration (FDA)* já aprovou a alta pressão como tecnologia para a conservação de alimentos. Por outro lado, outros países, como a Nova Zelândia, proíbem o uso da irradiação para o processamento de alimentos.

Para implementar tecnologias emergentes na América Latina, é necessário criar uma rede entre governos, empresas, pesquisadores e educadores, incluindo uma colaboração entre grupos de pesquisadores líderes em nível nacional e internacional, o que ajuda a promover de forma eficiente o desenvolvimento tecnológico com foco em problemas regionais da América Latina. Uma opção para iniciar essa rede seria a criação de fóruns virtuais para discussão e troca de conhecimentos e experiências entre especialistas em tecnologias emergentes. Por fim, o bom entendimento dos mecanismos de ação e de divulgação dessas informações pelo consumidor, bem como das vantagens de consumir esses alimentos, poderia aumentar a demanda e, consequentemente, aumentar sua comercialização e diminuir seu custo.

REFERÊNCIAS BIBLIOGRÁFICAS

Augusto, P. E. (2020). Challenges, trends and opportunities in food processing. Current Opinion in Food Science, 35, 72-78.

Cavalcanti, R. N., Leite Jr., B. R. C., Cappato, L. P., Guimarães, J. T., Oliveira, P. H. B., Mercali, G. D., Marzack, L. D. F., Cristianini, M., Rodrigues, S., Cruz, A. G., & Sá, P. B. Z. R. (2016). Tecnologias emergentes. In A. G. Cruz, P. B. Zacarchenco, C. A. F. Oliveira e C. H. Corassi (Eds.), *Processamento de Leites de Consumo (pp. 262-318).* Oxford: GEN LTC.

Fernández, A., Shearer, N., Wilson, D. R., & Thompson, A. (2012). Effect of microbial loading on the efficiency of cold atmospheric gas plasma inactivation of Salmonella enterica serovar Typhimurium. *International Journal of Food Microbiology, 152*(3), 175-180.

Giordano, S., Clodoveo, M. L., Gennaro, B. D., & Corbo, F. (2018). Factors determining neophobia and neophilia with regard to new technologies applied to the food sector: A systematic review. *International Journal of Gastronomy and Food Science, 11*, 1-19.

Gómez-López, V. M., Pataro, G., Tiwari, B., Gozzi, M., Meireles, M. A. A., Wang, S., Guamis, B., Pan, Z., Ramaswamy, H. S., Sastry, S., Kuntz, F., Cullen, P. J., Vidyarthi, S. K., Ling, B., Quevedo, J. M., Strasser, A., Vignali, G., Veggi, P. C., Gervilla, R., Kotilainen H. M., Pelacci, M., Viganó, J., & Morata, A. (2021). Guidelines on reporting treatment conditions for emerging technologies in food processing. *Critical Reviews in Food Science and Nutrition*, 1-25.

Hernández-Hernández, H. M., Moreno-Vileta, L., & Villanueva-Rodríguez, S. J. (2019). Current status of emerging food processing technologies in Latin America: Novel non-thermal processing. *Innovative Food Science & Emerging Technologies, 58*, 102233.

Jermann, C., Koutchma, T., Margas, E., Leadley, C., Ros-Polski, V. (2015). Mapping trends in novel and emerging food processing technologies around the world. *Innovative Food Science and Emerging Technologies, 31*, 14-27.

Khouryieh, H. A. (2020). Novel and emerging technologies used by the U.S. food processing industry. *Innovative Food Science & Emerging Technologies*, 102559.

Knorr, D., Froehling, A., Jaeger, H., Reineke, K., Schlueter, O., & Schoessler, K. (2011). Emerging Technologies in Food Processing. *Annual Review of Food Science and Technology, 2*(1), 203-235.

Misra, N. N., Koubaa, M., Roohinejad, S., Juliano, P., Alpas, H., Inácio, R. S., Saraiva, J. A., & Barba, F. J. (2017). Landmarks in the historical development of twenty first century food processing technologies. *Food Research International, 97*, 318-339.

Moreno-Vilet, L., Hernández-Hernández, H. M., & Villanueva-Rodríguez, S. J. (2018). Current status of emerging food processing technologies in Latin America: Novel thermal processing. *Innovative Food Science & Emerging Technologies, 50*, 196-206.

Priyadarshini, A., Rajauria, G., O'Donnell, C. P., & Tiwari, B. K. (2018/2019). Emerging food processing technologies and factors impacting their industrial adoption. *Critical Reviews in Food Science and Nutrition, 59*(19), 3082-3101.

Režek Jambrak, A., Donsì, F., Paniwnyk, L., & Djekic, I. (2019). Impact Of Novel Nonthermal Processing On Food Quality: Sustainability, Modelling, And Negative Aspects. *Journal of Food Quality, 2019*, 1-2.

Sadler, C. R., Grassby, T., Hart, K., Raats, M., Sokolović, M., & Timotijevic, L. (2021). Processed food classification: Conceptualization and challenges. *Trends in Food Science & Technology, 112*, 149-162.

Shahbaz, H. M., Kim, J. U., Kim, S.-H., & Park, J. (2018). Advances in nonthermal processing technologies for enhanced microbiological safety and quality of fresh fruit and juice products. In *Food processing for increased quality and consumption* (pp. 179-217). Elsevier.

Troy, D. J., Ojha, K. S., Kerry, J. P., & Tiwari, B. K. (2016). Sustainable and consumer-friendly emerging technologies for application within the meat industry: An overview. *Meat Science, 120, 2-9.*

CAPÍTULO 2

ALTA PRESSÃO

Ludmilla de Carvalho Oliveira, Fabiana Helen dos Santos,
Beatriz Lederman Valente, Marcelo Cristianini

INTRODUÇÃO

A alta pressão isostática (API), também conhecida por alta pressão hidrostática, é uma tecnologia emergente de processamento de alimentos que vem sendo pouco a pouco explorada pela indústria de alimentos. Os primeiros registros de aplicação da API em alimentos são do final do século XIX, quando se observou que a vida de prateleira de alguns produtos, como o leite, poderia ser estendida após a destruição de microrganismos resultante da pressurização. Anos depois, já em 1987, teve-se registro da inibição da inversão ácida da sacarose pela aplicação de 50 MPa. O uso de intensidades mais elevadas de alta pressão (400 a 900 MPa), no entanto, só aconteceu nos anos 1990, com a introdução de geleias processadas por API no mercado japonês. Em 1997, o guacamole e o presunto fatiado foram os primeiros produtos processados por API comercializados nos Estados Unidos e Espanha, respectivamente. Com o avanço das pesquisas, uma série de produtos passou a ser produzida industrialmente com a utilização dessa tecnologia, incluindo sucos, alimentos prontos para o consumo à base de frutas e vegetais, molhos e produtos à base de carne, peixes e frutos do mar.

A API é uma tecnologia física que consiste basicamente em submeter alimentos sólidos ou líquidos a alta pressão (de até 1.000 MPa), podendo ser combinada ou não com a aplicação de calor. A pressão é transmitida instantânea e uniformemente ao alimento (princípio isostático), independentemente do tamanho ou formato do mesmo, por meio de um líquido que normalmente é a água. O processo a API foi inicialmente desenvolvido para a conservação de alimentos, tendo como principal objetivo a inativação de microrganismos (bactérias vegetativas, leveduras e bolores) e de enzimas. Por não haver necessidade de exposição do alimento a altas temperaturas, o uso da API propicia maior retenção dos atributos de qualidade nutricional e sensorial, comparado ao processo térmico.

Um marco importante na tecnologia da API foi sua aprovação pela *Food and Drug Administration* (FDA). Para processadores de sucos, o FDA regulamenta a necessidade de reduzir 5 log e manter-se até o final da vida de prateleira do produto do microrganismo pertinente.

Graças à capacidade da alta pressão de induzir alterações na conformação de moléculas, já validada no campo científico, a tecnologia também possui importância na modificação de macromoléculas, como amido, fibra alimentar (FA) e proteínas, bem como na modulação de suas propriedades técnico-funcionais. As alterações sobre a matriz alimentícia resultam principalmente dos efeitos sobre as interações eletrostáticas, pontes de hidrogênio e forças de van der Waals, que mantêm a estrutura das moléculas e as ligações covalentes. É esta última habilidade que sustenta a preservação da atividade biológica de compostos funcionais nos produtos alimentícios processados, como o ácido ascórbico, folatos, antocianinas, licopeno etc. Esses efeitos podem ser controlados pelo ajuste na intensidade da pressão, nos ciclos de pressão, no tempo de exposição à pressão e na temperatura.

Além do processamento por API oferecer vantagens aos processos térmicos na conservação de alimentos, a tecnologia é considerada uma das mais sustentáveis e verdes, segura, limpa (não gera resíduos) e apresenta um melhor aproveitamento da energia utilizada. Por essas e outras características, a API é capaz de oferecer soluções às demandas atuais dos consumidores por alimentos processados que preservem ao máximo as características sensoriais dos alimentos *in natura*, com pouca ou sem adição de aditivos artificiais, por exemplo: os *clean label* (tendência associada ao rótulo limpo e sem aditivos). Apesar de seu custo ainda ser elevado, este vem reduzindo nas últimas duas décadas, e o investimento em equipamentos na indústria de alimentos encontra-se em expansão, sobretudo como resposta a essas forças de mercado. O futuro da aplicação da API é promissor, graças ao desenvolvimento da tecnologia, à elaboração e estipulação de leis e regulamentações associadas ao alimento e à melhoria na capacidade de fabricação e instalações.

Este capítulo tem como objetivo geral reunir informações a respeito da tecnologia de API aplicada aos alimentos, apresentando uma descrição detalhada sobre o equipamento e os princípios básicos de operação. Quanto ao efeito da API sobre a estabilidade dos alimentos, que ainda é a principal justificativa para o uso da tecnologia nesse segmento, dá-se atenção à capacidade de inativação microbiológica e modulação da atividade enzimática pela pressão. Demais modificações induzidas pela API são discutidas individualmente para os principais constituintes dos alimentos (proteínas, polissacarídeos, pigmentos e vitaminas), com informações acerca dos mecanismos e das alterações bioquímicas e técnico-funcionais resultantes. No geral, o capítulo prioriza uma abordagem mais atual da aplicação da tecnologia e o potencial de oferecer alimentos e ingredientes inovadores, seguros e de qualidade, embasado nos principais estudos sobre avanços publicados, sobretudo nos últimos dez anos.

A TECNOLOGIA DE ALTA PRESSÃO ISOSTÁTICA: PRINCÍPIOS E CONCEITOS

A tecnologia de alta pressão isostática (API), também conhecida como pasteurização a frio ou até mesmo processo de alta pressão hidrostática (APH), tem sido reportada nos últimos 30 anos como uma das tecnologias emergentes mais investigadas e bem desenvolvidas para conservação de alimentos. A princípio, seu uso era focado na preservação e aumento da segurança microbiológica dos produtos, mas, atualmente, é também empregada para modificar e melhorar as propriedades dos alimentos, aumentar a biodisponibilidade, a bioacessibilidade e a recuperação de compostos de interesse e reduzir a alergenicidade e a formação de contaminantes nas matrizes alimentares.

Definida de modo geral como um tratamento não térmico, a API usa meios transmissores de pressão, sendo a água o mais conhecido e empregado, de tal modo que existe uma nomenclatura específica: alta pressão hidrostática (APH). Apesar da predominância da água, outros fluidos podem ser usados, como óleo de rícino, silicone, benzoato de sódio, etanol e glicol.

Basicamente, o processo de API em nível industrial consiste em alocar produtos líquidos ou sólidos já embalados em um recipiente hermeticamente fechado (câmara) e submetê-los a alta pressão, promovendo um efeito de pasteurização uniforme e instantâneo. Após o tempo de residência do produto na câmara, o equipamento é despressurizado, e o alimento pode ser retirado (Figura 2.1). A pressurização do sistema é promovida de forma indireta, ou seja, utiliza-se um ou mais intensificadores de pressão para bombear o meio transmissor pressurizado para o interior da câmara. Em casos específicos de equipamentos de laboratórios ou plantas pilotos, a pressurização se dá diretamente por um pistão.

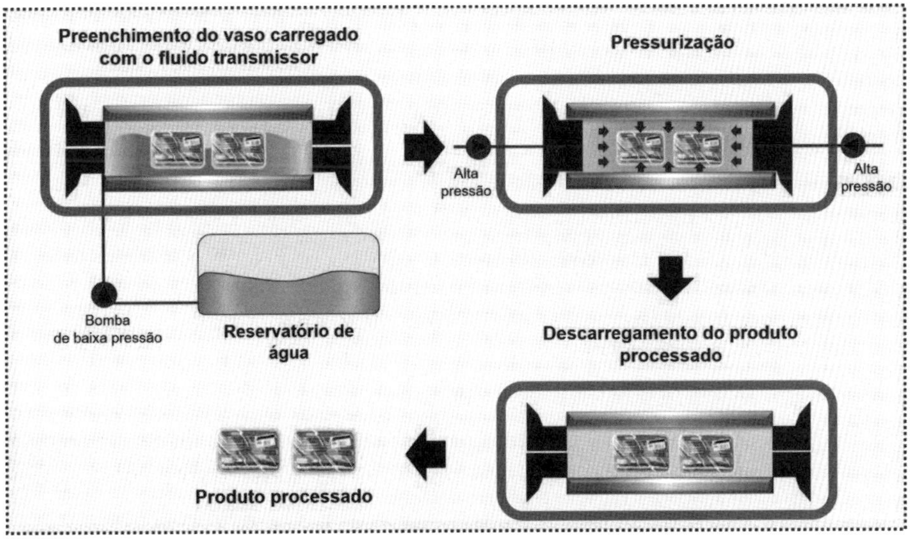

Figura 2.1 – Diagrama do processamento por alta pressão isostática (API).
Fonte: Adaptado de hiperbaric.com.

O processamento por API é governado por dois preceitos básicos: o princípio isostático e a lei de Le Chatelier. O princípio isostático presume que a pressão aplicada durante o tratamento do alimento é sentida uniforme e instantaneamente em todas as direções e independente da constituição, do tamanho ou da geometria do produto. Esse princípio garante que não haja gradientes de pressão no processo e permite a manutenção da forma original de alimentos não porosos após o processamento. Já o princípio de Le Chatelier afirma que, quando um sistema em equilíbrio é perturbado, existe uma resposta do próprio sistema para tentar minimizar a perturbação. No caso da API, a pressurização favorece a ocorrência de alguns fenômenos que estão associados à redução do volume molecular, como transições de fase, mudanças nas configurações moleculares e reações químicas. Em suma, todos os compostos submetidos a condições de pressurização tendem a ocupar o menor volume possível durante o processamento.

A redução do volume molecular devido à compressibilidade exige que o alimento seja processado em embalagens herméticas capazes de suportar uma redução de até 15% e retornar ao seu volume original sem perder sua integridade ou das suas propriedades de barreira. Considerando esses requisitos, as embalagens mais empregadas são as flexíveis e/ou semirrígidas à base de polímeros. Por outro lado, latas de metal, recipientes de vidro ou papelão e polímero muito rígido são inadequados, pois podem sofrer danos irreversíveis, como deformações e rachaduras.

A definição da intensidade de pressão e das demais condições do processo, como tempo e temperatura, é realizada de acordo com os efeitos desejados no alimento. Normalmente, as pressões de processamento comerciais variam de 100 a 600 MPa. Os tempos podem variar de poucos minutos a horas, sendo as aplicações industriais em geral mais curtas (menos de 5 minutos) para maximizar o rendimento, reduzir custos e aumentar a competitividade comercial do produto. Já as temperaturas são empregadas na faixa de < 0 °C a 40 °C.

Apesar de ser conhecida como um processo não térmico, a compressão decorrente da aplicação da API pode ocasionar o aquecimento adiabático do sistema. O aumento da pressão pode aumentar a temperatura do meio transmissor (água) em aproximadamente 3 °C a cada 100 MPa alcançados, consequentemente levando a um sutil aquecimento do produto. Quando não se deseja ter efeito da temperatura no processo, a temperatura inicial é controlada dentro da faixa de 5 a 10 °C, o que garante que o meio transmissor (no caso, a água) não ultrapasse 30 °C quando a pressão máxima é de 600 MPa. No entanto, dependendo do objetivo do processamento, a combinação de pressão e temperatura faz-se necessária. A inativação de microrganismos mais resistentes, como esporos de bactérias, é um exemplo clássico em que o uso combinado de pressão e de temperaturas mais altas é requerido.

Na indústria de alimentos, o processo de API é tipicamente realizado em batelada, que tem a vantagem de processar tanto produtos líquidos quanto sólidos previamente embalados.

Os equipamentos utilizados no processamento por API podem diferir tanto em relação aos seus componentes, quanto às suas dimensões. Mais informações sobre os principais equipamentos empregados nesse processo são apresentadas a seguir.

EQUIPAMENTOS

Como relatado anteriormente, o processamento industrial de alimentos por API é realizado, principalmente, em regime de batelada. Neste caso, o equipamento empregado é constituído por vaso de pressão, fechos de extremidade, estruturas para prender os fechos, bomba e intensificador de alta pressão, instrumentos de controle e monitoramento das variáveis do processo e sistema de carregamento e descarregamento de produto. O funcionamento baseia-se inicialmente em acondicionar o alimento embalado a vácuo dentro de uma cesta de carregamento, que em seguida é encaminhada ao vaso de pressão, onde se encontra o fluido transmissor. O vaso e seu conteúdo são selados nas duas extremidades e inicia-se o preenchimento com o fluido pressurizante. Então, é realizada a pressurização pela ação combinada de uma bomba e um intensificador. Após o produto ser submetido a determinada pressão por certo intervalo de tempo, o vaso é despressurizado e o produto é descarregado. Na Figura 2.2, pode-se observar um modelo de equipamento horizontal com capacidade de 525 L, com regime de operação em batelada.

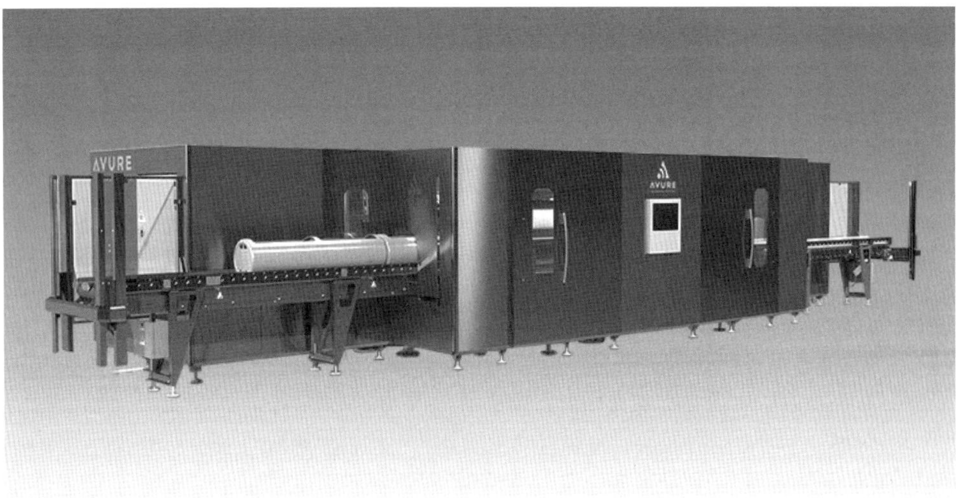

Figura 2.2 – Equipamento de alta pressão isostática (API) horizontal com processamento em batelada. Fonte: JBT (2022).

Os vasos podem ser comercializados em formato vertical ou horizontal. Embora o formato vertical tenha sido o mais usado por anos, as recentes instalações industriais empregam, na maioria das vezes, os vasos de pressão na configuração horizontal. Neste formato, um grande volume de produtos pode ser processado sem a necessidade de equipamentos muito altos, que exigiriam instalações em níveis ou mesmo com o pé direito exagerado. Atualmente, os vasos dos equipamentos empregados em escala industrial alcançam volumes de até 525 L, sendo capazes de processar em torno de 3.000 kg (ou litros) de alimentos ou bebidas por hora. Já os equipamentos usados em planta piloto possuem vasos cujo volume varia de 1 a 30 L. Em relação às pressões atingidas, os equipamentos de escala industrial alcançam valores em torno de 700 MPa, enquanto os equipamentos de menor porte, voltados para pesquisa, podem atingir até 1.400 MPa.

Uma das grandes limitações do processo de API refere-se ao alto investimento inicial necessário para adquirir o equipamento. Equipamentos industriais variam entre 0,5 e 2,5 milhões de dólares. A variação do preço ocorre principalmente devido às particularidades de cada equipamento, como capacidade volumétrica, velocidade de processamento ou pelos níveis de pressão e temperatura atingidos. Além disso, os valores podem diferir de acordo com o fabricante. Atualmente, os principais fabricantes globais dos equipamentos de API são a Avure (Estados Unidos), Hiperbaric (Espanha) e Multivac (Alemanha).

APLICAÇÕES INDUSTRIAIS

No início dos anos 1990, geleias e compotas de frutas foram os primeiros alimentos processados por alta pressão a serem comercializados na Ásia, especificamente no Japão. No entanto, ao longo da década, mais produtos processados por essa tecnologia foram gradualmente introduzidos em outros continentes. Em 1997, o guacamole tornou-se o primeiro produto alimentício a ser pressurizado e disponibilizado comercialmente na América do Norte (Estados Unidos); já na Europa (Espanha), o presunto fatiado figurou-se o pioneiro.

Atualmente, uma variedade de alimentos processados por API pode ser encontrada nos supermercados, como sucos e bebidas, frutas, vegetais, refeições prontas e até produtos à base de carne, peixes e frutos do mar (Tabela 2.1). Em 2014, a produção mundial de alimentos processados por essa tecnologia ultrapassou as 500 mil toneladas, sendo 54% concernente aos produtos cárneos e legumes (aproximadamente 27% cada), 14% aos sucos e outras bebidas, 12% aos frutos do mar e 20% às demais categorias de produtos.

A aplicação de API em produtos cárneos e vegetais tem como objetivo primordial aumentar significativamente a vida útil do produto, mantendo seu frescor e sua qualidade sensorial e nutricional. No caso de sucos e outras bebidas à base de frutas, o tratamento interfere minimamente nas características e componentes originais do alimento, permitindo a criação de produtos de alta qualidade. Já o processamento de frutos do mar, como ostras, lagosta, camarão e pescados, além de propiciar segurança alimentar, possibilita extrair as carnes de crustáceos (lagostas, caranguejos) com rendimentos de quase 100%. Em relação ao setor de laticínios, o foco está em aspectos, como segurança, funcionalidade e inovação de produtos.

A gama de alimentos processados por API disponíveis no mercado só é possível devido às mais de 200 empresas processadoras espalhadas ao redor do mundo. Em 2019, mais de 550 equipamentos comerciais de alta pressão para alimentos já estavam em operação em diversas regiões, sendo 59% deles na América do Norte, 24% na Europa e 18% na Ásia.

Embora inicialmente a aplicação de alta pressão tenha sido direcionada principalmente para fins de conservação, várias investigações têm mostrado seu enorme potencial na transformação e/ou processamento de vários produtos/constituintes. A seguir, são discutidos detalhadamente os principais efeitos do processamento de API nos alimentos, desde a inativação/modulação da atividade de microrganismos e enzimas, modificação dos constituintes (macro e micromoléculas) até a qualidade do produto final.

Tabela 2.1 – Exemplos de produtos processados por alta pressão isostática (API) comercializados no mundo

Categoria	Marcas e países de origem	Principais objetivos do tratamento na categoria
Sucos e bebidas	• *B. fresh* **(Reino Unido)** • *Evolution Fresh* **(Estados Unidos)** • *Greenpeople* **(Brasil)** • *La Casa del Jugo* **(México)** • *SUJA* **(Estados Unidos)**	• Redução de microrganismos patogênicos • Aumento da vida útil do produto • Preservação da cor e sabor, sem uso de aditivos • Manutenção das vitaminas e propriedades funcionais
Alimentos à base de frutas e *baby food*	• *Copa* **(Portugal)** • *Impress Foods* **(Canadá)** • *Yamo* **(Alemanha)**	• Desenvolvimento de produtos naturais, saudáveis e de valor agregado • Redução ou eliminação de açúcar ou qualquer conservante • Aumento da vida útil • Manutenção das vitaminas, polifenóis e outros compostos bioativos, bem como cor, sabor e aroma • Inativação de patógenos e microrganismos deteriorantes, como *Salmonella spp.*, *Escherichia coli* e *Listeria monocytogenes*
Guacamole e purê de abacate	• *Jaguacy* **(Brasil)** • *Good Foods* **(Estados Unidos)** • *San Gregorio* **(Colômbia)**	• Inativação parcial da enzima polifenoloxidase e aumento da vida útil do produto entre 6 e 8 semanas, sem alterações das propriedades sensoriais
Produtos cárneos	• *BRF* **(Brasil)** • *Campofrio* **(Espanha)** • *Sofina* **(Canadá)** • *Espuña* **(Espanha)**	• Eliminação de microrganismos patogênicos sem modificar as propriedades do alimento • Inativação de microrganismos deteriorantes (bactérias lácticas, leveduras e bolores) para aumentar significativamente a vida útil do produto e a sua qualidade sensorial • Desenvolvimento de produtos cárneos com menor teor de sódio

Frutos do mar	• *Ocean Choice International* **(Canadá)** • *Green Head Lobster* **(Estados Unidos)** • *Westmorland* **(Canadá)**	• Facilitar a abertura da casca de crustáceos e consequentemente aumentar a eficiência da extração da carne sem afetar o produto • Evitar cozimento do alimento mantendo intacta sua textura, cor e sabor • Inativação de parasitas, como *Anisakis* e microrganismos como *Vibrio* sp. e norovírus, que tradicionalmente têm causado surtos ligados ao consumo de ostras frescas ou crustáceos
Refeições prontas	• *Sandridge Food Corporation* **(Estados Unidos)** • *Villa Food* **(Itália)** • *Good Heart Brands* **(Estados Unidos)** • *Kakui Foods* **(Japão)**	• Redução ou eliminação do uso de aditivos nesses produtos • Manutenção da cor, sabor e o valor nutricional • Inativação de agentes patogênicos e microrganismos deteriorantes, como *Salmonella spp., E. coli*, bolores e leveduras
Produtos lácteos	• *Vila de Patos* **(México)** • *Good Foods* **(Estados Unidos)**	• Inativação de agentes patogênicos e microrganismos deteriorantes, como *Salmonella spp., E. coli*, bolores e leveduras • Preservação de vitaminas, imunoglobulinas e lactoferrina • Aumento da vida útil do produto • Redução ou eliminação de aditivos

EFEITOS DA API SOBRE OS MICRORGANISMOS E ENZIMAS DOS ALIMENTOS

INATIVAÇÃO MICROBIOLÓGICA E SEGURANÇA DOS ALIMENTOS

A segurança dos alimentos (*Food Safety*) e a qualidade alimentar são temas permanentes e de suma importância para o desenvolvimento da tecnologia de alimentos. Segundo a Organização das Nações Unidas para a Alimentação e Agricultura (FAO), a segurança dos alimentos está relacionada aos perigos, crônicos ou agudos, que podem prejudicar a saúde do consumidor. Já a qualidade abarca todas as propriedades que influenciam no valor do produto para o consumidor. Assim, podemos destacar como atributos negativos a deterioração, a contaminação, a descoloração, os odores estranhos entre outros; e como atributos positivos, a cor, o sabor, a textura, os valores nutricionais e o método de processamento.

A eficiência do processamento para a inativação bacteriana está diretamente relacionada à carga inicial de microrganismos. Um número inicial alto de bactérias sempre resulta em altas contagens de sobrevivência após o tratamento.

A API geralmente é mais efetiva na destruição de organismos com maior grau de organização e complexidade estrutural. Procariontes são em geral mais resistentes em comparação a eucariontes. Além disso, microrganismos, incluindo patógenos, podem variar significativamente em suas respostas à alta pressão, não só entre espécies diferentes, mas também entre cepas da mesma espécie.

O processamento térmico é uma técnica clássica na indústria para garantir a segurança microbiológica, contudo as altas temperaturas podem desencadear efeitos sensoriais e nutricionais indesejáveis. Assim, a indústria alimentícia vem desenvolvendo métodos para atingir a inativação microbiológica, de modo a não alterar as propriedades nutricionais e sensoriais dos alimentos envolvidos. A tecnologia de API pode, nesse sentido, melhorar a segurança microbiológica do alimento, causando o mínimo de impacto sobre suas características físico-químicas e nutricionais.

O principal mecanismo de ação da API na inativação de microrganismos é a alteração irreversível da estrutura celular, atingindo as membranas e a parede celular, o que aumenta a permeabilidade da célula e, consequentemente, impede as reações metabólicas, desnatura as enzimas essenciais para a reprodução microbiana, interfere no fluxo da atividade das ATPases (dependente do fluxo de sódio e potássio), provoca danos nos ribossomos (responsáveis pela síntese proteica) e, por fim, leva à morte microbiana. Além dessas alterações, são observados a compressão de vacúolos gasosos, o alongamento da célula e a modificação no núcleo e nas organelas.

A resistência dos microrganismos à pressão varia consideravelmente e depende de fatores relacionados ao:

- **Microrganismo**: tipo (família, espécie, cepa), fase de crescimento no qual se encontra (lag, exponencial, estacionário e declínio), idade da cultura, formato e contagem inicial.
- **Natureza do meio**: composição da matriz alimentícia, presença de sais e nutrientes, força iônica, tipos de íons presentes, presença de substâncias antimicrobianas e, principalmente, atividade de água (Aw) e pH, que são fatores críticos na inativação.
- **Processo**: temperatura, níveis de pressão, tempo (*holding time*) e tipo de tratamento (contínuo ou descontínuo).

O pH do substrato afeta significativamente a tolerância à pressão. As células bacterianas são mais resistentes ao pH neutro e menos quando o pH é aumentado ou diminuído. O efeito sinérgico da pressão e pH aumenta os danos às membranas celulares, portanto as células lesadas são incapazes de se recuperar durante o armazenamento.

Vários componentes dos alimentos, como proteínas, açúcares e lipídios, podem fornecer um efeito protetor, reduzir a sensibilidade do microrganismo e, portanto, aumentar a resistência à pressão.

A redução de Aw em alimentos pode inibir o crescimento e protegê-los de outros estresses ambientais, como calor e pressão. A diminuição de Aw aumenta a resistência de microrganismos a altas pressões; no entanto, este efeito depende do soluto usado. Por outro lado, enquanto a redução de Aw favorece a barorresistência, também desfavorece a recuperação das células injuriadas pelo processo e, consequentemente, o crescimento durante o armazenamento refrigerado.

A temperatura é outro fator importante que afeta a inativação de células vegetativas. Temperaturas muito baixas ou elevadas aumentam a suscetibilidade de microrganismos à pressão, que aumenta a taxa de inativação. Geralmente temperaturas mais altas (30 °C a 50 °C) promovem maior inativação. Porém, o nível de pressão aplicado ao produto é o principal fator que influencia a qualidade.

Os microrganismos apresentam sensibilidades muito particulares quando submetidos à API, como pode ser observado na Figura 2.3. As leveduras e os fungos filamentosos são microrganismos muito sensíveis à pressão, sendo facilmente inativados entre 200 e 300 MPa. As estruturas vegetativas em fase lag (bactérias Gram-positivas), por sua vez, são inativadas com pressões superiores a 300 MPa. De maneira geral, as células bacterianas vegetativas (bactérias Gram-negativas) são facilmente inativadas em pressões entre 400 e 600 MPa, enquanto os esporos, que são mais resistentes, podem suportar até 1.000 MPa em temperatura ambiente.

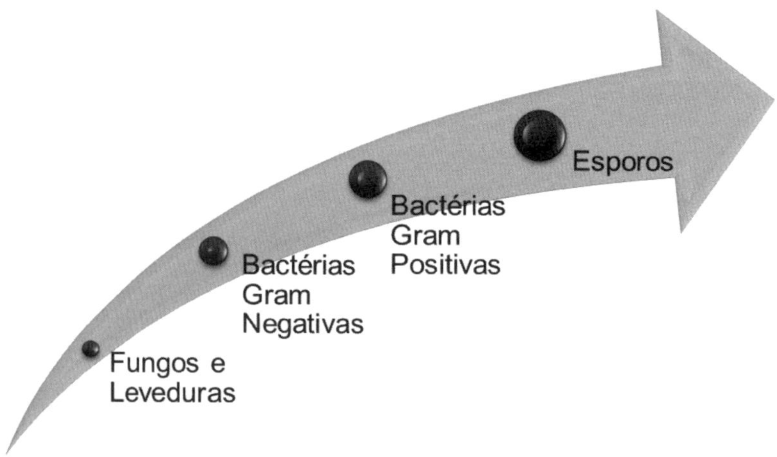

Figura 2.3 – Escala de inativação dos microrganismos por alta pressão isostática (API).

Graças a sua parede celular, as bactérias Gram-positivas são mais resistentes à API do que as Gram-negativas. Enquanto as bactérias Gram-positivas têm a parede mais espessa e com um único tipo de macromolécula (90% de peptidoglicano), as Gram-negativas possuem uma parede com camadas de diferentes composições, contendo apenas de 5% a 10% de peptidoglicano. Os microrganismos Gram-positivos mais resistentes à aplicação de pressão são os *Staphylococcus aureus* e *Enterococcus faecalis,* enquanto para os Gram-negativos destacam-se a *Yersinia enterocolitica* e *Salmonella typhimurium.*

Um estudo realizado com suco de maçã mostrou que bactérias Gram-positivas, como *Listeria monocytogenes*, foram menos resistentes ao tratamento de alta pressão do que bactérias Gram-negativas, como *Escherichia coli O157:H7* ou *Salmonella enterica,* em tratamento feito a 550 MPa por 1 minuto a 20 °C. Além disso, foi relatado que as cepas de *E. coli O157:H7* foram mais barotolerantes que as de *L. monocytogenes* em soro de leite, quando submetidas ao tratamento de 300 MPa por 2 minutos e de 500 MPa por 8 minutos, ambas a 25 °C.

A forma microbiana mais resistente às altas pressões é denominada de barotolerante ou barorresistente. Os endósporos (ou esporos) de bactérias Gram-positivas estão entre os microrganismos mais resistentes à API, devido à estrutura e à espessura de sua capa protetora, o que torna a inativação dessas formas bacterianas um desafio. Para a inativação dessas bactérias, a API vem sendo empregada em combinação com outras técnicas ou em ciclos múltiplos de processamento. Nesse caso, o alimento é submetido a vários ciclos intermitentes e curtos de pressurização e despressurização (pulsos de pressão) em duas etapas: na primeira, é induzida a germinação dos esporos por meio de pressões baixas (50 e 300 MPa), levando ao aparecimento de esporos germinados (células vegetativas); na segunda, essas células vegetativas, que são mais sensíveis, são submetidas novamente ao processo, sendo facilmente inativadas a pressões em torno de 400 e 600 MPa. Os múltiplos ciclos mostram ser mais letais aos esporos do que um único ciclo contínuo de pressurização; porém a técnica que vem sendo mais utilizada é a combinação do processo à API com o emprego de temperatura (esterilização assistida por alta pressão – *Pressure Assisted Thermal Sterilization* [PATS]). Pressões de aproximadamente 500 a 600 MPa são associadas a temperaturas de processo que vão de 90 °C a 120 °C, por um curto intervalo (3 a 10 minutos). A esterilização na API é mais vantajosa por submeter o alimento às condições de processo por um tempo mais curto do que a esterilização convencional, já que, no primeiro caso, a transferência de pressão ocorre de modo praticamente instantâneo. A esterilização por alta pressão ocorre graças ao efeito combinado de pressão e temperatura, que favorece o aquecimento adiabático e, consequentemente, o aumento da temperatura do sistema de forma rápida e homogênea. Até o momento, entretanto, essa técnica ainda não é usada comercialmente, uma vez que equipamentos de alta pressão que possam ser utilizados a altas temperaturas não estão disponíveis.

Alguns autores demonstraram que é possível a redução de 5 ciclos logarítmicos de esporos de *Clostridium botulinum* tipo E após a aplicação de 827 MPa por 5 minutos, a uma temperatura de 55 °C. Outro estudo mostrou a redução de 6 ciclos logarítmicos de *Bacillus cereus* quando submetido a 500 MPa por 6 minutos, a uma temperatura de 60 °C.

Lembrando que parâmetros, como o pH, a atividade de água e a presença de nutrientes afetam diretamente a resistência dos esporos. Assim como nas bactérias, a inativação dos esporos é maior próxima à neutralidade do pH, já que sua germinação (induzida pela pressão) é maior nessa faixa (6,5 a 7). A presença de solutos, como cloreto de sódio e, mais efetivamente, do cloreto de cálcio, diminui a inativação de esporos por API.

A Tabela 2.2 exemplifica a inativação de alguns microrganismos em alimentos pela aplicação de alta pressão.

Tabela 2.2 – Microrganismos inativados por alta pressão isostática (API)

Microrganismo	Matriz alimentícia/ solução	Condição de máxima inativação	Redução logarítmica	Referências
Alyciclobacillus acidoterrestris	Solução tampão (pH 7,2)	300 MPa; 5 min; 70 °C	2,5	Ribeiro & Cristianini, 2020
Alyciclobacillus acidoterrestris	Suco de maçã	300 MPa; 15 min; 50 °C	3,7	Porebska et al., 2017
Bacillus coagulans	Suco de tomate	600 MPa; 40 s; 105 °C	3,4	Daryaei & Balasubramaniam, 2013
Bacillus subtilis	Suco de melão	464 MPa; 12,8 min; 64,6 °C	5,0	Chen et al., 2015
Lactobacillis fructivorans	Polpa de açaí	600 MPa; 5 min; 65 °C	6,7	Jesus et al., 2018
Salmonella enterica	Purê de melão	400 MPa; 5 min; 8 °C	4,5	Mukhopadhyay et al., 2016
Listeria monocytogenes	Chouriço espanhol	550 MPa; 10 min; 18 °C	3,7	Rubio et al., 2017
Psicotróficos	Filé de tilápia	400 MPa; 3 min; 5 °C	1,1	Suemitsu & Cristianini, 2019
Escherichia coli spp.	Suco de laranja	400 MPa; 3 min; 25 °C	6,5	Torres et al., 2015
Clostridium botulinum tipo E	Solução tampão	900 MPa; 10 min; 30 °C	3,8	Lenz et al., 2015

Assim, essa tecnologia emergente tem grande eficiência na inativação de microrganismos patogênicos e deteriorantes de alimentos, garantindo a segurança e a mínima alteração nas características nutricionais e sensoriais.

ATIVIDADE ENZIMÁTICA

As enzimas pertencem a um grupo especial de proteínas globulares com grande poder catalítico, sendo altamente específicas quanto ao tipo de reação catalisada e ao substrato. Essa especificidade ocorre, devido a sua configuração espacial e ao sítio ativo, ambos determinados pela sequência de aminoácidos e organização das cadeias polipeptídicas. As enzimas e seus substratos são naturalmente encontrados na composição dos alimentos frescos, como frutas, vegetais, cereais, leite e carnes. Assim, reações enzimáticas podem ser desencadeadas na matriz do alimento, alterando sua qualidade, tanto negativa quanto positivamente. O primeiro caso pode ser evitado com a inibição da atividade enzimática para assegurar a estabilidade do alimento durante o processamento e armazenamento.

Embora processos térmicos sejam amplamente usados para a inativação de enzimas, eles causam degradação dos principais atributos de qualidade dos alimentos. Nesse sentido, a API já é consagrada como uma alternativa ao tratamento térmico, com a vantagem de reter boa parte das características nutricionais, funcionais e sensoriais dos alimentos.

No segundo caso, a ativação e/ou estabilização da atividade de algumas enzimas pode ser muito desejável para determinados produtos alimentícios e em etapas específicas do processamento ou armazenamento, o que também pode ser alcançado pela aplicação de altas pressões.

A resposta das enzimas submetidas a API é variável e depende da origem da enzima, das características da matriz (pH, concentração de sal e natureza do substrato) e dos parâmetros do processo (pressão, temperatura, número de ciclos de pressão e tempo de exposição). Do ponto de vista termodinâmico, a exposição de matrizes alimentícias a altas pressões pode prejudicar tanto o balanço existente entre as interações resultantes das diversas forças intramoleculares que estruturam as enzimas (reações estabilizantes e desestabilizantes), quanto as interações com o solvente circundante. Isso leva a alterações na conformação da enzima devido à redução no volume molecular, de acordo com o princípio de Le Chatelier, e altera a sua atividade. O mecanismo de ação da API sobre a atividade enzimática pode ainda ser explicado com foco no impacto da pressão sobre cada um dos 4 tipos de estrutura moleculares da enzima. As ligações covalentes (peptídicas e dissulfídricas) que estabilizam a estrutura primária das enzimas sofrem um efeito desprezível da pressão. As ligações de hidrogênio, responsáveis por estabilizar as estruturas secundárias, são levemente estabilizadas/desestabilizadas pela pressão, e, por consequência, alterações na enzima ocorrem somente a elevadas pressões (> 700 MPa). Por outro lado, a API é capaz de alterar as forças que mantêm a estrutura tridimensional da proteína (estruturas terciária e quaternária), afetando diretamente a configuração do sítio ativo das seguintes formas:

- Promoção do desdobramento da enzima
- Aumento da exposição dos aminoácidos hidrofóbicos (apolares), aumentando a hidrofobicidade superficial da enzima em solução aquosa
- Aumento da exposição dos grupos sulfidrilas (SH)
- Redução do total de SH devido à formação de ligações dissulfídricas.

As hipóteses existentes em relação ao impacto da API sobre a enzima também consideram a ruptura/cisão de isoenzimas latentes, em matrizes que contenham enzimas endógenas, especialmente frutas e vegetais. Normalmente, essas enzimas latentes têm a atividade induzida pela API e, assim, passam a apresentar maior barorresistência.

Resumidamente, a aplicação da alta pressão pode resultar na ativação, na inativação ou na estabilização da enzima. Sob pressões mais baixas (< 200 MPa), pode haver um aumento na flexibilidade conformacional, devido à hidratação dos grupos carregados da enzima, aumentando sua atividade. Há condições em que a API pode levar à exposição do centro hidrofóbico da proteína, com consequente aumento da hidrofobicidade superficial, resultando em inativação por desnaturação. Apesar do mecanismo de estabilização enzimática induzida por pressão não ter sido completamente elucidado, supõe-se que as interações intramoleculares, a hidratação de grupos carregados, a ruptura de água ligada e a estabilização de ligações de hidrogênio desempenhem um papel importante sobre a estabilidade, prevenindo a inativação. As alterações induzidas sobre a enzima pela pressão podem ser reversíveis ou irreversíveis, dependendo dos parâmetros de processo e das propriedades da enzima.

O impacto do processamento por API sobre a atividade enzimática vem sendo avaliado em diferentes sistemas, como alimentos processados com enzima endógena (purês, polpas e sucos de frutas e de vegetais, geleias e leite), e no caso de enzima intencionalmente processada com o substrato. A investigação do comportamento de cada enzima individualmente tem gerado contribuições importantes para o estado da arte. Na Tabela 2.3, são apresentadas importantes enzimas nos alimentos e cujas atividades são alteradas pela alta pressão.

A degradação da qualidade de frutas e vegetais devido à atividade de enzimas endógenas limita a estabilidade dos alimentos, sendo um fator de preocupação para a indústria de processamento. Nesse caso, polifenoloxidase (PPO), peroxidase (POD), poligalacturonase (PG), pectinametilesterase (PME) e lipoxigenase (LOX) são algumas das enzimas-chaves, para as quais há vários estudos disponíveis sobre a inativação por API.

A oxidação de compostos fenólicos pela PPO é uma das principais causas do escurecimento em frutas e vegetais, sendo também responsável pela degradação de antocianinas e outros polifenóis, levando à descoloração e à perda da atividade antioxidante. A PPO é considerada uma das enzimas mais resistentes à pressão devido à ocorrência de isoenzimas latentes e barorresistência, sendo recomendável a combinação de altas pressões com temperaturas moderadas (> 50 °C) para uma completa inativação.

Já a PG e a PME são duas enzimas pécticas que contribuem para a redução da textura/viscosidade em purês de frutas e para a perda da estabilidade coloidal em sucos de frutas e vegetais, respectivamente. Com adequada combinação de pressão e temperatura, é possível seletivamente inativar PME ou PG. Essa estratégia pode, por exemplo, evitar a adição de PME purificada para o incremento da textura, normalmente necessária em suco de tomate processado termicamente. A API pode ser também um método alternativo para a inativação da PME em suco de laranja, cuja atividade é responsável pela desestabilização coloidal e gelificação que depreciam a qualidade do suco.

Por fim, a enzima LOX, encontrada principalmente em leguminosas, causa degradação da clorofila e formação de *off-flavor* em vegetais congelados, sendo, portanto, um alvo para a inativação. Várias combinações de alta pressão e temperatura podem ser usadas para a inativação de LOX em soja, feijão, ervilha, cenoura e tomate.

A aplicação de API pode ativar ou inativar as enzimas endógenas do leite (fosfatase, lactoperoxidase, lisozima, lactoferrina e plasmina) e de produtos lácteos (proteases e lipases de origem microbiana) e, em alguns casos, pode não surtir efeito algum sobre elas. Isso é tecnologicamente importante porque a API pode controlar o processamento de produtos lácteos, ativando ou inativando as enzimas proteolíticas e lipolíticas. Por exemplo, o uso de pressões moderadas (< 400 MPa) tem mostrado efetividade no aumento da atividade proteolítica em queijos maturados. Por outro lado, a alta estabilidade dessas mesmas enzimas pode afetar negativamente produtos frescos elaborados a partir de leite processado por alta pressão, especialmente devido às alterações na textura e sabor (amargo e rançoso), resultantes da atividade enzimática. É possível dizer que as enzimas são mais resistentes à pressão do que ao processamento térmico; portanto, no caso de produtos lácteos processados por API, a pressão favorece a preservação da atividade antimicrobiana de enzimas, como lactoperoxidase, lactoferrina e lisozima (sensíveis ao calor). Portanto, o uso da API em substituição à pasteurização do leite deve ser cuidadosamente avaliado, de acordo com o tipo de produto ao qual se destinará esse leite. Condições de temperatura amena ou alta podem ser associadas à API a fim de melhorar a efetividade do processo.

O efeito da pressão sobre as enzimas da carne, especialmente catepsinas e calpaínas, tem sido foco de estudos, devido à associação direta de suas atividades proteolíticas ao aumento da maciez da carne durante a maturação (tenderização). O processo da API pode ser uma importante ferramenta para o aumento da atividade dessas enzimas, no qual estão envolvidos os seguintes fenômenos:

- Liberação de catepsina presente nos lisossomas
- Ativação de calpaínas e catepsina com pressão de até 150 MPa
- Inativação de calpastaína, que são inibidoras de calpaínas.

Além do mais, como as calpaínas são cálcio-dependentes, o processo da API pode promover o aumento da liberação de cálcio a partir do sarcoplasma (principal fonte de cálcio intracelular) e, assim, aumentar a eficiência da reação. Além disso, essas enzimas podem ser inativadas a altas pressões, o que se dá provavelmente devido à desnaturação proteica. À parte disso, a API pode aumentar a rancidez lipídica em carnes. Em suínos, lipases e lipoxigenases são ativadas até 300 MPa, e este aumento da atividade está relacionado ao nível de liberação das enzimas a partir do lisossoma.

Na última década, estudos têm demonstrado que a API pode aumentar a hidrólise enzimática de alimentos derivados de proteína (desde vegetal até animal) e favorecer a geração de peptídeos bioativos a partir do uso de um amplo espectro de enzimas.

Por fim, a API vem sendo estudada com o objetivo de melhorar o desempenho das enzimas comerciais, contornando limitações e, consequentemente, aumentando a área de aplicação. A ativação de enzimas comerciais é altamente desejável, pois reduz a quantidade de enzimas necessárias no processo industrial e, assim, diminui o seu custo relativo e aumenta a viabilidade econômica de comercialização. Embora a aplicação da API seja atualmente mais difundida no processamento de alimentos, o setor de síntese de produtos catalisados por enzimas, de alto valor agregado (peptídeos farmacológicos, antibióticos, carboidratos e aromas), vem se mostrando com alto potencial para o uso da API.

Tabela 2.3 – Alteração na atividade de enzimas dos alimentos por alta pressão isostática (API)

Enzima	Matriz alimentícia/ natureza	Condições de processo	Atividade enzimática (AE)	Referências
Álcool oxidase	Enzima comercial	0,1-160 MPa; 30, 40 e 50 °C	↑P → ↑AE; [P + 50 °C] → > taxa de ↑AE	Yang & Reyes-De-Corcuera, 2021
Amilase	Malte de cevada	0,1-100 MPa; 2-60 min; 62, 67 e 72 °C	2 MPa e 67 °C → máx. AE; 50 > 100 > 0,1 MPa → ↓AE	Choi et al., 2016
Glicosidase	Mirtilo	200-600 MPa; 20 min	500 MPa → máx. AE (> AE do controle); 400 > 300 > 200 > 600 MPa → ↓AE (< AE do controle)	Zhang et al., 2021
Lisozima	Enzima comercial	100-600 MPa; 20 e 50 °C; 10 min	[20 °C] → 300-400 MPa: máx. AE; [50 °C] → 200 MPa: máx. AE	Tribst et al., 2017
Lipoxigenase (LOX)	Leite de soja	500-700 MPa; 45-65 °C; 5min	Inativação LOX em praticamente todas as combinações P × T	Manassero et al., 2016
Pectinametilesterase	Suco de laranja	100-600 MPa; 30-60 °C; 30-360 s	600 MPa, 45 °C e 195 s → máx. ↓AE	Bisconsin-Junior et al., 2014
Peroxidase (POD) e polifenoloxidas e (PPO)	Açaí	400-600 MPa; 25 e 65 °C; 5 e 15 min	[POD] → AE estável em todas as combinações P × T × t; [PPO] → 600 MPa/65 °C: máx. ↓AE	Jesus et al., 2018
Poligalacturonase	Abacate	0,1-750 MPa; 20 °C; 15 min	450 MPa → inativação	Bermejo-Prada et al., 2014
Protease	*R. miehei* comercial	100-400 MPa (5-15 min) 600 MPa (0-20 min); 25 °C	> 300 MPa → ↓AE; 600 MPa → inativação	Leite Júnior et al., 2016

P: pressão; T: temperatura; t: tempo.

EFEITOS SOBRE OS PRINCIPAIS CONSTITUINTES DOS ALIMENTOS

No geral, o processamento por API apresenta menor impacto nos constituintes dos alimentos quando comparado com outras tecnologias, sobretudo as de processamento térmico. A aplicação de pressões dentro das faixas comerciais não é suficiente para provocar efeitos nas ligações covalentes. Assim, compostos de baixo peso molecular, normalmente responsáveis pelas características sensoriais e nutricionais dos alimentos, são pouco afetados pela pressurização. Contudo, as macromoléculas, associadas à estrutura e à funcionalidade dos alimentos, são mais sensíveis à pressão e podem sofrer modificações significativas, consequentemente afetando as propriedades dos alimentos. Tal fato deve-se à presença de interações moleculares não covalentes, que são ligações de alta compressibilidade.

Por outro lado, ressalta-se que, apesar de algumas modificações serem indesejáveis, outras são realizadas intencionalmente, com o objetivo de melhorar ou modular as propriedades nativas de biopolímeros, especialmente polissacarídeos e proteínas.

No geral, as modificações sobre os constituintes dependem dos fatores intrínsecos do alimento e das variáveis do processo (intensidade da pressão, ciclos realizados, tempo e temperatura). A seguir, são apresentados os embasamentos conceituais dessas modificações induzidas pela API em cada um dos principais constituintes das matrizes alimentícias: macromoléculas (proteínas e polissacarídeos) e micromoléculas (vitaminas e pigmentos). Para complementar, é feito um levantamento detalhado de trabalhos científicos, reportando os efeitos do processo sobre a estrutura e propriedades técnico-funcionais, funcionais e nutricionais desses componentes.

Proteínas

Entre as principais macromoléculas presentes nos alimentos, destaca-se a proteína. Constituídas por cadeias polipeptídicas de aminoácidos, as macromoléculas são extremamente importantes para o funcionamento do corpo humano. São encontradas tanto em alimentos de origem animal quanto vegetal, e sua presença contribui diretamente para as propriedades do alimento, que são substancialmente dependentes da fonte da proteína e do tipo de processamento ao qual o alimento é submetido. No geral, os processamentos podem desencadear mudanças conformacionais nas proteínas, impactando a qualidade nutricional, as técnico-funcionalidades e as propriedades organolépticas das matrizes alimentícias onde estão presentes.

Do ponto de vista tecnológico, os benefícios do processamento por API nas proteínas dependem do tempo do processo, da intensidade da pressão e da matriz alimentícia. A pressão impacta as proteínas nos diferentes níveis estruturais da sua organização macromolecular, o que pode levar à ruptura de ligações ou interações não covalentes e subsequente formação de novas ligações intra e intermoleculares. Essas modificações nas estruturas tridimensionais não só causam a desnaturação da proteína, mas também modificam suas propriedades físicas, como solubilidade, viscosidade, gelificação, emulsificação e formação de espuma. Tal fato confirma que o processo de API é uma possível estratégia útil para o desenvolvimento de novos produtos alimentícios, com propriedades e características únicas.

Basicamente, as proteínas podem apresentar quatro níveis estruturais: primária, secundária, terciária e quaternária. A aplicação de alta pressão normalmente não tem impacto significativo nas estruturas primárias, pois estas são formadas por ligações peptídicas (covalentes). Já as estruturas secundárias, terciárias e quaternárias (estabilizadas por interações iônicas, hidrofóbicas, de hidrogênio e interações eletrostáticas) podem sofrer consideráveis modificações.

Especificamente, as estruturas secundárias são afetadas em pressões maiores que 400 MPa, enquanto as estruturas terciárias e quaternárias sofrem modificações na faixa de 100 a 200 MPa. Quando a aplicação de pressão acarreta apenas a compressão geral da proteína, a modificação é considerada reversível (efeitos elásticos). Normalmente, isso ocorre com pressões inferiores a 200 MPa. Por outro lado, quando as pressões desencadeiam mudanças de conformação, os efeitos são considerados plásticos, ou seja, irreversíveis. Nesse caso, pressões acima de 300 MPa são necessárias, podendo levar a desdobramento, desnaturação e agregação de proteínas. Tais fenômenos têm consequências diretas nas propriedades texturais dos alimentos.

O uso de alta pressão também tem sido proposto para alterar a conformação e o potencial alergênico de proteínas alimentares. Muitos alimentos são conhecidos por causar alergia uma vez ingeridos, por exemplo: leite, ovos, trigo, oleaginosas e frutos do mar. O tratamento com API já demonstrou possibilidade em reduzir o potencial alergênico de alguns desses alimentos, sem eliminar propriamente as proteínas alergênicas, mas induzindo o rearranjo de suas estruturas tridimensionais e facilitando o acesso de enzimas hidrolíticas ao sítio ativo dos alérgenos específicos.

Diante dos possíveis efeitos da tecnologia de API, diversos estudos têm sido desenvolvidos com o intuito de avaliar tanto as modificações não desejáveis, quanto as alcançadas intencionalmente com o objetivo de melhorar as propriedades das proteínas. Nesse sentido, a seguir são discutidos detalhadamente os principais efeitos relatados até o momento da aplicação de API em proteínas de origem animal e vegetal. Informações adicionais também estão disponibilizadas na Tabela 2.4.

Proteínas de origem animal

A maioria das proteínas de origem animal é alterada pela aplicação da alta pressão, o que influencia diretamente a qualidade da matriz alimentícia da qual a proteína faz parte. Na indústria de carnes, o processo de API é principalmente utilizado para inativar microrganismos em temperatura ambiente, melhorando a segurança microbiológica e a vida útil sem comprometer o sabor do produto. No entanto, nos últimos anos, a API também tem sido empregada para desenvolver novas texturas e auxiliar no amaciamento. Esses efeitos são possíveis graças à ação da pressão sobre as proteínas.

Nas carnes, há basicamente três tipos principais de proteínas: as proteínas do tecido conjuntivo (principalmente insolúveis em água), sarcoplasmáticas (solúveis em água) e miofibrilares (solúveis em soluções salinas de força iônica moderada). Deste último grupo, a miosina e actina certamente se destacam como responsáveis pela textura. A modificação estrutural dessas proteínas devido à pressão provoca alterações nas propriedades funcionais da carne.

Estudos desenvolvidos até o momento indicam que a API tem um efeito benéfico no amaciamento de carnes *pré-rigor*, enquanto os efeitos no amaciamento *pós-rigor* só são mensuráveis quando há combinação do tratamento com temperatura. O tratamento por API induz o aumento da solubilidade da proteína, que, acredita-se, está correlacionado ao amaciamento. Pressões entre 100 e 300 MPa são sugeridas pela literatura como ideais para o tratamento da carne *in natura*, tendo em vista que pressões superiores a 400 MPa podem desencadear alterações indesejáveis na cor e na textura (diminuição do amaciamento).

O efeito da tecnologia de API sobre as ligações que estabilizam as proteínas também interfere na gelificação de produtos cárneos. Geralmente, a aplicação de pressões acima de 300 MPa em proteínas miofibrilares enfraquece as propriedades de gelificação induzida por calor. Assim, o nível de pressão ideal para modificar essas proteínas com o objetivo de melhorar essas propriedades é definido como em torno de 200 MPa. É importante ressaltar que diferentes efeitos podem ser observados quando se analisa a proteína isolada e quando se analisa o produto cárneo como um todo.

Além do efeito na textura e nos produtos cárneos em geral, a API vem ganhando importância como uma tecnologia promissora no desenvolvimento de produtos cárneos com baixo teor de sódio e com qualidade apreciável. A alta pressão pode aumentar significativamente a solubilidade das proteínas miofibrilares e, assim, diminuir a quantidade de sal para o desenvolvimento de produtos cárneos mais saudáveis.

Outra modificação relacionada às alterações das proteínas de carnes pelo uso de pressão refere-se às mudanças de coloração do produto. No entanto, como as proteínas que apresentam essa funcionalidade também são classificadas como pigmentos (proteínas sarcoplasmáticas), maiores informações sobre essas modificações são encontradas na seção “Pigmentos”.

O leite e produtos lácteos são outros produtos com considerável teor de proteínas que são usualmente processados por API. Nesses alimentos, a tecnologia de alta pressão promove a desintegração de micelas de caseína em partículas menores e de formato irregular, o que acarreta o aumento da homogeneidade e viscosidade do material, a diminuição da turbidez e a alteração da funcionalidade das proteínas. A API pode ainda induzir a desnaturação de proteínas do soro de leite, sendo a β-lactoglobulina sensível a pressões entre 100 e 200 MPa, enquanto a α-lactoalbumina e a albumina são estáveis a pressões iguais ou superiores a 400 a 500 MPa. Essa desnaturação, associada ao desequilíbrio de íons, pode melhorar as propriedades tecnológicas do leite, aumentando a capacidade de retenção de água, a viscosidade e a densidade do gel. Tais acontecimentos contribuem substancial e positivamente para o processamento de queijos, iogurtes e leites fermentados.

Proteínas de origem vegetal

Uma vez conhecida a capacidade da API em induzir modificações na estrutura e propriedades das proteínas dos alimentos, não é surpreendente afirmar que essas modificações se estendam às proteínas vegetais. Mudanças no estilo de vida dos consumidores, decorrentes da preocupação com questões ambientais e com a saúde, são vistas como as principais forças para que essas fontes sejam amplamente investigadas e progressivamente introduzidas na indústria de alimentos. Os inúmeros estudos realizados com essas proteínas estão concentrados em avaliar os efeitos da API em suas propriedades técnico-funcionais, como capacidade emulsificante, formação e estabilidade de espuma, capacidade de retenção de óleo e água, solubilidade e formação de gel. Além dessas propriedades, os estudos com proteínas vegetais também têm como foco avaliar a digestibilidade, a biodisponibilidade e a redução da alergenicidade. Os resultados obtidos são diversos, desde melhora ou perda dessas propriedades e dos parâmetros nutricionais até a completa inexistência de alterações nas propriedades. Esses comportamentos diferem de acordo com a fonte da proteína em estudo, condições do meio (básico ou ácido) e condições de processamento (intensidade da pressão).

Em um estudo publicado por Queirós e colaboradores em 2018, foi desenvolvido um compilado das principais modificações obtidas pela aplicação de API em diversas proteínas de origem vegetal, normalmente em forma de concentrados, isolados e dispersões proteicas. Pelos resultados avaliados na revisão, a API em geral aumenta a capacidade de retenção de água das proteínas vegetais em pressões e tempos mais baixos de processamento, o que pode impactar positivamente os atributos texturais de muitos produtos alimentícios. Sobre a solubilidade, infere-se que pressões mais altas (> 400 MPa) induzem a diminuição do parâmetro, enquanto pressões de até 200 a 300 MPa não a afetam. Em relação à formação e à estabilidade das emulsões, de forma geral, o tratamento parece melhorar a atividade emulsificante das proteínas, mas não a estabilidade da emulsão. Tratamentos que utilizam pressões mais baixas ou intermediárias (por exemplo, 200 a 400 MPa) aumentam os valores do índice de atividade emulsificante das proteínas, enquanto pressões ou tempo de processamento mais elevados não demonstram ter efeitos adicionais e, em algumas situações, podem até diminuir o índice. Apesar de outras propriedades serem amplamente examinadas e discutidas, os resultados são bem variáveis, sendo necessário avaliar caso a caso.

Entre as proteínas vegetais, a soja é provavelmente a mais estudada em relação à aplicação de API. Pelos estudos relatados até o momento, essa proteína perde sua estrutura nativa e se desdobra em pressões em torno de 350 MPa. Em relação a sua estrutura secundária, o processamento acarreta modificações relevantes. Normalmente, a pressão aumenta o conteúdo de estruturas designadas espirais desordenadas (*random coils*), enquanto algumas estruturas ordenadas são destruídas e outras restauradas, dependendo das condições do tratamento. A solubilidade, por sua vez, também pode ser alterada e pressões de até 400 MPa parecem aumentar a solubilidade das proteínas de soja, sobretudo entre 200 a 300 MPa. Tal comportamento ocorre possivelmente devido ao desdobramento parcial das proteínas, provocando mudanças nas suas cargas superficiais e aumentando, assim, as interações proteína-água. Ressalta-se também que o uso de pressões mais baixas por curtos períodos pode melhorar a capacidade de retenção de água dessas proteínas.

Como relatado anteriormente, os estudos para verificar a ação da API em proteínas vegetais em geral utilizam dispersões, concentrados e isolados proteicos como modelos de investigação. No entanto, as modificações estruturais das interações proteína-proteína em estudos conduzidos nos modelos simples podem ser completamente diferentes daquelas que ocorrem em sistemas reais. Portanto, ainda é difícil prever como se dão essas alterações induzidas por API em uma matriz alimentícia complexa.

Tabela 2.4 – Efeito da alta pressão isostática (API) sobre proteínas vegetais e animais

Matriz alimentícia e/ou proteína	Condições do processo	Principais efeitos	Referências
Isolado proteico de colza	200, 400 e 600 MPa 15 min 25 °C	Os tratamentos aumentam significativamente a agregação e a hidrofobicidade das proteínas. Há também aumento da quantidade da estrutura de α-hélice, sendo o maior aumento observado a 400 MPa. O processo de API ainda produz géis com melhores propriedades texturais	He et al., 2014
Carpa prateada (proteína miofibrilar)	200, 300, 400 e 500 MPa 10 min 20 °C	A estabilidade conformacional das proteínas miofibrilares é significativamente reduzida quando expostas a pressões > 200 MPa. Além disso, a fração de α-hélice diminui gradativamente com o aumento da pressão, o que indica que a estrutura secundária da proteína é claramente afetada pelo tratamento	Qiu et al., 2014
Semente de soja	100, 200, 300, 400 e 500 MPa 20 min 25 °C	A aplicação de API aumenta significativamente a solubilidade (até 400 MPa) e hidrofobicidade (100 e 200 MPa) da proteína. Os tratamentos reduzem a quantidade da estrutura de α-hélice e β-folha. Ademais, os resultados sugerem que há dissociação das proteínas a 100 e 200 MPa, enquanto a agregação pode ser induzida entre 300 e 500 MPa. Por fim, os tratamentos mostram ser capazes de reduzir até 61,7% do IgE, parâmetro relacionado ao desenvolvimento de alergias	Yang et al., 2014

Amendoim (arachin)	200, 300, 400, 500 e 600 MPa 20 min 25 °C	O aumento da pressão diminui as sulfidrilas livres e a solubilidade. O índice de atividade emulsificante aumenta nas proteínas processadas (> 200 MPa) quando comparado às proteínas não processadas. Já o índice de estabilidade emulsificante tem um pequeno aumento a 200 e 300 MPa, mas diminui em pressões acima de 400 MPa	Zhao et al., 2015
Carne de porco (proteínas miofibrilares e sarcoplasmáticas)	200, 400, 600, e 800 MPa 10 min 5 e 20 °C	A solubilidade das proteínas (sarcoplasmáticas e miofibrilares) diminui consideravelmente em pressões > 400 MPa nas duas temperaturas. Além disso, as proteínas solúveis são expostas a mudanças estruturais notáveis já a 200 MPa e perdem sua funcionalidade nativa	Grossi et al., 2016
Carne de caranguejo (proteína miofibrilar)	100, 300, e 500 MPa 5 min Temperatura ambiente	Em qualquer condição do processamento há a diminuição da porcentagem das estruturas α-hélice e aumento da β-folha. A análise de calorimetria ainda indica que a proteína do caranguejo (miosina) é completamente desnaturada a 500 MPa. Em relação aos géis, o gel da proteína pressurizada apresenta uma rede macia, flexível e menos rígida que o gel-controle (carne sem pressurização)	Velazquez et al., 2021

Polissacarídeos

Os polissacarídeos são um dos principais componentes da dieta humana, naturalmente encontrados em alimentos de origem vegetal (mais comum), na parede celular fúngica e em algas. Particularmente, o amido (carboidrato digerível) é a fonte primordial de energia de todas as dietas, e os polissacarídeos da parede celular são os componentes mais importantes da FA (carboidratos não digeríveis). Ambos têm grande contribuição na textura dos alimentos, sendo ingredientes fundamentais para esse e outros fins. Em muitos casos, as propriedades naturais desses polissacarídeos não conseguem atender aos requerimentos para aplicação em produtos alimentícios específicos e, como consequência, é necessário modificá-los. Atualmente, os métodos físicos de modificação, como a API, são de especial interesse por oferecerem algumas vantagens em relação a outros métodos, por requererem tempos de processo mais curtos e dispensarem reagentes químicos e geração de resíduos. Adicionalmente, a demanda por ingredientes naturais, equivalente ao desejo pelos chamados *clean label*, faz com que modificações dessa natureza sejam mais bem aceitas pelos consumidores.

Neste tópico, são revisados os efeitos da API sobre a modificação do amido e dos componentes da FA, buscando compreender os mecanismos aí envolvidos e a forma como as alterações induzidas na estrutura dessas macromoléculas podem modular suas propriedades técnico-funcionais. Também são feitas pequenas considerações sobre o aspecto nutricional.

Amido

O amido é o principal carboidrato de reserva de plantas superiores, abundante em cereais, raízes e tubérculos. O amido nativo (ou granular) apresenta-se na forma de grânulos semicristalinos e insolúveis e é formado a partir dos homopolissacarídeos amilose e amilopectina. Na indústria de alimentos, o amido é o principal componente de muitas formulações alimentícias e é responsável por propriedades importantes, como dispersão de ingredientes, agente texturizante, substituto de gordura, estabilizador de coloides e melhorador de palatabilidade. Essas funções dependem de uma ou mais propriedades físico-químicas e técnico-funcionais intrínsecas ao amido, como solubilidade, capacidade de intumescimento, viscosidade, gelatinização, formação de gel e susceptibilidade à digestão enzimática, dentre outras. A gelatinização é um dos mais importantes fenômenos associados ao amido, marcada pela transição de fase dos grânulos de um estado ordenado para um desordenado. Convencionalmente, a gelatinização (térmica) é induzida quando o amido é aquecido o suficiente na presença de água, o que envolve a hidratação e o intumescimento dos grânulos, levando ao aumento de sua solubilidade e viscosidade.

Diversas fontes botânicas oferecem amido nativo que nem sempre é adequado para aplicações industriais específicas, devido a certas limitações funcionais, como baixa solubilidade em água fria, alta retrogradação, baixa estabilidade térmica e instabilidade sobre refrigeração. Portanto, modificações são comumente empregadas para incrementar ou inibir as características originais do amido e adequá-lo a aplicações diversas.

O principal efeito da API sobre o amido ocorre com as ligações não covalentes, podendo afetar as regiões amorfas e cristalinas dos grânulos, a depender da fonte do amido e dos parâmetros de processo (intensidade da pressão, temperatura, tempo de exposição e concentração na dispersão). Em linhas gerais, ocorre um enfraquecimento gradual da estrutura semicristalina, e, do amido com o processo de API. Consequentemente, o efeito do processamento vai desde a produção de baixos níveis de desordem à completa destruição da ordem estrutural dos grânulos. Em outras palavras, o potencial da API na modificação física de dispersões de amido se aplica tanto à modulação de suas propriedades técnico-funcionais, em condições mais brandas de processo, quanto à promoção da chamada gelatinização a frio, por meio do fenômeno conhecido por gelatinização induzida por alta pressão (GIAP).

Apesar de ainda não haver um consenso em relação ao mecanismo da GIAP, parte-se do princípio que a destruição da estrutura do amido ocorre em duas etapas. Inicialmente, há a hidratação reversível da região amorfa, seguida pela penetração irreversível da água na região cristalina dos grânulos. As estruturas secundárias e terciárias, estabilizadas por pontes de hidrogênio, são quebradas, levando à ruptura da estrutura ordenada. No geral, o grau de gelatinização aumenta proporcionalmente à pressão aplicada, tanto que alterações mais drásticas de desordem estrutural são normalmente observadas em condições extremas de pressões (> 600 MPa), sob as quais a hidratação e o entumescimento dos grânulos são favorecidos. Ainda que tais condições de processos induzam à gelatinização, esta só pode ser dita completa mediante a observação simultânea da perda da cruz de Malta (microscopia com luz polarizada), desaparecimento da transição de gelatinização (calorimetria diferencia de varredura [DSC]) e perda da cristalinidade relativa (difração de raio X [DRX]).

Além da intensidade da pressão, o tipo de amido e sua estrutura cristalina também exercem influência sobre a GIAP. Por exemplo, uma estrutura compacta dos grânulos de amido do tipo A (amido de cereais) os faz mais sensíveis à pressão do que os amidos do tipo B (amido de tuberosas e de banana verde), caracterizados por uma estrutura mais aberta. A amilose possui um papel de estabilização da estrutura dos grânulos de amido quando submetidos a API, fazendo com que o amido com baixo teor de amilose (amido ceroso) perca mais facilmente a ordem granular comparado ao alto teor. Tendo em vista o potencial como ingrediente, a GIAP pode resultar em amidos pré-gelatinizados com propriedades microestruturais e reológicas únicas, diferentes daqueles oriundos da gelatinização pelo método convencional.

Apesar de a GIAP ser o principal efeito considerado pela literatura, observa-se que mesmo alterações mais sutis na ordem estrutural do grânulo de amido resultam em amidos modificados com propriedades tecnológicas de interesse sob condições menos extremas de processo. Enquanto pouco ou nenhum efeito de pressões inferiores a 400 MPa é evidenciado sobre o grânulo de amido, condições de processo usando pressões intermediárias (entre 400 e 600 MPa) podem modular propriedades técnico-funcionais importantes. As propriedades higroscópicas do amido (capacidade de entumescimento e absorção de água) e a solubilidade são modificadas pela API, podendo aumentar ou diminuir, a depender da temperatura em que são testadas. As propriedades de pasta dos amidos submetidos a alta pressão são normalmente diferentes daquelas do amido não processado. Por exemplo, pressões inferiores a 600 MPa podem levar ao aumento ou à redução da viscosidade de pico (máxima), mas, a partir de 600 MPa, a redução é praticamente inevitável. A dureza (consistência) dos géis de amido, propriedade relevante na caracterização da sua textura, pode aumentar ou diminuir com a pressão (inclusive para géis refrigerados e congelados), a depender da fonte botânica.

Além do aspecto tecnológico, a API pode promover no amido alterações consideradas benéficas à saúde, no que diz respeito ao aumento da resistência à digestão e à redução do índice glicêmico (comparável à fibra alimentar). Mais especificamente, a API pode ser empregada para a produção de amido resistente do tipo III (amido retrogradado), de particular interesse devido a sua estabilidade térmica durante o cozimento e à manutenção da sua funcionalidade nutricional.

Fibra alimentar

A fibra alimentar (FA) é um dos componentes alimentícios mais estudados nos últimos anos, graças às suas implicações fisiológicas, já bem conhecidas, e a sua aplicação como ingrediente funcional, de grande interesse industrial. As funcionalidades fisiológicas e tecnológicas da FA dependem principalmente da fonte e da composição da fibra, sendo esta última atrelada à proporção das frações de fibra solúvel (FAS) e insolúvel (FAI). Em termos técnico-funcionais, a FAS (goma, pectina, mucilagem, inulina e algumas hemiceluloses) é caracterizada pela capacidade de promover viscosidade, absorção e retenção de água, formação de géis ou como emulsificante. Já a FAI (celulose, hemicelulose, algumas pectinas e lignina – não carboidrato), definida pela insolubilidade em água, é capaz de reter água e óleo em sua estrutura porosa e de baixa densidade. O uso da FAS acaba sendo preferido em relação à maioria das FAI por cobrir uma faixa mais ampla de aplicação. Na tentativa de contornar esse entrave, métodos químicos, biológicos e físicos (ou a combinação deles) vêm sendo desenvolvidos para modificar a FA e aumentar a proporção de FAS:FAI em alimentos. A tecnologia de API é, nesse sentido, considerada um método físico alternativo de modificação da FA, tendo todas as vantagens já mencionadas.

Apesar da constatação de que a API pode melhorar significativamente a funcionalidade (nutricional e tecnológica) das FA por meio de alterações na sua estrutura interna, não foi estabelecido até o momento o mecanismo detalhado da indução dessas alterações. Há de se considerar que a FA é composta por uma mistura de substâncias complexas, o que dificulta uma explicação generalizada a respeito. Grande parte das informações disponíveis é oriunda da aplicação da API sobre fontes não convencionais de FA, como os subprodutos de frutas e vegetais (okara, cascas de manga, laranja e figo, batata doce de polpa roxa, cominho desengordurado), que são ricos em FAI, mas têm baixo teor de FAS. Nesses casos, a aplicação da API vem, normalmente, combinada a temperaturas amenas ou enzimas.

O processamento desses materiais fibrosos pela combinação da API e temperatura tem efeito concomitante sobre a FAI e a FAS, o que reflete na modificação das propriedades físico-químicas. Pressões de até 600 MPa e temperaturas na faixa de 30 °C a 80 °C são as condições usualmente empregadas. No geral, tem-se um aumento na proporção FAS:FAI com o aumento da pressão e temperatura, o que sugere a conversão de FAI em FAS. O processo por API-temperatura também induz alterações relevantes nas propriedades técnico-funcionais, como o aumento da solubilidade e da capacidade de absorção de água, que se relacionam diretamente ao aumento no teor de FAS. A redução nas capacidades de absorção e retenção de óleo está, no entanto, relacionada à redução no teor de FAI pelo processo e pode ser acompanhada do aumento da densidade do material com menor área superficial. Cascas de frutas processadas por alta pressão (600 MPa, a 55 °C), por exemplo, apresentam estrutura mais compacta e com maior densidade comparadas aos respectivos materiais não processados.

A hidrólise enzimática assistida por API é outra combinação de métodos efetiva no aumento da FAS e no incremento da funcionalidade da FA. Quando usada na modificação de fibra de cominho desengordurado (200 MPa; enzimas lacase e celulase), levou ao aumento da capacidade de retenção de água e capacidade de adsorção de óleo. Ademais, o processo de API pode induzir a liberação de compostos fenólicos embebidos na matriz da FA e, consequentemente, levar ao aumento do teor de compostos fenólicos e da atividade antioxidante.

Com tudo isso, o uso da API abre oportunidades para a modificação de fontes não convencionais de FA e obtenção de novas (e inovadoras) propriedades técnico-funcionais para diferentes aplicações em alimentos.

Pigmentos

A cor é um dos principais atributos de qualidade que os consumidores analisam para determinar o grau de aceitabilidade de qualquer produto alimentício, sendo frequentemente responsável por gerar expectativas quanto ao seu aroma e sabor. Em geral, a coloração característica dos produtos é originária dos pigmentos dos próprios alimentos.

Os pigmentos são compostos químicos naturais que, além de propiciar cor, podem desempenhar outras funções na matriz alimentícia, como nutrientes, provitaminas ou antioxidantes. As clorofilas, os carotenoides, os flavonoides e as betalaínas são as principais classes de pigmentos naturais encontradas em alimentos. Além dessas, destacam-se a mioglobina e suas espécies – proteínas que desempenham a função de pigmento em produtos cárneos. Cada pigmento apresenta uma estrutura química básica única, que define as diferentes cores e funções biológicas que o pigmento pode desenvolver nas matrizes alimentícias.

Durante o processamento de alimentos, sobretudo os térmicos, muitas reações de escurecimento (reação de Maillard, escurecimento enzimático e oxidação do ácido ascórbico) e de degradação dos pigmentos podem ocorrer, levando a perdas ou mudanças substanciais de cor, que são naturalmente associadas pelos consumidores com a deterioração ou diminuição da qualidade do produto.

O processamento por alta pressão em temperaturas amenas é uma das tecnologias que vem sendo utilizada pela indústria como alternativa aos tratamentos térmicos, pois inativa e/ou inibe microrganismos indesejáveis e, concomitantemente, minimiza a degradação de moléculas de baixo peso molecular, como os pigmentos. A quantificação dos pigmentos antes e após a aplicação de alta pressão permite analisar quão significativas podem ser suas perdas nas matrizes alimentícias. As principais técnicas de quantificação são as análises espectrofotométricas, de fluorimetria ou cromatografia. Além dessas análises, a perda ou mudança dos pigmentos é frequentemente explicada pela análise de cor no sistema padronizado CIELAB, também conhecido como $L^*a^*b^*$. Nesse sistema, L^* está associado à luminosidade do produto avaliado, $+a^*$ indica tendência para a cor vermelha, $-a^*$ sinaliza a cor verde, $+b^*$ representa a cor amarela e $-b^*$ indica tendência para cor azul.

Estudos realizados até o momento apontam que, devido à baixa compressibilidade das ligações covalentes que compõem os pigmentos, suas estruturas são pouco afetadas pela aplicação de altas pressões e, portanto, sua modificação ou deterioração não é tão significativa. No entanto, em alguns casos, observa-se um aumento do teor do pigmento sob alta pressão. Esse comportamento foi relatado tanto para clorofilas em espinafre processado a 625 MPa, por 5 minutos, quanto para licopeno e carotenoides em *smoothies* de frutas processadas a 450 MPa, por 3 minutos. A aplicação de pressões acima de 400 MPa em produtos de origem vegetal danifica as paredes das células das plantas, promovendo a liberação de enzimas barorresistentes e outros compostos, o que pode alterar a concentração dos pigmentos após o tratamento. Muitos pigmentos estão ligados a outras moléculas, como as proteínas, por meio de ligações não covalentes. A aplicação da alta pressão pode então quebrar essas ligações e desprender os pigmentos, tornando-os mais disponíveis na matriz alimentícia.

Em produtos cárneos, especialmente carnes vermelhas frescas, pode ocorrer mudanças na estrutura ou no conteúdo do pigmento devido ao processamento por alta pressão. Em carnes bovinas, a aplicação de alta pressão pode causar a desnaturação da mioglobina e de outras proteínas musculares, oxidação da oximioglobina para metamioglobina (alterando a cor da carne para marrom-acizentada) e a modificação estrutural do anel de porfirina, resultando no desbotamento da cor vermelha característica da carne fresca. Em contraste, os produtos cárneos curados são menos afetados graças à estabilidade do pigmento majoritário nitrosilmioglobina. De forma geral, as principais modificações observadas em produtos cárneos compreendem a desnaturação da mioglobina, deslocamento ou liberação do grupo heme ou mesmo a oxidação do átomo ferroso. Outros estudos sobre o efeito da API em pigmentos de diferentes alimentos podem ser observados na Tabela 2.5.

Tabela 2.5 – Efeito da alta pressão isostática (API) sobre pigmentos

Produto analisado	Pigmento	Condições do processo	Principais efeitos	Referências
Carne de porco	Mioglobina	600 e 700 MPa 10 min Temperatura ambiente	A aplicação de pressão acarreta a mudança conformacional da mioglobina, levando ao aumento da luminosidade (L*) e diminuição da cor vermelha (a*) da carne	Wackerbarth et al., 2009
Suco de laranja vermelha	Antocianina	400, 500 e 600 MPa 15 min 20 °C	O processamento garante uma retenção de > 99% das antocianinas. Maiores valores de L* e a* são observados para os sucos tratados por alta pressão do que para os sucos não tratados	Torres et al., 2011
Suco de laranja com leite	Carotenoide	100, 200, 300 e 400 MPa 2, 5, 7 e 9 min Temperatura máxima 32 °C	Aumento significativo do total de carotenoides nos sucos processados por API a 7 e 9 min em comparação aos sucos não processados	Barba et al., 2012
Vinho vermelho	Antocianina	100 MPa 24 h 25 °C	Pequena redução das antocianinas totais no vinho processado (aproximadamente 8%)	Morata et al., 2012

Néctar de damasco	Carotenoide	300, 400 e 500 MPa 5 a 20 min 25 °C	Não há diferença significativa do total de carotenoides do controle para os néctares processados (exceto a 500 MPa/20 min), indicando uma boa retenção deste pigmento	Huang et al., 2013
Suco de cenoura	Carotenoide (licopeno e β-caroteno) e flavonoide	250, 350 e 450 MPa 10 min Temperatura ambiente	O teor de carotenoides totais, licopeno e β-caroteno não sofre alteração em nenhuma das condições estudadas. Já o teor de flavonoides totais aumenta diretamente com o aumento da pressão	Jabbar et al., 2014
Purê de espinafre e purê de rosa mosqueta	Clorofila e carotenoide	200,400 e 600 MPa 5 e 10 min Temperatura ambiente	O teor de clorofila e carotenoide do purê de espinafre aumenta significativamente devido ao processamento. No entanto, a API quase não tem efeito sobre o conteúdo total de carotenoides do purê de rosa mosqueta	Westphal et al., 2018
Fatias de morango	Antocianina	50, 100, 150, 200 e 250 MPa 5 min 25 °C	A elevação da pressão acarreta o aumento do teor de antocianinas e dos parâmetros de cor (L*, a*, h°), o que garante a cor mais vermelha nas fatias de morango processadas do que nas fatias *in natura*.	Zhang et al., 2020

T: temperatura

Vitaminas

As vitaminas são um amplo grupo de compostos orgânicos essenciais para o metabolismo do corpo humano, bem como para o seu crescimento e bom funcionamento. Geralmente impossíveis de serem sintetizadas pelo corpo em quantidades adequadas, são obtidas a partir do consumo de alimentos. As vitaminas são classificadas de acordo com sua solubilidade, podendo ser hidrossolúveis ou lipossolúveis. As hidrossolúveis são caracterizadas por apresentar solubilidade em ambiente polar devido a um ou mais grupos polares presentes na sua estrutura. Já as vitaminas lipossolúveis exibem solubilidade em lipídios e outros solventes orgânicos.

A estabilidade e a bioacessibilidade das vitaminas são frequentemente comprometidas durante o processamento do alimento, sobretudo os térmicos, visto que uma grande parcela das vitaminas demonstra instabilidade ao calor. Por outro lado, a alta pressão em temperaturas amenas exibe um impacto menos severo. Como observado nos pigmentos, devido à baixa compressibilidade das ligações covalentes, a aplicação de pressão pouco afeta as estruturas das vitaminas. No entanto, uma atenção especial deve ser dada ao efeito combinado de pressão, tempo e temperatura durante o processamento por API, visto que a variação destes parâmetros pode desencadear efeitos distintos nas matrizes alimentícias. A seguir são apresentados os principais efeitos da aplicação da API no teor e estabilidade de diferentes tipos de vitaminas. Outros efeitos podem ser ainda observados na Tabela 2.6.

Vitaminas hidrossolúveis

A degradação das vitaminas devido ao processamento varia de acordo com diferentes fatores, incluindo o tipo de vitamina avaliado. A maioria das vitaminas solúveis em água é altamente sensível a altas temperaturas e à luz. Desta forma, o tratamento de alta pressão tem sido proposto como alternativa para evitar a perda das vitaminas hidrossolúveis. Essas vitaminas são representadas pela vitamina C (ácido ascórbico + ácido desidroascórbico) e por todas as vitaminas do complexo B.

Em suma, o ácido L-ascórbico, ou vitamina C, mostra-se estável diante do tratamento por alta pressão em temperaturas amenas (< 60 °C) e instável em tratamentos combinados a alta temperatura. Em diversos estudos realizados com aplicação de API, não são observadas perdas significativas de vitamina C em frutas, vegetais e purês. Alterações também não são descritas para leite humano processado a 400, 500 e 600 MPa por 5 minutos em temperaturas médias. Já em um estudo realizado com polpa de manga, foi relatado um aumento entre 10% a 20% da vitamina devido à aplicação de alta pressão (400, 450 e 550 MPa) por até 4 minutos a 34 °C, enquanto o processamento por 8 minutos acarretou a diminuição do teor da vitamina em torno de 1%, 6% e 11% a 400, 450 e 550 MPa, respectivamente. O aumento no conteúdo de vitamina C total pode estar relacionado ao rompimento celular que promove melhor extração da vitamina, enquanto em tempos mais elevados, os conteúdos começam a diminuir, provavelmente devido à ação de enzimas ou degradação oxidativa. De acordo com estudos realizados até o momento, o processo de alta pressão pode induzir à oxidação do ácido ascórbico, consequentemente reduzindo o seu teor. Entende-se, então, que o conteúdo de vitamina C após o processamento do alimento por alta pressão tende a se manter inalterado ou sem grandes perdas; no entanto, dependendo das condições do processamento (tempo, temperatura) e da matriz alimentícia, podem ocorrer tanto o aumento quanto a degradação da vitamina.

Com relação às vitaminas do complexo B, vários estudos relatam que estas são resistentes ao processamento de API tanto em sistemas-modelos quanto em matrizes alimentares. Exemplos desse comportamento podem ser observados no processamento de leite humano por 8 minutos a 500 MPa (temperatura inicial de 4 °C) e no processamento de gema de ovo a 600 MPa por 5 minutos, em que não são reportadas perdas significativas de folato (Vitamina B9). Diminuições no conteúdo de vitamina B1 (tiamina) e B6 (piridoxina) também não foram observadas em leite processado a 400 MPa por 30 minutos a 25 °C. No entanto, já foi comprovada que a alta pressão pode aumentar igualmente o teor das vitaminas do complexo B no alimento, sobretudo devido a sua maior liberação/disponibilidade na matriz. Em estudo realizado com mamão, a aplicação de API (50, 100 e 400 MPa por 30 minutos) aumentou significativamente o teor de vitamina B9, de até 25%. Elevações do teor das vitaminas B1, B2, B3 e B6 também foram relatadas em polpa de fruta, lula e arroz quando processados a partir de 200 MPa (Tabela 2.6).

Vitaminas lipossolúveis

As vitaminas lipossolúveis são representadas pelas vitaminas A, D, E (tocoferóis) e K. Na literatura, as informações sobre o efeito da API nessas vitaminas são menos abundantes do que nas hidrossolúveis. No entanto, alguns estudos relatam que as vitaminas A e E em produtos alimentícios são relativamente estáveis ao processamento de alta pressão em temperatura ambiente. Exemplos dessa estabilidade são observados em leite humano processado em 400 a 600 MPa por 5 minutos, lula processada em 200 a 600 MPa por 10 minutos e produtos curados (linguiça e lombo) processados a 600 MPa por 8 minutos, em que os teores de vitamina E não sofrem modificações ou reduções significativas. Apesar dos resultados, um comportamento diferente já foi relatado para sucos. Sucos de laranja com leite e sucos de vegetais processados a 200, 300 e 400 MPa por 9 minutos tiveram um aumento do teor de α-tocoferol e, consequentemente, um acréscimo no teor de vitamina E. O aumento da vitamina E pode ocorrer graças à liberação da vitamina que, muitas vezes, está ligada às proteínas ou aos fosfolipídios do alimento. Ressalta-se, porém, que as informações disponíveis sobre o efeito da API sobre as vitaminas lipossolúveis são ainda limitadas para se tirar quaisquer conclusões sobre o comportamento geral dessas vitaminas nos sistemas alimentares.

Tabela 2.6 – Efeito da alta pressão isostática (API) sobre as vitaminas hidrossolúveis e lipossolúveis

Produto analisado	Vitamina	Condições do processo	Principais efeitos	Referências
Leite humano	Vitamina E (α-tocoferol, γ-tocoferol e δ-tocoferol) e vitamina C	400, 500 e 600 MPa 5 min Temperatura inicial: 12 °C	Não há modificação do teor de tocoferol e de vitamina C em nenhuma das condições de processamento avaliadas	Moltó-Puigmartí et al., 2011
Suco de laranja vermelha	Ácido ascórbico	400, 500 e 600 MPa 15 min 20 °C	A perda máxima de ácido ascórbico ocorre a 600 MPa e é de apenas 8,1%	Torres et al., 2011

Suco de laranja com leite	Vitamina C	100, 200, 300 e 400 MPa 2, 5, 7 e 9 min Temperatura inicial: 15 °C	Não há modificação do teor da vitamina devido ao processo a 100 e 200 MPa por até 5 min. Porém, o tratamento a 300 e 400 MPa reduz o teor em todos os tempos	Barba et al., 2012
Suco de cenoura	Ácido ascórbico	250, 350 e 450 MPa 10 min Temperatura ambiente	O suco processado a 450 MPa apresenta uma pequena redução do teor de ácido ascórbico em relação ao controle. Redução de 6,15 para 5,93 mg/100 mL	Jabbar et al., 2014
Polpa de groselha	Vitamina B3, B6 e E (α-tocoferol e β +γ tocoferol)	300, 400 e 500 MPa 1, 3 e 5 min Temperatura ambiente	O processamento aumenta o teor das vitaminas B3 e B6, já o conteúdo de α-tocoferol diminui nos tratamentos acima de 400 MPa por 3 min e o β+γ tocoferol diminui a 500 MPa por 1 e 3 min	Vega-Gálvez et al., 2016
Lula	Vitamina A, E e B2	200, 400 e 600 MPa 10 min 20 °C	O conteúdo de vitamina A e E não apresenta nenhuma modificação logo após a aplicação da alta pressão, já o teor de vitamina B2 aumenta	Zhang et al., 2016
Mel mexicano	Vitamina C	600 MPa 2, 5, 8, 12 e 15 min Temperatura ambiente	O processamento não altera o teor de vitamina C no mel em nenhuma condição	Leyva-Daniel et al., 2017
Purê de espinafre e purê de rosa mosqueta	Vitamina E (α-tocoferol e γ-tocoferol)	200, 400 e 600 MPa 5 e 10 min Temperatura ambiente	Há aumento significativo de α-tocoferol no purê de espinafre processado a 200 e 400 MPa por 5 min. Já o purê de rosa mosqueta nas mesmas condições e a 600 MPa/10 min sofre uma redução dos tocoferóis totais	Westphal et al., 2018
Arroz	Vitamina B1 (tiamina)	450 e 600 MPa 15 e 30 min 50 e 70 °C	O aumento da pressão proporciona um aumento do teor de tiamina no arroz	Balakrishna & Farid, 2020

Qualidade sensorial

Atributos, como aparência, textura, sabor e aroma definem a qualidade sensorial dos alimentos e são fortemente impactados pela forma como são processados. Com a API, no entanto, é possível produzir alimentos com estabilidade microbiológica e, ao mesmo tempo, com substancial preservação da qualidade comparado ao tratamento térmico. Essa capacidade da tecnologia em oferecer alimentos processados com frescor e sabor similares ao natural contribui significativamente para percepções positivas por parte dos consumidores, como benefício e satisfação. Ainda assim, é imprescindível otimizar as condições do processo à API para que o objetivo seja atingido (estabilidade microbiológica, modulação da atividade enzimática e/ou modulação das propriedades técnico-funcionais de macromoléculas) e, ao mesmo tempo, controlar reações secundárias, ocasionalmente induzidas pela pressão, que possam por exemplo, alterar a consistência, conferir sabor e aroma indesejáveis ou causar alterações não características na cor do alimento processado. O uso combinado da API com o ajuste de pH, temperatura e atmosfera modificada (como tecnologias de barreira) pode ser uma alternativa altamente eficiente quanto à qualidade sensorial.

Nas seções "Atividade enzimática", "Pigmentos" e "Vitaminas", muitas vezes a explicação do efeito da API sobre a estrutura do composto se figurou no impacto ocasionado sobre as características sensoriais do alimento. Considerando a suficiência dessas informações, os eventos acerca da API sobre o sensorial são apenas pontuados a seguir.

A API tem um efeito limitado sobre as ligações covalentes de compostos de baixo peso molecular, como é o caso de pigmentos, compostos voláteis e outros responsáveis pela cor, sabor e aroma. Isso explica, por exemplo, a não ocorrência de escurecimento (não enzimático) e produção de compostos aromáticos específicos das reações de Maillard ou caramelização em alimentos que foram pressurizados. No entanto, é importante reforçar que a pressão afeta as interações intermoleculares, como as ligações de hidrogênio e as interações eletrostáticas; assim, a estrutura de proteínas e enzimas podem ser modificadas (seções "Proteínas" e "Atividade enzimática"). Esse efeito, junto ao fato de a pressão favorecer reações em que há uma redução no volume molecular do sistema, é útil para explicar possíveis alterações na concentração de compostos de sabor e aroma em alimentos processados por API. Ao lado do sabor, o aroma é um dos mais importantes fatores determinantes da qualidade do alimento e da preferência dos consumidores. O aroma nos alimentos é uma mistura complexa de compostos voláteis, também conhecidos por compostos aromáticos. Até o momento, não foi possível afirmar com precisão se a API tem um efeito positivo, negativo ou insignificante sobre esses compostos. Entretanto, alguns estudos identificaram certas tendências em relação aos seguintes compostos: aldeídos (frutas), álcoois (frutas maduras), cetonas (lácteos e frutas), ésteres (frutas), lactonas (lácteos, frutas e vegetais), terpenos (frutas) e fenóis (lácteos, frutas e vegetais). Geralmente, observa-se aumento no teor total de aldeídos em matrizes processadas por API, que pode ser atribuído à oxidação dos ácidos graxos livres, como linoleico e linolênico, o que provavelmente ocorre durante o armazenamento, após a API, devido à atividade enzimática. Por outro lado, o teor de álcoois é significativamente reduzido, o que é principalmente atribuído à oxidação que ocorre após o processo, produzindo, assim, aldeídos; uma explicação adicional para o aumento dos aldeídos em alimentos processados. Enquanto a concentração de éster tende a diminuir quando submetido a API, pode haver um incremento no teor de cetonas, lactonas e terpenos. Por último, a concentração de fenóis segue a mesma tendência dos álcoois sob pressão, com uma redução na concentração na maioria das matrizes avaliadas.

É crescente o uso das tecnologias emergentes de processamento, como a API, no setor de inovação em alimentos. O sucesso desses produtos, diante de um mercado altamente competitivo, depende do fato de serem únicos e superiores e do bom entendimento em relação ao que o consumidor deseja, necessita e prefere. Nesse sentido, os estudos sensoriais são importantes ferramentas de coleta de informações sobre a percepção sensorial dos consumidores. Por exemplo, um estudo com consumidores brasileiros, usando o método de grupo focal, verificou que a informação no rótulo sobre a tecnologia de API é um importante atributo para definir a percepção do consumidor. Em todo caso, a aceitabilidade do consumidor é o teste sensorial mais usado para avaliar os produtos processados pela tecnologia de API. Estudos mais recentes reportam também o uso da análise sensorial descritiva quantitativa e análise de tempo-intensidades, métodos úteis para estabelecer diferenças sensoriais entre alimentos pressurizados e termicamente processados, acompanhar alterações sensoriais durante a vida de prateleira de produtos que foram submetidos à pressão, correlacionar a percepção dos consumidores com os parâmetros instrumentais de qualidade (textura, cor, sabor e aroma) e outros benefícios. O impacto da API sobre as características sensoriais já foi amplamente estudado para diversas matrizes alimentícias. O suco de jabuticaba processado por API (600 MPa, a 25 °C, por 5 minutos) mostra uma tendência a ser mais bem aceito quanto ao sabor, *mouthfeel* e aceitação global do que o submetido ao processo térmico. Além do mais, a API pode melhorar as propriedades reológicas (consistência) em purê à base de ervilha, sem causar alterações sensoriais em propriedades como cor e sabor. Peito de frango pronto para consumo e com redução de sódio é outro exemplo de produto com melhorias nos atributos sensoriais após a API. Um comparativo entre leite integral termicamente processado (HTST: 72 °C, por 15 segundos) e outro processado por API (600 MPa, por 5 minutos) revela que ambos apresentam perfil de aromas muito parecidos e que o leite pressurizado tem aparência branca, sabor de cozido e de creme, e menor intensidade de aroma de cozido e doce. Vinhos tintos pressurizados (600 MPa, por 2 horas), como forma de acelerar o processo de envelhecimento, têm a intensidade da cor reduzida, aromas ácido e frutado mais fracos e certa melhoria na intensidade de vários atributos gustativos (acidez, adstringência, alcoólico e amargor). O processamento de presuntos curados a seco (*jamón*) inteiro por API parece minimizar os impactos da tecnologia sobre os atributos relacionados à aparência, aroma e textura.

Inclusive, nariz e língua eletrônicos já foram usados com êxito para distinguir amostras processadas por API das respectivas amostras não processadas em sucos cítricos. Esse tipo de ferramenta pode ser de grande utilidade, uma vez que nem sempre as novas tecnologias asseguram que as amostras processadas possam ser provadas por um painel sensorial humano.

CONSIDERAÇÕES FINAIS

Mesmo após décadas de avanço da tecnologia de alta pressão isostática (API), numerosas pesquisas vêm continuamente demonstrando sua efetividade na obtenção de alimentos seguros e com alto padrão de qualidade. Recentemente, os estudos mostraram que a tecnologia vem ganhando evidência como um processo alternativo no desenvolvimento de novos produtos alimentícios. A capacidade da API de modificar a estrutura e as propriedades de macromoléculas (proteína, amido, fibra alimentar), de favorecer a disponibilidade de compostos bioativos com benefício à saúde e de gerar características específicas em certos produtos alimentícios é a grande força que justifica esse potencial. No geral, o entendimento dos mecanismos de ação da API (combinada ou não com temperatura) na matriz alimentícia ou nos seus constituintes individuais tem contribuído para a definição de parâmetros críticos para se chegar a resultados bem-sucedidos. O desenvolvimento da tecnologia, a elaboração e a estipulação de leis e as regulamentações associadas ao alimento, além da melhoria na capacidade de fabricação e instalações, vêm gradualmente contribuindo para a expansão do uso do processo de API na indústria de alimentos.

AGRADECIMENTOS

Agradecimentos à Fundação de Amparo à Pesquisa do Estado de São Paulo (FAPESP), projeto número 2019/05578-7.

REFERÊNCIAS BIBLIOGRÁFICAS

Aganovic, K., Hertel, C., Vogel, R. F., Johne, R., Schlüter, O., Schwarzenbolz, U., Jäger, H., Holzhauser, T., Bergmair, J., Roth, A., Sevenich, R., Bandick, N., Kulling, S. E., Knorr, D., Engel, K., & Heinz, V. (2021). Aspects of high hydrostatic pressure food processing: Perspectives on technology and food safety. *Comprehensive Reviews in Food Science and Food Safety, 20*(4), 3225-3266.

Akyol, Ç., Alpas, H., & Bayindirli, A. (2006). Inactivation of peroxidase and lipoxygenase in carrots, green beans, and green peas by combination of high hydrostatic pressure and mild heat treatment. *European Food Research and Technology, 224*(2), 171-176.

Andrés, V., Villanueva, M. J., & Tenorio, M. D. (2016). The effect of high-pressure processing on colour, bioactive compounds, and antioxidant activity in smoothies during refrigerated storage. *Food Chemistry*, 192, 328-335.

ANVISA. Agência Nacional de Vigilância Sanitária. Disponível em: https://www.gov.br/anvisa/pt-br. Acessado em: 05/2021.

Augusto, P. E. D., Tribst, A. A. L., & Cristianini, M. (2018). High hydrostatic pressure and high-pressure homogenization processing of fruit juices. In G. Rajauria &

B. K. Tiwari (Eds.), *Fruit Juices*: extraction, composition, quality and analysis (pp. 393-421). Chennai: Academic Press.

Avelar, Z., Vicente, A. A., Saraiva, J. A., & Rodrigues, R. M. (2021). The role of emergent processing technologies in tailoring plant protein functionality: New insights. *Trends in Food Science and Technology*, 113, 219-231.

Bajovic, B., Bolumar, T., & Heinz, V. (2012). Quality considerations with high pressure processing of fresh and value added meat products. *Meat Science*, *92*(3), 280-289.

Bak, K. H., Bolumar, T., Karlsson, A. H., Lindahl, G., & Orlien, V. (2019). Effect of high pressure treatment on the color of fresh and processed meats: A review. *Critical Reviews in Food Science and Nutrition*, *59*(2), 228-252.

Balakrishna, A. K., & Farid, M. (2020). Enrichment of rice with natural thiamine using high-pressure processing (HPP). *Journal of Food Engineering*, *283*(2020), 110040.

Balasubramaniam, V. M., Barbosa-Cánovas, G. V., & Lelieveld, H. L. M. (2016). High-pressure processing equipment for the food industry. In V. M. Balasubramaniam, G. Barbosa-Cánovas, & H. Lelieveld (Eds.), *High Pressure Processing of Food. Food Engineering Series* (pp. 39-65). Nova York: Springer.

Balasubramaniam, V. M., Ting, E., Sizer, C., Bush, C., & Anderson, C. (2003). Compression heating of selected fatty food materials during high-pressure processing. *Journal of Food Science*, *68*(1), 254-259.

Balasubramaniam, V. M., Martínez-Monteagudo, S. I., & Gupta, R. (2015). Principles and application of high pressure-based technologies in the food industry. *Annual Review of Food Science and Technology*, *6*(1), 435-462.

Balda, F. P. (2016). Current status of industrial HPP equipment for food processing. In M. Houska, & F. V. M. da Silva (Eds.), *High Pressure Processing of Fruit and Vegetable Products* (pp. 73-84). Boca Raton: CRC Press.

Barba, F. J., Cortés, C., Esteve, M. J., & Frígola, A. (2012). Study of antioxidant capacity and quality parameters in an orange juice-milk beverage after high-pressure processing treatment. *Food and Bioprocess Technology*, *5*(6), 2222-2232.

Barba, F. J., Terefe, N. S., Buckow, R., Knorr, D., & Orlien, V. (2015). New opportunities and perspectives of high pressure treatment to improve health and safety attributes of foods: A review. *Food Research International*, *77*, 725-742.

Barbosa-Cánovas, G. V., Pothakamury, U. R., Palou, E., & Swanson, B. G. (1999). *Conservación no térmica de alimentos*. Acribia: Zaragoza.

Barraud, C. C., Gaubert, A., Masson, P., & Vidal, D. (2004). Combined effects of high hydrostatic pressure and temperature for inactivation of *Bacillus anthracis* spores. *Applied and Environmental Microbiology*, *70* (1), 635-637.

Bauer, B. A., & Knorr, D. (2005). The impact of pressure, temperature and treatment time on starches: Pressure-induced starch gelatinisation as pressure time temperature indicator for high hydrostatic pressure processing. *Journal of Food Engineering, 68*(3), 329-334.

Bermejo-Prada, A., Van Buggenhout, S., Otero, L., Houben, K., Van Loey, A., & Hendrickx, M. E. (2014). Kinetics of thermal and high-pressure inactivation of avocado polygalacturonase. *Innovative Food Science and Emerging Technologies, 26*, 51-58.

Bisconsin-Junior, A., Rosenthal, A., & Monteiro, M. (2014). Optimisation of High Hydrostatic Pressure Processing of Pêra Rio Orange Juice. *Food and Bioprocess Technology, 7*(6), 1670-1677.

Bolumar, T., Orlien, V., Bak, K. H., Aganovic, K., Sikes, A., Guyon, C., Stübler, A.-S., de Lamballerie, M., Hertel, C., & Brüggemann, D. A. (2020). High-pressure processing (HPP) of meat products: Impact on quality and applications. In F. J. Barba, C. Tonello-Samson, E. Puértolas, & M. Lavilla (Eds.), *Present and Future of High-Pressure Processing* (pp. 221-244). Elsevier.

Bolumar, T., Orlien, V., Sikes, A., Aganovic, K., Bak, K. H., Guyon, C., Stübler, A. S., de Lamballerie, M., Hertel, C., & Brüggemann, D. A. (2021). High-pressure processing of meat: Molecular impacts and industrial applications. *Comprehensive Reviews in Food Science and Food Safety, 20*(1), 332-368.

Bruslind, L. (2019). *General microbiology.* Oregon State University: Corvallis.

Buckow, R., Sikes, A., & Tume, R. (2013). Effect of high pressure on physicochemical properties of meat. *Critical Reviews in Food Science and Nutrition, 53*(7), 770-786.

Cabral Neto, O., Rosenthal, A., & Gaspar, A. (2011). Revisão: Modificações físico--químicas na carne *in natura* bovina decorrentes da alta pressão hidrostática. *Brazilian Journal of Food Technology, 14*(02), 91-100.

Camiro-Cabrera, M., Escobedo-Avellaneda, Z., Salinas-Roca, B., Martín-Belloso, O., & Welti-Chanes, J. (2016). High hydrostatic pressure and temperature applied to preserve the antioxidant compounds of mango pulp (Mangifera indica L.). *Food and Bioprocess Technology, 10*(4), 639-649.

Campos, F. P., Dosualdo, G. L., & Cristianini, M. (2003). Utilização da tecnologia de alta pressão no processamento de alimentos. *Brazilian Journal of Food Technology, 6*(2), 351-357.

Castro, L. M. G., Alexandre, E. M. C., Saraiva, J. A., & Pintado, M. (2020). Impact of high pressure on starch properties: A review. *Food Hydrocolloids, 106*, 105-877.

Cava, R., Higuero, N., & Ladero, L. (2021). High-pressure processing and storage temperature on Listeria monocytogenes, microbial counts and oxidative changes of two traditional dry-cured meat products. *Meat Science, 171*, 108-273.

Cheftel, J. C. (1995). Review: High-pressure, microbial unactivation and food preservation. *Food Science and Technology International, 1*, 75-90.

Chen, J., Zheng, X., Dong, J., Chen, Y., & Tian, J. (2015). Optimization of effective high hydrostatic pressure treatment of Bacillus subtilis in Hami melon juice. *LWT - Food Science and Technology, 60*, 1168-1173.

Cheng, R., Usaga, J., Acosta, O., & Worobo, R. (2018). Effect of processing temperature on pathogen inactivation in juice using high pressure processing. *Journal of Food Protection, 31*, 81-87.

Choi, J. H., Kang, J. W., Mijanur Rahman, A. T. M., & Lee, S. J. (2016). Increasing fermentable sugar yields by high-pressure treatment during beer mashing. *Journal of the Institute of Brewing, 122*(1), 143-146.

Colussi, R., Kaur, L., Zavareze, E. da R., Dias, A. R. G., Stewart, R. B., & Singh, J. (2018). High pressure processing and retrogradation of potato starch: Influence on functional properties and gastro-small intestinal digestion *in vitro*. *Food Hydrocolloids, 75*, 131-137.

Cook, D. W., O'Leary, P., Hunsucker, J. C., Sloan, E. M., Bowers, J. C., Blodgett, R. J., & DePaola, A. (2002). *Vibrio vulnificus* and *Vibrio parahaemolyticus*. *Journal of Food Protection, 65*, 79-87.

Crelier, S., Robert, M.-C., Claude, J., & Juillerat, M.-A. (2001). Tomato (*Lycopersicon esculentum*) pectin methylesterase and polygalacturonase behaviors regarding heat-and pressure-induced inactivation. *Journal of Agricultural and Food Chemistry, 49*(11), 5566-5575.

Daryaei, H., & Balasubramaniam, V. M. (2013). Kinetics of Bacillus coagulans spore inactivation in tomato juice by combined pressureeheat treatment. *Food Control, 30*, 168-175.

Deliza, R., Rosenthal, A., & Silva, A. L. S. (2003). Consumer attitude towards information on non-conventional technology. *Trends in Food Science and Technology, 14*, 43-49.

Denoya, G. I., Xia, Q., & Xie, F. (2020). HPP of fruit and vegetable products: Impact on quality and applications. In F. J. Barba, C. Tonello-Samson, E. Puértolas, & M. Lavilla (Eds.), *Present and Future of High-Pressure Processing* (pp. 273-293). Elsevier.

Eisenmenger, M. J., & Reyes-de-Corcuera, J. I. (2009). High pressure enhancement of enzymes: a review. *Enzyme and Microbial Technology, 45*(5), 331-347.

Elamin, W. M., Endan, J. B., Yosuf, Y. A., Shamsudin, R., & Ahmedov, A. (2015). High pressure processing technology and equipment evolution: A review. *Journal of Engineering Science and Technology Review 8, 8*(5), 75-83.

Elleuch, M., Bedigian, D., Roiseux, O., Besbes, S., Blecker, C., & Attia, H. (2011). Dietary fibre and fibre-rich by-products of food processing: Characterisation, technological functionality and commercial applications: A review. *Food Chemistry, 124*, 411-421.

FAO. *Organização das Nações Unidas para Agricultura e Alimentação: FAO no Brasil | Food and Agriculture Organization of the United Nations.* Disponível em: http://www.fao.org/brasil/pt/.

Farkas, D. F., & Hoover, D. G. (2000). High pressure processing. *Journal of Food Science*, *65*, 47-64.

Fasolin, L. H., Pereira, R. N., Pinheiro, A. C., Martins, J. T., Andrade, C. C. P., Ramos, O. L., & Vicente, A. A. (2019). Emergent food proteins: Towards sustainability, health and innovation. *Food Research International, 125*, 108586.

Ferreira, M., Almeida, A., Delgadillo, I., Saraiva, J., & Cunha, Â. (2016). Susceptibility of Listeria monocytogenes to high pressure processing: A review. *Food Reviews International, 32*(4), 377-399.

García-Parra, J., & Ramírez, R. (2019). New preservations technologies: Hydrostatic high-pressure processing and high-pressure thermal processing. In P. Ferrani, E. M. Berry, & J. R. Anderson (Eds.), *Encyclopedia of Food Security and Sustainability* (pp. 473-480). Elsevier.

Garriga, M., Aymerich, M. T., Costa, S., Monfort, J. M., Hugas, M. (2002). Bactericidal synergism through bacteriocins and high pressure in a meat model system during storage. *Food Microbiology*, 19, 509-518.

Geraldi, M. V., Betim Cazarin, C. B., Dias-Audibert, F. L., Pereira, G. A., Carvalho, G. G., Kabuki, D. Y., Catharino, R. R., Pastore, G. M., Behrens, J. H., Cristianini, M., & Maróstica Júnior, M. R. (2021). Influence of high isostatic pressure and thermal pasteurization on chemical composition, color, antioxidant properties and sensory evaluation of jabuticaba juice. *LWT - Food Science and Technology, 139*, 110548.

Gironés-Vilaplana, A., Villaño, D., Marhuenda, J., Moreno, D. A., & García-Viguera, C. (2017). Vitamins. In C. M. Galanakis (Ed.), *Nutraceutical and Functional Food Components* (pp. 159-201). Elsevier.

Gómez, B., Munekata, P. E. S., Barba, F. J., Pinto, C. A., Saraiva, J. A., & Lorenzo, J. M. (2021). Influence of high-pressure processing on the nutritional changes of treated foods. In K. Knoerzer & K. Muthukumarappan (Eds.), *Innovative Food Processing Technologies: A comprehensive review* (pp. 74-86). Elsevier.

Grossi, A., Olsen, K., Bolumar, T., Rinnan, Å., Ogendal, L. H., & Orlien, V. (2016). The effect of high pressure on the functional properties of pork myofibrillar proteins. *Food Chemistry, 196*, 1005-1015.

Guerrero-Beltrán, J. A., Barbosa-Cánovas, G. V., & Swanson, B. G. (2005). Food reviews international high hydrostatic pressure processing of fruit and vegetable products. *Taylor & Francis, 21*(4), 411-425.

Guillou, S., Lerasle, M., Simonin, H., & Federighi, M. (2016). High-pressure processing of meat and meat products. *Emerging Technologies in Meat Processing*, 37-101.

Han, Z., Shi, R., & Sun, D. W. (2020). Effects of novel physical processing techniques on the multi-structures of starch. *Trends in Food Science and Technology, 97*, 126-135.

Hartyáni, P., Dalmadi, I., Cserhalmi, Z., Kántor, D. B., Tóth-Markus, M., & Sass--Kiss, Á. (2011). Physical-chemical and sensory properties of pulsed electric field and high hydrostatic pressure treated citrus juices. *Innovative Food Science and Emerging Technologies, 12*(3), 255-260.

Hayakawa, I., Kanno, T., Yoshiyama, K., & Fujio, Y. (1994). Oscillatory compared with continuous high-pressure sterilization on *Bacillus stearothermophilus* spores. *Journal of Food Science, 59*, 164-167.

He, X. H., Liu, H. Z., Liu, L., Zhao, G. L., Wang, Q., & Chen, Q. L. (2014). Effects of high pressure on the physicochemical and functional properties of peanut protein isolates. *Food Hydrocolloids, 36*, 123-129.

Heinz, V., & Buckow, R. (2010). Food preservation by high pressure. *Journal Fur Verbraucherschutz Und Lebensmittelsicherheit, 5*(1), 73-81.

Heremans, K. (1995). High pressure effects on biomolecules. In Ledward, D. A., Johnston, D. E., Earnshaw, R. G., & Hasting, A. P. M. (Eds.), *High pressure processing of foods* (pp. 81-97). Nottingham, England: Nottingham University Press.

Hernández-Hernández, H. M., Moreno-Vilet, L., & Villanueva-Rodríguez, S. J. (2019). Current status of emerging food processing technologies in Latin America: Novel non-thermal processing. *Innovative Food Science & Emerging Technologies, 58*, 102233.

High Pressure Processing (HPP) Products – Safe, Clean-label and with Extended Shelf-life. (2020). Hiperbaric. Disponível em: https://www.hiperbaric.com/en/webinar-high-pressure-processing-hpp-products/.

Hogan, E., Kelly, A. L., & Sun, D.-W. (2005). High pressure processing of foods: An overview. In D.-W. Sun (Ed.), *Emerging Technologies for Food Processing* (pp. 1-32). Elsevier.

Hoover, D. G., Metrick, C., Papineau, A. M., Farkas, D. F., & Knorr, D. (1989). Biological effects of high hydrostatic pressure on food microorganism. *Food Technology, 43*, 99-107.

Huang, H.-W., Hsu, C.-P., & Wang, C.-Y. (2020). Healthy expectations of high hydrostatic pressure treatment in food processing industry. *Journal of Food and Drug Analysis, 28*(1), 1-13.

Huang, W., Bi, X., Zhang, X., Liao, X., Hu, X., & Wu, J. (2013). Comparative study of enzymes, phenolics, carotenoids and color of apricot nectars treated by high hydrostatic pressure and high temperature short time. *Innovative Food Science & Emerging Technologies, 18*, 74-82.

Huang, H.-W., Lung, H.-M., Yang, B. B., & Wang, C.-Y. (2014). Responses of microorganisms to high hydrostatic pressure processing. *Food Control, 40*(1), 250-259.

Hygreeva, D., & Pandey, M. C. (2016). Novel approaches in improving the quality and safety aspects of processed meat products through high pressure processing technology: A review. *Trends in Food Science and Technology, 54*, 175-185.

Jabbar, S., Abid, M., Hu, B., Muhammad Hashim, M., Saeeduddin, M., Lei, S., Wu, T., & Zeng, X. (2014). Influence of sonication and high hydrostatic pressure on the quality of carrot juice. *International Journal of Food Science and Technology, 49*(11), 2449-2457.

Jesus, A. L. T. de, Leite, T. S., & Cristianini, M. (2018). High isostatic pressure and thermal processing of açaí fruit (*Euterpe oleracea Martius*): Effect on pulp color and inactivation of peroxidase and polyphenol oxidase. *Food Research International, 105*, 853-862.

Juliano, P., Bilbao-Sáinz, C., Koutchma, T., Balasubramaniam, V. M., Clark, S., Stewart, C. M., Dunne, C. P., & Barbosa-Cánovas, G. V. (2012). Shelf-stable egg-based products processed by high pressure thermal sterilization. *Food Engineering Reviews, 4*(1), 55-67.

Khaneghah, A. M., Hashemi, S. M. B., Es, I., Gholamhosseinpour, A., Loizzo, M. R., Giardinieri, A., Pacetti, D., Pourmohammadi, K., & Ferreira, D. S. (2019). Water-soluble vitamins (pp. 241-266). In F. Barba, J. M. A. Saraiva, G. Cravotto, & J. Lorenzo (Eds.), *Innovative thermal and non-thermal processing, bioaccessibility and bioavailability of nutrients and bioactive compounds*. Woodhead Publishing.

Klug, T. V., Martínez-Sánchez, A., Gómez, P. A., Collado, E., Aguayo, E., Artés, F., & Artés-Hernández, F. (2017). Improving quality of an innovative pea puree by high hydrostatic pressure. *Journal of the Science of Food and Agriculture, 97*(13), 4362-4369.

Lee, S. Y., Dougherty, R. H., & Kang, D. H. (2002). Inhibitory effects of high pressure and heat on *Alicyclobacillus acidoterrestris* spores in apple juice. *Applied and Environmental Microbiology, 68*(8), 4158-4161.

Leite Júnior, B. R. C., Tribst, A. A. L., & Cristianini, M. (2017). Effect of high-pressure technologies on enzymes applied in food processing. In M. Senturk (Ed.), *Enzyme Inhibitors and Activators* (pp. 49-72). Rijeka: InTech.

Leite Júnior, B. R. C., Tribst, A. A. L., & Cristianini, M. (2016). Comparative effects of high isostatic pressure and thermal processing on the inactivation of Rhizomucor miehei protease. *LWT - Food Science and Technology, 65*, 1050-1053.

Leite Júnior, B. R. C., Tribst, A. A. L., & Cristianini, M. (2017). The effect of high-pressure processing on recombinant chymosin, bovine rennet and porcine pepsin: Influence on the proteolytic and milk-clotting activities and on milk-clotting characteristics. *LWT - Food Science and Technology, 76*, 351-360.

Leite, T. S., de Jesus, A. L. T., Schmiele, M., Tribst, A. A. L., & Cristianini, M. (2017). High-pressure processing (HPP) of pea starch: Effect on the gelatinization properties. *LWT - Food Science and Technology, 76*, 361-369.

Lenz, C.A., Reinek, K., Knorr, D., & Vogel, R. F. (2015). High-pressure thermal inactivation of Clostridium botulinum type E endospores – kinetic modeling and mechanistic insights. *Frontiers in Microbiology, 6*, 652.

Leyva-Daniel, D. E., Escobedo-Avellaneda, Z., Villalobos-Castillejos, F., Alamilla--Beltrán, L., & Welti-Chanes, J. (2017). Effect of high hydrostatic pressure applied to a Mexican honey to increase its microbiological and functional quality. *Food and Bioproducts Processing, 102*, 299-306.

Li, W., Tian, X., Liu, L., Wang, P., Wu, G., Zheng, J., Ouyang, S., Luo, Q., & Zhang, G. (2015). High pressure induced gelatinization of red adzuki bean starch and its effects on starch physicochemical and structural properties. *Food Hydrocolloids, 45*, 132-139.

Li, W., Zhang, F., Liu, P., Bai, Y., Gao, L., & Shen, Q. (2011). Effect of high hydrostatic pressure on physicochemical, thermal and morphological properties of mung bean (*Vigna radiata* L.) starch. *Journal of Food Engineering, 103*(4), 388-393.

Liu, G., Carøe, C., Qin, Z., Munk, D. M. E., Crafack, M., Petersen, M. A., & Ahrné, L. (2020). Comparative study on quality of whole milk processed by high hydrostatic pressure or thermal pasteurization treatment. *LWT - Food Science and Technology, 127*, 109370.

Liu, H., Guo, X., Li, Y., Li, H., Fan, H., & Wang, M. (2016). *In vitro* digestibility and changes in physicochemical and textural properties of tartary buckwheat starch under high hydrostatic pressure. *Journal of Food Engineering, 189*, 64-71.

Lomelí-Martín, A., Martínez, L. M., Welti-Chanes, J., & Escobedo-Avellaneda, Z. (2021). Induced changes in aroma compounds of foods treated with high hydrostatic pressure: A review. *Foods, 10*(4), 878.

López-Pedrouso, M., Lorenzo, J. M., Zapata, C., & Franco, D. (2019). Proteins and amino acids. In F. Barba, J. M. A., Saraiva, G. Cravotto, & J. Lorenzo (Eds.), *Innovative Thermal and Non-Thermal Processing, Bioaccessibility and Bioavailability of Nutrients and Bioactive Compounds* (pp. 139-169). Woodhead Publishing.

Ma, M., & Mu, T. (2016). Modification of deoiled cumin dietary fiber with laccase and cellulase under high hydrostatic pressure. *Carbohydrate Polymers, 136*, 87-94.

Ma, Z., Hu, X., & Boye, J. I. (2020). Research advances on the formation mechanism of resistant starch type III: A review. *Critical Reviews in Food Science and Nutrition, 60*(2), 276-297.

Mahadevan, S., & Karwe, M. V. (2016). Effect of high-pressure processing on bioactive compounds. In V. M. Balasubramaniam, G. V. Barbosa-Cánovas, & H. L. M. Lelieveld (Eds.), *High Pressure Processing of Food: Principles, Technology and Applications* (pp. 479-507). Nova York: Springer.

Manassero, C. A., Vaudagna, S. R., Sancho, A. M., Añón, M. C., & Speroni, F. (2016). Combined high hydrostatic pressure and thermal treatments fully inactivate trypsin inhibitors and lipoxygenase and improve protein solubility and physical stability of calcium-added soymilk. *Innovative Food Science and Emerging Technologies, 35*, 86-95.

Marciniak, A., Suwal, S., Naderi, N., Pouliot, Y., & Doyen, A. (2018). Enhancing enzymatic hydrolysis of food proteins and production of bioactive peptides using high hydrostatic pressure technology. *Trends in Food Science & Technology, 80*, 187-198.

Martínez-Monteagudo, S. I., & Rathnakumar, K. (2021). High-pressure processing: fundamentals, misconceptions, and advances. In K. Knoerzer, & K. Muthukumarappan (Eds.), *Innovative Food Processing Technologies: A comprehensive review* (p. 19-38). Academic Press.

Mateos-Aparicio, I., Mateos-Peinado, C., & Rupérez, P. (2010). High hydrostatic pressure improves the functionality of dietary fibre in okara by-product from soybean. *Innovative Food Science and Emerging Technologies, 11*(3), 445-450.

Meyer, R. S. (2000). Ultra-high-pressure, high temperature food preservation process. United States Patent 6 017 572. Disponível em: https://patents.google.com/patent/US6017572A/en.

Moltó-Puigmartí, C., Permanyer, M., Castellote, A. I., & López-Sabater, M. C. (2011). Effects of pasteurisation and high-pressure processing on vitamin C, tocopherols and fatty acids in mature human milk. *Food Chemistry, 124*(3), 697-702.

Morata, A., Benito, S., González, M. C., Palomero, F., Tesfaye, W., & Suárez-Lepe, J. A. (2012). Cold pasteurisation of red wines with high hydrostatic pressure to control Dekkera/Brettanomyces: Effect on both aromatic and chromatic quality of wine. *European Food Research and Technology, 235*(1), 147-154.

Morais, A. C. N. de, Ferreira, E. H. D. R., & Rosenthal, A. (2014). Aplicação de alta pressão isostática na produção de derivados lácteos: Uma revisão. *Revista do Instituto de Laticínios Cândido Tostes, 69*(5), 357.

Mukhopadhyay, S., Sokorai, K., Ukuku, D., Fan, X., Juneja, V., Sites, J., & Cassidy, J. (2016). Inactivation of Salmonella enterica and Listeria monocytogenes in cantaloupe puree by high hydrostatic pressure with/without added ascorbic acid. *International Journal of Food Microbiology, 235*, 77-84.

Naderi, N., Doyen, A., House, J. D., & Pouliot, Y. (2017). The use of high hydrostatic pressure to generate folate-enriched extracts from the granule fraction of hen's egg yolk. *Food Chemistry, 232*, 253-262.

Nagy, R., Máthé, E., Csapó, J., & Sipos, P. (2021). Modifying effects of physical processes on starch and dietary fiber content of foodstuffs. *Processes, 9*, 1-16.

Nayak, B., Hai Liu, R., & Tang, J. (2015). Effect of processing on phenolic antioxidants of fruits, vegetables, and grains-a review. *Critical Reviews in Food Science and Nutrition, 55*(7), 887-918.

Neetoo, H., & Chen, H. (2012). Application of high hydrostatic pressure technology for processing and preservation of foods. In R. Bhat, A. K. Alias, & G. Paliyath (Eds.), *Progress in Food Preservation* (pp. 247-276). Wiley-Blackwelll.

Oey, I. (2016). Effects of high pressure on enzymes. In V. M. Balasubramaniam, G. V. Barbosa-Cánovas, & H. L. M. Lelieveld (Eds.), *High Pressure Processing of Food* (pp. 391-431). Springer.

Orel, R., Tabilo-Munizaga, G., Cepero-Betancourt, Y., Reyes-Parra, J. E., Badillo--Ortiz, A., & Pérez-Won, M. (2020). Effects of high hydrostatic pressure processing and sodium reduction on physicochemical properties, sensory quality, and microbiological shelf life of ready-to-eat chicken breasts. *LWT - Food Science and Technology, 127,* 109352.

Özkan-Karabacak, A., İncedayı, B., & Çopur, Ö. U. (2019). Preservation of beverage nutrients by high hydrostatic pressure. In *Preservatives and Preservation Approaches in Beverages* (pp. 309-337). Elsevier.

Patterson, M. F., Quin, M., Simpson, R., & Glimour, A. (1995). Sensitivity of vegetative pathogens to high hydrostatic pressure treatment in phosphate-buffered saline and foods. *Journal of Food Protection, 58*, 524-529.

Patterson, M. F. (2005). A Review: microbiology of pressure-treated foods. *Journal of Applied Microbiology, 98*, 1400-1409.

Peña, M. M. la, Welti-Chanes, J., & Martıín-Belloso, O. (2019). Novel technologies to improve food safety and quality. *Current Opinion in Biotechnology, 30*, 1-7.

Petruzzi, L., Campaniello, D., Speranza, B., Corbo, M. R., Sinigaglia, M., & Bevilacqua, A. (2017). Thermal treatments for fruit and vegetable juices and beverages: A literature overview. *Comprehensive Reviews in Food Science and Food Safety, 16*(4), 668-691.

Pitino, M. A., Unger, S., Doyen, A., Pouliot, Y., Aufreiter, S., Stone, D., Kiss, A., & O'Connor, D. L. (2019). High hydrostatic pressure processing better preserves the nutrient and bioactive compound composition of human donor milk. *Journal of Nutrition, 149*(3), 497-504.

Polydera, A. C., Galanou, E., Stoforos, N. G., & Taoukis, P. S. (2004). Inactivation kinetics of pectin methylesterase of greek Navel orange juice as a function of high hydrostatic pressure and temperature process conditions. *Journal of Food Engineering, 62*(3), 291-298.

Porebska, I., Sokolowska, B., Skapska, S., & Rzoska, S. J. (2017). Treatment with high hydrostatic pressure and aupercritical carbono dioxide to control Alicyclobacillus acidoterrestris spores in apple juice. *Food Control, 73*, 24-30.

Priyadarshini, A., Rajauria, G., O'donnell, C. P., & Tiwari, B. K. (2018). Emerging food processing technologies and factors impacting their industrial adoption. *Critical Reviews in Food Science and Nutrition*, *59*(19), 3082-3101.

Qiu, C., Xia, W., & Jiang, Q. (2014). Pressure-induced changes of silver carp (*Hypophthalmichthys molitrix*) myofibrillar protein structure. *European Food Research and Technology*, *238*(5), 753-761.

Queirós, R. P., Saraiva, J. A., & da Silva, J. A. L. (2018). Tailoring structure and technological properties of plant proteins using high hydrostatic pressure. *Critical Reviews in Food Science and Nutrition*, *58*(9), 1538-1556.

Rahman, M. H., Mu, T. H., Zhang, M., Ma, M. M., & Sun, H. N. (2020). Comparative study of the effects of high hydrostatic pressure on physicochemical, thermal, and structural properties of maize, potato, and sweet potato starches. *Journal of Food Processing and Preservation*, *44*(11), 1-11.

Ravash, N., Peighambardoust, S. H., Soltanzadeh, M., Pateiro, M., & Lorenzo, J. M. (2020). Impact of high-pressure treatment on casein micelles, whey proteins, fat globules and enzymes activity in dairy products: a review. *Critical Reviews in Food Science and Nutrition*, 1-21.

Reddy, N. R., Solomon, H. M., Fingerhut, G. A., Rhodehamel, E. J.; Balasubramaniam, V.M.; Palaniappan, S. (1999). Inactivation of *Clostridium botulinum* type E spores by high pressure processing. *Journal of Food Safety*, *19*, 277-288.

Ribeiro, L. R., & Cristianini M. (2020). Effect of high-pressure processing combined with temperature on the inactivation and germination of Alicyclobacillus acidoterrestris spores: Influence of heat-shock on the counting of survivors. *LWT- Food Science and Technology*, *118*, 108781.

Rubio, B., Possas, A., Rincón, F., Gímeno, R. M. G., & Martínez, B. (2017). Model for Listeria monocytogenes inactivation by high hydrostatic pressure processing in Spanish chorizo sausage. *Food Microbiology*, *69*, 18-24.

Sá, A. G. A., Moreno, Y. M. F., & Carciofi, B. A. M. (2020). Plant proteins as high--quality nutritional source for human diet. *Trends in Food Science and Technology*, *97*(2019), 170-184.

Salazar, F. A., Yildiz, S., Leyva, D., Soto-Caballero, M., Welti-Chanes, J., Anubhav, P. S., Lavilla, M., & Escobedo-Avellaneda, Z. (2021). HHP influence on food quality and bioactive compounds: A review of the last decade. In K. Knoerzer, & K. Muthukumarappan (Eds.), *Innovative Food Processing Technologies* (pp. 87-111). Elsevier.

Sale, A. J. H., Gould, G. W., & Hamilton, W. A. (1970). Inactivation of bacterial spores by hydrostatic pressure. *Journal Genetically Microbiology*, *60*(3), 323-334.

San Martín, M. F., Barbosa-Cánovas, G. V., & Swanson, B. G. (2002). Food processing by high hydrostatic pressure. *Critical Reviews in Food Science and Nutrition*, *42*(6), 627-645.

Sánchez-Moreno, C., & Ancos, B. (2016). High-pressure processing effect on nutrients and their stability. In M. Houska, & F. V. M. da Silva (Eds.), *High Pressure Processing of Fruit and Vegetable Products* (pp. 85-99). CRC Press.

Sánchez, C., Baranda, A. B., & Marañón, I. M. (2014). The effect of high pressure and high temperature processing on carotenoids and chlorophylls content in some vegetables. *Food Chemistry, 163*, 37-45.

Sehrawat, R., Kaur, B. P., Nema, P. K., Tewari, S., & Kumar, L. (2021). Microbial inactivation by high pressure processing: principle, mechanism and factors responsible. *Food Science and Biotechnology, 30*(1), 19-35.

Shigehisa, T., & Ohmori, T. (1991). Effects of high hydrostatic pressure on characteristics of pork slurries and inactivation of microorganisms associated with meat and meat products. *Journal of Food Microbiology, 12*, 207-216.

Sierra, I., Vidal-Valverde, C., & López-Fandiño, R. (2000). Effect of high pressure on the vitamin B1 and B6 content of milk. *Milchwissenschaft, 55*(7), 365-367.

Simpson, S. M. (2012). Fate of pathogenic organisms in a whey beverage treated with high pressure processing. M.S. Thesis. Iowa State University, Ames. Disponível em: https://dr.lib.iastate.edu/entities/publication/9aea8e73-327c-4ce3-8ccb-86857e35a113.

Smelt, J. P. P. M. (1998). Recent advances in the microbiology of high-pressure processing. *Trends in Food Science & Technology, 9*, 152-158.

Solovchenko, A., Yahia, E. M., & Chen, C. (2019). Pigments. In E. Yahia, & A. Carrillo-Lopez (Eds.), *Postharvest, Physiology and Biochemistry of Fruits and Vegetables* (pp. 225-252). Woodhead Publishing.

Spotti, M., & Science, O. C. (2017). Functional modifications by physical treatments of dietary fibers used in food formulations. *Current Opinion in Food Science, 15*, 70-78.

Suemitsu, L., & Cristianini, M. (2019). Effects of high-pressure processing (HPP) on quality attributes of tilapia (*Oreochromis niloticus*) fillets during refrigerated storage. *LWT- Food Science and Technology, 101*, 92-99.

Sun, X. D., & Holley, R. A. (2010). High hydrostatic pressure effects on the texture of meat and meat products. *Journal of Food Science, 75*(1).

Syed, Q.-A., Buffa, M., Guamis, B. V., & Saldo, J. (2016). Factors Affecting Bacterial Inactivation during High Hydrostatic Pressure Processing of Foods: A Review. *Critical Reviews in Food Science and Nutrition, 56*(3), 474-483.

Takahashi, K., Ishii, H., & Ishikawa, H. (1992). Sterilization of microorganisms by hydrostatic pressure at low temperature. In *Colloques-Institut National de la Sante et de la Recherche Medicale Colloques et Seminaires*, 303-303.

Tao, Y., Sun, D. W., Górecki, A., Błaszczak, W., Lamparski, G., Amarowicz, R., Fornal, J., & Jeliński, T. (2012). Effects of high hydrostatic pressure processing on the physicochemical and sensorial properties of a red wine. *Innovative Food Science and Emerging Technologies, 16*, 409-416.

Tappi, S., Tylewicz, U., & Dalla Rosa, M. (2020). Effect of nonthermal technologies on functional food compounds. In N. Betoret, & E. Betoret (Eds.), *Sustainability of the Food System* (pp. 147-165). Elsevier.

Tejada-Ortigoza, V., Garcia-Amezquita, L. E., Serna-Saldívar, S. O., Martín-Belloso, O., & Welti-Chanes, J. (2018). High hydrostatic pressure and mild heat treatments for the modification of orange peel dietary fiber: Effects on hygroscopic properties and functionality. *Food and Bioprocess Technology, 11*(1), 110-121.

Tejada-Ortigoza, V., García-Amezquita, L. E., Serna-Saldívar, S. O., & Welti-Chanes, J. (2017). The dietary fiber profile of fruit peels and functionality modifications induced by high hydrostatic pressure treatments. *Food Science and Technology International, 23*(5), 396-402.

Torres, B., Tiwari, B. K., Patras, A., Cullen, P. J., Brunton, N., & O'Donnell, C. P. (2011). Stability of anthocyanins and ascorbic acid of high pressure processed blood orange juice during storage. *Innovative Food Science and Emerging Technologies, 12*(2), 93-97.

Torres, E., González, G., Klotz, B., & Rodrigo, D. (2015). Effects of high hydrostatic pressure and temperature increase on Escherichia coli spp. and pectin methyl esterase inactivation in orange juice. *Food Science and Technology International, 22*, 173-180.

Tribst, A. A. L., & Cristianini, M. (2012). Increasing fungi amyloglucosidase activity by high pressure homogenization. *Innovative Food Science & Emerging Technologies, 16*, 21-25.

Tribst, A. A. L., Leite Júnior, B. R. C., Oliveira, M. M., & Cristianini, M. (2016). High pressure processing of cocoyam, Peruvian carrot and sweet potato: Effect on oxidative enzymes and impact in the tuber color. *Innovative Food Science, 34*, 302-309.

Tribst, A. A. L., Ribeiro, L. R., & Cristianini, M. (2017). Comparison of the effects of high-pressure homogenization and high-pressure processing on the enzyme activity and antimicrobial profile of lysozyme. *Innovative Food Science & Emerging Technologies, 43*, 60-67.

True fresh HPP increases capacity in U.S with addition of new Hiperbaric 525. (2017). Hiperbaric. Disponível em: https://www.hiperbaric.com/en/true-fresh-hpp-secures-largest-capacity-in-u-s-with-addition-of-new-hiperbaric-525/.

Tsevdou, M., Gogou, E., & Taoukis, P. (2019). High hydrostatic pressure processing of foods. In F. Chemat, & E. Vorobiev (Eds.), *Green Food Processing Techniques: Preservation, Transformation and Extraction* (pp. 87-137). Elsevier.

Valdramidis, V. P., Patterson, M. F., & Linton, M. (2015). Modelling the recovery of Listeria monocytogenes in high pressure processed simulated cured meat. *Food Control, 47.*

Vega-Gálvez, A., Díaz, R., López, J., Galotto, M. J., Reyes, J. E., Perez-Won, M., Puente-Díaz, L., & Di Scala, K. (2016). Assessment of quality parameters and microbial characteristics of Cape gooseberry pulp (*Physalis peruviana* L.) subjected to high hydrostatic pressure treatment. *Food and Bioproducts Processing, 97,* 30-40.

Velazquez, G., Méndez-Montealvo, M. G., Welti-Chanes, J., Ramírez, J. A., & Martínez-Maldonado, M. A. (2021). Effect of high-pressure processing and heat treatment on the gelation properties of blue crab meat proteins. *LWT, 146*, 111389.

Wackerbarth, H., Kuhlmann, U., Tintchev, F., Heinz, V., & Hildebrandt, P. (2009). Structural changes of myoglobin in pressure-treated pork meat probed by resonance Raman spectroscopy. *Food Chemistry, 115*(4), 1194-1198.

Wang, C.-Y., Huang, H.-W., Hsu, C.-P., Binghuei, &, & Yang, B. (2016). Recent advances in food processing using high hydrostatic pressure technology. *Critical Reviews in Food Science and Nutrition*, *56*(4), 527-540.

Westphal, A., Schwarzenbolz, U., & Böhm, V. (2018). Effects of high-pressure processing on bioactive compounds in spinach and rosehip puree. *European Food Research and Technology, 244*(3), 395-407.

What is High Pressure Processing (HPP)? (n.d.). Hiperbaric. Disponível em: www.hiperbaric.com/en/high-pressure/.

Wilson, M. J., & Baker R. (1997). High temperature/ultra-high-pressure sterilization of low acid foods. *United States Patent.*

Wuytack, E. Y., Diels, A. M. J., & Michiels, C. (2002). Bacterial inactivation by high--pressure homogenisation and high hydrostatic pressure. *International Journal of Food Microbiology, 77,* 205-212.

Xie, F., Li, M., Lan, X., Zhang, W., Gong, S., Wu, J., & Wang, Z. (2017). Modification of dietary fibers from purple-fleshed potatoes (*Heimeiren*) with high hydrostatic pressure and high-pressure homogenization processing: A comparative study. *Innovative Food Science and Emerging Technologies*, *42*, 157-164.

Yamamoto, K. (2017). Food processing by high hydrostatic pressure. *Bioscience, Biotechnology and Biochemistry, 81*(4), 672-679.

Yang, D., & Reyes-De-Corcuera, J. I. (2021). Increased activity of alcohol oxidase at high hydrostatic pressure. *Enzyme and Microbial Technology, 145*, 109751.

Yang, H., Yang, A., Gao, J., & Chen, H. (2014). Characterization of physicochemical properties and Ige-binding of soybean proteins derived from the HHP-treated seeds. *Journal of Food Science*, *79*(11), 2157-2163.

Yang, J., & Powers, J. R. (2016). Effects of high pressure on food proteins. In V. M. Balasubramaniam, G. V. Barbosa-Cánovas, & H. L. M. Lelieveld (Eds.), *High*

Pressure Processing of Food: Principles,Technology and Applications (pp. 353-389). New York: Springer.

Yang, Z., Chaib, S., Gu, Q., & Hemar, Y. (2017). Impact of pressure on physicochemical properties of starch dispersions. *Food Hydrocolloids, 68*, 164-177.

Zeng, F., Li, T., Gao, Q., Liu, B., & Yu, S. (2018). Physicochemical properties and in vitro digestibility of high hydrostatic pressure treated waxy rice starch. *International Journal of Biological Macromolecules, 120*, 1030-1038.

Zhang, L., Qiao, Y., Wang, C., Liao, L., Shi, D., An, K., Hu, J., Wang, J., & Shi, L. (2020). Influence of high hydrostatic pressure pretreatment on properties of vacuum-freeze dried strawberry slices. *Food Chemistry, 331*, 127203.

Zhang, Y., Wang, G., Jin, Y., Deng, Y., & Zhao, Y. (2016). Effects of high hydrostatic pressure processing on purine, taurine, cholesterol, antioxidant micronutrients and antioxidant activity of squid *(Todarodes pacificus)* muscles. *Food Control, 60*, 189-195.

Zhang, W., Shen, Y., Li, Z., Xie, X., Gong, E. S., Tian, J., Si, X., Wang, Y., Gao, N., Shu, C., Meng, X., Li, B., & Liu, R. H. (2021). Effects of high hydrostatic pressure and thermal processing on anthocyanin content, polyphenol oxidase and β-glucosidase activities, colour, and antioxidant activities of blueberry (*Vaccinium* Spp.) puree. *Food Chemistry, 342*, 128564.

Zhao, J., Zhou, T., Zhang, Y., Ni, Y., & Li, Q. (2015). Optimization of arachin extraction from defatted peanut (*Arachis hypogaea*) cakes and effects of ultra-high pressure (UHP) treatment on physiochemical properties of arachin. *Food and Bioproducts Processing, 95*(17), 38-46.

CAPÍTULO 3

FLUIDO SUPERCRÍTICO

Julian Martínez, Ana Carolina de Aguiar, Arthur Luiz Baião Dias, Juliane Viganó

INTRODUÇÃO

Este capítulo aborda diversas tecnologias que usam fluidos supercríticos no processamento de alimentos, porém, diferentemente da maioria das tecnologias emergentes tratadas neste livro, o uso de fluidos supercríticos não tem como foco principal a conservação de alimentos, e sim a produção de ingredientes e alimentos processados por meio de operações unitárias de transferência de massa, como extração, encapsulação, adsorção, secagem, entre outras que são descritas na seção "Aplicações". A razão reside nas características físico-químicas dos fluidos supercríticos que, como detalhado na seção "Fundamentos teóricos", fazem deles excelentes meios para solubilização e separação seletiva de compostos de interesse, assim como para transferência de massa. Por isso, e somando a possibilidade de operação em processos limpos, as tecnologias de fluidos supercríticos vêm ampliando seu escopo de aplicações na indústria de alimentos, como alternativa a processos tradicionais já consolidados que apresentam inconvenientes relacionados à qualidade e à segurança dos produtos, além de maiores custos de manufatura. Também é abordado o uso de dióxido de carbono supercrítico como forma de inativação de microrganismos, como alternativa aos tradicionais métodos térmicos. Finalmente, a avaliação econômica é explorada na seção "Aspectos econômicos", que traz os fatores que afetam o custo de manufatura e investigações econômicas que podem embasar a escolha por processos e condições para obter os produtos desejados.

Em uma sociedade cada vez mais atenta ao meio ambiente, à alimentação saudável e ao aproveitamento integral dos recursos naturais, o desenvolvimento de processos industriais sustentáveis na produção de alimentos tem ganhado espaço. Como veremos, tecnologias que usam fluidos supercríticos podem atender com sucesso a essas demandas, oferecendo métodos de produção limpos, econômicos, com pouca ou nenhuma geração de resíduos, e obtenção de produtos com alto valor tecnológico e nutricional.

FUNDAMENTOS TEÓRICOS

Substâncias puras podem existir nos estados físicos sólido, líquido e gasoso, dependendo das condições de pressão e temperatura em que se encontram. Líquidos e gases, em particular, são estados fluidos em que as substâncias podem ser usadas como solventes, meios de transporte de materiais ou reacionais. A eficácia nesses processos depende em grande parte das propriedades físico-químicas dos fluidos. Por exemplo, a baixa viscosidade oferece pouca resistência à transferência de massa, e o fluido torna-se um bom meio reacional; já a alta densidade tem maior quantidade de moléculas por volume, o que confere maior poder de solvatação de compostos com afinidade química.

Gases são menos viscosos que líquidos, e líquidos são mais densos que gases, de forma que cada estado físico proporciona vantagens específicas a uma substância para seu uso em processos. Entretanto, é possível que a substância apresente, ao mesmo tempo, as propriedades vantajosas de líquidos e gases quando ultrapassa esses dois estados.

Toda substância pura tem um ponto crítico, definido pela sua pressão crítica (P_C) e temperatura crítica (T_C). Se a pressão e a temperatura da substância estão, respectivamente, acima de P_C e T_C, ela se encontra no estado supercrítico. Em outras palavras, não se trata de um líquido, nem de um gás, e sim de um fluido supercrítico. A Figura 3.1 ilustra esquematicamente um típico diagrama de fases de uma substância pura, no qual é possível observar as regiões de sólido, líquido, gás e, em destaque, a região além do ponto crítico, onde está o fluido supercrítico.

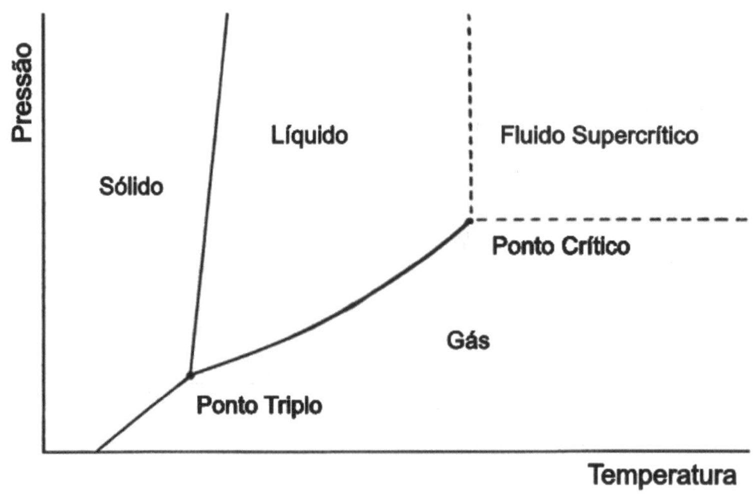

Figura 3.1 – Diagrama de fases de uma substância pura.

Observe que não há uma distinção rígida entre a região supercrítica e as de líquido e gás, uma vez que não ocorrem transições bem definidas, como conhecemos para sólido-líquido (fusão), sólido-gás (sublimação) e líquido-gás (vaporização). A obtenção de um fluido supercrítico pode ser realizada apenas a partir de líquidos ou de gases. Em líquidos, pode ser feita a pressurização por bombeamento até uma pressão maior que P_C, seguida do aquecimento até uma temperatura maior que T_C; gases, por sua vez, podem ser pressurizados em compressores e, se necessário, aquecidos na sequência até ultrapassar P_C e T_C. A escolha do método de obtenção do fluido supercrítico depende do objetivo do processo.

Portanto, fluidos supercríticos são alternativas interessantes para processos industriais, como substitutos de líquidos ou gases. No processamento de alimentos, é mandatório o uso de solventes de grau alimentício, que não apresentem riscos à qualidade dos produtos e, principalmente, à saúde dos consumidores. Nesse sentido, a Tabela 3.1 mostra as propriedades críticas de algumas substâncias que podem ser usadas em processamento de alimentos, por possuírem grau alimentício.

Tabela 3.1 – Propriedades críticas de algumas substâncias com grau alimentício

Substância	P_C (bar)	T_C (K)
Água	221,2	647,3
Etanol	61,4	513,9
Dióxido de carbono	73,8	304,1

P = pressão; T = temperatura.

Água e etanol são largamente usados no processamento de alimentos e bebidas, estando inclusive presentes na formulação de produtos. Porém, como mostra a Tabela 3.1, suas temperaturas críticas são muito altas, o que demanda grande consumo energético para aquecer acima de T_C. Além disso, processos nessas temperaturas podem causar modificações indesejáveis nos produtos, como perda de nutrientes e alterações físicas e sensoriais.

O dióxido de carbono (CO_2), por sua vez, tem uma T_C pouco acima da temperatura ambiente, que é facilmente alcançável e permite a realização de processos em condições seguras e pouco agressivas aos produtos. Essa é uma das razões pelas quais o CO_2 é o fluido supercrítico mais investigado e aplicado em processamento de produtos para consumo humano, como cosméticos, fármacos e alimentos. Além disso, o CO_2 é uma substância inerte, não inflamável, de baixa toxicidade e fácil obtenção, sendo um subproduto de processos fermentativos. O uso de CO_2 supercrítico em processos pode ser, inclusive, uma estratégia para reutilizar esta substância sem liberá-la na atmosfera.

Como mencionado, o poder de solvatação de um solvente aumenta com a sua densidade. Assim, sabendo que líquidos são mais densos que gases, é compreensível que sejam melhores solventes. Por outro lado, a viscosidade em gases é menor que em líquidos, enquanto a difusividade de gases (e de seus compostos) é maior, o que faz deles excelentes meios de transferência de massa, ou seja, de transporte de compostos, algo de fundamental importância para o desempenho de processos de extração, separações, reações químicas entre outros (que são abordados mais adiante neste capítulo). Dessa forma, fluidos supercríticos podem vencer as limitações de líquidos e gases, pois reúnem as propriedades vantajosas de ambos os estados físicos. A Tabela 3.2 mostra as densidades e as viscosidades do CO_2 nos estados líquido, gasoso e supercrítico.

Tabela 3.2 – Propriedades físicas do CO_2 nos estados líquido, gasoso e supercrítico

P_c (bar)	T_c (K)	Estado	P (bar)	T (K)	ρ (kg.m^{-3})	μ (mPa.s)
73,8	304,1	Líquido	65,0	298,2	275,1	0,255
		Gasoso	1	298,2	1,785	0,0149
		Supercrítico	100,0	320,0	419,8	0,0324

P = pressão; T = temperatura; ρ = densidade; μ = viscosidade.

Nota-se que no estado supercrítico, o CO_2 apresenta densidade com a mesma ordem de grandeza do líquido e viscosidade com a ordem de grandeza do gás. Portanto, o CO_2 reúne as vantagens de líquidos e gases, ou seja, é ao mesmo tempo um bom solvente e um excelente meio de transporte.

Outra grande vantagem dos fluidos supercríticos em relação aos solventes líquidos é a facilidade de ajuste de suas propriedades. O poder de solvatação está relacionado à densidade que, em fluidos supercríticos, é fortemente dependente de pressão e temperatura. A Figura 3.2 mostra, em um diagrama, como a densidade do CO_2 supercrítico varia em função dessas duas propriedades.

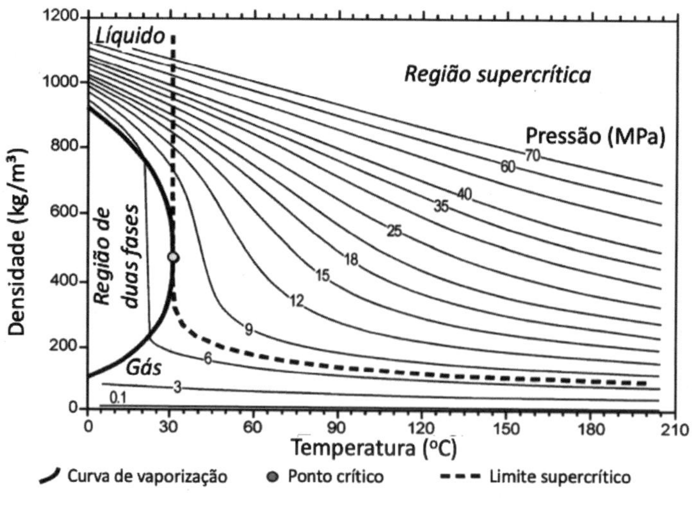

Figura 3.2 – Variação da densidade do CO_2 em função de pressão e temperatura.
Fonte: Adaptado de Bachu (2003).

A dependência entre densidade e poder de solvatação faz do CO_2 supercrítico um solvente altamente seletivo, ou seja, é possível ajustar a solubilidade de determinadas substâncias em CO_2 supercrítico por meio da pressão e da temperatura de processo. Essa característica é útil em todos os processos envolvendo CO_2 supercrítico (abordados nas próximas seções), seja para maximizar a dissolução de um componente alvo no CO_2 supercrítico, seja para reduzir a solubilidade de substâncias que se deseja separar. É esse princípio, por exemplo, que permite separar o CO_2 supercrítico dos produtos obtidos por extração ou outros processos, simplesmente pela redução de pressão, resultando em produtos sem qualquer resíduo de solvente. Essa possibilidade permite grande economia de energia em relação a processos tradicionais, nos quais a separação deve ser feita por meio de aquecimento e evaporação do solvente, e que mesmo assim restam traços de solvente nos produtos.

Nas próximas seções, são abordadas as aplicações da tecnologia de fluidos supercríticos em diversas operações presentes no processamento de alimentos. Em todas, as propriedades físicas dos fluidos supercríticos, com destaque para o CO_2, e a dependência delas em relação à pressão, temperatura e adição de modificadores são fundamentais para a viabilidade dos processos, cujas condições são determinantes para seu sucesso.

APLICAÇÕES

EXTRAÇÃO

A extração com fluidos supercríticos (*Supercritical Fluid Extraction* [SFE]), usando CO_2 como solvente, é o processo mais conhecido da tecnologia de fluidos supercríticos e é atualmente bem estabelecida para aplicações laboratoriais e industriais. Em laboratório, a SFE tem sido usada como técnica preparativa de processos analíticos (Wijngaard et al., 2012) e ferramenta de otimização e desenvolvimento de produtos que podem ser constituídos pelo extrato ou pelo material sólido remanescente da extração. Em escala industrial, ela vem sendo aplicada desde 1970, encontrando as aplicações mais representativas na descafeinização de café e chá, produção de aromas e obtenção de resinas de lúpulo.

A SFE pode ser realizada de modo estático ou semicontínuo. No modo estático, a matéria-prima sólida e o solvente supercrítico permanecem em contato dentro do vaso de alta pressão por determinado tempo; em seguida, o sistema é despressurizado, e o extrato é separado do solvente. Após a despressurização, um novo ciclo pode ser estabelecido pela pressurização do solvente no vaso com a matéria-prima, ou esta pode ser removida e uma nova batelada iniciada. Já o processo semicontínuo é o mais utilizado e ocorre pelo fluxo contínuo de solvente pelo vaso contendo a matéria-prima durante determinado tempo (Meireles, 2008).

Uma representação de um equipamento clássico de SFE é apresentada na Figura 3.3 e tem como elementos principais um reservatório de CO_2, trocador de calor para liquefazer o CO_2, bomba, tocador de calor para pré-aquecer o CO_2 até a temperatura de processo, vaso de extração com controle de temperatura onde a matéria-prima é acondicionada e separadores para precipitação do extrato. Além dos elementos mostrados, são necessários válvulas e instrumentos de controle de pressão, temperatura e vazão de solvente. Adicionalmente, o equipamento pode conter uma linha auxiliar para bombeamento de cossolvente. Em um processo típico de SFE, os trocadores são programados nas temperaturas desejadas, e a matéria-prima é carregada e empacotada no vaso de extração. Em seguida, o CO_2 é alimentado e pressurizado até a pressão desejada. O sistema permanece em condições estáticas por determinado período para garantir o estabelecimento do equilíbrio no interior do vaso. Posteriormente, em caso de operação semicontínua, o fluxo permanente de CO_2 é estabelecido por determinado tempo de extração, e o extrato é coletado nos separadores. O CO_2 deixa os separadores e pode ser reciclado para voltar ao início da linha de extração.

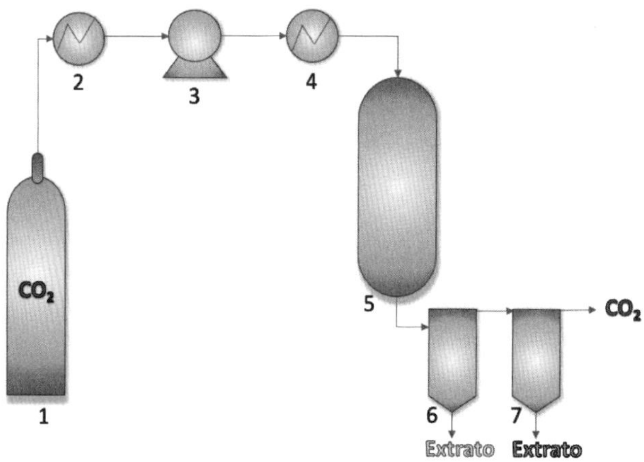

Figura 3.3 – Diagrama representativo de um equipamento de extração supercrítica: (1) reservatório de CO_2; (2) trocador de calor para refrigeração; (3) bomba; (4) trocador de calor para aquecimento; (5) vaso de extração; e (6,7) separadores.

Na SFE, podem ser identificadas duas operações que são fortemente afetadas pelos aspectos termodinâmicos: a extração e a separação. A extração é a etapa em que o solvente entra em contato com a matriz da matéria-prima e, dependendo da temperatura e da pressão do processo, dessorve e solubiliza certa gama de substâncias (o extrato (Pereira e Meireles, 2010). A separação, que ocorre após a extração, consiste na redução da pressão e temperatura, o que diminui a solubilidade do extrato no solvente e provoca a precipitação. Essa separação física do extrato configura uma das mais importantes vantagens da SFE frente a outros processos de extração: o extrato é obtido livre de qualquer solvente e sem a necessidade de aplicação de calor (Azmir et al., 2013; Knez et al., 2014). Os detalhes sobre os efeitos de pressão e temperatura na separação são abordados na seção "Fracionamentos".

Como mencionado, a temperatura e a pressão do processo são variáveis e influenciam o processo de extração. No entanto, a SFE também é afetada pelo tamanho das partículas da matéria-prima, vazão do solvente, umidade da matéria-prima, geometria do vaso de extração, adição de cossolvente e razão entre a massa do solvente e a da matéria-prima (S/F) (Azmir et al., 2013; Wijngaard et al., 2012). A transferência de massa na SFE é fortemente afetada por temperatura e pressão, exercendo efeito no rendimento da extração e na seletividade/concentração do extrato. O aumento da pressão, a dada temperatura (e vice-versa), eleva a densidade do solvente, que, em geral, aumenta a solubilidade do extrato. No entanto, o aumento da temperatura também eleva a pressão de vapor dos solutos, que aumenta sua transferência de massa da matéria-prima para o solvente (Pereira e Meireles, 2010). O controle e o ajuste de temperatura e da pressão, além de elevarem o rendimento da extração, possibilitam tornar o solvente mais seletivo, que significa que o extrato poderá ser concentrado em compostos de interesse. Um exemplo representativo foi descrito por Viganó et al. (2016) na obtenção de extrato do bagaço de maracujá usando CO_2 supercrítico. Foram obtidas três frações de extrato, ricas em tocóis, ácidos graxos e carotenoides, pela combinação da temperatura e pressão em diferentes etapas sequenciais da SFE.

A razão S/F está relacionada ao tempo e à vazão da extração. Para entendermos seu efeito, precisamos analisar o comportamento cinético da SFE, apresentado na Figura 3.4. O avanço do S/F, como mostra a curva, aumenta o rendimento da extração, pois a recuperação de massa de extrato é crescente. Entretanto, a depender de S/F, a extração pode ser seletiva, pois o CO_2 supercrítico solubiliza preferencialmente compostos mais solúveis no início da extração. Um exemplo típico desse comportamento mostra que, ao aplicar SFE a subprodutos de peixe (*Cynoscion striatus*), ácidos graxos saturados são extraídos no início do processo, enquanto ácidos graxos poli-insaturados são obtidos mais tardiamente. A Figura 3.4 mostra também os três períodos típicos da SFE: taxa de extração constante (CER), taxa de extração decrescente (FER) e difusão controlada (DC). No período CER, o solvente solubiliza o soluto de fácil acesso na partícula da matéria-prima, e a convecção governa esta etapa. À medida que o soluto vai se esgotando, a taxa de extração cai, o que caracteriza o período FER. E, finalmente, no período DC, a extração é controlada pela difusão do soluto do interior das partículas para a sua superfície, o que diminui drasticamente a taxa de extração.

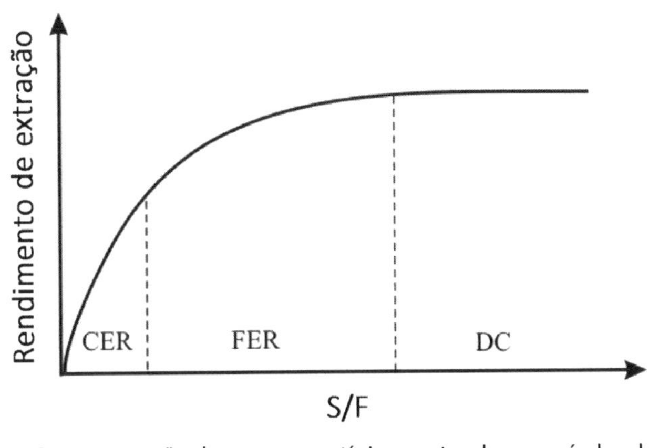

Figura 3.4 – Representação de uma curva típica contendo os períodos de extração.

Em relação às outras variáveis que afetam o desempenho da SFE, uma atenção especial precisa ser dada ao tamanho médio das partículas da matéria-prima; a redução do tamanho aumenta a área superficial e reduz o diâmetro, consequentemente facilitando a transferência de massa; porém, partículas muito finas (escala micrométrica) podem compactar o leito de tal maneira que dificultam o acesso do solvente e podem gerar entupimento caso se desprendam do leito e alcancem a tubulação (Gómez-López et al., 2021).

A umidade da matéria-prima é outro aspecto importante a ser considerado; é aconselhável um teor de umidade inferior a 10%, uma vez que o CO_2 supercrítico tem baixa afinidade pela água, e, consequentemente, a água presente nos poros dificulta o acesso do CO_2 aos compostos de interesse ligados à matriz da matéria-prima.

As dimensões do vaso de extração também oferecem efeito sobre o desempenho da SFE; normalmente, se estabelece a razão entre a altura e o diâmetro do vaso (H/D), que, quando demasiadamente pequena, implica curto tempo de residência no solvente dentro do vaso e heterogeneidade do fluxo do solvente no seu interior; por outro lado, altas H/D oferecem maior resistência à transferência de massa e à ocorrência do fenômeno *back-mixing* (Gómez-López et al., 2021). Em relação à vazão do solvente, seu aumento geralmente eleva a capacidade de extração; porém, em alguns casos, vazões muito elevadas podem levar a tempo de residência insuficiente para o contato entre solvente e matéria-prima, o que também pode encarecer o custo operacional do processo (Pereira e Meireles, 2010).

A SFE utilizando CO_2 como solvente é uma técnica eficiente para obtenção de grupos de substâncias com características apolares, como ácidos graxos, triglicerídeos, fitosteróis, terpenoides, tocoferóis e carotenoides entre outros (Sánchez-Camargo et al., 2020). Uma alternativa para alcançar a extração de substâncias polares é a aplicação de um cossolvente ou modificador. O etanol é o cossolvente mais utilizado para obtenção de grupos polares, como os polifenóis, pois é atóxico e de grau alimentício (Wijngaard et al., 2012). Ele tem sido aplicado em diferentes porcentagens em relação à massa de CO_2; no entanto, deve-se ter cuidado quanto à quantidade adicionada para manter o solvente no estado supercrítico. Outros grupos de moléculas, como os carotenoides, são extraídos por CO_2 supercrítico em altas pressões (> 35 MPa), o que pode configurar uma dificuldade técnica não suportada pelo equipamento e elevar o custo do processo. Para esse problema, os óleos, especialmente os vegetais, são bons candidatos a cossolventes, devido à maior hidrofobicidade e custo relativamente baixo (Wijngaard et al., 2012). Sun e Temelli (2006) usaram óleo de canola como cossolvente com CO_2 supercrítico para obter carotenoides da cenoura. Os autores usaram 0, 2,5% e 5% (m/m) de óleo e observaram que, quando o cossolvente foi adicionado, os rendimentos de α- e β-caroteno dobraram, enquanto o de luteína foi 4 vezes maior que no extrato obtido com CO_2 puro. A concentração de óleo no CO_2 exerceu efeito significativo apenas sobre o rendimento e concentração de luteína.

A SFE é promissora para o processamento de alimentos. Além das vantagens citadas anteriormente, o processo atende às demandas ambientais, o CO_2 é atóxico e o processo, em geral, ocorre em temperaturas amenas (35 a 60 °C), o que é favorável para compostos termossensíveis. Portanto, a SFE pode ser amplamente utilizada, seja na obtenção de extratos para aplicação como ingredientes alimentícios, seja na remoção de compostos indesejáveis de dada matéria-prima.

FRACIONAMENTO

O fracionamento com fluido supercrítico (*Supercritical Fluid Fractionation* [SFF]) é um processo utilizado para fracionar compostos presentes em misturas líquidas empregando solventes no estado supercrítico. As duas principais abordagens para alcançar o fracionamento de misturas por SFF são a utilização de coluna em contracorrente e a redução de pressão, e ambas são baseadas na diferença de solubilidade dos componentes da mistura líquida no solvente supercrítico (Bejarano at el., 2016).

Aproveitando as propriedades do CO_2 supercrítico, a SFF pode ser uma alternativa útil para separações complexas ou acoplada a outras técnicas, a fim de melhorar a eficiência de separação de compostos de uma mistura líquida. Nesta seção, além das abordagens utilizadas para o fracionamento de misturas de líquidos com fluidos supercríticos, são citadas algumas aplicações na área de alimentos.

Fracionamento supercrítico utilizando coluna em contra corrente

O SFF é um processo que promove a separação de compostos contidos em uma mistura líquida usando um solvente em condições supercríticas e se baseia na diferença de solubilidade dos componentes no solvente. No processo de SFF, quando a coluna opera em contracorrente, as alimentações do líquido e o fluido supercrítico são colocadas em contato (Brunner, 2009) e a operação geralmente é conduzida em modo contínuo. A coluna é preenchida com um material de empacotamento inerte de alta área superficial, cujo objetivo é favorecer o contato entre o líquido e o fluido supercrítico (Reverchon e De Marco, 2006). A representação esquemática genérica de um processo em contracorrente para a separação de dois componentes ou de uma mistura de duas frações é apresentado na Figura 3.5.

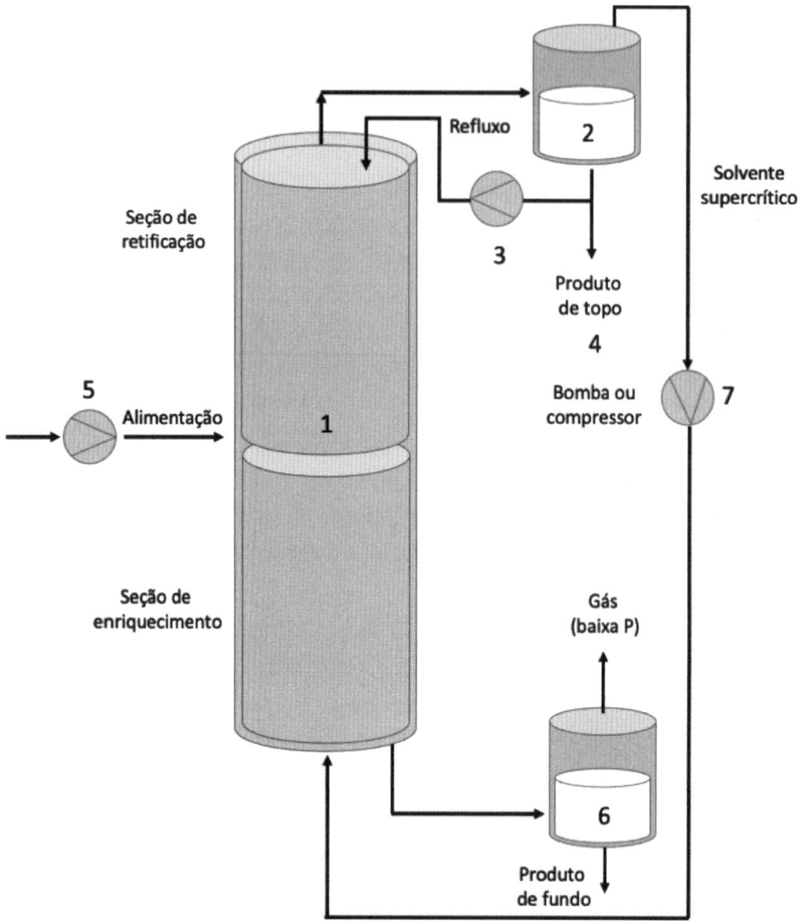

Figura 3.5 – Esquema de um processo de fracionamento com fluido supercrítico (SFF) em contracorrente para a separação de dois componentes.

Basicamente, o equipamento apresentado na Figura 3.5 é composto por (1) uma coluna de separação (com duas cascatas de separação), (2) um separador no topo da coluna, (3) um dispositivo para alimentação de refluxo, (4) uma saída para recuperação do extrato (produto de topo), (5) um dispositivo para introduzir a alimentação na coluna, (6) recuperação do produto no fundo da coluna e (7) solvente reciclado. A recuperação do produto no topo da coluna é feita por despressurização, resultando na condensação do extrato (Bejarano et al., 2016; Pieck et al., 2015) e uma parte específica é separada e introduzida na coluna como refluxo. O solvente separado do extrato é recondicionado e reciclado na parte inferior da coluna, e a alimentação é introduzida em uma posição intermediária da coluna pela bomba de alimentação. A separação de dois componentes é o caso mais simples, embora não seja muito comum, uma vez que a maioria das misturas de interesse industrial na área de alimentos é multicomponente. Nesse caso, para a separação de dois ou mais componentes (ou frações de uma mistura de múltiplos componentes) são necessárias mais duas cascatas para cada composto adicional.

No entanto, uma estratégia recorrente é simplificar o processo, reduzindo a separação de vários componentes para separações de apenas dois componentes (Brunner, 2009).

Dependendo da complexidade do processo de separação, pode ser apropriado usar uma separação multiestágio em contracorrente usando um misturador-decantador (Brunner, 2009). Nessa configuração, o fluxo em cada estágio é acionado por uma bomba, a mistura e a transferência de massa são realizadas mecanicamente e as fases podem ser separadas em ciclones. O principal objetivo de uma unidade misturadora-decantadora é promover a mistura das fases líquida e gasosa para atingir o equilíbrio de fases e, consequentemente, a separação de fases após a transferência de massa. As unidades multiestágios são normalmente as mais empregadas, uma vez que o sistema consiste basicamente em uma unidade misturadora-decantadora, uma bomba de alimentação, uma seção de remoção de produto e reciclagem de CO_2. Esse processo é indicado quando a separação a ser realizada possui algumas das seguintes características:

- O volume da fase líquida é pequeno, de forma que não é capaz de cobrir o equipamento de transferência de massa, resultando em uma taxa de transferência de massa reduzida
- As vazões das fases líquida e gasosa são suficientemente diferentes para limitar o funcionamento estável na coluna de separação
- O número de estágios teóricos em função da alta viscosidade das substâncias na fase líquida é elevado
- A diferença na densidade das fases é baixa, limitando o fluxo em uma coluna acionada pela gravidade (Brunner, 2009)

De acordo com Bejarano et al. (2016), no que diz respeito à aplicação da SFF, é possível identificar duas grandes categorias (o fracionamento de misturas aquosas e não aquosas), além das três principais áreas de intensa produção científica (a SFF de lipídios, óleos essenciais e bebidas alcoólicas). Quanto ao fracionamento de misturas não aquosas, a separação de componentes e derivados de óleos comestíveis é a principal área explorada, e muitos estudos têm sido realizados sobre o fracionamento e concentração de tocoferóis, esteróis, ácidos graxos e carotenoides de diferentes óleos, como azeite de oliva (Vázquez et al., 2009; Ibáñez et al., 2002), óleo de palma (Gast et al., 2005; Chuang e Brunner, 2006; Brunner e Machado, 2012), óleo de girassol (Vázquez et al., 2006), óleo de soja (Torres et al., 2009; Shi et al., 2011; Fornari et al., 2009), oleorresina de pimentas Capsicum (Fernández-Ronco et al., 2011) e óleo de peixe (Pieck et al., 2017; Fiori et al., 2014; Perretti et al., 2007). A deterpenação (remoção de monoterpenos) de óleos essenciais de cítricos (Diaz et al., 2005; Gironi e Maschietti, 2008) e de plantas, como orégano (Köse et al., 2000; Kubat et al., 2001), é também um promissor campo de aplicação da SFF, cujo modo de operação em colunas empacotadas pode ser contínuo ou semicontínuo. Em relação ao fracionamento de misturas aquosas, a remoção do etanol (Macedo et al., 2008; Señoráns et al., 2001a; Ruiz-Rodriguez et al., 2010) e a separação dos aromas de bebidas alcoólicas e não alcoólicas (Simó et al., 2002; Bejarano et al., 2016; Señoráns et al., 2001a; Señoráns et al., 2001b) são as aplicações mais estudadas.

Para obter informações mais detalhadas e abrangentes sobre a aplicação da SFF para o fracionamento de misturas aquosas e não aquosas, recomendamos consultar as revisões de Brunner (1998, 2005, 2009) e Bejarano et al. (2016).

Fracionamento supercrítico por redução de pressão

Outra estratégia para promover a separação de misturas líquidas utilizando fluidos supercríticos é o fracionamento por redução de pressão. As características dos fluidos supercríticos, especialmente a mudança drástica na solubilidade com pequenas variações na temperatura e pressão perto do ponto crítico, podem ser usadas para promover a precipitação seletiva de componentes presentes em misturas líquidas, enquanto os compostos não solúveis permanecem dissolvidos na fase fluida (Reverchon et al., 1995).

Nesse processo, separadores são conectados em série, operando em diferentes condições de temperatura e/ou pressão. O sistema de vasos de separação pode ser acoplado em linha a um vaso de extração para promover o fracionamento sequencial do extrato imediatamente após a SFE, conforme representado na Figura 3.6. O processo de fracionamento da mistura soluto-solvente ocorre dentro dos separadores pela rápida redução da pressão, aumento da temperatura ou ambos, levando à precipitação seletiva de diferentes classes de compostos em função de suas diferentes solubilidades no fluido supercrítico (Pereira e Meireles, 2010).

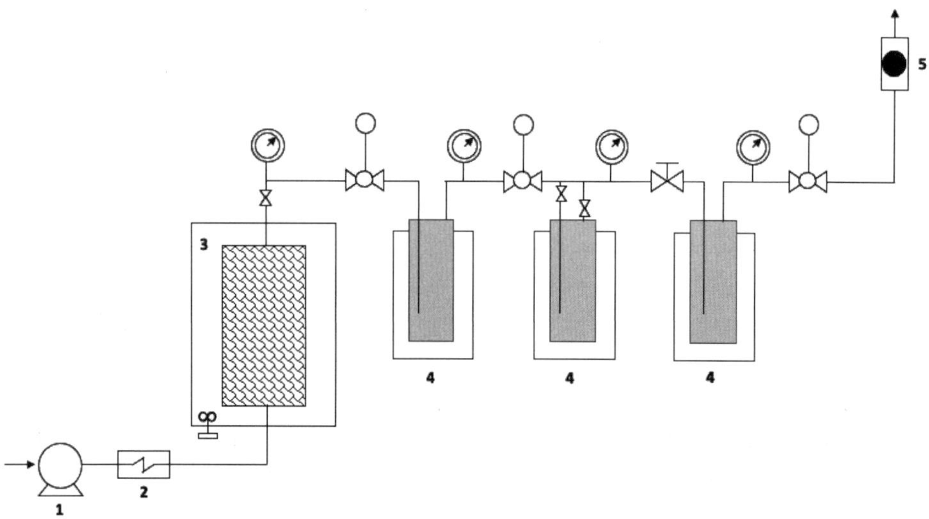

Figura 3.6 – Representação esquemática de um sistema genérico de fracionamento supercrítico por redução de pressão: (1) Bomba de alta pressão; (2) aquecedor; (3) vaso de extração; (4) separadores; e (5) medidor de vazão.

Quando o desenho do equipamento de SFE integrado ao SFF é feito de forma precisa, é possível desenvolver sofisticados sistemas que operam em linha, compostos de dois ou mais separadores que permitem a separação do extrato em diferentes frações.

No entanto, de acordo com Perrut e Perrut (2018), a seletividade do fracionamento do extrato em linha pode ser insatisfatória quando se passa da escala-piloto para a industrial, exceto em processos de remoção de compostos cerosos, quando o primeiro separador é operado com CO_2 no estado líquido. Os autores também reportaram que compostos de classe química semelhante, mas com polaridades ou massas molares diferentes (por exemplo, terpenos e sesquiterpenos ou diterpenos), podem ser relativamente bem separados se empregados separadores ciclônicos projetados para escala de laboratório, porém normalmente é obtida uma seletividade de fracionamento baixa em equipamentos de escala industrial. Esse fenômeno é provavelmente causado pelo arraste parcial da névoa resultante da separação do soluto e do fluido despressurizado (do primeiro separador para o segundo, e assim por diante), principalmente porque os separadores industriais são em geral decantadores de gravidade não projetados para uma coleta eficiente de névoa formada nestes processos.

O fracionamento por redução de pressão é utilizado para promover o fracionamento seletivo de compostos bioativos em um único estágio do processo. Essa técnica tem sido empregada com sucesso para concentrar ingredientes ativos em extratos obtidos de diferentes materiais, como planta de arruda (Baldino et al., 2018), folhas de *Baccharis dracunculifolia* (Paula et al., 2017), alecrim (Vicente et al., 2012) e gengibre (Shukla et al., 2019). O SFF por redução de pressão também foi aplicado na separação completa dos componentes aromáticos das inflorescências de cânhamo (*Cannabis sativa* L.) (Da Porto et al., 2014a), para separar as ceras do óleo volátil de lavanda (Reverchon et al., 1995), para fracionar os compostos presentes no óleo de atum (Ferdosh et al., 2016), além da obtenção de óleo rico em ácidos graxos e frações de óleo volátil de erva-doce (Hatami et al., 2018). Informações mais detalhadas sobre os processos de fracionamento por redução de pressão podem ser obtidas nas revisões de Reverchon e De Marco (2006) e Reverchon (1997).

ENCAPSULAÇÃO

A aplicação de fluídos supercríticos como alternativa aos processos convencionais de precipitação e encapsulação tem sido um campo ativo nas pesquisas e inovações durante as últimas décadas (Cocero e Martin 2008; Shariati e Peters, 2003). A maior motivação para esse desenvolvimento é a possibilidade de explorar as propriedades peculiares dos fluidos supercríticos, particularmente do CO_2, para solucionar alguns problemas recorrentes de técnicas convencionais de encapsulação. Assim, foram desenvolvidos muitos processos de formação de partículas baseados na tecnologia com fluídos supercríticos, que podem ser classificados de acordo com a função do fluido supercrítico: solvente, soluto ou cossolvente ou antissolvente (Yeo e Kiran, 2005). Nesta seção, são apresentados brevemente algumas técnicas de encapsulação desenvolvidas e aplicações na área de alimentos.

Uma das técnicas que melhor representa o uso de fluidos supercríticos como solvente é chamada de expansão rápida de soluções supercríticas (*Rapid Expansion of Supercritical Solutions* [RESS]). Essa técnica, representada esquematicamente na

Figura 3.7.a, baseia-se no princípio de que um soluto dissolvido em fluido supercrítico à alta pressão precipita quando a mistura é despressurizada e pode ser utilizada para micronizar determinado composto ativo, assim como coprecipitá-lo com um agente encapsulante (Yeo e Kiran, 2005).

No caso da coprecipitação, o processo consiste basicamente em solubilizar tanto o agente encapsulante quanto o composto ativo no fluido supercrítico e, em seguida, coprecipitar ambas as substâncias pela despressurização. Este processo explora as variações do poder de solvatação do composto ativo pelo fluido supercrítico com a pressão. Como consequência, a maior limitação dessa técnica é a baixa solubilidade de muitas substâncias, em especial compostos bioativos, no CO_2 supercrítico. O uso de cossolventes foi proposto com o objetivo de minimizar essa limitação, uma vez que aumenta a solubilidade do soluto no fluido supercrítico para melhorar a dispersão das fases, originando assim a técnica de impregnação por solvente supercrítico (*Supercritical Solvent Impregnation* [SSI]) (Cocero et al., 2009). A técnica de RESS foi utilizada para encapsular tetrahidrocurcumina em poli (l-lactídeo). Uma mistura pressurizada de etanol e CO_2 foi usada como solvente para o composto bioativo e o material de encapsulação. As partículas obtidas apresentaram formato esférico com escala nanométrica, com capacidade de carga de 13% a 25%. A técnica RESS não alterou a capacidade antioxidante, além de prolongar a liberação do composto bioativo (Songtipya et al., 2016).

Partículas de soluções saturadas de gás (*Particles from Gas-Saturated Solutions* [PGSS]) é uma técnica clássica que emprega fluidos pressurizados como solutos. A PGSS é indicada para produzir partículas de materiais que absorvem fluidos supercríticos em altas concentrações, podendo resultar na produção de partículas de polímeros puros (agente encapsulante), assim como na incorporação de um composto ativo nas mesmas (Weidner et al., 2003). Nessa aplicação específica, o efeito de plastificação e inchaço do agente encapsulante, resultado da dissolução do CO_2, pode aumentar a capacidade de incorporação do composto bioativo. O processo de PGSS também pode ser utilizado para encapsulação de compostos ou misturas de compostos no estado líquido. Nesse caso, o agente encapsulante fundido é misturado ao líquido a ser encapsulado com auxílio de bombas que conduzem o agente encapsulante e o líquido previamente pressurizado para um sistema de mistura (Cocero et al., 2009). O princípio da técnica (representado esquematicamente na Figura 3.7.b) e os parâmetros de operação são muito semelhantes aos da RESS. Na PGSS, o fluido supercrítico é dissolvido em um material sólido fundido, e a mistura é rapidamente despressurizada, o que resulta na formação de partículas por precipitação. Uma desvantagem da técnica é que poucas substâncias podem ser fundidas em altas temperaturas sem ocorrer alterações químicas ou físicas, o que limita consideravelmente a sua aplicação (Cocero e Martin, 2008).

Os processos que utilizam fluidos pressurizados como antissolvente baseiam-se no contato de uma solução do composto ativo com um solvente líquido convencional e com um fluido supercrítico. Após a mistura, o fluido supercrítico satura o solvente e remove-o da mistura por extração, provocando a precipitação do soluto por meio de um efeito antissolvente (Cocero et al., 2009). As técnicas que se enquadram nessa categoria têm como ponto em comum a imiscibilidade ou miscibilidade muito baixa do soluto (geralmente um composto bioativo) no antissolvente e sua completa miscibilidade no solvente.

É também desejável que o solvente tenha afinidade maior pelo antissolvente do que pelo composto ativo, de tal maneira que, quando a solução (solvente + composto bioativo) é colocada em contato com o antissolvente e a pressão é reduzida, a solubilidade do composto ativo no solvente cai drasticamente. Assim, o antissolvente causa uma queda no poder de solvatação do solvente, levando à precipitação do composto bioativo na forma de partículas. As técnicas de gás antissolvente (*Gas Antisolvent* [GAS]), antissolvente supercrítico (*Supercritical Antisolvent* [SAS]), sistema de extração de solvente aerosol (*Aerosol Solvent Extraction System* [ASES]), precipitação com antissolvente comprimido (*Precipitation with Compressed Antisolvent* [PCA]), extração de emulsões por fluidos supercríticos (*Supercritical Fluid Extraction of Emulsions* [SFEE]) e dispersão de solução aumentada por fluidos supercríticos (*Solution Enhanced Dispersion by Supercritical Fluids* [SEDS]) têm como princípio o uso de fluidos supercríticos como antissolvente.

A Figura 3.7.c apresenta uma esquematização generalizada da técnica SAS. Inicialmente, a mistura é um sistema binário homogêneo, formado pelo composto ativo e pelo solvente. Esse sistema é conduzido ao encontro do antissolvente à alta pressão, formando uma mistura. Como resultado da mudança de pressão, temperatura e composição, o sistema, que anteriormente se situava em uma região de única fase, é deslocado para a região de duas fases, na qual a separação é possível, induzindo a formação de partículas. O processo de SAS foi empregado com sucesso no fracionamento e precipitação de extrato etanólico de alecrim (*Rosmarinus officinalis* L.) (Quintana et al., 2019). Nas faixas de pressão de 9 a 20 MPa e temperaturas de 313 a 333 K, os precipitados apresentaram uma concentração significativa de ácido rosmarínico, enquanto o ácido carnósico e carnosol foram concentrados nas frações de oleorresina. As partículas produzidas com um bico injetor de 101,6 μm de diâmetro apresentaram maior esfericidade e menor diâmetro com o aumento da pressão e diminuição da temperatura. O extrato obtido dos resíduos de amora-preta (*Rubus fruticosus*) em polivinilpirrolidona (PVP) foi encapsulado pela técnica SAS utilizando CO_2 como antissolvente e etanol como solvente da solução orgânica (extrato + PVP) (Machado et al., 2018). As partículas de extrato produzidas apresentaram geometria esférica, alta carga de antocianinas e alta capacidade antioxidante, além de não resultarem em degradação significativa da antocianina. O processo de SFEE foi explorado para encapsular compostos bioativos, como astaxantina (Tirado et al., 2019) e extratos vegetais (oleorresina de pimenta Capsicum) (Aguiar et al., 2016), sendo que para ambos os estudos as partículas obtidas apresentaram formato esférico com escala nanométrica.

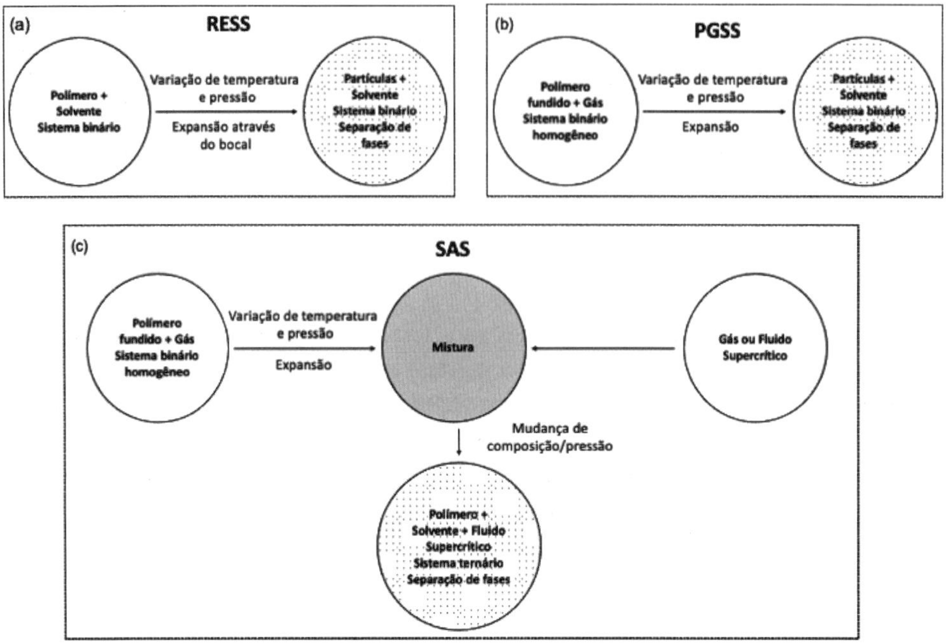

Figura 3.7 – Representação esquemática dos processos de formação de partículas com fluidos supercríticos: (a) Expansão rápida de soluções supercríticas (RESS); (b) partículas de soluções saturadas de gás (PGSS); e (c) antissolvente supercrítico (SAS).

REAÇÕES

Uma ampla variedade de compostos vem sendo produzida atualmente por biotransformação em escala industrial. Entretanto, tem-se limitado o uso de solventes orgânicos por parte das indústrias, uma vez que pode acarretar problemas de impacto ambiental devido aos seus potenciais níveis de toxicidade e flamabilidade, além dos custos gerados para um adequado descarte dos subprodutos. Dessa forma, os fluidos supercríticos têm chamado a atenção nos últimos anos como solventes alternativos aos solventes orgânicos para reações biocatalisadas. O emprego de fluidos supercríticos em reações enzimáticas foi primeiramente proposto em meados da década de 1980 por Randolph et al. (1985) e Hammond et al. (1985). A partir daí, variados trabalhos foram realizados para validar o uso desses solventes em reações enzimáticas, como oxidação (Turner et al., 2001; Muratov et al., 2005), hidrólise (Sovová et al., 2008; Guthalugu et al., 2006), transesterificação (Palocci et al., 2008; Weber et al., 2008), esterificação (Dumont et al., 1992) entre outros.

Em nível industrial, a produção de compostos de aroma por intermédio de reações biocatalisadas vem atraindo grande interesse de variados segmentos, como farmacêutico, químico e alimentício. De acordo com Markets & Markets (2015) o mercado de produtos "*food flavors*" cresceu por volta de 5,4% entre 2015 e 2020. Atualmente, a América do Norte é o maior mercado consumidor desses produtos, seguida por Ásia e Europa (T.F. Group, 2015). Dentre os principais compostos de aroma sintetizados, pode-se destacar o acetato de isoamila – que apresenta alto valor comercial para indústrias de alimentos, farmacêutica e química –, devido ao seu intenso aroma de fruta (aroma de banana) com uma produção anual de aproximadamente 74 toneladas (GüvenÇ et al., 2003; Quilter et al., 2003). Além disso, a síntese enzimática em meio supercrítico de outros compostos aromáticos também vem sendo estudada, como na produção de butirato de isoamila (aroma de pera) (Macedo et al., 2004; Srivastava et al., 2002), acetato de butila (aroma de abacaxi) (Escandell et al., 2015) e acetato de eugenila (aroma de cravo) (Krishna e Karanth, 2002).

A alta difusividade e baixa viscosidade dos fluidos supercríticos podem melhorar a taxa de transferência de massa dos substratos até os sítios ativos das enzimas e, consequentemente, aumentar o rendimento final da reação. A facilidade de ajuste do poder de solvatação dos fluidos supercríticos, pela variação de pressão e temperatura, permite diminuir a resistência à transferência de massa entre os sítios ativos da enzima e o meio de reação (Marty et al., 1994; Gamse et al., 2003). Há de se destacar ainda que o ajuste dos parâmetros operacionais permite o controle do equilíbrio de fases das reações, em que os substratos ou produtos podem estar presentes em sistemas monofásicos ou bifásicos, de acordo com o objetivo do processo (Knez, 2009).

Devido às suas vantagens operacionais mencionadas na seção "Fundamentos teóricos", o uso de CO_2 supercrítico possibilita altas taxas e rendimentos de reações e é facilmente removido dos produtos das reações na despressurização, voltando assim ao seu estado gasoso (Brunner, 2013). Entretanto, a principal desvantagem do uso do CO_2 supercrítico em meios reacionais se refere ao seu limitado poder de solvatação sobre compostos polares. Quando se trata de processos biotecnológicos em escala industrial, essa limitação restringe o uso do solvente, uma vez que grande parte das moléculas naturais de interesse são fracamente solúveis em CO_2 supercrítico. Uma alternativa para essa limitação é o uso de cossolventes polares, como etanol, acetona ou água, de modo a aumentar a polaridade do meio e a solubilidade dos compostos-alvo (Ekart et al., 1993; Da Porto et al., 2014a).

Geralmente, as reações biocatalisadas em meio supercrítico que usam CO_2 como solvente podem ser divididas em três etapas:

- Contato do solvente com os reagentes e catalisador (enzima) dentro do reator
- Reação química no intervalo de tempo predeterminado
- Despressurização do sistema, em que o CO_2 retorna ao estado gasoso com diminuição do seu poder de solvatação e consequente precipitação dos produtos formados

Nesta última etapa, ocorre ainda a recuperação dos produtos e o redirecionamento do CO_2 gasoso para o reciclo, conforme apresentado na Figura 3.8. Observa-se que o CO_2 gasoso é direcionado até um condensador, onde é liquefeito. Em seguida, com auxílio de uma bomba, o CO_2 líquido tem sua pressão levada acima do ponto crítico, com sua temperatura ajustada por meio de um aquecedor.

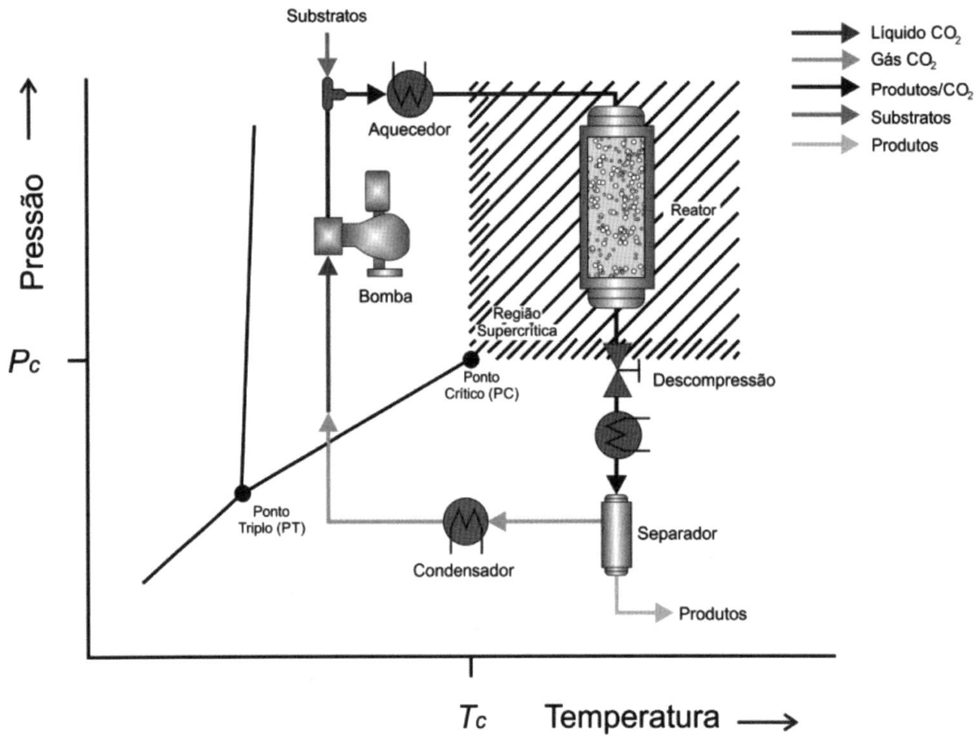

Figura 3.8 – Diagrama do processo de reação química em modo contínuo em meio supercrítico. Fonte: Adaptado de Rosa et al. (2008).

O estudo de reações biocatalisadas requer o conhecimento dos principais fatores que influenciam a estabilidade e a atividade das enzimas. O uso de catalisadores em processos reacionais exige o uso de condições operacionais restritas, de modo a evitar a desnaturação enzimática (Knez, 2009). Dentre os principais parâmetros a serem avaliados em reações biocatalisadas em meio supercrítico estão a pressão, a temperatura, o número de ciclos de pressurização/despressurização, a concentração dos substratos, a natureza da enzima e o formato do reator.

As temperaturas críticas da maioria dos solventes usados como fluidos supercríticos encontram-se no mesmo intervalo de maior atividade das enzimas, o que permite trabalhar com reações que envolvam compostos termolábeis (Weingärtner e Franck, 2005). Pressões aplicadas no meio reacional podem ter efeitos diretos, que pouco afetam a estrutura enzimática, ou indiretos, em que a estrutura enzimática é afetada devido a alterações na velocidade e solubilidade dos reagentes (Knez, 2009).

O aumento no número de ciclos de pressurização/despressurização também influencia a atividade e a estabilidade enzimática; um maior reuso da enzima pode induzir à queda de sua atividade com o tempo. Se o sistema for submetido a uma lenta despressurização, o fluido supercrítico deixa a enzima por difusão lenta sem alterar sua estrutura. Entretanto, uma rápida despressurização pode destruir a estrutura enzimática (Knez,

2009). As reações podem ainda ser inibidas pela presença de um substrato e/ou produto, em que a inibição induzida pelos substratos pode ser controlada pela adição contínua dos reagentes em baixas concentrações. Por outro lado, a inibição pelos produtos pode ser contornada ajustando o poder de solvatação do solvente, de modo a promover a separação contínua do produto de forma contínua (Francisco et al., 2007; Knez, 2009).

As enzimas em reações biocatalisadas em meio supercrítico podem ser usadas em suas formas livres (por exemplo, micelas reversas, líquido, pó) ou imobilizadas em agente carreador (resina macroporosa) (Nagesha et al., 2004; Novak et al., 2003; Madras et al., 2004). Além disso, enzimas imobilizadas em meio supercrítico são geralmente influenciadas pela sua natureza, método de imobilização (químico ou físico) e propriedades do suporte de imobilização. Em meio supercrítico, é esperado que enzimas imobilizadas apresentem maior estabilidade e atividade do que as enzimas livres; alguns estudos têm mostrado que, para reações em modo contínuo, enzimas imobilizadas são mais estáveis com o aumento da pressão (Oliveira et al., 2006) e temperatura (Knez e Habulin, 2002).

Os reatores mais utilizados na síntese de compostos de aroma para reações biocatalisadas em meio supercrítico são do tipo batelada, usados para processos em menor escala, produção de alto valor e testagem de processos nos quais o método contínuo é inviável (Couto et al., 2011; Romero et al., 2005). É um tipo de reator que permite melhor controle das variáveis de processo e estimativa de parâmetros de transferência de massa. Entretanto, suas principais desvantagens são seu limitado volume e dificuldade de aumento de escala (Dias et al., 2018). Além disso, a necessidade de uma etapa de despressurização nesse tipo de reator pode reduzir a atividade enzimática, inviabilizando seu reuso. A Figura 3.9 apresenta a estrutura de uma unidade de reações em modo batelada em meio supercrítico (Figura 3.9.a) e o reator em aço-inox em batelada (Figura 3.9.b).

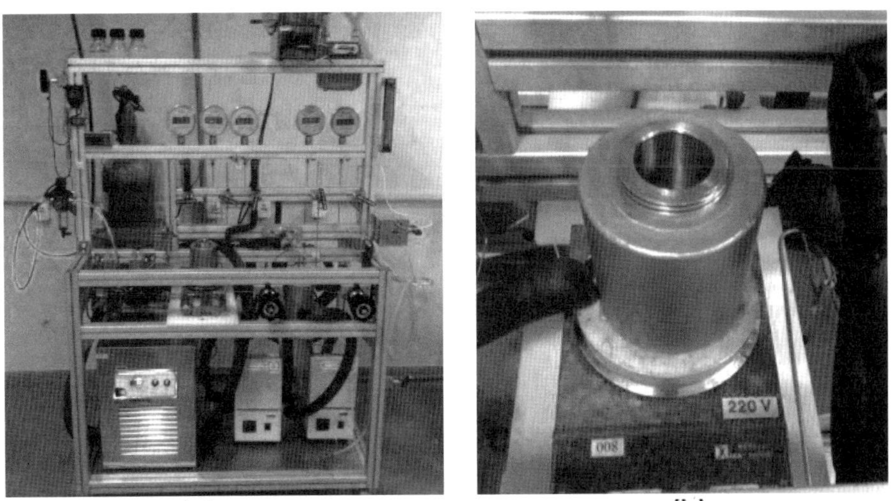

(a) (b)

Figura 3.9 – Estrutura de uma unidade de reações em modo batelada em meio supercrítico (a) e reator em aço-inox em batelada (b).

Reatores de leito empacotado (*Packed-Bed Reactors* [PBR]) ou reatores de agitação contínua (*Continuously Stirred Tank Reactors* [CSTR]) são os preferidos em nível industrial devido à constância da facilidade de operação, limpeza (*Clean In Place* [CIP]) e condições de processo. Suas configurações permitem o reuso enzimático, o que pode reduzir os custos de operação e conferir maior estabilidade e atividade enzimática, promovendo um aumento de rendimento das reações. Além disso, é possível aumentar a eficiência do processo contínuo por meio de adaptações da célula de reação com o uso de reatores em série (n) ou em paralelo (m), de acordo com a necessidade do processo, conforme apresentado no diagrama da Figura 3.10.

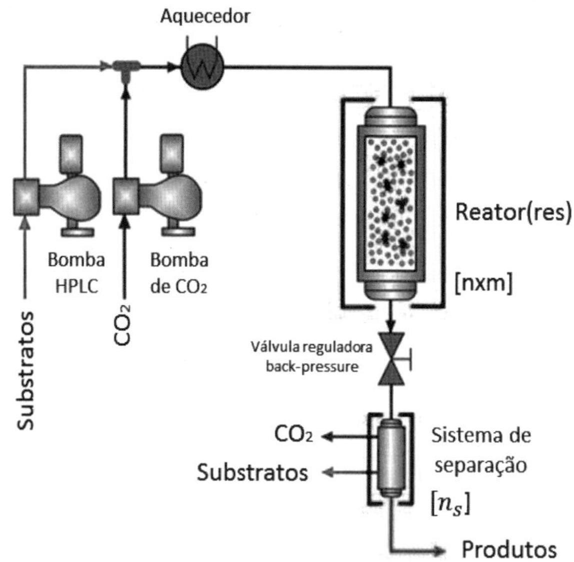

Figura 3.10 – Configuração de processo contínuo acoplado a um sistema de separação de produtos. Número de reatores em série (n) e paralelo (m) e número de separadores (n_s) estão indicados.
Fonte: Adaptado de Dias et al. (2018).

SECAGEM

O processo de secagem com fluido supercrítico (*Supercritical Fluid Drying* [SFD]) ocorre pela remoção do líquido presente em uma matriz sólida porosa sem alterar sua estrutura tridimensional. O princípio está associado à capacidade de o fluido supercrítico se comportar como líquido e dissolver solventes orgânicos (Knez et al., 2014). A preservação da estrutura tridimensional ocorre devido à baixa tensão superficial dentro dos poros, o que é significativo nas técnicas de secagem convencionais (Brunner, 2010; Knez et al., 2014). Outra característica está relacionada à baixa temperatura do processo, que, para materiais termossensíveis, configura uma vantagem. A SFD encontra suas principais aplicações no preparo de material biológico para microscopia eletrônica de varredura, sistemas microeletromecânicos, aerogéis (Knez et al., 2014) e alimentos

(Djekic et al., 2018). Especificamente para alimentos, além de remover o solvente líquido, a secagem promove simultaneamente a inativação de microrganismos devido à capacidade antimicrobiana do CO_2 supercrítico (Djekic et al., 2018; Zambon et al., 2021).

Em relação às características finais dos produtos, a técnica que mais se assemelha à SFD é a liofilização, pois ambas evitam o encolhimento, mantêm as características estruturais e promovem a manutenção de atributos nutricionais no produto. No entanto, as duas técnicas são muito diferentes no modo de operação: a SFD não requer prévio congelamento da amostra, enquanto a liofilização não necessita da troca de solvente água-etanol; a SFD ocorre pela solubilização do líquido em alta pressão, enquanto a liofilização ocorre pela sublimação a vácuo. Entre as vantagens da SFD, está na não necessidade de congelamento da amostra, que, pelo aumento do volume dos cristais, poderia romper a rede tridimensional. O tempo de processo é outra vantagem, que em geral é consideravelmente mais curto que o da liofilização (Alnaief et al., 2011; García-González et al., 2011; Viganó et al., 2020).

O equipamento usado para a secagem com CO_2 supercrítico é muito similar ao apresentado na Figura 3.3. Assim como nos processos de SFE, o material é carregado no vaso de alta pressão, e o CO_2 supercrítico, de modo semicontínuo ou estático, remove o solvente líquido da matriz sólida. Analogamente à SFE, o líquido precipita no separador, e o CO_2 pode ser reciclado para voltar ao início do sistema. A temperatura e a pressão do processo variam entre 32 e 60 °C e 10 e 20 MPa (Hatami et al., 2020).

Como mencionado, a produção de aerogéis é um exemplo da aplicação da secagem supercrítica. Os aerogéis são materiais de baixa densidade (0,07 a 0,46 g/cm^3), elevada área superficial (70 a 680 m^2/g) e elevada porosidade (90% a 99%); são originados de um gel cujos poros ocupados pelo líquido passaram a ser ocupados por um gás (Santos et al., 2020). As principais etapas da produção de um aerogel são a gelificação de um polímero, geralmente em água, seguida da troca de solvente entre água e um solvente orgânico, de preferência solúvel em CO_2; por fim, a SFD (García-González et al., 2011). Os aerogéis são aplicáveis em diferentes áreas, que vão desde isolamento térmico até carreação de compostos bioativos para fármacos e alimentos. A depender da aplicação, o aerogel pode assumir formas físicas diferentes, como placas, monólitos, esferas macroscópicas (> 500 um) e micropartículas (Veronovski et al., 2012).

Na desidratação de alimentos, a SFD encontra algumas limitações, uma vez que a maioria dos alimentos que necessitam ser desidratados é composta majoritariamente por água, que tem baixa solubilidade em CO_2 supercrítico. Alternativamente, é realizada a troca de solvente, a exemplo do que ocorre com os aerogéis: o alimento é submerso em soluções de concentração crescente de etanol até atingir um conteúdo próximo a 100%, sendo então submetido à SFD (Vetralla et al., 2018). No entanto, perdas podem ocorrer nessa etapa, uma vez que as soluções de etanol conseguem solubilizar e remover do alimento substâncias que conferem características importantes, como corantes, vitaminas hidrossolúveis e compostos fenólicos. Analogamente, na etapa de SFD, o alimento pode estar susceptível à perda de compostos que são solúveis no CO_2, como vitaminas lipossolúveis, ácidos graxos e óleos essenciais. Por essas razões, a SFD em alimentos pode ser apreciada, mas considerando e avaliando os atributos qualitativos citados.

Apesar das limitações, a secagem de alimentos com fluidos supercríticos tem crescido nos últimos anos, motivada principalmente pela demanda por alimentos seguros, produzidos por tecnologias sustentáveis e com alto valor nutricional. Na Tabela 3.3, são apresentados alguns resultados de estudos científicos que fizeram uso da SFD para secar alimentos, majoritariamente frutas em fatias ou pedaços e folhas de especiarias. Na Tabela, são informadas as condições de secagem utilizadas, os atributos avaliados e as principais conclusões de cada trabalho. A cor, as propriedades mecânicas, a microbiota e a composição química em compostos bioativos aparecem entre os principais pontos de investigação. Um dos aspectos em comum entre os trabalhos citados é a necessidade de mais estudos sobre a SFD para lograr avanços da técnica no processamento de alimentos.

Tabela 3.3 – Aplicação de secagem supercrítica para desidratar alimentos, condições experimentais, principais atributos do produto e conclusões

Alimento	Condições	Tributos avaliados	Principais conclusões	Referência
Fatias de maçã	P = 12,5 MPa T = 50 °C t = 16 h PT = não	Textura, cor, propriedades sensoriais	O produto obtido logo após a SFD apresentou melhores resultados. Após 6 meses de armazenamento, os produtos de SC e LF não apresentaram diferenças	(Djekic et al., 2018)
Pedaços de maçã	P = 10 MPa T = 35 °C t = 5-120 min PT = sim	Perda de massa, cor, morfologia visual	Redução de massa (PT 50% em 120 min; SC 18,5% em 120 min). As amostras com e sem PT tiveram aumento significativo do parâmetro L*, enquanto a* e b* aumentaram somente nas amostras sem PT. A microscopia apontou que amostras com PT tiveram maior encolhimento e maior distribuição de tamanho de poro	(Vetralla et al., 2018)
Peças cilíndricas de cenoura	P = 20 MPa T = 40-60 °C t = min Com cossolvente	Microestrutura	Amostras obtidas por SFD apresentaram maior manutenção do formato que as secas por secagem convencional. Amostras secas por SC e cossolvente apresentaram estrutura menos densa que as secas por secagem convencional	(Brown et al., 2008)

Fatias de maçã	P = 12,5 MPa T = 50 °C t = 15 h DP = 0,5 MPa/min	Inativação microbiana e propriedades mecânicas	Contagem microbiana foi menor nas amostras processados por SFD do que secagem convencional e liofilização. O módulo de Young não diferiu entre as amostras secas depois de 7 h	(Zambon et al., 2021)
Folhas de coentro	P = 10 MPa T = 40-50 °C t = 0-150 min	Inativação microbiana e compostos fenólicos	Redução de 4 log em bactérias mesófilas. Completa inativação de leveduras e bolores. Bactérias resistentes e esporos foram detectados após SFD. Não ouve diferença no teor dos compostos fenólicos quando comparadas às técnicas de secagem convencional e SFD	(Zambon et al., 2018)
Pimentão vermelho	P = 10-14 MPa T = 40-60 °C t = 6-16 h Q = 80-200 kg/h	Cor, aceitabilidade e atividade de água	Perda de cor e intensidade de sabor após SC. Aceitabilidade superior a 60%. Temperatura da SFD mostrou forte influência sobre a atividade de água, porém em temperatura mais baixa as desvantagens foram superadas pelo aumento da pressão e vazão de CO_2	(Zambon et al., 2020)
Manjericão	P = 10 MPa T = 40 °C t = 3 h Q = 1.000 kg/h	Composição química e cor	Amostras liofilizadas tiveram composição química (compostos bioativos e capacidade antioxidante) e cor comparáveis às amostras úmidas. Amostras obtidas por SFD apresentaram maior diferença em relação a esses mesmos atributos.	(Bušić et al., 2014)

P: pressão; T: temperatura; t: tempo; Q: vazão; SFD: secagem supercrítica; LF: liofilização; DP: despressurização; PT: pré-tratamento com etanol.

ADSORÇÃO

A adsorção é definida como uma operação de transferência de massa que faz uso de uma coluna preenchida com material adsorvente (fase estacionária) e uma fase fluida (líquido ou gás) (Collins e Braga, 1988). "Os compostos de interesse são adsorvidos e concentrados na porção externa dos poros, denominada adsorvente e geralmente composta por partículas porosas, enquanto os compostos que aderem à interface do material são denominados adsorvatos" (Ruthven, 1984). O uso de fluidos supercríticos nesses processos tem crescido nas últimas décadas devido às suas vantajosas características de transferência de massa. Além disso, a capacidade de ajuste de propriedades, como temperatura e pressão, possibilita uma maior e mais seletiva impregnação/separação dos compostos de interesse nos processos.

Devido às suas características mencionadas na seção "Fundamentação teórica", o CO_2 supercrítico vem sendo amplamente usado em técnicas de adsorção para impregnação e separação de compostos-alvo de diferentes naturezas (Rojas et al., 2020). O processo de adsorção com fluidos supercríticos (*Supercritical Fluid Adsorption* [SFA]) pode ser dividido em três etapas principais, conforme apresentadas na Figura 3.11:

- Dissolução do soluto no fluido supercrítico (CO_2 supercrítico) e seu transporte para a superfície do adsorvente
- Adsorção dos compostos-alvo no adsorvente
- Despressurização (Gurikov e Smirnova, 2018; Champeau et al., 2015)

Na etapa de dissolução, o fluido supercrítico é colocado em contato com um composto puro ou uma mistura de compostos (por exemplo, extratos de origem vegetal), visando o contato dos compostos-alvo com o solvente. A dissolução dos compostos é afetada principalmente pela pressão, temperatura e adição de cossolventes ao sistema. Valores ótimos de pressão e temperatura para SFA variam de 8 a 30 MPa e 35 a 60 °C, respectivamente. Em geral, a temperatura influencia a adsorção de compostos-alvo pelo aumento da solubilidade do soluto no solvente. Para um processo isobárico, o aumento da temperatura aumenta a pressão de vapor do soluto, enquanto a densidade do fluido diminui (Gurikov e Smirnova, 2018).

Por outro lado, sob condições isotérmicas, um aumento da pressão pode aumentar o rendimento da adsorção, devido a efeitos de solubilidade que deixam os compostos-alvo disponíveis para serem adsorvidos. Entretanto, uma diminuição do rendimento com a pressão é possível após o aumento da densidade do fluido, que pode induzir uma competição entre o fluido e o material adsorvente pelos compostos-alvo. O uso de cossolventes (por exemplo, etanol) se faz necessário para superar a baixa solubilidade de determinados compostos polares em fluidos supercríticos. É importante ressaltar que a escolha do cossolvente apropriado deve ser de acordo com os padrões regulatórios de uso no que se refere à toxicidade, e o cossolvente deve assegurar que o adsorvente não se dissolva (Braida et al., 2008; Mustapa et al., 2016).

Em seguida, ocorre o processo de adsorção, no qual os compostos-alvo são aderidos à superfície do adsorvente de acordo com a afinidade entre ambos, permitindo a impregnação. Nessa etapa, as propriedades do adsorvente como sítio ativo e área superficial desempenham um importante papel, uma vez que respondem à intensidade das interações soluto-adsorvente (Champeau et al., 2015).

Por fim, ocorre a etapa de despressurização, na qual o solvente retorna ao seu estado gasoso, o adsorvente fica impregnado aos compostos de interesse e os compostos não impregnados são arrastados pelo solvente ou precipitados na célula de adsorção, em um processo definido como "deposição" ou "precipitação adsortiva". Nessa etapa, temperatura e velocidade de despressurização devem ser controladas de modo a evitar a ruptura ou a formação de espuma do adsorvente (Di Maio e Kiran, 2018).

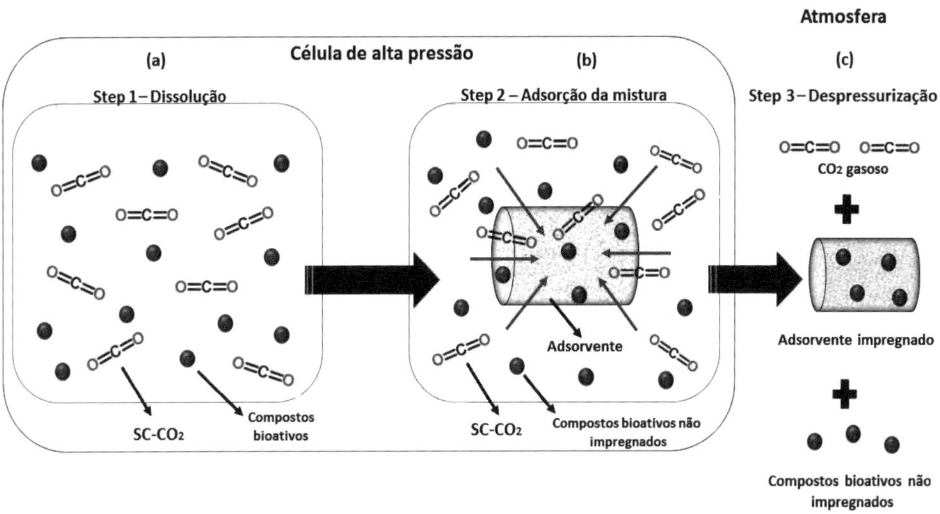

Figura 3.11 – Diagrama esquemático representando as etapas de adsorção com fluidos supercríticos (SFA): (a) dissolução; (b) adsorção da mistura; e (c) despressurização.

Três modos de operação são propostos para a SFA: estático, dinâmico e semidinâmico (Ruthven, 1984). No modo estático (Figura 3.12.a), o soluto e o adsorvente são alocados dentro da mesma célula de adsorção, mas são fisicamente separados para evitar a impregnação antes do início do processo, que se inicia somente com o fechamento da célula e a introdução do fluido supercrítico nas condições operacionais desejadas. Nesse modo de operação, as etapas de dissolução e adsorção coocorrem e, após alcançado o equilíbrio entre soluto e solvente, a etapa de despressurização é iniciada pela abertura da válvula micrométrica. Finalmente, os compostos não adsorvidos são separados do fluido supercrítico e precipitados no frasco de coleta.

O modo dinâmico (Figura 3.12.b) é composto por duas células interligadas, em que uma delas recebe o soluto no saturador e a outra, o adsorvente na célula de adsorção. O processo se inicia com a injeção do solvente supercrítico na célula que contém o soluto, de modo a permitir a dissolução. Uma vez atingida a saturação do solvente, a válvula que conecta as duas células é aberta, permitindo a entrada da mistura soluto-solvente na célula de adsorção. O processo se mantém até atingir a condição de equilíbrio entre o fluido supercrítico e o adsorvente. Por fim, a célula de adsorção é desconectada do saturador e a válvula micrométrica é aberta para despressurização do sistema. Os compostos bioativos de maior afinidade ficam retidos no material adsorvente, enquanto os de menor afinidade precipitam no frasco de coleta.

Para sistemas semidinâmicos, o modo de operação ocorre em ambos os modos estático e dinâmico a intervalos específicos (Rojas et al., 2020).

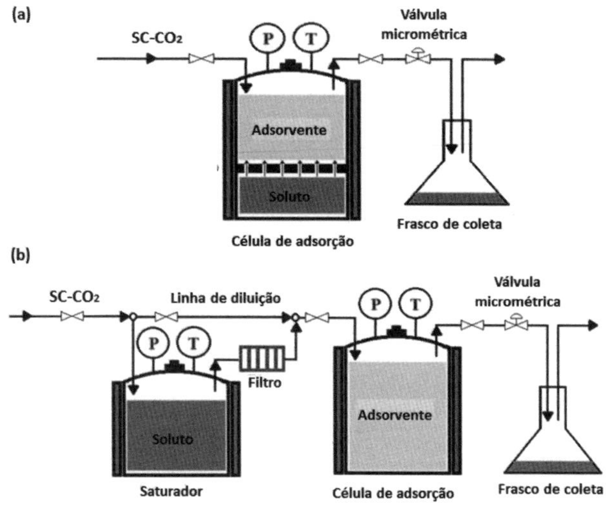

Figura 3.12 – Diagrama esquemático da adsorção supercrítica em modo estático (a) e dinâmico (b).

A impregnação supercrítica (*Supercritical Fluid Impregnation* [SFI]) possui uma ampla variedade de aplicações de interesse industrial, como corante em tecidos (Ngo et al., 2003; Sanchez-Sanchez et al., 2017; Varga et al., 2016), engenharia de tecidos (Duarte et al., 2009a; Duarte et al., 2009b; Davies et al., 2008), ação regenerativa de feridas (Dias et al., 2011, 2013) e ação fungicida (Herrera et al., 2017; Goñi et al., 2017), por exemplo. A indústria de alimentos vem ganhando merecido destaque no uso de técnicas de SFI, principalmente para o desenvolvimento de embalagens de alimentos (Bastante et al., 2017, 2018) e encapsulação de compostos bioativos (Milovanovic et al., 2015a; Fernández-Ponce et al., 2018; De Marco e Reverchon, 2017). Dentre as principais aplicações das embalagens para alimentos desenvolvidas por SFI, estão o estudo das propriedades antimicrobianas e antioxidantes (Braida et al., 2008; Belizón et al., 2018; Bierhalz et al., 2013; Bastante et al., 2019). Para encapsulação de compostos bioativos, polissacarídeos (por exemplo, amido e alginato) têm surgido como promissores adsorventes por serem de baixo custo, atóxicos, renováveis e amplamente disponíveis na natureza (Milovanovic et al., 2015b; Rojas et al., 2020).

INATIVAÇÃO MICROBIANA E ENZIMÁTICA

A demanda crescente por parte dos consumidores por produtos alimentícios mais "naturais" impulsionou o desenvolvimento de novas tecnologias de processamento de alimentos, em especial as que não empregam calor. Entre essas tecnologias, o uso de CO_2

supercrítico tem se mostrado promissor como tratamento não térmico (pasteurização e esterilização) para o processamento de alimentos, como sucos de frutas e vegetais (Silva et al., 2020) e produtos lácteos (Amaral et al., 2017).

Ainda que esteja bem estabelecido enquanto uma alternativa ao processamento térmico de alimentos, ainda não há consenso na literatura, apenas hipóteses conflitantes, em relação ao mecanismo de atuação do CO_2 supercrítico na inativação de microrganismos e enzimas. Por exemplo, Spilimbergo et al. (2002) relacionaram a modificação no pH extra e intracelular dos microrganismos como o principal fator de inativação microbiológica no processamento com CO_2 supercrítico. Por outro lado, um extenso e detalhado mecanismo de inativação microbiológica foi proposto por Garcia-Gonzalez et al. (2007). Em suma, o processo de inativação depende do tempo de difusão do CO_2 supercrítico nas células dos microrganismos. O contato do CO_2 supercrítico com o microrganismo resulta em um aumento da fase de latência e tempo de geração, o que vai de encontro ao observado por pesquisadores que reportaram que o tempo de interação entre o CO_2 supercrítico e o produto durante o processamento influencia diretamente as taxas de inativação microbiana (Ceni et al., 2016).

Especificamente quanto às enzimas, que são biocatalisadoras com estruturas baseadas em proteínas, o mecanismo de inativação está associado à quebra das interações responsáveis por suas estruturas secundárias e terciárias. A desnaturação das proteínas e a consequente inativação enzimática podem ser obtidas pela aplicação de calor, reagentes químicos e alta pressão. O tratamento com alta pressão afeta principalmente as estruturas terciárias e quaternárias das enzimas, promovendo a desnaturação devido à penetração da água na estrutura da proteína, que leva a transições conformacionais e consequente desdobramento (Fernández-Lucas et al., 2017). Por exemplo, Murtaza et al. (2019) avaliaram a inativação da enzima polifenol oxidase em sucos de maçã tratados com CO_2 supercrítico. Os autores verificaram que o aumento da pressão e temperatura resultou na perda da conformação da α-hélice e consequente desnaturação da enzima polifenol oxidase.

No que diz respeito ao tratamento de inativação de microrganimos e enzimas em produtos alimentícios, o tipo de equipamento e modo de operação mais adequados dependem majoritariamente das características do material a ser processado. Quando o alimento é um pó sólido, o tratamento com CO_2 supercrítico em geral é conduzido em um vaso preferencialmente equipado com um sistema de fechamento rápido, dotado de um recipiente (cesto) para facilitar a carga e descarga da matéria-prima (Perrut, 2012). A duração do tratamento é controlada pela difusão do CO_2 supercrítico no material, uma função da sua porosidade. De maneira geral, submeter o material a um fluxo contínuo tem se mostrado muito mais eficiente do que promover apenas o contato estático, visto que a transferência de massa é um parâmetro significativo para o processo (Spilimbergo et al., 2009). Adicionalmente, um ponto crítico é a etapa de coleta do material em pó processado em condições estéreis, e o sucesso depende do desenho adequado do cesto para evitar a emissão de pó e contaminação biológica (Perrut, 2012).

O fluxograma do processo é semelhante ao utilizado para SFE de materiais sólidos (Figura 3.3). Em uma primeira etapa, o CO_2 no estado líquido é subresfriado e pressurizado até a pressão requerida e, posteriormente, aquecido até a temperatura pedida. Depois, pode-se proceder com a injeção de aditivo esterilizante ao CO_2 nas condições estabelecidas para o processo. Em seguida, o fluido supercrítico percola o material acondicionado na cesta previamente inserida em um recipiente cilíndrico fechado por dois filtros; o fluido é então despressurizado, reaquecido e direcionado para separadores, para coletar o líquido eventualmente transportado pelo fluido. Após atravessar um filtro adsorvente, o fluido, agora no estado gasoso, pode ser reciclado para o reservatório após a condensação. Além disso, diferentemente do processo clássico de extração, é recomendada a utilização de uma bomba de circulação de alta vazão para melhorar o contato entre o fluido supercrítico e o material processado (Perrut, 2012).

O tratamento com CO_2 supercrítico para inativação de microrganismos e enzimas em alimentos líquidos pode ser realizado em modo contínuo ou em batelada, embora, quando realizado em modo contínuo, apresente um desempenho superior ao estático. Colunas em contracorrente ou vasos agitados promovem um contato eficaz entre o alimento e o fluido, especialmente quando a dispersão de fluido no líquido é otimizada por um sistema de microbolhas, resultado da influência de transferência de massa do fluido supercrítico no líquido. Para o caso de processamento de bebidas, como sucos e leite, a operação de maneira contínua é altamente desejável. Porém, sistemas contínuos têm a desvantagem de longos tempos de processamento e altas pressões (Paniagua-Martínez et al., 2018).

A eficiência do CO_2 supercrítico em inativar diversos tipos de microrganismos e enzimas em diferentes produtos alimentícios tem sido alvo de muitos estudos nas últimas décadas, e os resultados têm se mostrado promissores. Na Tabela 3.4 estão apresentadas algumas dessas aplicações, com foco nas condições de processamento e principais conclusões. De maneira geral, os estudos demonstram que o processo de inativação de microrganismos e enzimas com CO_2 supercrítico vem apresentando excelentes resultados, com desempenho superior ao de técnicas convencionais (esterilização e pasteurização térmica), por minimizar a perda de compostos termolábeis, principalmente em sucos de frutas e vegetais.

Tabela 3.4 – Aplicação de inativação supercrítica de microrganismos e enzimas (pasteurização e esterilização) de alimentos, condições experimentais e principais conclusões

Alimento	Processo	Condições	Principais conclusões	Referência
Suco de romã	Pasteurização	P = 12,7 MPa T = 45 °C t = 40 min	Suco tratado com CO_2 supercrítico foi estável em termos microbiológicos durante o prazo de validade, assim como a cor e o teor de compostos fenólicos totais. A atividade antioxidante apresentou diminuição significativa durante o armazenamento	(Bertolini et al., 2020)

Suco de baga de sabugueiro	Pasteurização	P = 18 MPa T = 45 °C t = 90 min	Processamento com CO_2 supercrítico inativou bactérias, leveduras e bolores, mas não foi efetivo para atividade enzimática. Foi proposto um processo híbrido (adição de tampão citrato + tratamento com CO_2 supercrítico) que foi eficiente para a completa inativação de microrganismos e enzimas	(Torabian et al., 2018)
Suco de maçã	Inativação do *L. casei*	P = 15 MPa T = 55 °C t = 30 min Razão volumétrica CO_2 = 70%	Operando a 15 MPa, 55 °C, por 30 min e uma razão volumétrica de CO_2 de 70%, o processo foi capaz de reduzir a contagem de células de *Lactobacillus casei* em mais de 6 ciclos logarítmicos	(Silva et al., 2018)
Leite bovino cru	Inativação fosfatase alcalina	P = 20 MPa T = 50 °C t = 50 min	Foi observada uma inativação completa da atividade da fosfatase alcalina nas condições de 50 °C e 20 MPa por 50 min. O teor de proteína e lactose do leite tratado com CO_2 supercrítico se manteve constante	(Liao et al., 2019)

P = pressão; T = temperatura; t = tempo.

ASPECTOS ECONÔMICOS

Na seção "Aplicações", foram apresentadas sete diferentes aplicações da tecnologia supercrítica. Nesta seção, trataremos os aspectos econômicos da implementação dessa tecnologia, mostrando principalmente como cada tipo de custo exerce influência no custo de manufatura (COM) dos produtos.

Desde 1970, a tecnologia supercrítica ocupa espaço na indústria, principalmente a SFE, que é usada para diferentes propósitos, como a obtenção de óleos comestíveis, resinas e óleos essenciais. O exemplo clássico e bem-sucedido da SFE na indústria de alimentos é a descafeinização do café, que gera dois produtos: o café descafeinado e a cafeína, que é comercializada na indústria farmacêutica. Em países da América do Norte, Europa e Ásia, plantas de SFE operam há muitos anos. No Brasil, a tecnologia ainda é incipiente e muitas vezes esbarra em suposições incorretas, como a de que, apesar das diversas vantagens técnicas, o custo de implementação impacta e inviabiliza projetos. Por essa razão, esta seção traz uma abordagem mais específica sobre os aspectos econômicos, discutindo outros tópicos que vão além dos custos de implementação da planta extratora.

A análise econômica de um processo industrial envolve a avaliação dos custos de capital (*capital expenditure* [CAPEX]) e operacionais (*operating cost* [OPEX]), relativos à montagem e à operação da planta de beneficiamento, respectivamente. A estimativa de custo de uma planta de processamento pode ser classificada de acordo com seu nível de precisão, variando da Classe 5 a 1. A Classe 5 consiste em uma estimativa com nível de precisão de 0 a 2%, enquanto a Classe 1 compreende uma estimativa detalhada com nível de precisão de 50% a 100%. Normalmente, as estimativas das Classes 4 e 5 são feitas para comparar processos quando a decisão inicial de levar o projeto adiante é tomada. A estimativa de precisão intermediária, Classes 2 e 3, são aplicadas aos processos considerados viáveis no estudo inicial e requerem mais informações do processo (Pereira et al., 2013).

Na avaliação econômica, os principais custos considerados são os associados à matéria-prima (CRM), ao consumo de utilidades (CUT), à mão de obra (COL), ao tratamento de resíduos (CWT) e ao capital inicial a ser investido (FCI). A Equação (3.1), proposta por Turton et al. (2008), é uma opção para a estimativa do COM, expresso pelo valor monetário necessário para a manufatura de um quilograma de produto. Essa metodologia tem sido amplamente usada no meio acadêmico para demonstrar se o projeto proposto pode seguir para análises mais detalhadas, uma vez que é classificada como Classe 4 (Viganó et al., 2017).

$$COM = 0,304 \times FCI + 2,73 \times COL + 1,23 \times \left(CUT + CWT + CRM \right) \tag{3.1}$$

O custo de tratamento de resíduos de uma planta de SFE exerce baixo impacto no COM. Em muitos casos, ele chega a ser desconsiderado, pois o subproduto do processo é comercializado ou é descartado sem necessidade de tratamento, devido à baixa toxicidade do CO_2 que deixa o produto e ao subproduto completamente livre de solvente, além do uso de matérias-primas biodegradáveis. Por essas razões, a vasta maioria dos trabalhos disponíveis na literatura tratando da avaliação econômica da SFE consideram o CWT nulo (Aguiar et al., 2020; de Aguiar et al., 2018; Viganó et al., 2017).

O custo com mão de obra em geral é baixo para a operação de uma planta que opera com fluidos supercríticos, devido ao alto grau de automação das plantas de beneficiamento, consequentemente demandando menor quantidade de colaboradores. A literatura reporta que, para atividades operacionais, plantas com extratores de 1 a 5 L de capacidade requerem um colaborador; a partir de 50 L, dois colaboradores; e a partir de 500 L, três colaboradores (Carvalho et al., 2015; Osorio-Tobón et al., 2016). O impacto que o COL exerce no COM em simulações de diferentes escalas de produção tem sido objeto de vários estudos; um exemplo fornecido por Farías-Campomanes et al. (2013) mostra que a contribuição do COL diminuiu de aproximadamente 60% para 10% quando a escala foi aumentada em 100 vezes (5 para 500 L) durante a produção de extrato rico em polifenóis de balaço de uva por SFE; analogamente, Osorio-Tobón et al. (2016) reportaram que, na obtenção de extrato de cúrcuma por SFE e extração com líquidos pressurizados (*Pressurized Liquid Extraction* [PLE]), a redução da contribuição do COL foi de 23% para 2% para o mesmo aumento de escala.

O custo de utilidades (vapor, energia, água, fluidos refrigerantes) costuma não oscilar com o aumento de escala de produção da SFE, e em geral é o custo que oferece menor impacto no COM depois do CWT. Aguiar et al. (2020) reportaram uma inexpressiva variação do CUT (0,21% a 0,24%) para um aumento de escala de 50 L para 500 L de uma planta de extração sequencial (SFE + PLE), usada para obtenção de capsinoides e compostos fenólicos de pimenta-biquinho.

Já o CRM exerce importante impacto no COM, variando com a oscilação do preço de aquisição da matéria-prima. Em um típico processo de SFE, são considerados como CRM os custos associados à aquisição e ao tratamento da matéria-prima (secagem e moagem) e de aquisição de CO_2. No entanto, a reciclagem de CO_2 é mandatória em plantas industriais. Consequentemente, esse custo está presente na primeira aquisição e em eventuais reposições, uma vez que se estima uma perda de 2% de CO_2 ao longo do processo (Osorio-Tobón et al., 2014). Um exemplo ilustrativo de como o CRM pode afetar o COM, dependendo do custo inicial da matéria-prima, é fornecido por Viganó et al. (2017); os autores simularam a obtenção de extrato de bagaço e casca de maracujá por SFE e PLE. Ao bagaço foi atribuído um custo de US$ 115/ton e à casca US$ 2.700/ton. Consequentemente, para uma planta de 500 L de capacidade, o impacto do CRM do bagaço foi de 34%, enquanto da casca foi 74%. Pereira et al. (2017) apresentam outro exemplo no qual o CRM significativamente e majoritariamente impacta no COM. Os autores simularam o COM da obtenção de extrato rico em lignanas a partir de *Phyllantus amarus*, e, para as condições simuladas, o CRM oscilou entre 93% e 95% do COM. Casos como esses demonstram que o FCI nem sempre é o custo de maior impacto de uma planta de SFE. Apesar do alto investimento para aquisição e montagem da planta, uma vez que os componentes precisam resistir a alta pressão e precisam ser elaborados por materiais sanitários, a contribuição do FCI no COM é específica para cada projeto e pode oscilar, dependendo do impacto do CRM no COM.

As variáveis operacionais (temperatura, pressão, vazão, tempo, S/F etc.) também afetam o COM, por duas razões: primeiro, porque as variáveis de processo afetam o custo operacional; segundo, porque as condições de processo afetam a produtividade (Pereira et al., 2013). Como demonstrado na Figura 3.4, o rendimento da SFE é crescente até o esgotamento da matéria-prima, e a taxa de extração varia ao longo do processo. Esse fenômeno influencia fortemente o COM. Como mostra a Figura 3.13, no início do processo há um rápido incremento na produtividade, que faz o COM diminuir com o tempo de processo. No entanto, a partir do momento que a extração atinge o período FER e a taxa de extração começa a cair, o COM assume seu ponto de mínimo e depois passa a aumentar. Adicionalmente, tempos de extração superiores ao ponto de COM mínimo afetam a produtividade, pois impactam o número de bateladas processadas. Portanto, é aconselhável a análise da variação do COM em relação à cinética de extração, para determinar o ponto em que o processo pode ser interrompido para iniciar uma nova batelada, tendo em conta aspectos econômicos.

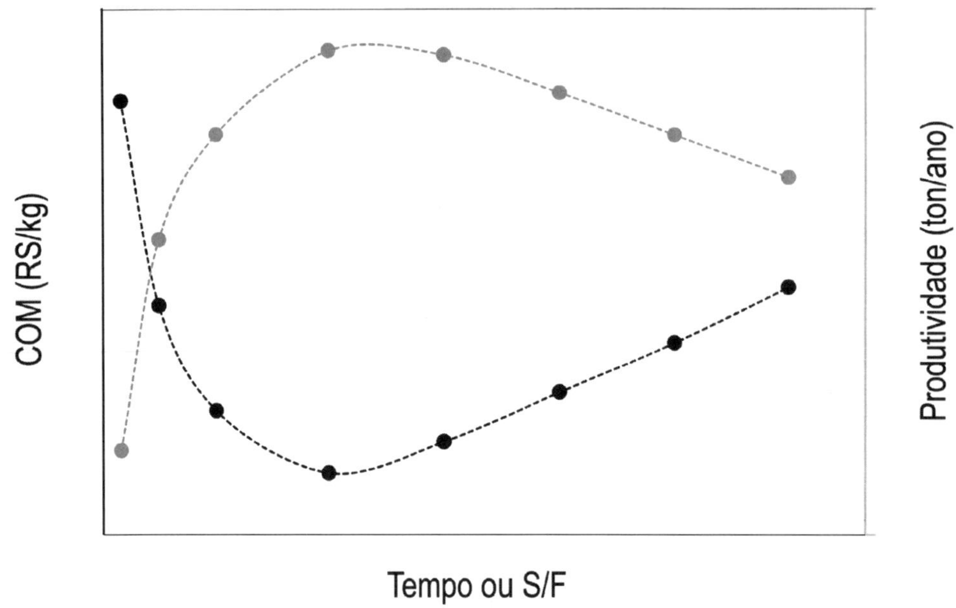

Figura 3.13 – Comportamento típico do custo de manufatura (COM) e produtividade em função do tempo ou S/F da SFE.

CONCLUSÃO E PERSPECTIVAS FUTURAS

O crescente uso de fluidos supercríticos nas últimas décadas vem mostrando um promissor potencial de uso para diversos processos que visam a obtenção, a quantificação e a purificação de compostos bioativos com propriedades funcionais de interesse em nível industrial. Esse potencial vem de encontro às tendências atuais da indústria alimentícia, que está adotando métodos de produção seguros, ambientalmente sustentáveis e que garantam a obtenção de produtos saudáveis ao consumidor, que é cada vez mais exigente neste aspecto. A recuperação de compostos bioativos a partir de subprodutos da indústria alimentícia pode agregar valor ao produto final, uma vez que consegue envolver o uso de tecnologias limpas que fazem uso de solventes ambientalmente amigáveis, como o CO_2 supercrítico. Além disso, a facilidade de manipulação, segurança e baixo custo de aquisição do CO_2 supercrítico são vantagens para processos a alta pressão. Há de se ressaltar que processos a alta pressão podem trabalhar em modo acoplado com outras tecnologias, o que demonstra uma adaptabilidade dos sistemas que pode aumentar o rendimento final a um reduzido custo e tempo de operação. Entretanto, um estudo mais aprofundado sobre a viabilidade econômica das tecnologias a alta pressão se faz necessário quando se almeja o aumento de escala dos processos.

REFERÊNCIAS BIBLIOGRÁFICAS

Aguiar, A. C., Osorio-Tobón, J. F., Silva, L. P. S., & Barbero, G. F., & Martínez, J. (2018). Economic analysis of oleoresin production from malagueta peppers (*Capsicum frutescens*) by supercritical fluid extraction. *Journal of Supercritical Fluids, 133*, 86-93.

Aguiar, A. C., Osorio-Tobón, J. F., Viganó, J., & Martínez, J. (2020). Economic evaluation of supercritical fluid and pressurized liquid extraction to obtain phytonutrients from biquinho pepper: Analysis of single and sequential-stage processes. *Journal of Supercritical Fluids*, 104935.

Aguiar, A. C., Silva, L. P. S., Rezende, C. A., Barbero, G. F., & Martínez, J. (2016). Encapsulation of Pepper Oleoresin by Supercritical Fluid Extraction of Emulsions. *The Journal of Supercritical Fluids, 112*, 37-43.

Aguiar, A. C., Visentainer, J. V., & Martínez, J. (2012). Extraction from striped weakfish (*Cynoscion striatus*) wastes with pressurized CO_2: Global yield, composition, kinetics and cost estimation. *Journal of Supercritical Fluids, 71*, 1-10.

Alnaief, M., Alzaitoun, M.A., García-González, C. A., & Smirnova, I. (2011). Preparation of biodegradable nanoporous microspherical aerogel based on alginate. *Carbohydrate Polymers, 84*, 1011-1018.

Amaral, G. V., Silva, E. K., Cavalcanti, R. N., Cappato, L. P., Guimaraes, J. T., Alvarenga, V. O., Esmerino, E. A., Portela, J. B., Sant'Ana, A., Freitas, M. Q., Silva, M. C., Raices, R. S. L., Meireles, M. A. A., & Cruz, A. G. (2017). Dairy Processing Using Supercritical Carbon Dioxide Technology: Theoretical Fundamentals, Quality and Safety Aspects. *Trends in Food Science & Technology, 64*, 94-101.

Azmir, J., Zaidul, I. S. M., Rahman, M. M., Sharif, K. M., Mohamed, Sahena, F., Jahurul, M. H. A., Ghafoor, K., Norulaini, N. A. N., & Omar, A. K. M. (2013). Techniques for extraction of bioactive compounds from plant materials: A review. *Journal of Food Engineering, 117*, 426-436.

Bachu, S. (2003). Screening and ranking sedimentary basins for sequestration of CO_2 in geological media in response to climate change. *Environmental Geology, 44*, 277–289.

Baldino, L., Renata A., & Ernesto R. (2018). Concentration of *Ruta Graveolens* active compounds using SC-CO_2 extraction coupled with fractional separation. *The Journal of Supercritical Fluids, 131*, 82-86.

Bastante, C. C., Cardoso, L. C., Ponce, M. T. F., Serrano, C. M., & de la Ossa, E. J. M. (2018). Characterization of olive leaf extract polyphenols loaded by supercritical solvent impregnation into PET/PP food packaging films. *The Journal of Supercritical Fluids, 140*, 196-206.

Bastante, C. C., Cardoso, L. C., Ponce, M. T. F., Serrano, C. M., & de la Ossa, E. J. M. (2019). Supercritical impregnation of olive leaf extract to obtain bioactive films effective in cherry tomato preservation. *Food Packaging and Shelf Life, 21*, 100338.

Bastante, C. C., Cardoso, L. C., Serrano, M. C., & de la Ossa, E. J. M. (2017). Supercritical impregnation of food packaging films to provide antioxidant properties. *The Journal of Supercritical Fluids*, *128*, 200-207.

Bejarano, A., Simões, P. C., & del Valle, J. M. (2016). Fractionation technologies for liquid mixtures using dense carbon dioxide. *The Journal of Supercritical Fluids*, *107*, 321-348.

Belizón, M., Fernández-Ponce, M. T., Casas, L., Mantell, C., & de la Ossa, E. J. M. (2018). Supercritical impregnation of antioxidant mango polyphenols into a multilayer PET/PP food-grade film. *Journal of CO_2 Utilization*, *25*, 56-67.

Bertolini, F. M., Morbiato, G., Facco, P., Marszałek, K., Pérez-Esteve, É., Benedito, J., Zambon, A., & Spilimbergo, S. (2020). Optimization of the supercritical CO_2 pasteurization process for the preservation of high nutritional value of pomegranate juice. *The Journal of Supercritical Fluids*, *164*, 104914.

Bierhalz, A. C. K., da Silva, M. A., de Sousa, H. C., Braga, M. E. M., & Kieckbusch, T. G. (2013). Influence of natamycin loading methods on the physical characteristics of alginate active films. *The Journal of Supercritical Fluids*, *76*, 74-82.

Braida, I., Mattea, M., & Cardarelli, D. (2008). Extraction-Adsorption-Desorption process under supercritical condition as a method to concentrate antioxidants from natural sources. *The Journal of Supercritical Fluids*, *45*, 195-199.

Brown, Z. K., Fryer, P. J., Norton, I. T., Bakalis, S., & Bridson, R. H. (2008). Drying of foods using supercritical carbon dioxide: Investigations with carrot. *Innovative Food Science & Emerging Technologies*, *9*, 280-289.

Brunner, G. (1998). Industrial Process Development: Countercurrent multistage gas extraction (SFE) processes. *The Journal of Supercritical Fluids*, *13*, 283-301.

Brunner, G. (2009). Counter-Current separations. *The Journal of Supercritical Fluids*, *47*, 574-82.

Brunner, G. (2010). Applications of supercritical fluids. *Annual Review of Chemical and Biomolecular Engineering*, *1*, 321-342.

Brunner, G. (2013). *Gas extraction: an introduction to fundamentals of supercritical fluids and the application to separation processes*. Springer Science & Business Media.

Brunner, G., & Machado, N. T. (2012). Process design methodology for fractionation of fatty acids from palm fatty acid distillates in countercurrent packed columns with supercritical CO_2. *The Journal of Supercritical Fluids*, *66*, 96-110.

Brunner. G. (2005). Supercritical fluids: Technology and application to food processing. *Journal of Food Engineering*, *67*, 21-33.

Bušić, A., Vojvodić, A., Komes, D., Akkermans, C., Belščak-Cvitanović, A., Stolk, M., & Hofland, G. (2014). Comparative evaluation of CO_2 drying as an alternative drying technique of basil (*Ocimum basilicum* L.): The effect on bioactive and sensory properties. *Food Research International, 64*, 34-42.

Carvalho, P. I. N., Osorio-Tobón, J. F., Rostagno, M. A., Petenate, A. J., & Meireles, M. A. A. (2015). Techno-economic evaluation of the extraction of turmeric (*Curcuma longa* L.) oil and air-turmerone using supercritical carbon dioxide. *Journal of Supercritical Fluids, 105*, 44-54.

Ceni, G., Silva, M. F., Valério Jr., C., Cansian, R. L., Oliveira, J. V., Rosa, C. D., & Mazutti, M. A. (2016). Continuous inactivation of alkaline phosphatase and *Escherichia coli* in milk using compressed carbon dioxide as inactivating agent. *Journal of* CO_2 *Utilization, 13*, 24-28.

Champeau, M., Thomassin, J.-M., Tassaing, T., & Jérôme, C. (2015). Drug loading of polymer implants by supercritical CO_2 assisted impregnation: A review. *Journal of Controlled Release, 209*, 248-59.

Chemat, F., Abert Vian, M., Fabiano-Tixier, A.S., Nutrizio, M., Režek Jambrak, A., Munekata, P. E. S., Lorenzo, J. M., Barba, F. J., Binello, A., & Cravotto, G. (2020). A review of sustainable and intensified techniques for extraction of food and natural products. *Green Chemestry, 22*, 2325-2353.

Chuang, M.-H., & Brunner, G. (2006). Concentration of minor components in crude palm oil. *The Journal of Supercritical Fluids, 37*,151-156.

Cocero, M. J., Martín, Á., Mattea, F., & Varona, S. (2009). Encapsulation and co-precipitation processes with supercritical fluids: Fundamentals and applications. *The Journal of Supercritical Fluids, 47*, 546-555.

Cocero, M. J., & Martín, A. (2008). Precipitation processes with supercritical fluids: Patents review. *Recent Patents on Engineering, 2*, 9-20.

Collins, C. H., & Braga, G. L. (1988). *Introdução a métodos cromatográficos*. (pp. 298-298). Campinas.

Couto, R., Vidinha, P., Peres, C., Ribeiro, A. S., Ferreira, O., Oliveira, M. V., Macedo, E. A., Loureiro, J. M., & Barreiros, S. (2011). Geranyl acetate synthesis in a packed-bed reactor catalyzed by novozym in supercritical carbon dioxide and in supercritical ethane. *Industrial & Engineering Chemistry Research, 50*, 1938-46.

Da Porto, C., Decorti, D., & Natolino, A. (2014a). Separation of aroma compounds from industrial hemp inflorescences (*Cannabis sativa* L.) by supercritical CO_2 extraction and on-line fractionation. *Industrial Crops and Products, 58*, 99-103.

Da Porto, C., Decorti, D., & Natolino, A. (2014b). Water and athanol as co-solvent in supercritical fluid extraction of proanthocyanidins from Grape Marc: A comparison and a proposal. *The Journal of Supercritical Fluids, 87*, 1-8.

Davies, O. R., Lewis, A. L., Whitaker, M. J., Tai, H., Shakesheff, K. M., & Howdle, S. M. (2008). Applications of supercritical CO_2 in the fabrication of polymer systems for drug delivery and tissue engineering. *Advanced Drug Delivery Reviews*, *60*, 373-387.

De Marco, I., & Reverchon, E. (2017). Starch aerogel loaded with poorly water-soluble vitamins through supercritical CO_2 adsorption. *Chemical Engineering Research and Design*, *119*, 221-230.

Di Maio, E., & Kiran, E. (2018). Foaming of polymers with supercritical fluids and perspectives on the current knowledge gaps and challenges. *The Journal of Supercritical Fluids*, *134*, 157-166.

Dias, A. L. B., dos Santos, P., & Martínez, J. (2018). Supercritical CO_2 technology applied to the production of flavor ester compounds through lipase-catalyzed reaction: A Review. *Journal of CO_2 Utilization*, *23*, 159-178.

Dias, A. M. A., Braga, M. E. M., Seabra, I. J., Ferreira, P., Gil, M. H., & Sousa, H. C. (2011). Development of natural-based wound dressings impregnated with bioactive compounds and using supercritical carbon dioxide. *International Journal of Pharmaceutics*, *408*, 9-19.

Dias, A. M. A., Rey-Rico, A., Oliveira, R. A., Marceneiro, S., Alvarez-Lorenzo, C., Concheiro, A., Júnior, R. N. C., Braga, M. E. M., & Sousa, H. C. (2013). Wound dressings loaded with an anti-inflammatory Jucá (*Libidibia ferrea*) extract using supercritical carbon dioxide technology. *The Journal of Supercritical Fluids*, *74*, 34-45.

Diaz, S., Espinosa, S., & Brignole, E. A. (2005). Citrus peel oil deterpenation with supercritical fluids. *The Journal of Supercritical Fluids*, *35*, 49-61.

Djekic, I., Tomic, N., Bourdoux, S., Spilimbergo, S., Smigic, N., Udovicki, B., Hofland, G., Devlieghere, F., & Rajkovic, A. (2018). Comparison of three types of drying (supercritical CO_2, air and freeze) on the quality of dried apple – Quality index approach. *LWT*, *94*, 64-72.

Duarte, A. R. C., Mano, J. F., & Reis, R. L. (2009a). Supercritical fluids in biomedical and tissue engineering applications: a review. *International Materials Reviews*, *54*, 214-22.

Duarte, A. R. C., Caridade, S. G., Mano, J. F., & Reis, R. L. (2009b). Processing of novel bioactive polymeric matrixes for tissue engineering using supercritical fluid technology. *Materials Science and Engineering: C*, *29*(7), 2110-15.

Dufour, C., C., Crampon, C., Delbecque, P-P., Garry, & Badens, E. (2017). purification of sclareol by supercritical CO_2 fractionation process. *The Journal of Supercritical Fluids*, *122*, 35-42.

Dumont, T., Barth, D., Corbier, C., Branlant, G., & Perrut, M. (1992). Enzymatic reaction kinetics: comparison in an organic solvent and in supercritical carbon dioxide. *Biotechnology and Bioengineering*, *39*, 329-333.

Ekart, M. P., Bennett, K. L., Ekart, S. M., Gurdial, G. S., Liotta, C. L., & Eckert, C. A. (1993). Cosolvent interactions in supercritical fluid solutions. *AIChE Journal, 39*, 235-248.

Escandell, J., Wurm, D. J., Belleville, M. P., Sanchez, J., Harasek, M., & Paolucci--Jeanjean, D. (2015). Enzymatic synthesis of butyl acetate in a packed bed reactor under liquid and supercritical conditions. *Catalysis Today, 255*, 3-9.

Farías-Campomanes, A. M., Rostagno, M. A., & Meireles, M. A. A. (2013). Production of polyphenol extracts from grape bagasse using supercritical fluids: Yield, extract composition and economic evaluation. *Journal of Supercritical Fluids, 77*, 70-78.

Ferdosh, S., Sarker, M. Z. I., Rahman, N. N. N. A, Akanda, J. H., Ghafoor, K., & Kadir, M. O. A. (2016). Simultaneous extraction and fractionation of fish oil from tuna by-product using supercritical carbon dioxide (SC-CO_2). *Journal of Aquatic Food Product Technology, 25*, 230-239.

Fernández-Lucas, J., Castañeda, D., & Hormigo, D. (2017). New trends for a classical enzyme: papain, a biotechnological success story in the food industry. *Trends in Food Science & Technology, 68*, 91-101.

Fernández-Ponce, M. T., Medina-Ruiz, E., Casas, L. Mantell, C., & de la Ossa--Fernández, M. E. J. (2018). Development of cotton fabric impregnated with antioxidant mango polyphenols by means of supercritical fluids. *The Journal of Supercritical Fluids, 140*, 310-319.

Fernández-Ronco, M. P., Gracia, I., Zetzl, C., De Lucas, A., García, M. T., & Rodríguez, J. F. (2011). Equilibrium data for the separation of oleoresin capsicum using supercritical CO_2: A theoretical design of a countercurrent gas extraction column. *Journal of Supercritical Fluids,* 57, 1-8.

Fiori, L., Manfrini, M., & Castello, D. (2014). Supercritical CO_2 fractionation of Omega-3 lipids from fish by-products: plant and process design, modeling, economic feasibility. *Food and Bioproducts Processing, 92*, 120-132.

Fornari, T., Torres, C. F., Señoráns, F. J., & Reglero, G. (2009). Simulation and optimization of supercritical fluid purification of phytosterol esters. *AIChE Journal, 55*, 1023-1029.

Francisco, J. D. C., Gough, S. P., & Dey, E. S. (2007). Use of lipases in the synthesis of structured lipids in supercritical carbon dioxide. In: J. Polaina, & A. Maccabe. (Ed.). (pp. 341-354). *Industrial Enzymes*: Springer Netherlands.

Gamse, T., Kracker-Semler, G., & Marr, R. (2003). Reactions in supercritical carbon dioxide efficient product fractionation following enzymatic aroma synthesis. In *Proceedings of the Sixth International Symposium on Supercritical Fluids*. Nancy, France: International Society for the Advancement of Supercritical Fluids.

García-González, C. A., Alnaief, M., & Smirnova, I. (2011). Polysaccharide-based aerogels: Promising biodegradable carriers for drug delivery systems. *Carbohydrate Polymers, 86*, 1425-1438.

Garcia-Gonzalez, L., Geeraerd, A. H., Spilimbergo, S., Elst, K., Ginneken, L. V., Debevere, J., Impe, J. F. V., & Devlieghere, F. (2007). High pressure carbon dioxide inactivation of microorganisms in foods: The past, the present and the future. *International Journal of Food Microbiology, 117*, 1-28.

Gast, K., Jungfer, M., Saure, C., & Brunner, G. (2005). Purification of tocochromanols from edible oil. *The Journal of Supercritical Fluids, 34*,17-25.

Gironi, F., & Maschietti, M. (2008). Continuous countercurrent deterpenation of lemon essential oil by means of supercritical carbon dioxide: Experimental data and process modelling. *Chemical Engineering Science, 63*, 651-661.

Gómez-López, V. M., Pataro, G., Tiwari, B., Gozzi, M., Meireles, M. Á. A., Wang, S., Guamis, B., Pan, Z., Ramaswamy, H., Sastry, S., Kuntz, F., Cullen, P. J., Vidyarthi, S. K., Ling, B., Quevedo, J. M., Strasser, A., Vignali, G., Veggi, P. C., Gervilla, R., Kotilainen, H. M., Pelacci, M., Viganó, J., & Morata, A. (2021). Guidelines on reporting treatment conditions for emerging technologies in food processing. *Critical Reviews in Food Science and Nutrition*, 1-25.

Goñi, M. L., Gañán, N. A., Herrera, J. M., Strumia, M. C., Andreatta, A. E., & Martini, R. E. (2017). Supercritical CO_2 Iof LDPE films with terpene ketones as biopesticides against corn weevil (*Sitophilus zeamais*). *The Journal of Supercritical Fluids, 122*, 18-26.

Gurikov, P., & Smirnova, I. (2018). Amorphization of drugs by adsorptive precipitation from supercritical solutions: A review. *The Journal of Supercritical Fluids, 132*, 105-125.

Guthalugu, N. K., Balaraman, M., & Kadimi, U. S. (2006). Optimization of enzymatic hydrolysis of triglycerides in soy deodorized distillate with supercritical carbon dioxide. *Biochemical Engineering Journal, 29*, 220-226.

GüvenÇ, A., Kapucu, N., Bayraktar, E., & Mehmetoğlu, Ü. (2003). Optimization of the enzymatic production of isoamyl acetate with novozym 435 from *Candida antarctica*. *Chemical Engineering Communications, 190*, 948-961.

Hammond, D. A., Karel, M., Klibanov, A. M., & Krukonis, V. J. (1985). Enzymatic reactions in supercritical gases. *Applied Biochemistry and Biotechnology, 11*, 393-400.

Hatami, T., Johner, J. C. F., & Meireles M. A. A. (2018). Extraction and fractionation of fennel using supercritical fluid extraction assisted by cold pressing. *Industrial Crops and Products, 123*, 661-666.

Hatami, T., Viganó, J., Innocentini Mei, L. H., & Martínez, J. (2020). Production of alginate-based aerogel particles using supercritical drying: Experiment, comprehensive mathematical model, and optimization. *Journal of Supercritical Fluids, 160*.

Herrera, J. M., Goñi, M. L., Gañan, N. A., & Zygadlo, J. A. (2017). An insecticide formulation of terpene ketones against *Sitophilus zeamais* and its incorporation into low density polyethylene films. *Crop Protection, 98*, 33-39.

Ibáñez, E., Benavides, A. M. H., Señoráns, F. J., & Reglero, G. (2002). Concentration of sterols and tocopherols from olive oil with supercritical carbon dioxide. *Journal of the American Oil Chemists' Society, 79*,1255-60.

Knez, Markočič, E., Leitgeb, M., Primožič, M., Knez Hrnčič, M., & Škerget, M. (2014). Industrial applications of supercritical fluids: A review. *Energy, 77*, 235-243.

Knez, Ž. (2009). Enzymatic Reactions in Dense Gases. *The Journal of Supercritical Fluids, 47*, 357-72.

Knez, Ž., & Habulin, M. (2002) Compressed gases as alternative enzymatic-reaction solvents: A short review. *The Journal of Supercritical Fluids, 23*, 29-42.

Köse, O., Akman, U., & Hortaçsu, Ö. (2000). Semi-batch deterpenation of *Origanum* oil by dense carbon dioxide. *The Journal of Supercritical Fluids, 18*, 49-63.

Krishna, H. S., & Karanth, N. G. (2002). Response surface modeling of lipase-catalyzed isoamyl propionate synthesis. *Journal of Food Science, 67*, 32-36.

Kubat, H., Akman, U., & Hortaçsu, Ö. (2001). Semi-batch packed-column deterpenation of *Origanum* oil by dense carbon dioxide. *Chemical Engineering and Processing: Process Intensification, 40*, 19-32.

Liao, H., Zhong, K., Hu, X., & Liao, X. (2019). Effect of high-pressure carbon dioxide on alkaline phosphatase activity and quality characteristics of raw bovine milk. *Innovative Food Science & Emerging Technologies, 52*, 457-462.

M. A. Markets Food Flavors Market by Type (Chocolate, Vanilla, Fruits & Nuts, Others), Origin (Natural, Synthetic), Application (Beverages, Savory & Snacks, Bakery & Confectionery, Dairy & Frozen Products, Others), & by Region – Global Forecast to 2020 (2015). Disponível em: www.marketsandmarkets.com/Market-Reports/food-flavors-market-93115891.html.

Macedo, G. A., Pastore, G. M., & Rodrigues, M. I. (2004). Optimising the synthesis of isoamyl butyrate using *Rhizopus* sp. lipase with a central composite rotatable design. *Process Biochemistry, 39*, 687-693.

Macedo, S., Fernandes, S., Lopes, J. A., Sousa, H. C., Pereira, P. J., Carmelo, P. J., Menduiña, C., Simões, P. C., & Ponte, M. N. (2008). Recovery of wine-must aroma compounds by supercritical CO_2. *Food and Bioprocess Technology, 1*, 74-81.

Machado, A. P. F., Rezende, C. A., Rodrigues, R. A., Barbero, G. F., Rosa, P. T. V., & Martínez, J. (2018). Encapsulation of anthocyanin-rich extract from blackberry residues by spray-drying, freeze-drying and supercritical antisolvent. *Powder Technology, 340*, 553-562.

Madras, G., Kumar, R., & Modak, J. (2004). Synthesis of octyl palmitate in various supercritical fluids. *Industrial & Engineering Chemistry Research, 43*, 7697-7701.

Marty, A., Combes, D., & Condoret, J. S. (1994). Continuous reaction-separation process for enzymatic esterification in supercritical carbon dioxide. *Biotechnology and bioengineering, 43*(6), 497-504.

Meireles, M. A. A. (2008). Extraction of bioactive compounds from Latin American plants. In: Martinez, J. L. (Eds), *Supercritical fluid extraction of nutraceuticals and bioactive compounds* (p. 243-274). Boca Raton: CRC Press - Taylor & Francis Group.

Milovanovic, S., Stamenic, M., Markovic, D., Ivanovic, J., & Zizovic, I. (2015a). Supercritical impregnation of cellulose acetate with thymol. *The Journal of Supercritical Fluids*, *97*,107-115.

Milovanovic, S., Jankovic-Castvan, I., Ivanovic, J., & Zizovic, I. (2015b). Effect of starch xero – and aerogels preparation on the supercritical CO_2 impregnation of thymol. *Starch-Stärke*, *67*(1-2), 174-182.

Muratov, G., Seo, K. W., & Kim, C. (2005). Application of supercritical carbon dioxide to the bioconversion of cotton fibers. *Journal of Industrial and Engineering Chemistry*, *11*, 42-46.

Murtaza, A., Iqbal, A., Linhu, Z., Liu, Y., Xu, X., Pan, S., & Hu, W. (2019). Effect of high-pressure carbon dioxide on the aggregation and conformational changes of polyphenol oxidase from apple (*Malus domestica*) juice. *Innovative Food Science & Emerging Technologies*, *54*, 43-50.

Mustapa, A. N., Martin, A., Sanz-Moral, L. M., Rueda, M., & Cocero, M. J. (2016). Impregnation of medicinal plant phytochemical compounds into silica and alginate aerogels. *The Journal of Supercritical Fluids*, *116*, 251-263.

Nagesha, G. K., Manohar, B., & Sankar, K. U. (2004). Enzymatic esterification of free fatty acids of hydrolyzed soy deodorizer distillate in supercritical carbon dioxide. *The Journal of Supercritical Fluids*, *32*, 137-145.

Ngo, T. T., Liotta, C. L., Eckert, C. A., & Kazarian, S. G. (2003). Supercritical fluid impregnation of different azo dyes into polymer: In situ UV/Vis spectroscopic study. *The Journal of Supercritical Fluids*, *27*, 215-221.

Novak, Z., Habulin, M., Krmelj, V., & Knez, Ž. (2003). Silica aerogels as supports for lipase catalyzed esterifications at sub- and supercritical conditions. *The Journal of Supercritical Fluids*, *27*, 169-178.

Oliveira, D., Feihrmann, A. C., Rubira, A. F., Kunita, M. H., Dariva, C., & Oliveira, J. V. (2006). Assessment of two immobilized lipases activity treated in compressed fluids. *The Journal of Supercritical Fluids*, *38*, 373-382.

Osorio-Tobón, J. F., Carvalho, P. I. N., Rostagno, M. A., & Meireles, M. A. A. (2016). Process integration for turmeric products extraction using supercritical fluids and pressurized liquids: Economic evaluation. *Food Bioproducts Processessing*, *98*, 227-235.

Osorio-Tobón, J. F., Carvalho, P. I. N., Rostagno, M. A., Petenate, A. J., & Meireles, M. A. A. (2014). Extraction of curcuminoids from deflavored turmeric (*Curcuma longa* L.) using pressurized liquids: Process integration and economic evaluation. *Journal of Supercritical Fluids*, *95*, 167-174.

Palocci, C., Falconi, M., Chronopoulou, L., & Cernia, E. (2008). Lipase-catalyzed regioselective acylation of tritylglycosides in supercritical carbon dioxide. *The Journal of Supercritical Fluids*, *45*, 88-93.

Paniagua-Martínez, I., Mulet, A., García-Alvarado, M. A., & Benedito, J. (2018). Orange juice processing using a continuous flow ultrasound-assisted supercritical CO_2 system: Microbiota inactivation and product quality. *Innovative Food Science & Emerging Technologies*, *47*, 362-370.

Paula, J. T., Sousa, I. M. O., Foglio, M. A., & Cabral, F. A. (2017). Selective fractionation of supercritical extracts from leaves of *Baccharis dracunculifolia*. *The Journal of Supercritical Fluids*, *127*, 62-70.

Pereira, C. G., & Meireles, M. A. A. (2010). Supercritical fluid extraction of bioactive compounds: Fundamentals, applications and economic perspectives. *Food Bioprocess Technology*, *3*, 340-372.

Pereira, C. G., Prado, J. M., & Meireles, M. A. D. A. (2013). Econimic evaluation of natural product extraction processes, In: M. A. Rostagno, & J. M. Prado (Eds.), *Natural Products Extraction: Principles and Aplications* (pp. 442-471). Cambridge: Royal Society of Chemistry.

Pereira, R. G., Nakamura, R. N., Rodrigues, M. V. N., Osorio-Tobón, J. F., Garcia, V. L., & Martinez, J. (2017). Supercritical fluid extraction of phyllanthin and niranthin from *Phyllanthus amarus* Schum., & Thonn. *Journal of Supercritical Fluids*, 23-32.

Perretti, G., Motori, A., Bravi, E., Favati, F., Montanari, L., & Fantozzi, P. (2007). Supercritical carbon dioxide fractionation of fish oil fatty acid ethyl esters. *The Journal of Supercritical Fluids*, *40*, 349-353.

Perrut, M. (2012). Sterilization and virus inactivation by supercritical fluids (a Review). *The Journal of Supercritical Fluids*, *66*, 359-371.

Perrut, M., & Perrut, V. (2018). Towards ingredients by combining supercritical fluids with other processes. *The Journal of Supercritical Fluids*, *134*, 214-219.

Pieck, C. A., Crampon, C., Charton, F., & Badens, E. (2015). Multi-scale experimental study and modeling of the supercritical fractionation process. *The Journal of Supercritical Fluids*, *105*, 158-169.

Pieck, C. A., Crampona, C., Charton, F., & Badens, E. (2017). A new model for the fractionation of fish oil FAEEs. *The Journal of Supercritical Fluids*, *120*, 258-265.

Quilter, M. G., Hurley, J. C., Lynch, F. J., & Murphy, M. G. (2003). The production of isoamyl acetate from amyl alcohol by *Saccharomyces cerevisiae*. *Journal of the Institute of Brewing*, *109*(1), 34-40.

Quintana, S. E., Villanueva-Bermejo, D., Reglero, G., García-Risco, M. R., & Fornari, T. (2019). Supercritical antisolvent particle precipitation and fractionation of rosemary (*Rosmarinus officinalis* L.) extracts. *Journal of CO_2 Utilization*, *34*, 479-489.

Randolph, T. W., Blanch, H. W., Prausnitz, J. M., & Wilke, C. R. (1985). Enzymatic catalysis in a supercritical fluid. *Biotechnology Letters, 7*, 325-28.

Reverchon, E. (1997). Supercritical fluid extraction and fractionation of essential oils and related products. *The Journal of Supercritical Fluids, 10*, 1-37.

Reverchon, E., & De Marco, I. (2006). Supercritical fluid extraction and fractionation of natural matter. *The Journal of Supercritical Fluids, 38*, 146-66.

Reverchon, E., Della Porta, G., & Senatore, F. (1995). Supercritical CO_2 extraction and fractionation of lavender essential oil and waxes. *Journal of Agricultural and Food Chemistry, 43*, 1654-58.

Rojas, A., Torres, A., José Galotto, M., Guarda, A., & Julio, R. (2020). Supercritical impregnation for food applications: a review of the effect of the operational variables on the active compound loading. *Critical reviews in food science and nutrition, 60*(8), 1290-1301.

Romero, M. D., Calvo, L., Alba, C. Habulin, M., Primožič, M., & Knez, Ž. (2005). Enzymatic synthesis of isoamyl acetate with immobilized *Candida antarctica* lipase in supercritical carbon dioxide. *The Journal of Supercritical Fluids, 33*, 77-84.

Rosa, P., Meireles, M. A. A., Beatriz, D.-R., Louw, F., Motonobu, G., Andres, M., Masaaki, T., Susana, L., Richard, L. S., Cor, P., Herminia, D. N., & Juan Carlos, P. (2008). Supercritical and pressurized fluid extraction applied to the food industry. In *Extracting bioactive compounds for food products.* (pp. 269-401). Boca Raton: CRC Press.

Ruiz-Rodriguez, A., Fornari, T., Hernández, E. J., Señorans, F. J., & Reglero, G. (2010). Thermodynamic modeling of dealcoholization of beverages using supercritical CO_2: Application to wine samples. *The Journal of Supercritical Fluids, 52*, 183-188.

Ruthven, D. M. (1984). Principles of adsorption and adsorption processes. Nova York: John Wiley & Sons.

Sanchez-Sanchez, J., Fernández-Ponce, M. T., Casas, L., Mantell, C., & de la Ossa, E. J. M. (2017). Impregnation of mango leaf extract into a polyester textile using supercritical carbon dioxide. *The Journal of Supercritical Fluids, 128*, 208-217.

Sánchez-Camargo A. P., Montero, L., Mendiola, J. A., Herrero, M., & Ibáñez, E. (2020). Novel techniques extraction for bioactive compounds from herbs and spices. In M. B. Hossain, N. P. Brunton, & D. K. Rai (Eds.). *Herbs, Spices and Medicinal Plants: Processing, Health Benefits and Safety* (pp. 95-128). New York: John Wiley & Sons.

Santos, P., Viganó, J., Furtado, G. F., Cunho, R. L., Hubinger, M. D., Rezende, C. A., & Martínez, J. (2020). Production of resveratrol loaded alginate aerogel: Characterization, mathematical modeling, and study of impregnation. *Journal of Supercritical Fluids, 163*, 104882.

Señoráns, F. J., Ruiz-Rodrıguez, A., Ibañez, E., Tabera, J., & Reglero, G. (2001a). Optimization of countercurrent supercritical fluid extraction conditions for spirits fractionation. *The Journal of Supercritical Fluids, 21*, 41-49.

Señoráns, F. J., Ruiz-Rodríguez, A., Ibañez, E., Tabera, J., & Reglero, G. (2001b). Countercurrent supercritical fluid extraction and fractionation of alcoholic beverages. *Journal of Agricultural and Food Chemistry, 49*, 1895-1899.

Shariati, A., & Peters, C. J. (2003). Recent developments in particle design using supercritical fluids. *Current Opinion in Solid State and Materials Science, 7*, 371-83.

Shi, B., Jin, J., Yu, E., & Zhang, Z. (2011). Concentration of natural vitamin E using a continuous countercurrent supercritical CO_2 extraction-distillation dual column. *Chemical Engineering & Technology, 34*, 914-920.

Shukla, A., Naik, S. N., Goud, V. V., & Das, C. (2019). Supercritical CO_2 extraction and online fractionation of dry ginger for production of high-quality volatile oil and gingerols enriched oleoresin. *Industrial Crops and Products, 130*, 352-362.

Silva, E. K., Alvarenga, V. O., Bargas, M. A., Sant'Ana, A. S., & Meireles, M. A. A. (2018). Non-thermal microbial inactivation by using supercritical carbon dioxide: synergic effect of process parameters. *The Journal of Supercritical Fluids, 139*, 97-104.

Silva, E. K., Meireles, M. A. A., & Saldaña, M. D. A. (2020). Supercritical carbon dioxide technology: A promising technique for the non-thermal processing of freshly fruit and vegetable juices. *Trends in Food Science & Technology, 97*, 381-390.

Simó, C., Ibañez, E., Señoráns, F. J., Barbas, C., Reglero, G., & Cifuentes, A. (2002). Analysis of antioxidants from orange juice obtained by countercurrent supercritical fluid extraction, using micellar electrokinetic chromatography and reverse-phase liquid chromatography. *Journal of Agricultural and Food Chemistry*, 50, 6648-6652.

Songtipya, L., Thies, M. C., & Sane, A. (2016). Effect of rapid expansion of subcritical solutions processing conditions on loading capacity of tetrahydrocurcumin encapsulated in poly (l -Lactide) particles. *The Journal of Supercritical Fluids, 113*, 119-127.

Sovová, H., Zarevúcka, M., Bernášek, P., & Stamenić, M. (2008). Kinetics and specificity of lipozyme-catalysed oil hydrolysis in supercritical CO_2. *Chemical Engineering Research and Design, 86*, 673-681.

Spilimbergo, S., Elvassore, N., & Bertucco, A. (2002). Microbial inactivation by high-pressure. *The Journal of Supercritical Fluids, 22*, 55-63.

Spilimbergo, S., Mantoan, D., Quaranta, A., & Della Mea, G. (2009). Real-time monitoring of cell membrane modification during supercritical CO_2 pasteurization. *The Journal of Supercritical Fluids, 48*, 93-97.

Srivastava, S., Modak, J., & Madras, G. (2002). Enzymatic synthesis of flavors in supercritical carbon dioxide. *Industrial & Engineering Chemistry Research, 41*, 1940-1945.

Sun, M., & Temelli, F. (2006). Supercritical carbon dioxide extraction of carotenoids from carrot using canola oil as a continuous co-solvent. *Journal of Supercritical Fluids, 37*, 397-408.

T. F. Group. *World Flavors & Fragrances*: Industry Study with Forecasts for 2016 & 2021, 2012 (2015). Disponível em www.freedoniagroup.com/DocumentDetails.aspx?Referrerid=FM-Bro&StudyID=2952.

Tirado, D. F., Palazzo, I., Scognamiglio, M., Calvo, L., Della Porta, G., & Reverchon, E. (2019). Astaxanthin encapsulation in Ethyl Cellulose Carriers by Continuous Supercritical Emulsions Extraction: A study on particle size, encapsulation efficiency, release profile and antioxidant activity. *The Journal of Supercritical Fluids, 150*, 128-136.

Torabian, G., Bahramian, B., Zambon, A., Spilimbergo, S., Adil, Q. A. Schindeler, A., Valtchev, P., & Dehghani, F. (2018). A hybrid process for increasing the shelf life of elderberry juice. *The Journal of Supercritical Fluids, 140*, 406-414.

Torres, C. F., Fornari, T., Torrelo, G., Señoráns, J. F., & Reglero, G. (2009). Production of phytosterol esters from soybean oil deodorizer distillates. *European Journal of Lipid Science and Technology, 111*, 459-463.

Turner, C., King, J. W., & Mathiasson, L. (2001). On-line supercritical fluid extraction/enzymatic hydrolysis of vitamin a esters: A new simplified approach for the determination of vitamins A and E in food. *Journal of Agricultural and Food Chemistry, 49*, 553-558.

Turton, R., Bailie, R. C., Whiting, W. B., & Shaeiwitz, J. A. (2008). *Analysis, synthesis and design of chemical processes*. New Jersey: Pearson Education.

Varga, D., Alkin, S., Gluschitz, P., Péter-Szabó, B., Székely, E., & Gamse, T. (2016). Supercritical fluid dyeing of polycarbonate in carbon dioxide. *The Journal of Supercritical Fluids, 116*, 111-116.

Vázquez, L., Hurtado-Benavides, A. M., Reglero, G., Fornari, T., Ibáñez, E., & Señoráns, F. J. (2009). Deacidification of olive oil by countercurrent supercritical carbon dioxide extraction: experimental and thermodynamic modeling. *Journal of Food Engineering, 90*, 463-470.

Vázquez, L., Torres, C. F., Fornari, T., Grigelmo, N., Señoráns, F. J., & Reglero, G. (2006). Supercritical fluid extraction of minor lipids from pretreated sunflower oil deodorizer distillates. *European Journal of Lipid Science and Technology, 108*, 659-665.

Veronovski, A., Novak, Z., & Knez, Ž. (2012). Synthesis and use of organic biodegradable aerogels as drug carriers. *Journal of Biomaterials Science, 23*, 873-886.

Vetralla, M., Ferrentino, G., Zambon, A., & Spilimbergo, S. (2018). A Study about the effects of supercritical carbon dioxide drying on apple pieces. *International Journal of Food Engineering, 4*, 186-190.

Vicente, G., García-Risco, M. R., Fornari, T., & Reglero, G. (2012). Supercritical fractionation of rosemary extracts to improve the antioxidant activity. *Chemical Engineering & Technology, 35*, 176-182.

Viganó, J., Coutinho, J. P., Souza, D. S., Baroni, N. A. F., Godoy, H. T., Macedo, J. A., & Martínez, J. (2016). Exploring the selectivity of supercritical CO_2 to obtain nonpolar fractions of passion fruit bagasse extracts. *Journal of Supercritical Fluids, 110*, 1-10.

Viganó, J., Meirelles, A. A. D., Náthia-Neves, G., Baseggio, A. M., Cunha, R. L., Maróstica Junior, M. R., Meireles, M. A. A., Gurikov, P., Smirnova, I., & Martínez, J. (2020). Impregnation of passion fruit bagasse extract in alginate aerogel microparticles. *International Journal of Biological Macromolecules, 155*, 1060-1068.

Viganó, J., Zabot, G. L., & Martínez, J. (2017). Supercritical fluid and pressurized liquid extractions of phytonutrients from passion fruit by-products: Economic evaluation of sequential multi-stage and single-stage processes. *Journal of Supercritical Fluids, 122*, 88-98.

Weber, A., Catchpole, O., & Eltringham, W. (2008). Supercritical fluid assisted, integrated process for the synthesis and separation of different lipid derivatives. *Journal of Separation Science, 31*, 1346-1351.

Weidner, E., Petermann, M., & Knez, Z. (2003). Multifunctional composites by high-pressure spray processes. *Current Opinion in Solid State and Materials Science, 7*, 385-390.

Weingärtner, H., & Franck, E. U. (2005). Supercritical water as a solvent. *Angewandte Chemie International Edition. 44*(18), 2672-2692.

Wijngaard, H., Hossain, M. B., Rai, D. K., & Brunton, N., (2012). Techniques to extract bioactive compounds from food by-products of plant origin. *Food Research Internatinal, 46*, 505-513.

Yeo, S-D., & Kiran, E. (2005). Formation of polymer particles with supercritical fluids: A review. *The Journal of Supercritical Fluids, 34*, 287-308.

Zambon, A., Bourdoux, S., Pantano, M. F., Pugno, N. M., Boldrin, F., Hofland, G., Rajkovic, A., Devlieghere, F., & Spilimbergo, S. (2021). Supercritical CO_2 for the drying and microbial inactivation of apple's slices. *Drying Technology, 39*, 259-267.

Zambon, A., Michelino, F., Bourdoux, S., Devlieghere, F., Sut, S., Dall'Acqua, S., Rajkovic, A., & Spilimbergo, S. (2018). Microbial inactivation efficiency of supercritical CO_2 drying process. *Drying Technology, 36*, 2016-2021.

Zambon, A., Tomic, N., Djekic, I., Hofland, G., Rajkovic, A., & Spilimbergo, S. (2020). Supercritical CO_2 drying of red bell pepper. *Food Bioprocess Technology, 13*(5), 753-763.

CAPÍTULO 4

ULTRASSOM

Hugo Scudino, Jonas Toledo de Guimarães, Vitoria Hagemann Cauduro,
Érico Marlon de Moraes Flores, Eliane Teixeira Mársico,
Erick Akmeida Esmerino, Adriano Gomes da Cruz

INTRODUÇÃO

O som é constituído por ondas mecânicas propagadas em ciclos de compressão e rarefação, com frequência, amplitude e comprimento definidos, e transmitidas através de um meio físico. No espectro sonoro (Figura 4.1) podem ser observadas três faixas de frequência distintas, baseadas na audição humana: a faixa audível aos seres humanos (som) abrange frequências de 20 Hz a 20 kHz; abaixo dessa faixa, as ondas sonoras são definidas como infrassom e, acima, como ultrassom (20 kHz a 10 MHz). O ultrassom pode ser ainda subdividido em duas faixas: ultrassom convencional (20 kHz a 2 MHz), amplamente utilizado no processamento de alimentos, e ultrassom de diagnóstico (5 MHz a 10 MHz), utilizado principalmente para imagiologia médica e industrial e para a análise não destrutiva no controle de qualidade de alimentos.

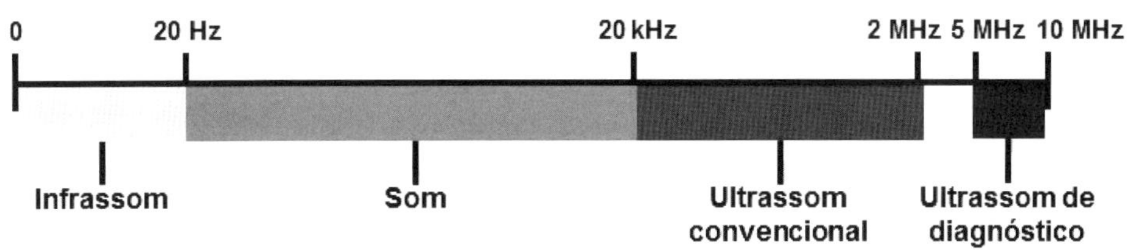

Figura 4.1 – Espectro sonoro.

O potencial do ultrassom como tecnologia começou a ser considerado em 1880, quando Jacques e Pierre Currie descreveram, pela primeira vez, o efeito piezoelétrico, caracterizado pela capacidade de alguns materiais, como o quartzo, de sofrer polarização elétrica sob estresse mecânico. Esses materiais são normalmente utilizados na geração de ondas ultrassônicas nos equipamentos atuais. A primeira aplicação prática da tecnologia de ultrassom foi desenvolvida por Paul Langevin, em 1917, com o objetivo de identificar objetos submersos no mar. Esse sistema passou a ser conhecido como SONAR (*Sound Navigation and Ranging*).

Dez anos mais tarde, em 1927, foi publicado o artigo que originou a sonoquímica, área dedicada ao estudo dos efeitos físico-químicos do ultrassom. Neste estudo, denominado "*The chemical effects of high frequency sound waves*" (Os efeitos químicos de ondas sonoras de alta frequência), William Richards e Alfred Loomis descreveram a redução do ponto de ebulição de alguns líquidos, a liberação de gases dissolvidos da água e a aceleração de algumas reações químicas como consequência à aplicação de ultrassom. A partir desse ponto, diversos equipamentos e aplicações foram desenvolvidos em diferentes áreas, como a solda ultrassônica, a limpeza de superfícies, o sistema de diagnóstico por ultrassom, além de aplicações em síntese orgânica, produção de biocombustíveis e outros produtos de alto valor agregado a partir de biomassa, separação e formação de emulsões, processos de oxidação avançados e aumento da biodisponibilidade de micronutrientes em plantas.

Em adição à multidisciplinaridade, a tecnologia de ultrassom ainda possui atrativos no que diz respeito à sustentabilidade das aplicações em comparação a métodos tradicionais. Quando bem otimizados, os processos assistidos por ultrassom podem apresentar melhor rendimento e seletividade, com tempos de reação reduzidos, economia de energia, redução da geração de resíduos tóxicos e utilização de condições brandas e reagentes diluídos (podendo utilizar água como reagente). Em uma indústria como a de processamento de alimentos, a redução do gasto energético e dos insumos químicos faz do ultrassom uma alternativa aos métodos convencionais, que, em geral, apresentam menor eficiência. De acordo com Floros et al. (2010), o sistema alimentar, além de assegurar a segurança e o bem-estar dos consumidores, deve ser sustentável e proteger o meio ambiente e os recursos naturais. Dessa forma, a busca por tecnologias alternativas, como o ultrassom, que viabilizem a intensificação de processos e a valorização de resíduos é de suma importância para o desenvolvimento industrial no âmbito de processamento de alimentos.

Recentemente, os efeitos físico-químicos do ultrassom mostraram-se promissores para a aplicação em diversos procedimentos da indústria alimentícia, como secagem, separação sólido-líquido, emulsificação, extração, cristalização e congelamento, filtração, alterações na textura e viscosidade e inativação de microrganismos e enzimas. Em especial, a utilização de ultrassom vem sendo amplamente explorada sobretudo na indústria de laticínios. Como exemplo disso, o ultrassom possibilita a pasteurização e funcionalização do leite sem a necessidade de aplicação de altas temperaturas. Além disso, o ultrassom a altas frequências (300 a 500 kHz) tem sido utilizado para a separação da gordura do leite e modificação da viscosidade de sistemas de amido, enquanto a baixas frequências (20 a 80 kHz) tem sido aplicado para a fabricação de emulsões nutritivas e encapsulamento de nutrientes.

Cabe destacar que o aumento de escala dos processos assistidos por ultrassom tem sido implementado para o aperfeiçoamento do processo de gelificação e para a redução da viscosidade de matérias-primas contendo soro e caseína na indústria de laticínios. Adicionalmente, na área de bioprocessos, essa tecnologia vem sendo utilizada com sucesso no aproveitamento de rejeitos das indústrias alimentícia e agropecuária para a fabricação de bioprodutos com alto valor agregado. Dessa forma, o ultrassom é descrito como uma alternativa promissora na implementação da economia circular.

A tecnologia de ultrassom tem o potencial para contribuir diretamente na intensificação de processos industriais na área de alimentos, viabilizando a utilização de metodologias com menor impacto ambiental e a obtenção de produtos com alto valor agregado. Com isso em mente, o presente capítulo destina-se a explorar as crescentes aplicações do ultrassom no processamento de alimentos, com ênfase em desenvolvimentos recentes e tendências futuras.

TECNOLOGIA DO ULTRASSOM

PRINCÍPIOS E TEORIA

Conforme mencionado anteriormente, as ondas ultrassônicas são ondas mecânicas tridimensionais transmitidas através de um meio físico (líquido, sólido ou gasoso) que contenha propriedades elásticas. Conforme a onda se propaga no meio, são geradas áreas com pressão alta (compressão) e baixa (rarefação). A variação máxima de pressão obtida em relação ao plano (amplitude da onda), designada como pressão acústica, é diretamente proporcional à quantidade de energia aplicada no sistema. Adicionalmente a essa variação de pressão, a vibração do meio provoca o deslocamento das partículas presentes, que pode ser no sentido da propagação (ondas longitudinais, observadas majoritariamente em fluidos) ou perpendicular a ela (ondas transversais, observadas em sólidos e alguns líquidos viscoelásticos, por possuírem elasticidade quando submetidos à tensão de cisalhamento). Além disso, cabe destacar que as variações de pressão e de posição das partículas ocorrem fora de fase, ou seja, o ponto de maior deslocamento das moléculas ocorre no ponto de menor pressão (ciclo de rarefação), e vice-versa.

Além da frequência e da pressão acústica, outro aspecto que influencia significativamente os efeitos gerados pelo ultrassom é sua intensidade, definida como a quantidade de energia transmitida pela onda em razão da unidade de área em determinado tempo, geralmente expressa por W/cm^2. A intensidade é diretamente proporcional ao quadrado de sua pressão acústica, como pode ser observado na Equação (4.1):

$$I = \frac{P_A^2}{2 \times \rho \times c} \quad (4.1)$$

Na qual I (W/cm^2) é a intensidade, P2A (N/m^2) é a pressão acústica, ρ (kg/m^3) é a densidade do meio e c (m/s) é a velocidade do som nesse meio. De acordo com sua intensidade, as aplicações do ultrassom no âmbito de processamento de alimentos geralmente são divididas em duas categorias: baixa intensidade e alta intensidade.

O ultrassom de baixa intensidade é caracterizado normalmente por intensidades inferiores a 1 W/cm^2 e frequências superiores a 100 kHz. Essa categoria, quando em frequências na faixa de 200 kHz a 1 MHz, é geralmente aplicada na produção de radicais, e não é comum no processamento de alimentos. Em frequências superiores a 1 MHz, entretanto, as ondas ultrassônicas podem ser propagadas sem causar efeitos permanentes ao material. Aliado a isso, é possível a discriminação de pequenas diferenças nas características mecânico-elásticas do meio por intermédio da detecção de variações na propagação da onda (impedância acústica, velocidade, refração/reflexão etc). Dessa forma, a tecnologia de ultrassom de baixa intensidade com frequências superiores a 1 MHz tem sido usada com sucesso para o controle de qualidade de alimentos. Como exemplos, pode-se citar a classificação de frutas *in situ* em função de seu grau de maturação, a detecção de adulterantes em mel e a identificação de corpos estranhos na linha de produção em fábricas de processamento de alimentos.

O ultrassom de alta intensidade, por outro lado, caracteriza-se em geral por intensidades superiores a 1 W/cm^2 e frequências de 20 a 100 kHz. Sistemas de ultrassom com intensidade superior a 10 W/cm^2 e frequências na faixa de 20 a 40 kHz têm sido amplamente aplicados sobretudo no processamento de alimentos, em processos como filtração, emulsificação, gelificação, inativação de microrganismos, secagem e extração de compostos bioativos. Ondas ultrassônicas nessa categoria possuem grande força mecânica e de cisalhamento, tendo a capacidade de alterar permanentemente as propriedades físico-químicas do meio por intermédio de uma série de efeitos, mostrados na Figura 4.2. Entre esses efeitos no processamento alimentício, destacam-se a cavitação, a transmissão acústica e a formação de ondas estacionárias, responsáveis pelas elevadas transferências de massa e energia observadas em sistemas ultrassônicos.

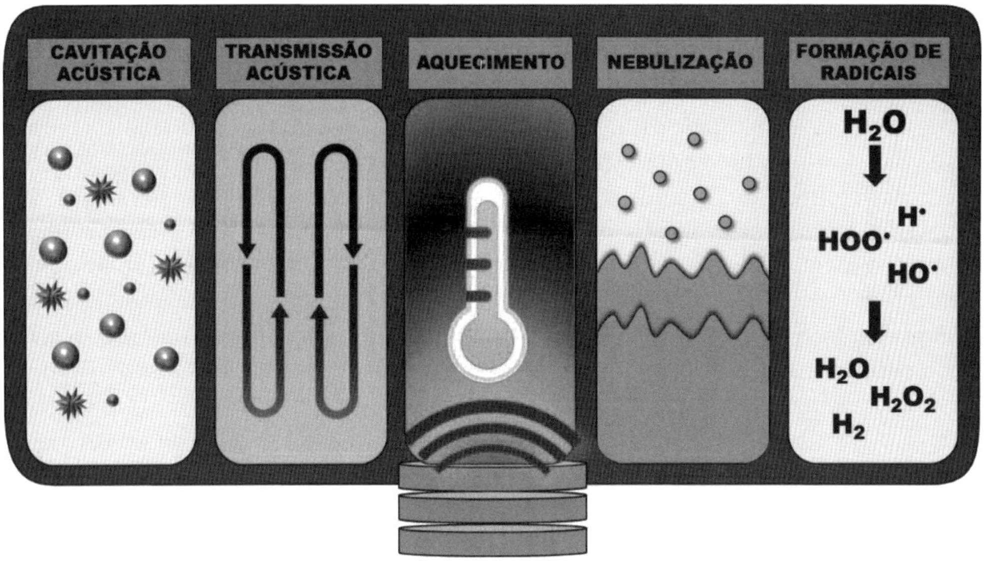

Figura 4.2 – Representação esquemática dos efeitos físico-químicos do ultrassom de alta intensidade em meio líquido.

Cavitação acústica

Um dos efeitos majoritários observados nas aplicações de ultrassom de alta intensidade é a cavitação acústica, caracterizada pela formação de microbolhas, ou cavidades, no meio líquido. Como mencionado anteriormente, durante os ciclos de rarefação da onda, as moléculas do meio são afastadas umas das outras e, logo após, reaproximadas nos ciclos de compressão. Como a maior parte dos líquidos não é compressível, o meio não é capaz de adequar-se às rápidas variações de pressão desses ciclos. Assim, caso a onda seja propagada com energia superior às forças de coesão do meio, são formadas cavidades.

A cavitação pode ser transiente, na qual ocorre um processo de crescimento e colapso das bolhas de forma rápida e intensa, favorecendo processos de transferência de massa e energia, ou inercial, em que as bolhas podem oscilar durante vários ciclos sem implodir. Geralmente, a cavitação transiente é observada em sistemas com maior intensidade acústica e menores frequências, enquanto o oposto é observado para a cavitação inercial.

As cavidades são formadas devido a "pontos fracos" no meio, geralmente gás dissolvido, o que faz com que as forças de coesão sejam de fato inferiores ao esperado. Ademais, existem dois mecanismos aceitos para a formação das cavidades: o primeiro é através de bolhas preexistentes no meio, enquanto o segundo é através da presença de partículas sólidas contendo gás por um processo de nucleação. Durante os ciclos sucessivos de rarefação, gases e vapores migram para o interior das bolhas de cavitação, enquanto nos ciclos de compressão, a pressão interna da cavidade aumenta, e os produtos gasosos são expelidos para o meio, porém em taxas menores que a sua assimilação.

Dessa forma, a cavidade cresce gradualmente por difusão retificada até atingir um tamanho crítico, chamado tamanho de ressonância. Na cavitação inercial, as bolhas podem oscilar durante vários ciclos perto desta dimensão sem implodir. Na cavitação transiente, entretanto, quando a bolha atinge o tamanho de ressonância, ocorre sua implosão, podendo-se atingir pressões e temperaturas de até 500 atm e 5.000 K, respectivamente, gerando *hot spots* no meio (Figura 4.3). Além disso, são atingidas velocidades de até 100 m/s pelas ondas de choque, liberando grande quantidade de energia em microescala. Caso o colapso da bolha ocorra próximo a uma interface, ele será assimétrico, gerando microjatos de alta velocidade e pressão que atravessam a cavidade e atingem a interface.

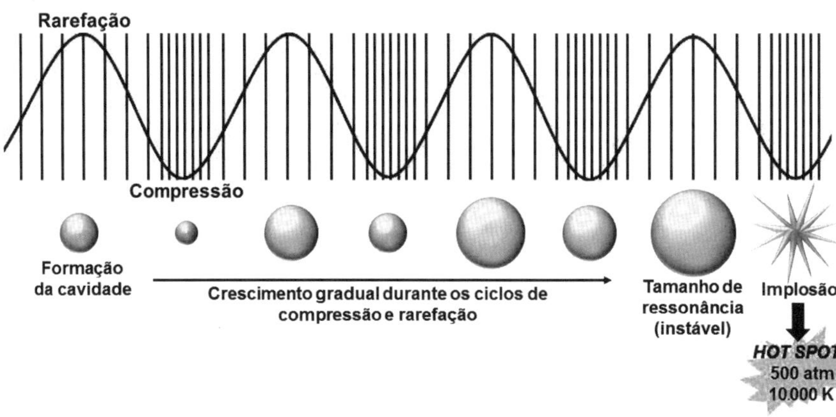

Figura 4.3 – Representação do crescimento e colapso de bolhas de cavitação durante os ciclos de rarefação e compressão das ondas ultrassônicas.

A energia mínima necessária para a formação de uma cavidade é denominada limiar de cavitação. Quanto maior esse limiar, menor a quantidade de cavidades formadas; porém estas podem atingir tamanhos superiores, e, consequentemente, a energia transmitida para o meio durante seu colapso é maior. Cabe destacar que diversos fatores influenciam o limiar de cavitação, desde agentes externos (como a pressão e a temperatura aplicadas), até os parâmetros instrumentais (como a frequência e a intensidade do sistema) e as características do meio (como tensão superficial, viscosidade, pressão de vapor e presença de gases dissolvidos e material particulado). Quanto maiores a pressão externa, a intensidade, a tensão superficial e a viscosidade, maior o limiar de cavitação. Por outro lado, quanto maior a temperatura, a frequência, a pressão de vapor e a presença de impurezas e gases dissolvidos, menor o limiar.

Em baixas frequências (20 kHz), as microbolhas são formadas em menor quantidade, porém atingem um tamanho maior, resultando em implosões de grande intensidade. Isso favorece processos como a geração de emulsões, pela formação dos microjatos na interface dos líquidos. De 100 a 1.000 kHz, o tamanho das bolhas é reduzido drasticamente, porém sua quantidade aumenta, ocasionando um aumento de temperatura superior ao encontrado em baixas frequências. A temperatura extrema observada nas cavidades durante seu colapso em frequências de 200 a 600 kHz pode ainda ser responsável pela quebra homolítica de moléculas de água, formando os radicais extremamente reativos •H e •OH. Já em frequências superiores a 1 MHz, o efeito de cavitação acaba sendo minoritário, geralmente responsável pela nebulização de líquidos.

Transmissão acústica

A transmissão acústica é caracterizada pelo fluxo, tipicamente giratório, de fluido induzido por ondas sonoras de alta pressão acústica propagadas de forma heterogênea no meio. Essa propagação desigual ocorre principalmente devido à atenuação e espalhamento da onda e/ou à fricção do fluido com o recipiente. Quando o fluxo de fluido é induzido pelas movimentações das bolhas de cavitação, este efeito, por ocorrer em menor escala localmente, é chamado de *microstreaming* e é responsável por amplificar significativamente as trocas de massa e calor do meio, favorecendo processos de mistura e cisalhamento, e aumentar proporcionalmente com a intensidade aplicada no sistema. No processamento de alimentos, esses mecanismos auxiliam em operações, como formação de emulsões, cristalização, secagem e pasteurização de alimentos.

A transmissão acústica pode ser subdividida em transmissão de Eckart, Rayleigh e Schlichting. A transmissão de Eckart é um efeito em maior escala, com comprimento superior ao de onda, ocupando todo o sistema de reação. Já as transmissões de Rayleigh e de Schlichting são efeitos em microescala (oscilação menor que um comprimento de onda), sendo a transmissão de Rayleigh observada na direção antinó (nó da variação de pressão da onda), enquanto a transmissão de Schlichting é observada na interface do líquido.

Formação de ondas estacionárias

Outro efeito de interesse para o processamento de alimentos, em especial para os processos de separação de emulsões e fracionamento, é a separação de partículas por ondas estacionárias, formadas quando a onda sonora emitida é refletida sobre o mesmo plano, gerando regiões de interferência construtiva de pressão (antinós) e de interferência negativa de pressão (nós). Quando ondas estacionárias são propagadas em um meio líquido que contenha material particulado ou gotículas com impedância acústica diferente do meio, elas tendem a se concentrar nas regiões dos nós ou antinós de pressão, de acordo com sua densidade e compressibilidade (Figura 4.4). Em geral, partículas e/ou gotículas com densidade inferior ao meio tendem a se concentrar nos antinós, enquanto aquelas com densidade superior ao meio tendem a se concentrar nos nós de pressão. Com a aproximação das partículas e/ou gotículas, estas acabam se agregando ou coalescendo.

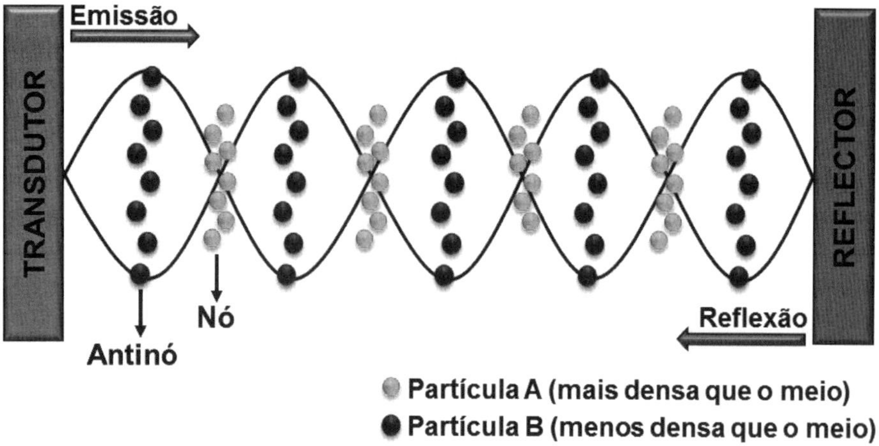

Figura 4.4 – Representação do comportamento de material particulado durante a propagação de ondas estacionárias em meio líquido.

Nas aplicações em processamento de alimentos, esse efeito é, geralmente, mais eficiente em frequências maiores (> 400 kHz), uma vez que a cavitação e a transmissão acústica geradas em frequências baixas podem acabar causando modificações indesejadas nas características do produto. Na indústria de laticínios, aplicações baseadas nesse efeito têm sido desenvolvidas com sucesso para a separação da gordura do leite de forma mais rápida que as convencionais, sem efeitos negativos à qualidade do produto.

EQUIPAMENTOS

Em geral, os sistemas de geração de ultrassom são compostos por três partes essenciais: um gerador, um transdutor e um emissor (reator). O gerador é responsável pelo controle do potencial aplicado ao transdutor, que, por sua vez, converte o potencial elétrico em vibrações mecânicas, gerando ondas ultrassônicas com frequência definida. Por fim, o emissor é responsável por transmitir essas ondas para o meio.

O transdutor

Existem quatro tipos de transdutores: os movidos a gás, os movidos a líquido, os eletromecânicos e os magnetostrictivos. Entre esses, os transdutores eletromecânicos, compostos por materiais piezoelétricos, são os mais utilizados.

A geração de ondas ultrassônicas por esses transdutores é baseada no efeito inverso da piezoeletricidade, ou seja, a aplicação de potenciais elétricos de cargas opostas em faces opostas do material piezoelétrico ocasiona a compressão ou expansão deste, dependendo da polaridade das cargas. Com a rápida inversão dos potenciais, é possível induzir oscilações na dimensão do material na sua frequência de ressonância, produzindo ondas ultrassônicas. Os materiais piezoelétricos mais utilizados na confecção dos transdutores eletromecânicos são o quartzo, o titanato de bário, o metaniobato de chumbo e o cristal misto titanato zirconato de chumbo.

Tipos de reatores

Os reatores do tipo sonda e banho são as configurações mais populares para as aplicações laboratoriais de ultrassom, com diversos modelos disponíveis no mercado. O reator do tipo sonda é caracterizado pela aplicação direta da energia acústica no meio, enquanto em banhos de ultrassom, a transmissão das ondas é feita de forma indireta (Figura 4.5). Outros tipos de reatores, como reatores híbridos (*cup-horn*), reatores baseados na utilização de transdutores movidos a líquido (*liquid whistle*) e adaptações (sistemas multifrequência, por exemplo), também vêm sendo aplicados, porém com menor abrangência.

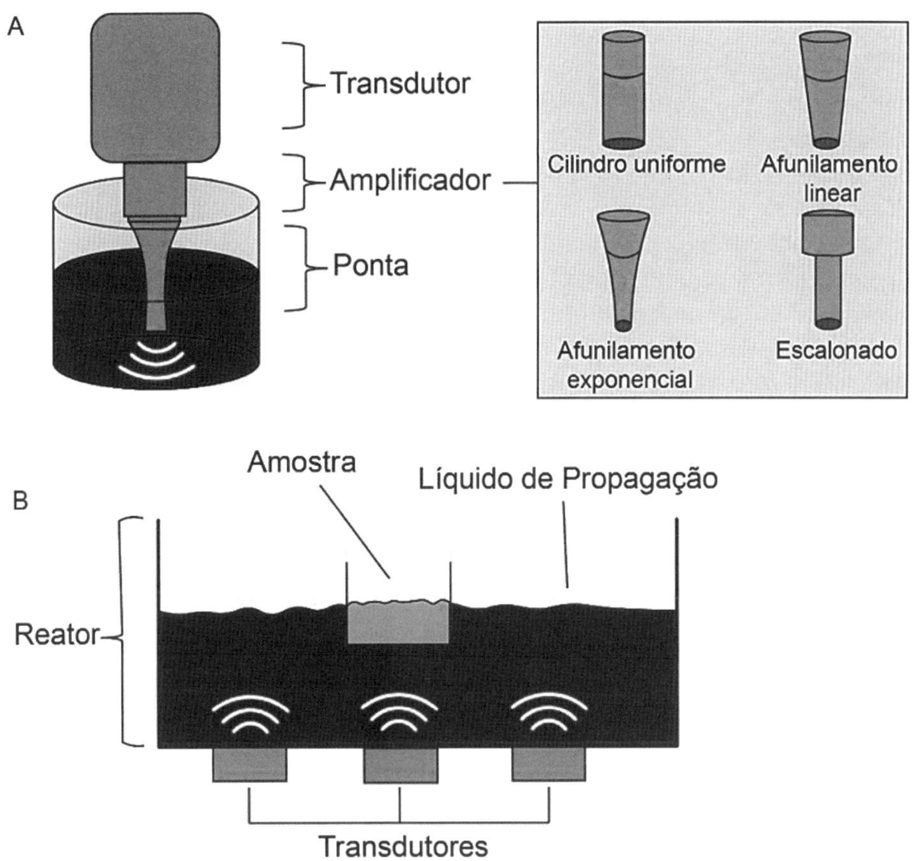

Figura 4.5 – Representação dos reatores: A) sonda ultrassônica; e B) banho ultrassônico.

Sonda ultrassônica

Nos reatores do tipo sonda, um único transdutor é conectado a uma sonda geralmente composta de liga de titânio, e o ultrassom é propagado a partir de sua ponta. O comprimento da sonda varia de um comprimento de onda a múltiplos de meio comprimento de onda, de forma a não ocorrer atenuações na propagação. As sondas em geral trabalham em uma frequência fixa, e, apesar de ser possível aumentar a energia dissipada pelo aumento da amplitude, não necessariamente esse aumento ocorre de forma linear. Outra forma de aumentar a intensidade é pela utilização de diferentes formatos de amplificadores na sonda (Figura 4.5). Em amplificadores do tipo cilindro uniforme, não ocorre amplificação da energia, enquanto no tipo escalonado é possível obter uma magnificação de até 16 vezes, apesar de causar maior estresse no ponto do material onde o degrau é posicionado. Já com amplificadores dos tipos afunilamento linear e exponencial, é possível obter uma magnificação de 4 vezes ou mais, sem causar o estresse observado para os amplificadores escalonados.

Cabe destacar que os reatores do tipo sonda possibilitam a aplicação de altas intensidades, na ordem de centenas de W/cm^2, porém essa intensidade é dissipada exponencialmente conforme a distância da ponta da sonda aumenta. Os efeitos da sonda desaparecem a uma profundidade de até 2,5 cm; desta forma, é difícil realizar o aumento de escala. Uma forma de contornar essa desvantagem é utilizar um sistema de agitação em conjunto com o reator. Além disso, o contato direto da sonda com o alimento pode causar contaminação pelo desgaste do material da ponta. Outro problema é o aquecimento pronunciado observado nas aplicações diretas do ultrassom, o que dificulta o controle de temperatura. Dessa forma, o modo de aplicação pulsada (ligar e desligar o reator a intervalos regulares durante sua aplicação) vem sendo utilizado como forma de controlar o aquecimento indesejado.

Para alimentos sólidos, as sondas ultrassônicas vêm sendo utilizadas como ferramenta de corte para queijos, frutas, vegetais entre outros. A tecnologia de ultrassom possibilita cortes mais precisos, aumento da produtividade e redução da perda de produto.

Banho ultrassônico

Os reatores do tipo banho são amplamente disponíveis no mercado. Os banhos ultrassônicos são mais flexíveis que as sondas em termos de volume de processamento e podem ser aplicados tanto em escala laboratorial quanto industrial, em batelada ou em fluxo, sem necessitar de grandes alterações de montagem. Esse tipo de reator consiste em um tanque, geralmente composto de aço inoxidável, com transdutores fixados em sua base, nas laterais ou em ambos. O tipo e a quantidade de transdutores utilizados possibilitam controlar a potência e a frequência aplicadas. O tanque é preenchido com um líquido de propagação, geralmente água, no qual o recipiente contendo a mistura reacional é inserido. Como alternativa, pode-se utilizar o próprio reator como recipiente, em uma aplicação direta do ultrassom no alimento.

Como principal vantagem do banho ultrassônico, destaca-se a distribuição relativamente uniforme de energia dentro do tanque. Entretanto, a intensidade transmitida ao meio é significativamente inferior à obtida por reatores do tipo sonda, variando de 1 a 5 W/cm^2. Outra desvantagem é o aquecimento observado pela propagação do ultrassom, pode ser contornado em sistemas com resfriamento.

Outras configurações

Além dos reatores convencionais, outra configuração interessante para o processamento de alimentos é o reator do tipo *liquid whistle* (movido a líquido), aplicado em formação de emulsões. Nesse caso, ocorre a passagem forçada de um líquido através de um orifício contra uma placa fina de aço, a qual vibra e gera as ondas ultrassônicas em uma câmara de mistura. Esse sistema pode ser montado on-line e vem sendo usado com sucesso em escala industrial para o processamento de sucos, maioneses e outros produtos alimentícios.

PARÂMETROS DE PROCESSO

Conforme mencionado anteriormente, diversas variáveis influenciam nos efeitos do ultrassom, sendo necessário otimizá-las com cuidado. Pode-se citar em especial alguns parâmetros de processo com maior influência, como frequência, intensidade e densidade acústica e tempo de processamento (relacionados ao reator); e temperatura e pressão aplicadas, viscosidade, pressão de vapor e tensão superficial (relacionados ao meio). A atenção a esses parâmetros é de extrema importância, pois, dependendo dos parâmetros utilizados, diferentes aplicações são possíveis para o processamento de alimentos (Tabela 4.1). Por exemplo, mudando-se apenas a frequência, é possível tanto formar como separar emulsões.

Tabela 4.1 – Parâmetros de aplicação de ultrassom em processamento de alimentos

Intensidade (W/cm^2)	Frequência (kHz)	Meio	Efeitos	Aplicações no processamento de alimentos
10 - 1.000	20 - 100	Líquido	• Cavitação transiente • Transmissão acústica	• Emulsificação • Extração de compostos bioativos • Redução de viscosidade • Pasteurização/esterilização • Cristalização • Inativação de microrganismos • Encapsulamento
		Sólido	• Cavitação transiente • Vibrações	• Congelamento e descongelamento • Corte • Secagem • Amaciamento de carnes

		Gás/espuma	• Atenuação/ absorção	• Ação antiespumante
1 - 1.000	200 - 600	Líquido	• Cavitação transiente • Formação de radicais	• Aumento da hidroxilação, gerando aumento na capacidade antioxidante • Encapsulamento
1 - 100	100 - 3.000	Líquido	• Transmissão acústica • Cavitação inercial • Ondas estacionárias	• Degradação de biopolímeros • Separação de emulsões • Limpeza de superfícies • Estimulação de atividade celular
≤ 1	1.000 - 10.000	Sólido	• Atenuação/ absorção • Ondas estacionárias	• Classificação • Identificação de corpos estranhos • Controle de processo
		Líquido	• Atenuação/ absorção • Ondas estacionárias	• Detecção de adulterantes • Identificação de corpos estranhos • Controle de processo

A frequência geralmente é responsável por ditar se os efeitos do ultrassom são físicos (frequências baixas) ou químicos (frequências altas). Apesar desses parâmetros serem de grande importância, apenas a frequência nominal do reator não é adequada para descrever os efeitos gerados, uma vez que o volume do meio não é considerado e cada tipo de posição é afetada de forma diferente. Um parâmetro interessante para contornar isso é a densidade energética (DE), expressa pela energia dissipada no meio por unidade de volume (J/mL), levando em consideração o tempo de processamento, a potência aplicada e o volume da amostra Equação (4.2). Cabe destacar que uma mesma densidade energética pode ser atingida em um longo tempo de processamento a baixa intensidade e em um tempo curto a alta intensidade, porém os efeitos causados no produto não são necessariamente equivalentes. Ademais, o tempo de processamento também deve ser observado. O aumento desse pode obter um aumento no rendimento dos processos, porém não é infinito. Tempos superiores ao necessário acabam não aumentando a eficiência da aplicação, em vez disso são possivelmente prejudiciais ao produto e acarretam o gasto desnecessário de energia.

$$DE\left(\frac{J}{mL}\right) = \frac{Potência\,nominal\left(W\right) \times Tempo\left(s\right)}{Volume\,da\,amostra\left(mL\right)} \tag{4.2}$$

Os parâmetros intrínsecos do meio (viscosidade, tensão superficial, pressão de vapor) influenciam na absorção da energia e no limiar de cavitação. Por esse motivo, as condições de processamento podem não funcionar da mesma forma para alimentos com propriedades físico-químicas diferentes. Por fim, parâmetros, como a temperatura e a pressão aplicadas podem amplificar alguns efeitos do ultrassom, como facilitar a cavitação (aumento de temperatura) ou aumentar o impacto das implosões das bolhas (aumento de pressão externa), porém estas operações acarretam um aumento de custo do processo e a necessidade de seu uso deve ser cuidadosamente considerada no aumento de escala.

EFEITO DO ULTRASSOM SOBRE OS MICRORGANISMOS

Nos estudos sobre processamento de alimentos por ultrassom, um dos assuntos mais abordados é a inativação microbiana. Há uma demanda por novas tecnologias que permitam ao mesmo tempo reduzir a temperatura do processamento térmico convencional e produzir alimentos microbiologicamente estáveis, seguros, com menores perdas nutricionais e sensorialmente agradáveis ao consumidor. Porém, há cada vez mais estudos explorando a capacidade do ultrassom em estimular o crescimento microbiano, principalmente com o aumento da demanda por alimentos funcionais na atualidade.

INATIVAÇÃO MICROBIANA

O ultrassom é muito utilizado no processamento de alimentos para inativar microrganismos, sendo a cavitação acústica o principal mecanismo responsável pela inativação. As microimplosões geradas no colapso das microbolhas geram intensas forças de cisalhamento, ondas de choque que podem ser fortes o suficiente para enfraquecer mecanicamente, perfurar ou até romper as paredes celulares com a liberação subsequente de material intercelular, levando à morte da célula. Além das forças de cisalhamento, há também os efeitos atribuídos à cavitação intracelular. Os efeitos do aquecimento localizado, produção de radicais livres e *microstreaming* influenciam na inativação bacteriana.

A eficácia da inativação microbiana por ultrassom é influenciada pela energia total recebida pelo sistema, ou seja, depende da amplitude das ondas ultrassônicas, da potência sônica, do tempo de processamento e do volume do meio. Além disso, também influenciam diretamente a temperatura do tratamento, a composição do alimento e o tipo de microrganismo.

O efeito letal do ultrassom depende da intensidade da cavitação, que, por sua vez, depende de múltiplos parâmetros físicos. Entre as características que descrevem as ondas de ultrassom, a frequência e a amplitude são as mais importantes. A frequência das ondas de ultrassom define o tamanho da bolha: bolhas maiores se formam em frequências mais baixas (20 a 40 kHz). Alguns estudos compararam a inativação microbiana utilizando baixas e altas frequências ultrassônicas e concluíram que as baixas frequências têm maior poder de inativação microbiana. A influência da amplitude da onda também é relatada como de extrema importância para a inativação microbiana: maiores taxas de inativação foram observadas quando maiores amplitudes foram utilizadas, o que pode ser devido a um aumento no número de bolhas submetidas à cavitação por unidade de tempo.

Outro parâmetro importante a ser observado é a temperatura. Estudos compararam processamentos por ultrassom em diferentes temperaturas e concluíram que a termossonicação aumenta os valores de inativação microbiana em alimentos. Isso ocorre pois a temperatura deixa as células mais sensíveis, facilitando a ação do ultrassom.

De forma geral, a tolerância microbiana ao ultrassom é aumentada em alimentos ou meios complexos quando comparada a soluções tampão ou salinas. Provavelmente esse efeito é devido à redução da atividade da água e ao efeito protetor exercido pelos alimentos. Como exemplo, Lee et al. (1989) alcançou 4 ciclos log de inativação de *Salmonella* em água peptona, mas apenas 0,8 log em chocolate. Em um estudo realizado por Bermúdez-Aguirre and Barbosa-Cánovas (2008), concluíram que a resistência microbiana aumenta com o aumento da gordura no leite.

As características do microrganismo também influenciam na resistência aos efeitos do ultrassom. Bactérias Gram-positivas têm maior resistência do que as Gram-negativas, provavelmente porque a parede celular entre eles é diferente. As paredes celulares Gram-positivas são mais espessas do que as paredes celulares Gram-negativas, que contêm uma camada estreita de peptidoglicanos. Leveduras são mais suscetíveis ao tratamento ultrassônico devido às células maiores, que resultam em uma área de superfície maior, assim como bacilos são mais susceptíveis do que os cocos. Os aeróbios são mais resistentes que os anaeróbios, e os esporos de bactérias são extremamente mais resistentes que as células vegetativas. A tecnologia de ultrassom por si só não é capaz de inativar esporos microbianos, porém, quando o ultrassom é combinado a outros processos, é possível inativá-los. Uma maior eficiência é obtida pela combinação do ultrassom com tratamento térmico (termossonicação), pressão externa (manossonicação) ou ambos (manotermossonicação), alcançando assim uma inativação aceitável, com possibilidade de aplicação na indústria para produção de alimentos microbiologicamente seguros.

ESTIMULAÇÃO MICROBIANA

O ultrassom vem se destacando entre as tecnologias emergentes e, recentemente, os estudos com este procedimento estão avançando para outros campos, como o de alimentos funcionais. A tecnologia se mostra promissora, sendo comprovado que melhora a sobrevivência probiótica e que possibilita maior atividade fermentativa e maior produção de peptídeos.

O efeito do ultrassom em produtos probióticos é influenciado por alguns parâmetros, como intensidade (frequência e/ou potência), duração do processamento da sonicação, tipo da cultura probiótica e tipo de alimento. A intensidade e o tempo são determinantes e devem ser ajustados corretamente, pois, dependendo do ajuste aplicado, podem estimular, atenuar ou até mesmo inativar o crescimento do microrganismo.

O tipo da cultura probiótica também é determinante. A intensidade e o tempo devem ser ajustados para diferentes tipos de microrganismos, pois cada tipo de cepa tem respostas diferentes ao ultrassom, devido a variações nas paredes celulares (espessura, composição e tamanho). O tipo do alimento também interfere na eficácia, pois os componentes podem "proteger" o microrganismo, dificultando assim a ação do ultrassom.

Como já explicado, a aplicação do ultrassom promove agitação no meio e pode levar a microdanos nas membranas celulares dos microrganismos, os quais estão relacionados ao impacto no crescimento probiótico. O ultrassom, utilizado em baixas intensidades, provoca uma leve sonoporação – formação de cavidades ou poros transitórios na membrana celular –, que pode melhorar o crescimento microbiano. Há uma melhora na permeabilidade das membranas celulares, resultando em melhor transferência de substratos através da membrana, como nutrientes e oxigênio, além de remover os subprodutos do metabolismo celular de forma mais eficiente. Além da sonoporação, a melhora da permeabilidade é proporcionada principalmente pela microagitação do meio. Ela é fundamental, pois não causa danos físicos e facilita a transferência de gases e nutrientes, estimulando os microrganismos.

O produto alimentar que recebe ação de probiótico tem fundamental importância na eficiência do processo. O impacto do ultrassom sobre a microbiota é diretamente influenciado pela composição físico-química do meio. Fatores como pH, concentração de sólidos totais e disponibilidade de nutrientes influenciam diretamente a viabilidade probiótica. A viabilidade probiótica em ambientes sonicados com pH mais baixo (pH 4) diminui, porém, quando o pH é mais favorável (pH 7), a viabilidade probiótica aumenta. Em ambientes com maior concentração de sólidos totais, os microrganismos ficam mais "protegidos" da ação do ultrassom, sendo necessário ajustar adequadamente a intensidade e o tempo para atingir o efeito desejado.

Ainda são necessários mais estudos para compreender o efeito do ultrassom sobre as culturas probióticas, porém estudos já demonstram que a tecnologia é promissora para ser utilizada em produtos probióticos, pois promove maior viabilidade probiótica e acelera a fermentação em bebidas lácteas e as etapas de proteólise e lipólise em queijos, além de permitir a produção com baixo teor de lactose, maior concentração de oligossacarídeos e sabor menos indesejável.

ULTRASSOM APLICADO AO PROCESSAMENTO DE ALIMENTOS

O processamento térmico dos alimentos vem sendo utilizado há anos por se tratar de uma técnica eficaz para garantir um produto seguro à saúde do consumidor. Entretanto, esses métodos ocasionam importantes alterações físico-químicas devido às altas temperaturas aplicadas, como impacto negativo na qualidade nutricional e sensorial dos produtos processados.

Nesse sentido, as tecnologias não térmicas emergentes estão sendo estudadas para atender aos requisitos das novas tendências da produção de alimentos. Uma delas é o ultrassom, que pode ser utilizado, devido à sua capacidade de promover alterações físico-químicas nos alimentos em baixas temperaturas. Essa tecnologia vem sendo desenvolvida há décadas, mas nos últimos anos teve grandes avanços, mostrando ser um processo eficiente, seguro e vantajoso, principalmente por proporcionar economia de energia e melhores propriedades do produto.

A tecnologia do ultrassom tem muitas aplicações na indústria de alimentos. Na indústria de carne, proporciona aumento da maciez, melhora a dinâmica da água do tecido, aumenta a capacidade de retenção de água e intensifica a cor. No processo de frutas e vegetais, melhora a firmeza, reduz a carga microbiana, muda a cor, inativa enzimas e melhora as características de secagem. Em produtos à base de cereais, melhora a mistura das massas e os aspectos texturais, sensoriais e visuais. No caso da indústria de laticínios, o ultrassom tem sido utilizado para inativar microrganismos, aumentar a etapa de homogeneização, reduzir o tamanho dos glóbulos de gordura e melhorar a qualidade sensorial e nutricional. O ultrassom é mais comumente utilizado em meio líquido, portanto, o uso comercial mais conhecido é para bebidas.

Nos Estados Unidos, a *Food and Drug Administration* (FDA) aprovou a tecnologia como uma alternativa potencial à abordagem tradicional ao processamento térmico.

Para aplicação de ultrassom, os equipamentos comerciais podem ser divididos em dois tipos: banho (aplicação indireta) e sondas (aplicação direta). As características da matriz alimentar e a aplicação definem a escolha da arquitetura do equipamento, bem como as condições de processamento. Os desafios para a aplicação industrial do ultrassom têm sido definir os parâmetros de processamento ideais ao estudo da qualidade, aspectos nutricionais e sensoriais, a fim de escalonar o processamento industrial com sucesso.

Em 2016, o mercado de ultrassom para alimentos foi avaliado em 87,7 milhões de dólares e está projetado para atingir 134,6 milhões de dólares até 2022. O crescimento do mercado global é esperado devido ao constante aumento da demanda dos consumidores por produtos alimentícios nutritivos e sensorialmente agradáveis.

Ao longo dos anos, o ultrassom provou sua eficácia na substituição e melhoria de várias técnicas convencionais de processamento na indústria de alimentos. Porém, o ultrassom torna-se mais potente em combinação com outras técnicas, gera melhores resultados na qualidade geral do produto final e pode ser foco de novas pesquisas. Sua aplicação em nível industrial deve considerar melhorias como design de processo de alta potência, eficiência energética, fácil instalação, consumo competitivo de energia e baixo custo de manutenção para viabilizar um grande aumento de escala industrial com ganhos econômicos compensadores.

PRODUTOS CÁRNEOS

A aplicação do ultrassom na indústria da carne começou por volta da década de 1950, com a avaliação de gordura e músculo em bovinos vivos. Posteriormente, vários estudos relataram que o ultrassom poderia ser aplicado para diversas finalidades, como amaciar, congelar e descongelar, salgar, cozinhar e inibir bactérias.

A cor da carne é um dos principais fatores de qualidade, pois pode estar associada ao tempo de envelhecimento, prazo de validade, dureza e suculência, além de ser um atributo importante para a aceitação do consumidor. No caso da carne fresca, a cor vermelho-cereja é a desejável, por estar relacionada ao frescor e, portanto, à aceitação do consumidor. Muitos estudos sugerem que a cor não é alterada pelo tratamento de ultrassom, uma vez que o calor gerado não é suficiente para desnaturar as proteínas ou pigmentos. Em contraste, outros estudos sugerem que a carne tratada por ultrassom aumenta suas variações totais de cor, já que o tratamento reduz a formação de oximioglobina e metamioglobina.

Um dos atributos mais desejáveis da carne é a maciez. A textura pode ser melhorada por meio do ultrassom, devido à ruptura da estrutura miofibrilar da proteína, fragmentação de macromoléculas de colágeno, migração de proteínas e aceleração da proteólise. Assim, o ultrassom ajuda a melhorar as propriedades físicas dos produtos cárneos que incluem maciez, pH, capacidade de ligação à água e coesão. As aplicações têm sido testadas em diversos tipos de carne.

Foi relatado que o tratamento com ultrassom pode aumentar o valor do pH da carne antes do *rigor mortis*, o que ser atribuído à liberação de íons no citoplasma das células ou mudanças na estrutura da proteína que levam a variações no arranjo das funcionalidades iônicas, ocasionando uma mudança no pH dos músculos.

A cura é usada no processamento de carnes e não apenas prolonga a vida útil da carne fresca, mas também desenvolve um sabor único com melhor cor e melhor qualidade. Na cura tradicional, a taxa de penetração do sal (NaCl) é lenta e irregular. Estudos mostraram que o ultrassom pode aumentar a transferência de massa durante o processo de cura, reduzindo o tempo em até 50% e proporcionando maior uniformidade. Além disso, não houve impacto negativo nos atributos de qualidade do produto.

O ultrassom também encontra sua aplicação no congelamento de produtos cárneos, no qual pode causar a indução de nucleação durante o processo, o que pode ser usado no controle de seu tamanho e de distribuição de cristais de gelo. A sonicação também pode causar fragmentação do cristal de gelo, aumentando o número de núcleos e redução do tamanho dos cristais.

PRODUTOS LÁCTEOS

O ultrassom é amplamente estudado em produtos lácteos para promover homogeneização dos glóbulos de gordura do leite, cristalização da lactose, inativação de microrganismos, modificações de funcionalidades e características reológicas.

Umas das principais vantagens do ultrassom é promover a homogeneização do leite, normalmente realizada com alta pressão na indústria de laticínios. As forças de cisalhamento, resultantes do forte colapso das bolhas durante a cavitação, são responsáveis por diminuir o glóbulo de gordura. Nesse processo, a membrana do glóbulo se rompe e em seguida se reestrutura espontaneamente, adsorvendo proteínas e, assim, melhorando a estabilidade da emulsão. Certos produtos lácteos, como leite, iogurte e sorvete, são homogeneizados para melhorar a estabilidade do produto e evitar a formação de creme durante o armazenamento.

A desnaturação proteica ocasionada pelo ultrassom é particularmente importante na elaboração de leites fermentados, pois aumenta a capacidade de retenção de água e viscosidade, diminuindo a sinérese, o que melhora a textura desses produtos.

Outro efeito observado na elaboração de produtos lácteos é o melhoramento das propriedades da coagulação proteica, muito importante no processo de fabricação de queijos. Mudanças na conformação das proteínas do leite ocasionadas pelo ultrassom melhoram o tempo de coagulação, a firmeza do coágulo e a conectividade da rede proteica, podendo aumentar o rendimento de queijos em até 20%.

A aplicação do ultrassom em bebidas lácteas tem sido estudada tanto visando a inativação microbiana, quanto a estabilização cinética do produto, o que diminui a separação de fases e melhora a homogeneização dos ingredientes. Além disso, outros efeitos benéficos também são observados, como aumento das atividades de compostos bioativos (atividade antioxidante e anti-hipertensiva).

FRUTAS E VEGETAIS

Frutas e vegetais são altamente perecíveis, o que os torna um desafio para a indústria alimentícia. O ultrassom tem sido aplicado nesses produtos com o objetivo de modificar a firmeza e inativar as enzimas fenolperoxidase e polifenol oxidase em certas condições, ocorrendo em taxas mais elevadas ao combinar a tecnologia com o calor (40 a 60 °C). As ondas de ultrassom podem fornecer informações sobre a composição, a estrutura e as propriedades físicas das frutas. O desafio da aplicação do ultrassom em frutas e vegetais se deve aos poros e "rugas" presentes, uma vez que limitam ou atenuam a dispersão do ultrassom.

Um importante atributo sensorial de frutas ou vegetais é a cor, que é um indicador de frescor e qualidade do sabor. Uma cor inadequada afeta negativamente a decisão de compra do consumidor, pois pode ser um sinal de perda de frescor ou falta de maturação. Após o processamento por ultrassom, foram observadas alterações na cor, que, em alguns casos, podem ser atribuídas à provável inativação das enzimas fenolperoxidase e polifenol oxidase, enzimas responsáveis pela coloração de vegetais crus e congelados e pelas reações de escurecimento.

A firmeza e a suculência são dois atributos que os consumidores procuram nas frutas ou vegetais. A maioria dos estudos relatou que o processamento do ultrassom pode afetar a firmeza desses alimentos, porém este é um ponto controverso, pois alguns estudos não relataram diferenças significativas nos parâmetros texturais. Assim, o efeito do ultrassom na textura de frutas ou vegetais depende de vários parâmetros, como matriz alimentar, variedade, estágio de maturação, intensidade e tempo de processamento, que devem ser avaliados de forma independente para cada fruta ou legume.

Um aspecto que não tem sido amplamente estudado é o efeito do ultrassom no sabor; portanto, mais investigações poderiam ser feitas para elucidar essas propriedades. Um estudo sobre o efeito do ultrassom combinado à atmosfera controlada na qualidade dos pepinos mostrou que as tecnologias combinadas podem reduzir a perda de massa e firmeza, inibir a mudança de cor, manter o teor de sólidos solúveis e a integridade da parede celular e limitar a redistribuição de água nos pepinos. Em relação ao sabor, não relataram diferenças na adstringência, gosto residual, amargor, umâmi, riqueza e salinidade entre pepino processado por ultrassom e não processado.

O ultrassom tem sido amplamente utilizado para o tratamento de sucos de frutas, demonstrando sua eficácia em melhorar suas propriedades, como viscosidade aparente, cor, estabilidade turva e qualidade sensorial (aparência, textura, sabor e aroma). Seu processamento isolado ou combinado a outras tecnologias de preservação pode ser adequado para a preservação de alimentos líquidos. O ultrassom tem se mostrado eficaz na redução da atividade de polifenol oxidase e de peroxidase, enzimas comumente envolvidas nas reações de escurecimento de sucos de frutas. O efeito combinado das tecnologias de ultrassom e campo elétrico pulsado foi estudado para melhorar a qualidade e a segurança microbiana do suco de espinafre, que apresentou redução significativa na inativação microbiana.

Outro trabalho se concentrou em examinar o efeito do tratamento químico (ácido ascórbico e cloreto de cálcio), do tratamento físico (banho-maria a 65 °C) e do ultrassom para evitar o escurecimento enzimático de fatias de marmelo minimamente processadas durante 14 dias de armazenamento. Os resultados mostraram que o tratamento com ultrassom inibiu o crescimento de bactérias, fungos e leveduras durante o armazenamento a 4 °C e mostraram melhorias nos compostos bioativos e nos valores de cor, apresentando menos escurecimento enzimático.

O ultrassom também auxilia na extração de resíduos de pesticidas em virtude de seus efeitos físico-químicos de forma significativa. Esse método de limpeza é eficaz para frutas e vegetais frescos, pois requer menos tempo, retém a cor e os nutrientes, mantém a textura e é seguro.

OUTROS ALIMENTOS

Na indústria de panificação o ultrassom pode ser utilizado de diversas formas, como para avaliar as propriedades da massa (viscosidade, reologia e densidade) e do produto (simetria, altura, densidade e índice de volume). Além disso, pode aumentar a firmeza da massa e a textura do pão e melhorar a cor, resultando em produtos de qualidade superior, com excelentes propriedades visuais e sensoriais.

Em produtos emulsionados, como maionese, o ultrassom pode ser utilizado como uma técnica analítica da qualidade do produto, podendo avaliar as propriedades físico-químicas, como teor de gordura sólida, teor e composição de óleo, dureza e cristalização. É uma alternativa eficiente para aumentar a capacidade de emulsificação, na qual foi observado menor tamanho de gota e maior estabilidade.

O mel é um alimento comumente adulterado pela adição de substâncias, como amido, gelatina, sacarose e água. Assim, para detectar a adulteração e verificar a qualidade, vários procedimentos analíticos e técnicas têm sido empregados para a análise composicional do mel. O ultrassom encontrou sua aplicação na determinação das propriedades mecânicas e físicas desse alimento.

EFEITO DO ULTRASSOM NAS CARACTERÍSTICAS SENSORIAIS

É importante ressaltar que as forças de cisalhamento, turbulência, altas pressões e altas temperaturas localizadas, produzidas durante a sonicação, além de inativarem microrganismos e enzimas produzem alterações físicas capazes de modificar as propriedades das matrizes alimentares. Dependendo das características do alimento, podem ocorrer rupturas da microestrutura, desestabilização dos sistemas coloidais e desequilíbrios das interfaces que constituem a complexa estrutura do alimento, além de enfraquecimento da parede celular em produtos vegetais ou da membrana celular em produtos animais que, por sua vez, pode acarretar alterações químicas, promovendo o contato de diferentes substâncias ou incorporação de oxigênio na matriz. Toda essa cascata de mudanças, positivas ou negativas para o produto, contribui para as diferentes mudanças sensorialmente perceptíveis nos alimentos processados por ultrassom. A avaliação desses impactos é fundamental para o sucesso do processamento, visto que o último controle de qualidade de um alimento ou de uma bebida é efetuado pelo consumidor, que utiliza seus sentidos para avaliar sensorialmente o produto e definir sua aceitação final.

Existem poucos estudos que visam avaliar o efeito da tecnologia de ultrassom na qualidade sensorial. Contudo, é algo fundamental para a evolução da tecnologia e sua implementação na indústria alimentícia.

CONCLUSÃO

O ultrassom é uma tecnologia emergente amplamente estudada na ciência alimentícia por seus efeitos benéficos no processamento e preservação de alimentos, como o aumento no rendimento do produto, a redução do tempo de operação, o menor custo de manutenção, as melhores propriedades texturais e a menor taxa de sobrevivência de microrganismos em baixas temperaturas. Além disso, essa tecnologia vem ganhando destaque por não se limitar apenas a melhorar a qualidade ou aumentar os efeitos de preservação, mas por oferecer a possibilidade do desenvolvimento de novos produtos com atributos funcionais exclusivos.

A combinação do ultrassom com outras tecnologias gera melhores resultados na qualidade geral do produto final, ampliando suas vantagens sobre outras tecnologias e ajudando a enfrentar ou superar suas deficiências. No entanto, há a necessidade de estudos para viabilizar o emprego do ultrassom em nível industrial. A necessidade de aumento da escala exigiria modelagem e análise adequadas para melhoria nas variáveis de design e otimização de parâmetros mandatórios para oferecer um processamento de alimentos de qualidade e eficiente.

Portanto, o ultrassom é uma tecnologia de grande importância na ciência de alimentos e necessita ser mais desenvolvida realizando-se a otimização para cada processo específico e avaliando-se as alterações nutricionais e a aceitação sensorial desses produtos pelos consumidores, além de estudos sobre como escalonar o processamento sem alterar o desempenho energético dessa inovação.

REFERÊNCIAS BIBLIOGRÁFICAS

Abesinghe, A. M. N. L., Islam, N., Vidanarachchi, J. K., Prakash, S., Silva, K. F. S. T., & Karim, M. A. (2019). Effects of ultrasound on the fermentation profile of fermented milk products incorporated with lactic acid bacteria. *International Dairy Journal, 90*, 1-14.

Alarcon-Rojo, A. D., Carrillo-Lopez, L. M., Reyes-Villagrana, R., Huerta-Jiménez, M., & Garcia-Galicia, I. A. (2019). Ultrasound and meat quality: A review. *Ultrasonics Sonochemistry, 55*, 369-382.

Almada, C. N., Martinez, R. C. R., & Sant'Ana, A. S. (2016). Paraprobiotics: Evidences on their ability to modify biological responses, inactivation methods and perspectives on their application in foods. *Trends in Food Science & Technology, 58*, 96-114.

Alves, L. L., Stefanello, M. S., Martins, D. R., Rodrigues, D., Roggia, A., Silva, D., Fagundes, V. S., Oliveira, R., Ragagnin, C., Bastianello, P. C., Wagner, R., Smanioto, J., & Cichoski, A. J. (2018). Effect of ultrasound on the physicochemical and microbiological characteristics of Italian salami. *Food Research International, 106*, 363-373.

Alzorqi, I., & Manickam, S. (2016). Ultrasonic Process Intensification for the Efficient Extraction of Nutritionally Active Ingredients of Polysaccharides from Bioresources, *Handbook of Ultrasonics and Sonochemistry*. (pp. 1271-1286). Singapore: Springer Singapore.

Anaya-Esparza, L. M., Velázquez-Estrada, R. M., Roig, A. X., García-Galindo, H. S., Sayago-Ayerdi, S. G., & Montalvo-González, E. (2017). Thermosonication: An alternative processing for fruit and vegetable juices. *Trends in Food Science & Technology, 61*, 26-37.

Ashokkumar, M. (2015). Applications of ultrasound in food and bioprocessing. *Ultrasonics Sonochemistry, 25*, 17-23.

Ashokkumar, M. (2018). Introductory text to sonochemistry. *ChemTexts, 4*(2), 7.

Ashokkumar, M., Bhaskaracharya, R., Kentish, S., Lee, J., Palmer, M., & Zisu, B. (2009). The ultrasonic processing of dairy products: An overview. *Dairy Science & Technology, 90*, 147-168.

Avhad, D. N., & Rathod, V. K. (2015). Ultrasound assisted production of a fibrinolytic enzyme in a bioreactor. *Ultrasonics Sonochemistry, 22*, 257-264.

Babu, S. G., Ashokkumar, M., & Neppolian, B. (2017). The Role of Ultrasound on Advanced Oxidation Processes. In J. C. Colmenares, & G. Chatel (Eds.), *Sonochemistry: From Basic Principles to Innovative Applications.* (pp. 117-148). Cham: Springer International Publishing.

Banerjee, B. (2017). Recent developments on ultrasound assisted catalyst-free organic synthesis. *Ultrasonics Sonochemistry, 35*, 1-14.

Barukčić, I., Lisak Jakopović, K., Herceg, Z., Karlović, S., & Božanić, R. (2015). Influence of high intensity ultrasound on microbial reduction, physico-chemical characteristics and fermentation of sweet whey. *Innovative Food Science & Emerging Technologies, 27*, 94-101.

Baysal, T., & Demirdoven, A. (2011). Ultrasound in food technology. In D. Chen, S. Sharma, A. Mudhoo (Eds.), *Handbook on Applications of Ultrasound: Sonochemistry for Sustainability.* (pp. 163-182) Boca Raton: CRC Press.

Beatty, N. F., & Walsh, M. K. (2016). Influence of thermosonication on Geobacillus stearothermophilus inactivation in skim milk. *International Dairy Journal, 61*, 10-17.

Bermúdez-Aguirre, D. (2017). *Ultrasound: Advances in Food Processing and Preservation.* Elsevier.

Bermúdez-Aguirre, D., & Barbosa-Cánovas, G. V. (2008). Study of butter fat content in milk on the inactivation of Listeria innocua ATCC 51742 by thermo-sonication. *Innovative Food Science & Emerging Technologies, 9*, 176-185.

Bermúdez-Aguirre, D., & Barbosa-Cánovas, G. V. (2010). Processing of Soft Hispanic Cheese ("Queso Fresco") Using Thermo-Sonicated Milk: A Study of Physicochemical Characteristics and Storage Life. *Journal of Food Science, 75*(9), S548-S558.

Bermúdez-Aguirre, D., Mawson, R., & Barbosa-Cánovas, G. V. (2011). Study of possible mechanisms of inactivation of Listeria innocua in thermo-sonicated milk using scanning electron microscopy and transmission electron microscopy. *Journal of Food Processing and Preservation, 35*, 767-777.

Bermúdez-Aguirre, D., Mawson, R., Versteeg, K., & Barbosa-Cánovas, G. V. (2009). Composition Properties, Physicochemical Characteristics and Shelf Life of Whole Milk after Thermal and Thermo-Sonication Treatments. *Journal of Food Quality, 32*, 283-302.

Bermúdez-Aguirre, D., Mobbs, T., Barbosa-Cánovas, G. V. (2011). Ultrasound Applications in Food Processing. In H. Feng, G. Barbosa-Canovas, & J. Weiss (Eds.), *Ultrasound Technologies for Food and Bioprocessing.* (pp. 65-105) New York: Springer New York.

Bevilacqua, A., Casanova, F. P., Petruzzi, L., Sinigaglia, M., & Corbo, M. R. (2016). Using physical approaches for the attenuation of lactic acid bacteria in an organic rice beverage. *Food Microbiology, 53*, 1-8.

Bhargava, N., Mor, R. S., Kumar, K., & Sharanagat, V. S. (2021). Advances in application of ultrasound in food processing: A review. *Ultrasonics Sonochemistry, 70*, 105293.

Bizzi, C. A., Müller, E. I., de Moraes Flores, É. M., Duarte, F. A., Korn, M., Nunes, M. A. G., ..., & Dressler, V. L. (2011). Ultrasound-Assisted Industrial Synthesis and Processes. In D. Chen, S. Sharma, & A. Mudhoo (Eds.), *Handbook on Applications of Ultrasound: Sonochemistry for Sustainability*. (pp. 163-182). Boca Raton: CRC Press.

Bosiljkov, T., Tripalo, B., Brnčić, M., Ježek, D., Karlović, S., & Jagušt, I. (2011). Influence of high intensity ultrasound with different probe diameter on the degree of homogenization (variance) and physical properties of cow milk. *African Journal of Biotechnology, 10*, 34-41.

Caraveo, O., Alarcon-Rojo, A. D., Renteria, A., Santellano, E., & Paniwnyk, L. (2015). Physicochemical and microbiological characteristics of beef treated with high-intensity ultrasound and stored at 4 °C. *Journal of the Science of Food and Agriculture, 95*, 2487-2493.

Castro, L., & Capote, F. P. (2007). *Analytical Applications of Ultrasound*. Amsterdam: Elsevier.

Chandrapala, J. (2015). Low intensity ultrasound applications on food systems. *International Food Research Journal, 22*, 888-895.

Chandrapala, J., & Leong, T. (2015). Ultrasonic processing for dairy applications: recent advances. *Food Engineering Reviews, 7*, 143-158.

Chandrapala, J., & Zisu, B. (2018). *Ultrasound Technology in Dairy Processing*. Cham: Springer.

Chatel, G. (2018). How sonochemistry contributes to green chemistry? *Ultrasonics Sonochemistry, 40*, 117-122.

Chen, F., Zhang, M., & Yang, C. (2020). Application of ultrasound technology in processing of ready-to-eat fresh food: A review. *Ultrasonics Sonochemistry, 63*, 104953.

Cravotto, G., & Cintas, P. (2011). Introduction to sonochemistry: a historical and conceptual overview. In D. Chen, S. Sharma, A. Mudhoo (Eds.), *Handbook on Applications of Ultrasound: Sonochemistry for Sustainability*. (pp. 23-40). Boca Raton: CRC Press.

Dahroud, B. D., Mokarram, R. R., Khiabani, M. S., Hamishehkar, H., Bialvaei, A. Z., Yousefi, M., & Kafil, H. S. (2016). Low intensity ultrasound increases the fermentation efficiency of Lactobacillus casei subsp.casei ATTC 39392. *International Journal of Biological Macromolecules, 86*, 462-467.

Dai, C., Xiong, F., He, R., Zhang, W., & Ma, H., (2017). Effects of low-intensity ultrasound on the growth, cell membrane permeability and ethanol tolerance of Saccharomyces cerevisiae. *Ultrasonics Sonochemistry, 36*, 191-197.

Dolas, R., Saravanan, C., & Kaur, B. P., (2019). Emergence and era of ultrasonic's in fruit juice preservation: A review. *Ultrasonics Sonochemistry, 58*, 104609.

Ewe, J.-A., Wan Abdullah, W.-N., Bhat, R., Karim, A. A., & Liong, M.-T. (2012). Enhanced growth of lactobacilli and bioconversion of isoflavones in biotin-supplemented soymilk upon ultrasound-treatment. *Ultrasonics Sonochemistry, 19*, 160-173.

Feng, L., Zhang, M., Adhikari, B., & Guo, Z. (2018). Effect of Ultrasound Combined with Controlled Atmosphere on Postharvest Storage Quality of Cucumbers (*Cucumis sativus* L.). *Food and Bioprocess Technology, 11*, 1328-1338.

Flores, E. M. M., Cravotto, G., Bizzi, C. A., Santos, D., & Iop, G. D. (2021). Ultrasound-assisted biomass valorization to industrial interesting products: state-of-the-art, perspectives and challenges. *Ultrasonics Sonochemistry, 72*, 105455.

Floros, J. D., Newsome, R., Fisher, W., Barbosa-Cánovas, G. V., Chen, H., Dunne, C. P., German, J. B., Hall, R. L., Heldman, D. R., Karwe, M. V., Knabel, S. J., Labuza, T. P., Lund, D. B., Newell-McGloughlin, M., Robinson, J. L., Sebranek, J. G., Shewfelt, R. L., Tracy, W. F., Weaver, C. M., & Ziegler, G. R. (2010). Feeding the World Today and Tomorrow: The Importance of Food Science and Technology. *Comprehensive Reviews in Food Science and Food Safety, 9*, 572-599.

Gallego-Juárez, J. A. (2017). Basic Principles of Ultrasound. In M. Villamiel, A. Montilla, J. V. García-Pérez, J. A. Cárcel, & J. Benedito (Eds.), *Ultrasound in Food Processing.* (pp. 1-26). Chichester: John Wiley & Sons Ltd.

Gao, S., Hemar, Y., Lewis, G. D., & Ashokkumar, M. (2014). Inactivation of Enterobacter aerogenes in reconstituted skim milk by high- and low-frequency ultrasound. *Ultrasonics Sonochemistry, 21*, 2099-2106.

Gao, S., Lewis, G. D., Ashokkumar, M., & Hemar, Y. (2014a). Inactivation of microorganisms by low-frequency high-power ultrasound: 1. Effect of growth phase and capsule properties of the bacteria. *Ultrasonics Sonochemistry, 21*, 446-453.

Gao, S., Lewis, G. D., Ashokkumar, M., & Hemar, Y. (2014b). Inactivation of microorganisms by low-frequency high-power ultrasound: 2. A simple model for the inactivation mechanism. *Ultrasonics Sonochemistry, 21*, 454-460.

Gera, N., & Doores, S. (2011). Kinetics and Mechanism of Bacterial Inactivation by Ultrasound Waves and Sonoprotective Effect of Milk Components. *Journal of Food Science, 76*, M111-M119.

Gholamhosseinpour, A., & Hashemi, S. M. B. (2019). Ultrasound pretreatment of fermented milk containing probiotic Lactobacillus plantarum AF1: Carbohydrate metabolism and antioxidant activity. *Journal of Food Process Engineering, 42*, e12930.

Gogate, P. R., & Patil, P. N. (2016). Sonochemical Reactors. *Topics in Current Chemistry, 374*, 61.

Gómez-Salazar, J. A., Ochoa-Montes, D. A., Cerón-García, A., Ozuna, C., & Sosa-Morales, M. E. (2018). Effect of Acid Marination Assisted by Power Ultrasound on the Quality of Rabbit Meat. *Journal of Food Quality, 2018*, 1-6.

Gonzalez-Gonzalez, L., Alarcon-Rojo, A. D., Carrillo-Lopez, L. M., Garcia-Galicia, I. A., Huerta-Jimenez, M., & Paniwnyk, L., (2020). Does ultrasound equally improve the quality of beef? An insight into longissimus lumborum, infraspinatus and cleidooccipitalis. *Meat Science, 160*, 107963.

Guimaraes, J. T., Silva, E. K., Alvarenga, V. O., Costa, A. L. R., Cunha, R. L., Sant'Ana, A. S., Freitas, M. Q., Meireles, M. A. A., & Cruz, A.G. (2018). Physicochemical changes and microbial inactivation after high-intensity ultrasound processing of prebiotic whey beverage applying different ultrasonic power levels. *Ultrasonics Sonochemistry, 44*, 251-260.

Guimarães, J. T., Silva, E. K., Freitas, M. Q., Meireles, M. A. A., & Cruz, A. G. (2018). Non-thermal emerging technologies and their effects on the functional properties of dairy products. *Current Opinion in Food Science, 22*, 62-66.

Guimarães, J. T., Silva, E. K., Ranadheera, C. S., Moraes, J., Raices, R. S. L., Silva, M. C., Ferreira, M. S., Freitas, M. Q., Meireles, M. A. A., & Cruz, A. G. (2019). Effect of high-intensity ultrasound on the nutritional profile and volatile compounds of a prebiotic soursop whey beverage. *Ultrasonics Sonochemistry, 55*, 157-164.

Halpin, R. M., Cregenzán-Alberti, O., Whyte, P., Lyng, J. G., & Noci, F. (2013). Combined treatment with mild heat, manothermosonication and pulsed electric fields reduces microbial growth in milk. *Food Control, 34*, 364-371.

Huang, G., Chen, S., Dai, C., Sun, L., Sun, W., Tang, Y., Xiong, F., He, R., & Ma, H. (2017). Effects of ultrasound on microbial growth and enzyme activity. *Ultrasonics Sonochemistry, 37*, 144-149.

Huang, G., Chen, S., Tang, Y., Dai, C., Sun, L., Ma, H., & He, R., (2019). Stimulation of low intensity ultrasound on fermentation of skim milk medium for yield of yoghurt peptides by Lactobacillus paracasei. *Ultrasonics Sonochemistry, 51*, 315-324.

Hughes, D. E., & Nyborg, W. L. (1962). Cell Disruption by Ultrasound. *Science, 138*, 108-114.

Juliano, P., Kutter, A., Cheng, L. J., Swiergon, P., Mawson, R., & Augustin, M. A. (2011). Enhanced creaming of milk fat globules in milk emulsions by the application of ultrasound and detection by means of optical methods. *Ultrasonics Sonochemistry, 18*, 963-973.

Kentish, S., & Ashokkumar, M. (2011). The Physical and Chemical Effects of Ultrasound. In H. Feng, G. Barbosa-Canovas, J. Weiss (Eds.), *Ultrasound Technologies for Food and Bioprocessing.* (pp. 1-12). New York: Springer New York.

Kentish, S., & Feng, H., (2014). Applications of power ultrasound in food processing. *Annual review of food science and technology, 5*, 263-284.

Kobayashi, Y., Sakai, D., Iwashina, T., Iwabuchi, S., & Mochida, J., (2009). Low-intensity pulsed ultrasound stimulates cell proliferation, proteoglycan synthesis and expression of growth factor-related genes in human nucleus pulposus cell line. *Eur Cell Mater, 17*, 15-22.

Kurian, J. K., Nair, G. R., Abid, H., Raghavan, G. S. V. (2013). Feedstocks, logistics and pre-treatment processes for sustainable lignocellulosic biorefineries: A comprehensive review. *Renewable and Sustainable Energy Reviews, 25*, 205-219.

Lee, B. H., Kermasha, S., Baker, B. E. (1989). Thermal, ultrasonic and ultraviolet inactivation of Salmonella in thin films of aqueous media and chocolate. *Food Microbiology, 6*, 143-152.

Legay, M., Gondrexon, N., Le Person, S., Boldo, P., & Bontemps, A. (2011). Enhancement of Heat Transfer by Ultrasound: Review and Recent Advances. *International Journal of Chemical Engineering, 2011*, 670108.

Leong, T., Ashokkumar, M., & Kentish, S. (2011). The fundamentals of power ultrasound: A review. *Acoustics Australia, 39.*

Leong, T. S. H., Martin, G. J. O., & Ashokkumar, M. (2018). Ultrasonic Food Processing. In A. Proctor (Ed.), *Alternatives to Conventional Food Processing.* (pp. 316-354). Croydon: The Royal Society of Chemistry.

Li, W., & Ashokkumar, M. (2018). Introduction to Ultrasound and Sonochemistry. *The Electrochemical Society Interface, 27*, 43-46.

Luo, X., Gong, H., He, Z., Zhang, P., & He, L., (2021). Recent advances in applications of power ultrasound for petroleum industry. *Ultrasonics Sonochemistry, 70*, 105337.

Lye, H.-S., Alias, K. A., Rusul, G., & Liong, M.-T. (2012). Ultrasound treatment enhances cholesterol removal ability of lactobacilli. *Ultrasonics Sonochemistry, 19*, 632-641.

Manzoor, M. F., Ahmed, Z., Ahmad, N., Aadil, R. M., Rahaman, A., Roobab, U., Rehman, A., Siddique, R., Zeng, X.-A., & Siddeeg, A. (2020). Novel processing techniques and spinach juice: Quality and safety improvements. *Journal of Food Science, 85*, 1018-1026.

Mason, T. J., & Lorimer, J. P. (2002). Applied sonochemistry: the uses of power ultrasound in chemistry and processing. Weinheim: Wiley-VCH.

Monteiro, S., Silva, E. K., Alvarenga, V. O., Moraes, J., Freitas, M. Q., Silva, M. C., Raices, R. S. L., Sant'Ana, A. S., Meireles, M. A. A., & Cruz, A. G. (2018). Effects of ultrasound energy density on the non-thermal pasteurization of chocolate milk beverage. *Ultrasonics Sonochemistry, 42*, 1-10.

Mota, M. J., Lopes, R. P., Koubaa, M., Roohinejad, S., Barba, F. J., Delgadillo, I., & Saraiva, J. A. (2018). Fermentation at non-conventional conditions in food- and bio-sciences by the application of advanced processing technologies. *Critical Reviews in Biotechnology, 38*, 122-140.

Munir, M., Nadeem, M., Qureshi, T. M., Leong, T. S. H., Gamlath, C. J., Martin, G. J. O., & Ashokkumar, M. (2019). Effects of high pressure, microwave and ultrasound processing on proteins and enzyme activity in dairy systems: A review. *Innovative Food Science & Emerging Technologies, 57*, 102192.

Nguyen, T. M. P., Lee, Y. K., & Zhou, W. (2009). Stimulating fermentative activities of bifidobacteria in milk by highintensity ultrasound. *International Dairy Journal, 19*, 410-416.

Nguyen, T. M. P., Lee, Y. K., Zhou, W. (2012). Effect of high intensity ultrasound on carbohydrate metabolism of bifidobacteria in milk fermentation. *Food Chemistry, 130*, 866-874.

Nicolau-Lapeña, I., Lafarga, T., Viñas, I., Abadias, M., Bobo, G., & Aguiló-Aguayo, I. (2019). Ultrasound Processing Alone or in Combination with Other Chemical or Physical Treatments as a Safety and Quality Preservation Strategy of Fresh and Processed Fruits and Vegetables: A Review. *Food and Bioprocess Technology, 12*, 1452-1471.

Ojha, K. S., Mason, T. J., O'Donnell, C. P., Kerry, J. P., & Tiwari, B. K. (2017). Ultrasound technology for food fermentation applications. *Ultrasonics Sonochemistry, 34*, 410-417.

Ordoñez, J. A., Sanz, B., Hernandez, P.E., & Lopez-Lorenzo, P. (1984). A note on the effect of combined ultrasonic and heat treatments on the survival of thermoduric streptococci. *Journal of Applied Bacteriology, 56*, 175-177.

Pagnossa, J. P., Rocchetti, G., Ribeiro, A. C., Piccoli, R. H., & Lucini, L. (2020). Ultrasound: beneficial biotechnological aspects on microorganisms-mediated processes. *Current Opinion in Food Science, 31*, 24-30.

Paniwnyk, L., (2017). Applications of ultrasound in processing of liquid foods: A review. *Ultrasonics Sonochemistry, 38*, 794-806.

Pazdera, P. (2011). Emerging Ubiquity of Green Chemistry in Engineering and Technology. In D. Chen, S. Sharma, & A. Mudhoo (Eds.), *Handbook on Applications of Ultrasound: Sonochemistry for Sustainability*. (pp. 1-22). Boca Raton: CRC Press.

Peña-Gonzalez, E., Alarcon-Rojo, A. D., Garcia-Galicia, I., Carrillo-Lopez, L., & Huerta-Jimenez, M. (2019). Ultrasound as a potential process to tenderize beef: Sensory and technological parameters. *Ultrasonics Sonochemistry, 53*, 134-141.

Pereda, J., Ferragut, V., Quevedo, J. M., Guamis, B., & Trujillo, A. J. (2009). Heat damage evaluation in ultra-high pressure homogenized milk. *Food Hydrocolloids, 23*, 1974-1979.

Pitt, W. G., & Ross, S. A. (2003). Ultrasound Increases the Rate of Bacterial Cell Growth. *Biotechnology Progress, 19*, 1038-1044.

Piyasena, P., Mohareb, E., McKellar, R. C. (2003). Inactivation of microbes using ultrasound: a review. *International Journal of Food Microbiology, 87*, 207-216.

Qin, P., Xu, L., Zhong, W., & Yu, A. C. H. (2012). Ultrasound-Microbubble Mediated Cavitation of Plant Cells: Effects on Morphology and Viability. *Ultrasound in Medicine & Biology, 38*, 1085-1096.

Racioppo, A., Corbo, M. R., Piccoli, C., Sinigaglia, M., Speranza, B., & Bevilacqua, A. (2017). Ultrasound attenuation of lactobacilli and bifidobacteria: Effect on some technological and probiotic properties. *International Journal of Food Microbiology, 243*, 78-83.

Rana, A., Meena, & Shweta (2017). Ultrasonic processing and its use in food industry: A review. *Journal of Chemical Studies, 5*, 1961-1968.

Richards, W. T., & Loomis, A. L. (1927). The chemical effects of high frequency sound waves I. A preliminary survey. *Journal of the American Chemical Society, 49*, 3086-3100.

Salleh-Mack, S. Z., Roberts, J. S. (2007). Ultrasound pasteurization: The effects of temperature, soluble solids, organic acids and pH on the inactivation of Escherichia coli ATCC 25922. *Ultrasonics Sonochemistry, 14*, 323-329.

Saura, R., Terashi, H., Lee, S., Iwatsubo, A., Ando, Y., Noguchi, M., Hirata, S., & Ishikawa, H. (2003). Low intensity pulsed ultrasound exposure increase prostaglandin E2 release in human dermal fibroblasts. *Bulletin of Health Science Kobe, 19*, 121-128.

Scudino, H., Silva, E. K., Gomes, A., Guimarães, J. T., Cunha, R. L., Sant'Ana, A. S., Meireles, M. A. A., & Cruz, A. G. (2020). Ultrasound stabilization of raw milk: Microbial and enzymatic inactivation, physicochemical properties and kinetic stability. *Ultrasonics Sonochemistry, 67*, 105185.

Sfakianakis, P., Topakas, E., & Tzia, C. (2014). Comparative Study on High-Intensity Ultrasound and Pressure Milk Homogenization: Effect on the Kinetics of Yogurt Fermentation Process. *Food and Bioprocess Technology, 8*, 548-557.

Sillanpää, M., Pham, T.-D., & Shrestha, R. (2011). *Ultrasound Technology in Green Chemistry*. Dordrecht: Springer.

Soltani Firouz, M., Farahmandi, A., & Hosseinpour, S. (2019). Recent advances in ultrasound application as a novel technique in analysis, processing and quality control of fruits, juices and dairy products industries: A review. *Ultrasonics Sonochemistry, 57*, 73-88.

Soria, A. C., Villamiel, M. (2010). Effect of ultrasound on the technological properties and bioactivity of food: a review. *Trends in Food Science & Technology, 21*, 323-331.

Takeuchi, R., Ryo, A., Komitsu, N., Mikuni-Takagaki, Y., Fukui, A., Takagi, Y., Shiraishi, T., Morishita, S., Yamazaki, Y., Kumagai, K., Aoki, I., & Saito, T. (2008). Low-intensity pulsed ultrasound activates the phosphatidylinositol 3 kinase/Akt pathway and stimulates the growth of chondrocytes in three-dimensional cultures: a basic science study. *Arthritis Research & Therapy, 10*(4), R77.

Tao, Y., & Sun, D.-W. (2015). Enhancement of Food Processes by Ultrasound: A Review. *Critical Reviews in Food Science and Nutrition, 55*, 570-594.

Vilkhu, K., Mawson, R., Simons, L., & Bates, D. (2008). Applications and opportunities for ultrasound assisted extraction in the food industry: A review. *Innovative Food Science & Emerging Technologies, 9*, 161-169.

Villamiel, M., García-Pérez, J. V., Montilla, A., Carcel, J. A., & Benedito, J. (2017). *Ultrasound in food processing: Recent advances*. John Wiley & Sons.

Villamiel, M., & Jong, P. (2000). Influence of High-Intensity Ultrasound and Heat Treatment in Continuous Flow on Fat, Proteins, and Native Enzymes of Milk. *Journal of Agricultural and Food Chemistry, 48*, 472-478.

Wu, H., Hulbert, G. J., & Mount, J. R. (2000). Effects of ultrasound on milk homogenization and fermentation with yogurt starter. *Innovative Food Science & Emerging Technologies, 1*, 211-218.

Wu, J. (2018). Acoustic Streaming and Its Applications. *Fluids, 3*, 108.

Yasui, K. (2011). Fundamentals of Acoustic Cavitation and Sonochemistry. In M. Ashokkumar (Ed.), *Theoretical and Experimental Sonochemistry Involving Inorganic Systems*. (pp. 1-29). Dordrecht: Springer Netherlands.

Yildiz, G., Izli, G., Aadil, R. M. (2020). Comparison of chemical, physical, and ultrasound treatments on the shelf life of fresh-cut quince fruit (Cydonia oblonga Mill.). *Journal of Food Processing and Preservation, 44*, e14366.

Zhao, L., Zhang, S., Uluko, H., Liu, L., Lu, J., Xue, H., Kong, F., & Lv, J. (2014). Effect of ultrasound pretreatment on rennet-induced coagulation properties of goat's milk. *Food Chemistry, 165*, 167-174.

Zhou, L., Zhang, J., Xing, L., & Zhang, W. (2021). Applications and effects of ultrasound assisted emulsification in the production of food emulsions: A review. *Trends in Food Science & Technology, 110*, 493-512.

Zisu, B., Bhaskaracharya, R., Kentish, S., & Ashokkumar, M. (2010). Ultrasonic processing of dairy systems in large scale reactors. *Ultrasonics Sonochemistry, 17*, 1075-1081.

CAPÍTULO 5

PLASMA A FRIO

Sueli Rodrigues, Rodrigo Nunes Cavalcanti, Tatiana Colombo Pimentel, Adriano Gomes da Cruz, Fabiano André Narciso Fernandes

INTRODUÇÃO

Atualmente, as tecnologias convencionais de preservação de alimentos utilizadas industrialmente envolvem, em sua maioria, o uso de tratamentos térmicos que aplicam altas temperaturas durante determinado intervalo de tempo com o objetivo de garantir a segurança microbiológica do produto. A pasteurização e a esterilização são as técnicas mais comumente utilizadas para destruir microrganismos e inativar enzimas. A pasteurização faz uso de temperaturas abaixo de 100 °C (por exemplo, 63 °C por 30 minutos para processos em batelada e 72 °C por 15 segundos para processos contínuos), sendo capaz de destruir microrganismos deteriorantes e patogênicos, porém ineficaz contra os esporos bacterianos. Por outro lado, a esterilização faz uso de temperaturas mais elevadas (por exemplo, 135 °C por 5 segundos), sendo capaz de destruir não apenas as células vegetativas como também os esporos bacterianos, o que prolonga significativamente a vida de prateleira dos produtos. Apesar da efetividade desses tratamentos térmicos em termos microbiológicos, o uso de altas temperaturas leva a significativas perdas nutricionais, sensoriais e qualitativas do produto, como a degradação térmica de vitaminas e a formação de cores, aromas e texturas indesejáveis.

Nas últimas décadas, as demandas dos consumidores têm ganhado cada vez mais a atenção da indústria de alimentos, promovendo o surgimento de novas tendências de mercado no setor agroindustrial. Nessa vertente, há uma crescente exigência por parte dos consumidores por produtos mais frescos, funcionais, saborosos, nutritivos e com longa vida de prateleira. Juntamente a isso, outra demanda de igual importância é pelo uso de tecnologias mais sustentáveis e limpas, que possuam menor custo operacional e impacto ambiental. Diante desses desafios, pesquisadores têm trabalhado no desenvolvimento de técnicas inovadoras de processamento de alimentos, visando um alto valor nutricional e a manutenção do sabor dos alimentos frescos. Nesse contexto, diversas tecnologias emergentes de processamento não térmico têm sido desenvolvidas nos últimos anos, incluindo alta pressão hidrostática, campo elétrico pulsado, luz ultravioleta (UV), ultrassom, ozônio e plasma frio. Sua principal vantagem é ser uma abordagem eficaz para reduzir a utilização de aditivos, mantendo a segurança e a qualidade natural em termos nutricionais e sensoriais dos produtos processados.

O plasma é comumente descrito como o quarto estado da matéria, em que os três primeiros são os estados sólido, líquido e gasoso. A transição de um gás para o estado de plasma ocorre por meio de um processo de dissociação das suas moléculas em seus átomos constituintes, elétrons e íons positivos e negativos, gerando um gás ionizado denominado plasma. De acordo com a forma que é gerado, o plasma pode ser dividido em duas categorias: plasma quente (térmico) e plasma frio (não térmico). O plasma quente normalmente é gerado por meio do aquecimento do gás, aumentando a temperatura e gerando plasmas de alta temperatura (superior a 1.000 °C). O plasma quente tem sido amplamente utilizado na metalurgia industrial e extrativa, em tratamentos superficiais, como recobrimento, gravação em microeletrônica, corte e soldagem de metais, limpeza de emissões e detritos sólidos, e em motores de combustão supersônicos para a engenharia aeroespacial. Já o plasma frio normalmente é gerado por meio da indução de um campo elétrico, promovendo a liberação de elétrons da última camada de valência. Os elétrons livres formados, sob ação do campo elétrico, são induzidos a se chocar com as moléculas do gás, produzindo mais elétrons livres e íons em uma série de reações em cascata, o que gera elétrons livres, radicais livres, íons (positivos e negativos) e fótons. Dessa maneira, o plasma pode ser definido como um gás em que uma fração substancial dos seus átomos se encontra ionizada na forma de partículas carregadas (elétrons, prótons e íons positivos e negativos). Diferentemente dos gases, o plasma é um excelente condutor de corrente elétrica. Contudo, o balanço de cargas positivas e negativas é aproximadamente nulo.

O plasma frio é usado em uma tecnologia emergente para o processamento e/ou preservação de alimentos, que pode ocorrer por meio de dois métodos distintos: o primeiro, e mais comum, consiste na aplicação direta do plasma na superfície do alimento a ser tratado; já o segundo método consiste em utilizar a água ionizada por plasma como agente preservante. As aplicabilidades do tratamento com plasma frio são as mais diversas possíveis, incluindo a degradação de resíduos de pesticidas e toxinas presentes em produtos agrícolas, o tratamento e purificação de água e efluentes, a descontaminação microbiológica de matérias-primas e produtos alimentícios, e até auxiliam à produção de bioembalagens.

O plasma frio tem como principal finalidade a destruição de microrganismos patógenos e deteriorantes na indústria de alimentos. Os mecanismos de inativação microbiana do plasma frio estão relacionados principalmente à interação dos radicais livres formados sobre os componentes celulares, causando a morte e/ou inativação celular, devido à permeabilização da membrana plasmática pelo fenômeno de eletroporação, à quebra da cadeia de DNA, à oxidação lipídica e à desnaturação de enzimas e demais componentes responsáveis pelo metabolismo e divisão celular. O plasma frio também tem demonstrado grande potencial de aplicação na otimização de componentes funcionais em alimentos, como a geleificação e gelatinização de carboidratos e proteínas, especialmente na modificação das propriedades de biofilmes.

O emprego da tecnologia de plasma frio na indústria de alimentos tem sido amplamente estudado nos últimos anos, o que tem demonstrado o seu grande e amplo potencial de aplicação em escala industrial. Apesar disso, o plasma frio esbarra em alguns fatores limitantes referentes à sua viabilidade técnica e econômica na indústria de alimentos. O principal deles refere-se à garantia da segurança microbiológica dos alimentos tratados, uma vez que os mecanismos de formação dos radicais livres no plasma frio são ainda pouco elucidados e, consequentemente, de difícil controle e predição. Diante disso, os parâmetros de processos precisam ser amplamente estudados. Assim, este capítulo revisa os principais fenômenos envolvidos nos mecanismos de ação do plasma frio sobre os componentes alimentícios e microbianos, bem como relaciona tais fenômenos às suas respectivas aplicações industriais, apresentando as perspectivas futuras da tecnologia para a indústria de alimentos.

FUNDAMENTAÇÃO TEÓRICA E PRINCÍPIO OPERACIONAL

Há três estados da matéria (sólido, líquido, gasoso), porém é possível definir o plasma como o quarto estado (Figura 5.1). Como exemplo, pode-se considerar que uma substância sólida em um sistema fechado esteja sujeita a um aumento de energia. À medida que uma quantidade de energia suficiente é cedida para esse sistema, a substância sólida sofre um aumento nas vibrações de suas moléculas, promovendo uma diminuição da força intermolecular e, portanto, um maior distanciamento entre as moléculas. Isso caracteriza uma mudança no arranjo conformacional da estrutura cristalina do sólido, transformando-o em um líquido.

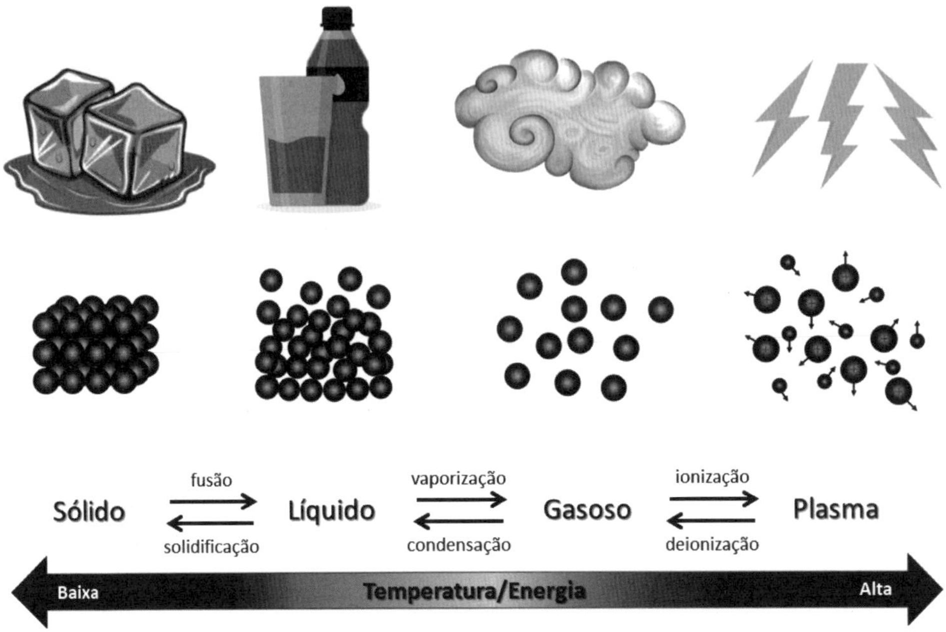

Figura 5.1 – Representação dos três estados de agregação da matéria (sólido, líquido e gasoso) e do plasma.

Em seguida, se ainda mais energia for cedida a esse sistema, as moléculas desse líquido sofrem um novo aumento em seu estado vibracional e, consequentemente, um novo arranjo das interações entre as suas moléculas, fazendo com que o líquido se transforme em um gás. Finalmente, quando uma quantidade ainda maior de energia é aplicada a esse gás, ele se transforma em plasma. Contudo, enquanto as mudanças de fases inerentes às transições dos estados de agregação de sólido para líquido e para gás estão intimamente relacionadas à distância e força de interação entre as moléculas, o que diferencia o plasma de um gás é o grau de excitação e ionização em que ele se encontra. Portanto, o plasma pode ser definido como um gás ionizado composto por átomos, moléculas, elétrons livres, íons positivos e negativos, radicais livres e fótons. As principais diferenças entre o plasma e o gás estão descritas na Tabela 5.1.

Tabela 5.1 – Principais diferenças entre os estados de gás e de plasma de uma substância

Propriedade	Gás	Plasma
Condutividade elétrica	**Muito baixa**: em geral, o ar e os gases, como oxigênio, dióxido de carbono e nitrogênio, não possuem cargas dispersas e, por isso, são excelentes isolantes de eletricidade	**Muito alta**: embora o plasma seja um meio eletricamente neutro, possui elétrons livres e cargas positivas e negativas dispersas, o que lhe proporciona atuar como um bom condutor de eletricidade

Espécies com atuação independente	**Uma**: todas as moléculas dos gases se comportam de forma similar, influenciadas pela gravidade e pelas colisões que ocorrem entre si	**Duas ou três**: elétrons e íons (positivos e negativos) se distinguem em sinal e valor da carga, comportando-se de forma independente em várias circunstâncias, com diferentes velocidades e temperaturas
Interações	**Binária**: em geral, as colisões se dão entre duas partículas, sendo colisões entre três partículas extremamente raras	**Coletiva**: quando as cargas do plasma se movem, elas geram correntes elétricas com campos magnéticos e, como resultado, cada uma é afetada pelos campos das outras. Isso determina um comportamento coletivo de interação, o que gera movimento organizado do plasma, permitindo a interação em amplas faixas através de forças elétricas e magnéticas

O plasma gerado artificialmente é obtido por meio da indução de processo de ionização em um gás, utilizando como fonte de energia calor, corrente elétrica contínua, radiofrequência ou micro-ondas. A energia fornecida ao gás concentra-se principalmente nos seus elétrons livres, sendo parcialmente transferida aos átomos e íons gerados durante as colisões entre os elétrons e as moléculas do gás. A energia do elétron livre é suficiente para dissociar ligações covalentes em moléculas orgânicas, com uma aplicação de 1,5 a 6,2 eV para ligações simples, 4,4 a 7,4 eV para ligações duplas e 8,5 a 11,2 eV para ligações triplas. As reações em cascata subsequentes produzem íons (positivos e negativos), mais elétrons livres, ozônio e radicais livres, emitindo fótons de luz visível e radiação UV (Figura 5.2).

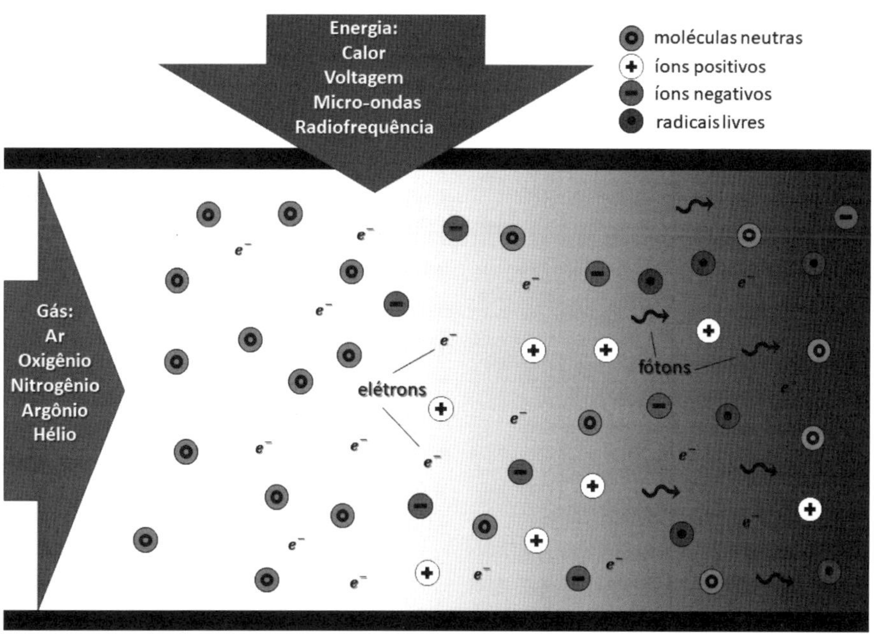

Figura 5.2 – Fenômeno de geração do plasma frio e de suas espécies químicas reativas.

O plasma frio, também conhecido como plasma não térmico, é um tipo de plasma fraco ou parcialmente ionizado obtido sob pressão ambiente ou vácuo. No plasma frio, a taxa de colisão entre os elétrons livres e as moléculas do gás é relativamente baixa; portanto, os elétrons livres formados não se encontram em equilíbrio térmico com as demais partículas formadas durante as colisões (íons, átomos e nêutrons). Assim, a energia fornecida ao sistema fica concentrada nos elétrons livres, enquanto o plasma formado apresenta temperaturas próximas à temperatura ambiente. Por essa razão, o plasma frio é considerado uma tecnologia não térmica de ampla aplicação na indústria de alimentos.

TECNOLOGIAS DE PLASMA FRIO

O plasma pode ser gerado por meio de diversos equipamentos. As fontes de geração de plasma frio mais comumente aplicadas para o processamento de alimentos são os sistemas de descarga luminescente, descarga de barreira resistiva, descarga de jato de plasma, descarga de barreira dielétrica, descarga corona, descarga de pulso, descarga de radiofrequência, plasma alimentado por micro-ondas, plasma a vácuo e plasma de arco deslizante (Figura 5.3).

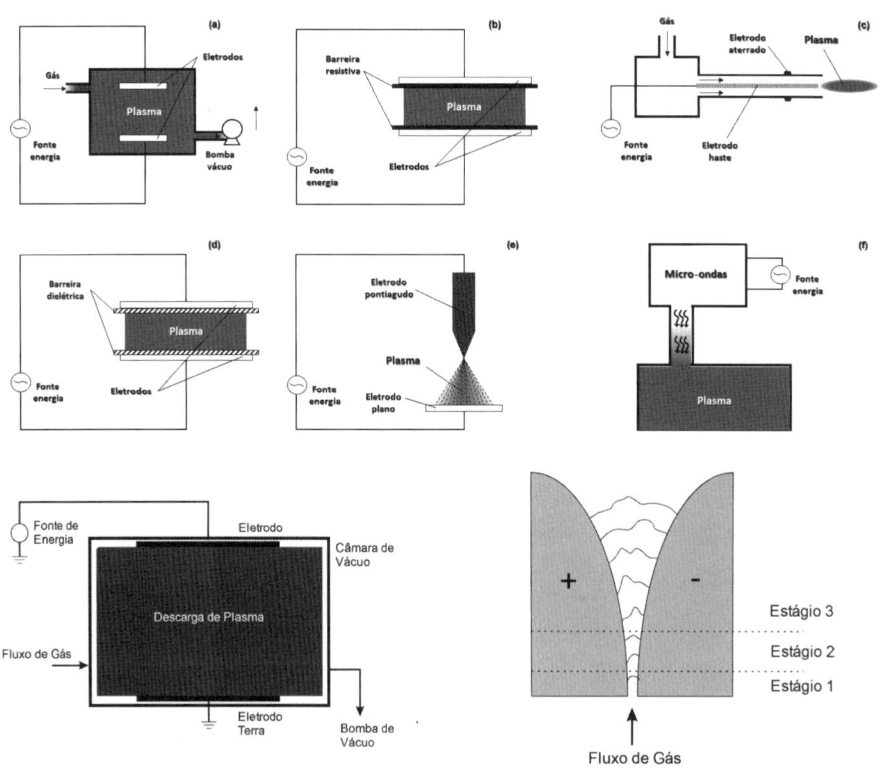

Figura 5.3 – Sistemas de geração de plasma por: (a) descarga luminescente; (b) descarga de barreira resistiva; (c) descarga de jato de plasma; (d) descarga de barreira dielétrica; (e) descarga corona; (f) plasma alimentado por micro-ondas; (g) plasma a vácuo; e (h) plasma de arco deslizante.

A geração de plasma por meio de uma descarga luminescente (Figura 5.3a) é utilizada como método de geração, a partir de baixas temperaturas, de grandes volumes de plasma bastante homogêneo quando aplicadas baixas pressões (1 a 1.000 MPa) e tensões que variam de 100 V a vários kV.

A descarga de barreira resistiva (RBD), (Figura 5.3b) é um método bem conhecido para a geração de plasma que trabalha com os princípios da descarga da barreira dielétrica (DBD). O RBD é composto por dois eletrodos planos, sendo um deles coberto por uma camada de material de alta resistividade. Os dois eletrodos são separados por um intervalo variável (no máximo 5 cm), onde uma mistura de gás deve ser injetada. Os eletrodos são acionados por uma voltagem em corrente alternada de alguns quilovolts na frequência de linha de 60 Hz. A potência necessária para gerar e manter uma descarga estável está na faixa de 50 a 300 W.

O jato de plasma (Figura 5.3c) tem sido usado há muitos anos na modificação de superfícies e síntese de materiais e outras aplicações, porém tem pouca aplicação prática na indústria de alimentos devido ao fato de ser aplicado em uma área muito reduzida (menor que 1 cm^2). Gases comuns usados no processo incluem gases nobres, como hélio ou argônio, em uma taxa de fluxo alta (superior a 10 slm). Essa é uma abordagem cara, devido ao fluxo de gás, sendo aceitável para algumas aplicações biomédicas ao invés do processamento de alimentos, em que o custo é uma consideração importante. O jato de plasma é gerado por uma descarga de barreira dielétrica, produzida dentro de um sistema cilíndrico à pressão atmosférica, com um fluxo de gás passando por dentro de um tubo. Nesse sistema, o eletrodo de alta tensão em forma de anel é colocado sobre o tubo, e o eletrodo aterrado consiste em uma haste colocada no meio desse tubo. Sistemas de plasma a jato podem ser encontrados em várias configurações diferentes. Por exemplo, o eletrodo aterrado em forma de haste pode ser substituído por um segundo eletrodo em forma de anel, colocado antes do eletrodo positivo. Nessa configuração, os eletrodos são separados e isolados por um material dielétrico, para evitar a formação de arco voltaico fora do tubo. A operação do jato de plasma permite alterações no tipo de gás, na taxa de fluxo de gás, na tensão, na frequência de indução e no tempo de aplicação, conferindo uma boa flexibilidade operacional. As vantagens desse tipo de plasma incluem sua aplicabilidade direta e a capacidade de penetrar em aberturas estreitas.

Quando o plasma é gerado por meio de DBD, pulsos alternados de alta tensão são aplicados por meio de dois eletrodos (Figura 5.3d). Para não formar um plasma térmico, os eletrodos são recobertos com um material isolante, que pode ser vidro, cerâmica, plástico ou silicone. Esse isolamento dielétrico interrompe o fluxo da corrente gerada após a quebra elétrica, suprimindo a descarga do arco (plasma térmico) e permitindo uma distribuição uniforme das descargas por toda a área do eletrodo. Essa forma facilita a ionização do gás dentro do espaço entre os eletrodos, local onde o alimento recebe o tratamento. Quando uma alta tensão é aplicada a um dos eletrodos, enquanto o outro é aterrado, o gás no espaço entre as barreiras dielétricas sofre um aumento de tensão e é ionizado. A alta tensão é obtida por intermédio de uma fonte elétrica que pode operar usando corrente direta (DC) ou corrente alternada (AC). Os plasmas geralmente operam com tensões entre 10 e 90 kV. O plasma tipo DBD também é utilizado para tratamentos de alimentos já empacotados, em que as espécies reativas são geradas dentro de embalagens seladas. Os tratamentos em pacotes têm a vantagem de eliminar o risco de contaminação pós-processamento. Além disso, podem ser aplicados em pacotes contendo atmosfera modificada. Geralmente, uma descarga pós-luminescência é gerada com DBD, onde o plasma gerado é expelido de dentro da câmara.

As principais vantagens da DBD incluem a ampla variedade de gases que podem ser usados (gases nobres, ar ou vapor de água, misturas especiais de precursores e quase todas as combinações de gases), o fluxo baixo (< 100 sccm) ou nenhum fluxo de gás necessário, a descarga homogênea sobre uma grande área e as diferentes geometrias possíveis de eletrodos, que possuem uma boa adaptabilidade. Uma desvantagem é a alta tensão de ignição de pelo menos 10 kV, dependendo da distância entre os eletrodos, o que torna essenciais precauções e isolamentos. A DBD é uma fonte de plasma ideal para grandes superfícies, dessa forma, sua principal limitação é que atua apenas em uma pequena área, com tratamento não uniforme.

A geração de plasma frio por meio de descarga corona (Figura 5.3e) se dá a partir de descargas elétricas de potência relativamente baixa, que ocorrem sob condições de pressão próximas à pressão atmosférica. Nesses casos, o eletrodo composto de fios de pequeno diâmetro, agulhas ou bordas afiadas, quando associado a fortes campos elétricos, gera uma coroa de descargas filamentares que irradiam para fora do eletrodo de descarga. Os eletrodos de plasma de descarga corona são metálicos sem revestimento dielétrico e têm diâmetro pequeno para formar intensos campos elétricos locais que formam plasma através de avalanches de elétrons e fótons, coletivamente conhecidos como descarga corona. As descargas de corona geram um ambiente composto por fótons, campos elétricos, espécies iônicas, luz UV, radicais livres e outras espécies. Devido a esse ambiente severo, o processamento de alimentos é realizado abaixo do eletrodo aterrado, e não no espaço entre os eletrodos. Alguns sistemas adicionam uma tela entre os eletrodos e o material que está sendo processado, para interceptar todas as espécies carregadas e permitir que apenas as espécies neutras passem pela tela. As variações do sistema consistem em usar uma matriz de agulhas em vez do sistema mais tradicional de apenas uma agulha. O plasma de descarga corona é usado no processamento de alimentos, modificações na superfície, processamento de materiais, inativação de bactérias, medicina plasmática, controle de poluição, entre outras. No plasma de descarga corona, pode-se modificar a tensão, a frequência de excitação e o tempo de aplicação, conferindo uma razoável flexibilidade operacional. O sistema corona não requer um aparelho complexo e pode ser gerado em um dispositivo simples, que não requer grandes despesas de implementação e operação.

Uma outra possibilidade é usar uma fonte de radiofrequência, geralmente a 13,56 MHz, para gerar plasma frio. O formato dos eletrodos ou da antena permite que uma grande quantidade de plasma altamente denso seja gerada quando uma descarga de alta frequência é usada, sob condições de pressão atmosférica. O uso desse método é recomendado para produtos que não desejam danos à superfície, além disso, podem ser customizados de acordo com o tamanho do alimento.

Descargas por micro-ondas (MW) (Figura 5.3f) são geradas sem eletrodos. Emanadas por um magnetron, normalmente ocorrem em 2,45 GHz e são conduzidas à câmara de processo por um guia de ondas ou cabo coaxial, onde alcançam os elétrons presentes no gás de processo. Os elétrons absorvem as micro-ondas, aumentando a energia cinética e, consequentemente, as reações de ionização devido a colisões inelásticas. A principal vantagem das descargas acionadas por MW é a configuração sem eletrodo, que é fácil de manusear. Eles podem ser inflamados em um ambiente com ar, mesmo com aditivos especiais, precursores ou vapor de água. No entanto, a limitação espacial é sua grande desvantagem. Ainda assim, uma série de descargas pode ser usada para descontaminação direta de grandes áreas.

No plasma a vácuo (Figura 5.3g), o gás é ionizado dentro de uma câmara mantida sob vácuo. O gás é alimentado na câmara e ionizado, devido à aplicação de alta tensão entre dois eletrodos. Uma bomba mantém o vácuo dentro da câmara e remove constantemente o gás ionizado, mantendo um fluxo de gás constante através do equipamento. A fonte de energia usada no plasma a vácuo usa altas frequências de rádio ou de micro-ondas para ionizar o gás. O plasma a vácuo é conhecido também como *glow plasma* (plasma "brilhante"), pois, ao ser ionizado a baixas pressões, o gás emite fótons coloridos bem visíveis. Uma configuração alternativa para o plasma a vácuo consiste em ionizar o gás antes de sua entrada na câmara. Nessa configuração, é utilizada uma bobina de indução, e o gás é ionizado quando passa por ela. O plasma a vácuo tem sido usado no processamento de alimentos, higienização, modificações de superfície, síntese de materiais e outras aplicações. A vantagem dessa tecnologia está na facilidade de aplicação e de *scale-up* do equipamento. A desvantagem está na operação sob vácuo, que aumenta o custo e limita sua aplicação a alimentos e embalagens que suportem a aplicação de vácuo. No plasma a vácuo, pode-se modificar o tipo de gás, taxa de fluxo de gás, tensão, pressão e tempo de aplicação, conferindo uma boa flexibilidade operacional.

O plasma de arco deslizante (Figura 5.3h) consiste em dois eletrodos curvos divergentes, e um fluxo de gás passa pela lacuna entre eles, gerando o arco deslizante. Paredes de vidro ou poliméricas são utilizadas ao redor dos eletrodos para isolá-los. Quando uma alta tensão é aplicada através da lacuna entre os eletrodos, gerando um campo elétrico suficientemente forte, um arco voltaico em estado de equilíbrio térmico é formado no ponto de menor distância entre os eletrodos (Estágio 1). Esse arco voltaico é "empurrado" pelo fluxo de gás em direção às zonas onde a separação entre os eletrodos é maior. Nesse estágio, o arco voltaico entra no estado de quase-equilíbrio, ou fase de transição, em que há um aumento da tensão do arco enquanto a temperatura do gás permanece inalterada (Estágio 2). O alongamento do arco aumenta a perda de calor para o ambiente; quando esta excede à energia suprida ao arco pela fonte de alimentação, o arco fica em um estado de não equilíbrio (Estágio 3). Nessa fase, o arco se extingue, e um novo arco voltaico é reiniciado na menor distância entre os eletrodos (Estágio 1). O plasma de arco deslizante é classificado como plasma "morno", devido à sua densidade de energia e temperatura de operação intermediárias entre os plasmas frio e térmico. Altas tensões podem aumentar a temperatura do plasma e devem ser evitadas se a aplicação não térmica for desejada. O plasma de arco deslizante tem sido usado no processamento de alimentos, secagem, conversão de combustível, modificações de superfícies, síntese de materiais, controle de poluição e outras aplicações. No plasma de arco deslizante, pode-se modificar o tipo de gás, taxa de fluxo de gás, tensão e tempo de aplicação, conferindo uma razoável flexibilidade operacional.

Portanto, os principais fatores que caracterizam cada um dos dispositivos mencionados para a geração de plasma frio são a fonte de energia (corrente contínua, radiofrequência, micro-ondas), a disposição e o tipo de eletrodos ou antena e o modo de aplicação do plasma, que pode ser direta ou indiretamente sobre o alimento, e ainda com o alimento posicionado dentro ou fora da região ativa de atuação do campo elétrico. O tipo de funcionalidade a qual se destina a aplicação da tecnologia de plasma frio é o principal fator determinante para a escolha do gerador e modo de aplicação. Contudo, diversos outros fatores também afetam a eficiência do processo, como a escolha do gás, o fluxo e pressão do gás, a potência da fonte de energia, a quantidade de alimento a ser tratado, as características dos microrganismos e da superfície do alimento, as propriedades da embalagem, volume, geometria e dimensões.

ESPÉCIES REATIVAS DE PLASMA

As reações químicas que ocorrem no plasma frio são complexas, envolvendo espécies com tempo de meia-vida que variam de nanossegundos a horas. As espécies reativas e sua concentração no plasma frio dependem de vários fatores, como o gás (tipo e fluxo), a configuração da fonte de plasma (configuração física, potência, voltagem e frequência de operação), a duração do tratamento e os níveis de umidade.

A escolha do gás a ser transformado em plasma determina a eficácia da esterilização, pois está diretamente relacionada aos tipos de espécie reativa presentes, além de ditar a intensidade e os comprimentos de onda da radiação emitida. Ou seja, os tipos de radicais livres formados são resultado direto das moléculas do gás constituinte ionizado. Os gases mais comumente usados para o processamento e preservação de alimentos são oxigênio, dióxido de carbono e combinações de oxigênio com hidrogênio, argônio ou tetrafluorometano.

Hélio e argônio têm baixa energia de ionização e são mais facilmente ionizados na presença de um campo elétrico. Eles produzem muitos elétrons que podem ser úteis em modificações químicas. Esses gases inertes não produzem radicais ativos que reagem com as moléculas dos alimentos. Assim, são usados apenas onde colisões de elétrons e íons são importantes. Ar, oxigênio e nitrogênio são os gases mais empregados, tanto por serem mais baratos, quanto por formarem espécies reativas de oxigênio (ROS) e espécies reativas de nitrogênio (RNS). Essas duas classes de espécies reativas têm grande interação com os alimentos, podendo modificar sua composição química e estruturação física.

O oxigênio molecular (O_2•• ou $^3O_2$) é um birradical que contém dois elétrons não emparelhados. Não é uma espécie muito reativa, porque os elétrons da molécula estão na configuração de energia mais baixa possível. Por essa razão, o oxigênio molecular pode aceitar um par de elétrons de um doador de elétrons. O metabolismo de todas as células vivas depende de reações redox, em que elétrons são transferidos de um composto para outro, com o oxigênio molecular tendo um papel importante nessas reações. Muitos processos em células vivas usam oxigênio do ar para oxidar, para transferir elétrons entre átomos e para fornecer energia na forma de adenosina trifosfato (ATP). O oxigênio molecular é, portanto, um importante receptor de elétrons em células vivas. O metabolismo normal é interrompido quando radicais livres são formados com a transferência de elétrons únicos não emparelhados, em vez de dois elétrons emparelhados. Esses radicais livres podem ocorrer na forma de átomos, moléculas ou íons com elétrons não emparelhados. Radicais livres são muito instáveis e geralmente reagem muito rápido com outras moléculas. Aplicações de plasma geram uma grande quantidade de radicais livres de oxigênio e nitrogênio do ar, que tendem a reagir quando em contato com células vivas ou com compostos orgânicos.

Saber como usar esses radicais livres é um elemento-chave nos tratamentos de plasma, pois pode produzir resultados positivos e negativos. Enquanto os radicais livres de oxigênio e nitrogênio são bons desinfetantes por interromper o metabolismo normal e matar bactérias e fungos, os mesmos radicais livres podem degradar antocianinas (pigmentos naturais presentes em frutas e vegetais que exibem uma ampla gama de cores, do laranja ao azul), levando à perda de cor. Trabalhar eficientemente com tecnologia de plasma permite explorar várias reações químicas com esses radicais livres não tóxicos, abrindo oportunidades para melhorar a qualidade do produto. Muitas espécies de plasma de ar são formadas por radicais livres e espécies não radicais. Os radicais livres de plasma de ar incluem hidroxila (HO•), superóxido (O_2•-), alcoxi (RO•), peroxil (ROO•) e óxido nítrico (NO•). As espécies não radicais de plasma de ar incluem o ozônio (O3), peróxido de hidrogênio (H_2O_2) e oxigênio singleto ($^1O_2$).

Entre os ROS, o radical hidroxila é o oxidante mais poderoso, seguido pelo ozônio e pelo radical alcoxi. Essas três espécies reagem rapidamente com moléculas próximas quando são formadas, e os danos causados são muitas vezes inevitáveis. Portanto, formar altas concentrações de radical hidroxila, ozônio e radical alcoxi pode levar a mudanças rápidas e significativas no produto alimentar. Radicais livres, como superóxido, óxido nítrico e hidroperóxidos de lipídeos, são menos reativos e podem permitir um melhor controle das alterações químicas induzidas pela aplicação do plasma.

O oxigênio singleto ($^1O_2$) é formado quando os dois elétrons não emparelhados do oxigênio molecular se juntam em dois orbitais diferentes, resultando em um poderoso oxidante. Essa espécie é muito reativa, porque esses dois elétrons reagem muito rápido com moléculas ricas em elétrons, como moléculas insaturadas (lipídios insaturados, fenólicos, antocianinas entre outros). Esta espécie pode reagir com várias moléculas, mas prefere os resíduos de proteínas dos aminoácidos.

O radical superóxido é uma espécie de plasma altamente reativa, formada quando o oxigênio é reduzido por um único elétron. O radical superóxido é o precursor de várias outras espécies de plasma devido à sua tendência a abstrair átomos de hidrogênio. Outra característica é que sua carga elétrica impede sua permeação pela membrana celular, e, portanto, atua apenas na superfície do produto.

O peróxido de hidrogênio (H_2O_2) é formado pela reação entre dois radicais superóxido ou dois radicais hidroxila. Essa espécie tem uma longa meia-vida, se difunde facilmente entre as células e se decompõe lentamente; a decomposição aumenta quando exposto: à luz e produz água; ou aos altamente reativos radicais hidroxila. O radical hidroperoxilo (HO_2•) também é formado a partir da protonação do radical superóxido em ambiente de pH baixo, porém é mais reativo. Esse radical tem carga neutra e consegue permear pela membrana celular.

O radical hidroxila (HO•) é uma das espécies de plasma mais reativas. Ele pode ser formado pela decomposição do ozônio sob condições aquosas, cisão da água e decomposição do peróxido de hidrogênio, como mencionado anteriormente. A luz UV produzida em algumas tecnologias de plasma não consegue gerar radicais hidroxila diretamente da água, mas sim ao catalisar a decomposição do peróxido de hidrogênio.

O ozônio é formado pelo bombardeio de moléculas de oxigênio por elétrons durante as descargas elétricas, formando átomos de oxigênio que se combinam a outras moléculas de oxigênio, resultando em ozônio. A concentração de ozônio no plasma depende da concentração de oxigênio no ambiente. Assim, as aplicações em atmosfera modificada enriquecidas com oxigênio têm maior concentração de ozônio do que aplicações no ar atmosférico e em atmosfera modificada enriquecida com nitrogênio. O ozônio é ligeiramente menos reativo do que o radical hidroxila, mas tem maior poder oxidante do que o oxigênio. O ozônio reage com vários compostos, incluindo vitaminas, fenólicos, proteínas, lipídios e ácidos nucleicos. Moléculas de ozônio tendem a se decompor reagindo com água na superfície dos alimentos e no ar úmido, produzindo espécies altamente oxidantes.

O nitrogênio é, na prática industrial, considerado um gás inerte, pois tem baixa reatividade com a maioria dos compostos orgânicos. Porém, o plasma gerado em atmosfera contendo nitrogênio forma diversos íons e radicais conhecidos como RNS, especialmente se o plasma for gerado em atmosfera também contendo oxigênio ou em soluções aquosas. Óxido nítrico (NO•) é um radical formado naturalmente por via enzimática a partir da arginina. Ele é um mensageiro celular envolvido em vários processos fisiológicos. O tratamento por plasma gera óxido nítrico a partir da recombinação de radicais de oxigênio e nitrogênio, aumentando a quantidade de óxido nítrico em produtos alimentícios. O excesso desse radical é citotóxico e pode induzir a formação de outras espécies de plasma de nitrogênio, como o ânion de peroxinitrito ($ONOO^-$) e íon nitrito (NO_2-).

O ânion de peroxinitrito é uma espécie instável que pode ser tanto agente oxidante quanto nitrificante. Ele induz a peroxidação lipídica em lipoproteínas, proteínas e DNA e reage rapidamente com sulfidrilas, proteínas, lipídios e ácidos nucleicos. Já o ânion de nitrito é uma espécie fracamente reativa formada pela reação do óxido nítrico com outros radicais, como hidroxila, peroxil e alcoxi. O óxido nítrico pode ser oxidado pelo oxigênio, formando o radical peroxinitrito (ONO_2•), e pelo radical superóxido, formando ânion de peroxinitrito ($ONOO^-$).

Além das espécies formadas em fase gasosa, muitas espécies podem ser formadas em fase líquida, em especial em fase aquosa. Espécies de plasma de água podem ser produzidas em fases gasosas e líquidas. Uma série de reações ocorrem entre água e elétrons, produzindo vários radicais e espécies iônicas, classificadas como ROS.

As espécies de plasma em fase gasosa podem reagir com moléculas de uma superfície sólida. Essas reações podem alterar as propriedades físico-químicas da superfície. Uma das principais reações é a decapagem (*etching*), em que uma espécie de plasma diatômica reage com a superfície sólida, removendo átomos e moléculas da superfície. A reação de decapagem tem grande aplicação em materiais poliméricos, mas tem sido pouco aplicada em alimentos.

A estabilidade da espécie de plasma está correlacionada com sua meia-vida (tempo necessário para que a quantidade de espécies de plasma seja reduzida para metade do seu valor inicial). A Tabela 5.2 apresenta a meia-vida de algumas espécies de plasma (Papuc et al., 2017).

Tabela 5.2 – Tempo de meia-vida das principais espécies reativas formadas durante a aplicação de plasma

Classe	Espécie	Fórmula	Meia-vida (s)
Radicais livres do oxigênio	Superóxido	$O_2 \bullet^-$	1×10^{-6}
	Hidroxila	HO•	1×10^{-9}
	Hidroperoxilo	HOO•	30
	Peroxil	ROO•	1×10^{-2}
	Alcoxi	RO•	1×10^{-6}
Espécies não radicais do oxigênio	Oxigênio molecular	O_2	1×10^{-6}
	Oxigênio singleto	$^1O_2$	1×10^{-6}
	Ozônio	O_3	9.000
	Peróxido de hidrogênio	H_2O_2	10
Radicais livres do nitrogênio	Óxido nítrico	NO•	30
	Dióxido de nitrogênio	$NO_2\bullet$	35 h
Espécies não radicais do nitrogênio	Peroxinitrito	ONOO-	1×10^{-2}

O aumento da vazão do gás aumenta o fluxo de espécies ativas no ambiente, que, por sua vez, aumenta a eficácia do tratamento, enquanto a pressão do gás no sistema influencia a taxa de volatilização do plasma. Outros fatores que afetam o processo são as características da fonte de energia, como voltagem, corrente, frequência ou comprimento de onda, pois agem diretamente sobre a potência da fonte; assim, quanto maior a potência, maior a densidade de elétrons, o que permite que um maior volume de espécies reativas interaja com os alimentos.

Além disso, deve-se considerar a quantidade de material a ser esterilizado e a natureza do microrganismo, densidade e formação da camada superficial do alimento a ser tratado. Finalmente, por se tratar de um tratamento superficial, a embalagem inibe a eficácia da esterilização, devido à baixa permeabilidade do plasma; porém, o tratamento pode ser utilizado para esterilizar diretamente a embalagem. Além disso, os fatores geométricos do produto devem ser considerados, uma vez que o projeto do reator influencia fortemente as concentrações das espécies reativas.

APLICAÇÕES NA INDÚSTRIA DE ALIMENTOS

INATIVAÇÃO MICROBIANA

A contaminação microbiológica tem sido considerada um dos principais problemas ao longo da cadeia produtiva de alimentos abrangendo etapas, como colheita, abate, processamento, distribuição, estocagem e comercialização. Os microrganismos são capazes de causar diversas alterações indesejáveis às características físico-químicas e sensoriais dos alimentos ou comprometer a saúde dos consumidores, causando infecções e intoxicações que podem até mesmo levar a morte. Ao longo dos séculos, com o objetivo de estender a vida útil sem comprometer a segurança microbiológica dos alimentos, foram desenvolvidas diversas tecnologias baseadas em operações unitárias, como resfriamento, congelamento, aquecimento, secagem, salga e defumação.

O plasma frio tem sido considerado uma tecnologia bastante eficiente na descontaminação de alimentos. O mecanismo de inativação microbiana deve-se principalmente à ação de ROS formadas durante o tratamento, causando danos irreversíveis ao DNA, indução da peroxidação lipídica, formação de porosidade na membrana celular e desnaturação de proteínas, o que interfere no metabolismo e na reprodução das células microbianas (Figura 5.4).

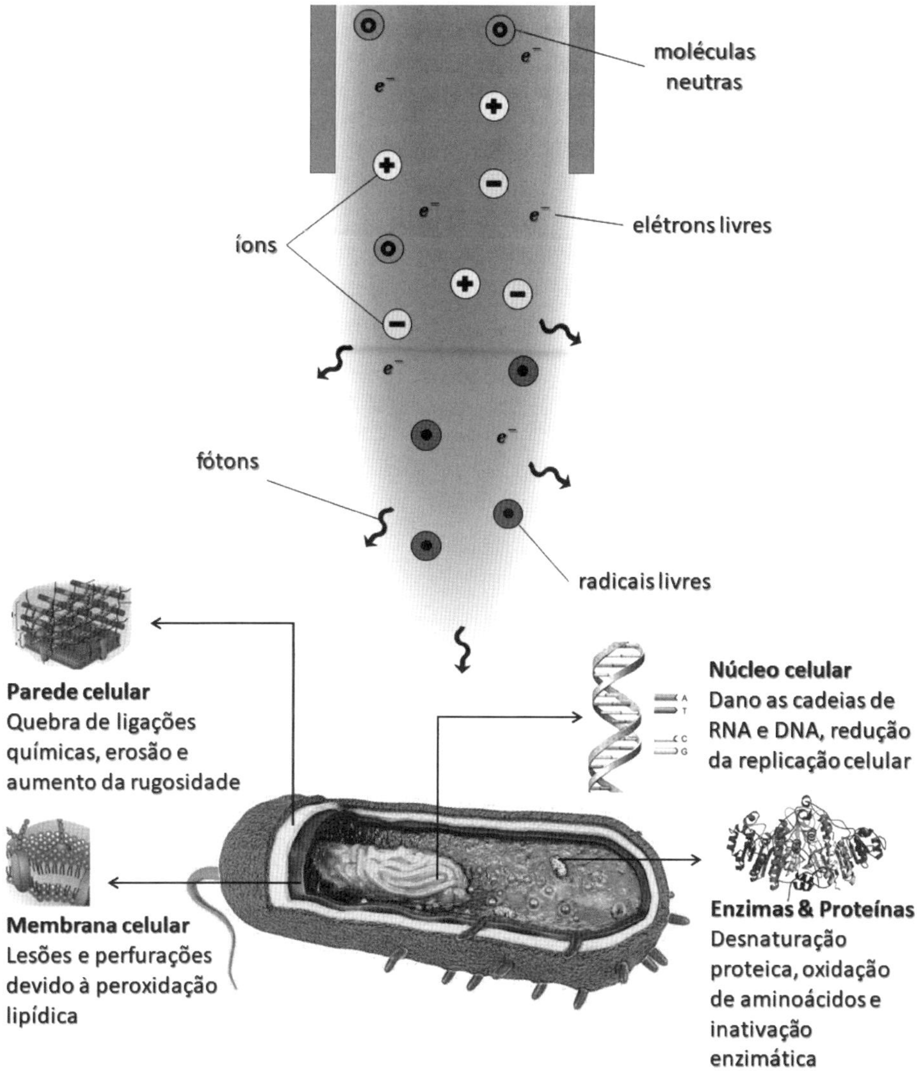

Figura 5.4 – Mecanismos de inativação microbiológica pelo plasma frio.
Fonte: Adaptado de Misra & Jo (2017).

Além disso, outros componentes presentes no plasma frio, como RNS, radiação UV e partículas carregadas, também auxiliam no mecanismo de inativação microbiana. O plasma pode ser aplicado de forma direta ou indireta sobre o alimento. No primeiro, o plasma entra em contato diretamente com a superfície do alimento, enquanto no segundo, o plasma é aplicado primeiramente na água, tendo esta sido já ionizada. Posteriormente, a água ativada por plasma é utilizada no processo de descontaminação microbiana do alimento. A principal vantagem é a maior taxa de inativação microbiana devido à maior permeabilidade das ROS dentro das células microbianas.

Contudo, caso o dano causado às células microbianas pelo plasma não seja forte o suficiente, a inativação microbiana é reversível, permitindo que os microrganismos recuperem suas habilidades de crescimento e reprodução e, consequentemente, restaurem sua atividade. Por outro lado, quando o tratamento com plasma é mais drástico, a inativação microbiana se dá de forma irreversível. Nesse caso, há uma concentração maior de radiação UV, ROS e RNS permeando a membrana celular, o que induz fortemente a ruptura da membrana, a peroxidação lipídica, o extravasamento da membrana, a alteração da morfologia, o dano ao RNA e DNA e a desnaturação de proteínas. Durante o início do mecanismo de inativação microbiana por plasma frio, são observados os efeitos da eletroporação causada pelo campo elétrico de alta intensidade e pela peroxidação lipídica na parede dos lipopolissacarídeos, presentes na membrana celular. No caso da peroxidação lipídica, ocorre a oxidação das bicamadas lipídicas, especialmente aquelas contendo ácidos graxos poli-insaturados, devido à ação dos radicais hidroxila ($^{\bullet}OH$) e carbonato ($^{\bullet}CO_3$) e ânions peroxinitrito ($ONOO^-$). Além disso, o oxigênio singleto e peróxido de hidrogênio também são responsáveis pela peroxidação lipídica da membrana citoplasmática. Além desses efeitos, as ROS e RNS que se formam têm a capacidade de atravessar a membrana de peptidoglicanos, agindo sobre outros componentes das células. Portanto, é comum observar a ruptura da membrana celular e o extravasamento do conteúdo citoplasmático. Nesse caso, foi relatado que íons menores, como potássio e fosfato, foram os primeiros a serem liberados do citoplasma, seguidos por DNA/RNA e por proteínas. Isso ocorre, por exemplo, quando há inativação intracelular pela entrada do ácido peroxinítrico descarregado (ONOOH) na célula e sua subsequente decomposição em dióxido de nitrogênio e radicais hidroxilas, que são altamente tóxicos para componentes celulares, como RNA/DNA, proteínas, mitocôndrias e ribossomos. A desoxiguanosina e os adultos de desoxiadenosina são formados na presença de malonaldeído (no final da peroxidação lipídica que ocorre), o que leva à morte celular.

A atuação do plasma frio sobre as proteínas das células microbianas se dá através da destruição das pontes de hidrogênio, ligações de sulfeto e oxidação de peptídeos devido às ROS. Todavia, é importante destacar que as bactérias Gram-positivas e Gram-negativas diferem em sua sensibilidade ao plasma frio, devido à espessura e à composição das membranas celulares. As bactérias Gram-positivas têm maior espessura de membrana e, por isso, são menos sensíveis às espécies reativas do plasma frio, enquanto as bactérias Gram-negativas quase sempre têm sua membrana destruída pelo tratamento. Os componentes do plasma também podem inibir a respiração mitocondrial e promover mutação genética, dano ribossomal, necrose e apoptose celular. Além disso, quando a água ativada por plasma é usada, o influxo na célula leva ao entumescimento celular, causando degeneração hidrópica que também pode ser um evento responsável pela inativação microbiana.

Os fungos são seres eucarióticos (nucleados), podendo ser multicelulares ou unicelulares, e são maiores e mais complexos do que as bactérias – portanto, geralmente mais difíceis de inativar. A aplicação do plasma quebra os conídios e a vesícula dos fungos, resultando em vazamento celular e perda de viabilidade. Os fungos tendem a apresentar uma inativação progressiva durante o armazenamento dos alimentos devido à presença de espécies de plasma de vida longa, como peróxido de hidrogênio (H_2O_2), radicais hidroperoxilo (OOH•) e peroxinitrito ($ONOO^-$), que permanecem ativos como ingredientes antimicrobianos e antifúngicos por cerca de 5 dias. Embora os fungos tendam a ser mais difíceis de inativar, são geralmente mais suscetíveis ao plasma do que a maioria das bactérias, pelo fato das espécies reativas e radiação UV gerada se difundirem mais facilmente em fungos do que em bactérias.

Quando os alimentos são contaminados por fungos, eles liberam enzimas digestivas para digerir a matéria orgânica em moléculas menores para seu crescimento. Às vezes, a hifa cresce no ar, e estruturas reprodutivas e propagativas especializadas chamadas "esporos" se formam nesses ramos aéreos. Os esporos carregam uma camada protetora que os protege de condições ambientais severas e são ainda mais difíceis de inativar. A aplicação do plasma resulta em alterações morfológicas consideráveis nos esporos fúngicos, causando ruptura, achatamento e encolhimento, com rugas superficiais e resultando na destruição da parede celular, pois ela torna-se permeável e permite o vazamento de componentes intracelulares. O tratamento também pode destruir o DNA do esporo fúngico. Quando a densidade de espécies ativas do plasma não é suficientemente alta para causar destruição da estrutura de esporos, alterações fisiológicas ocorrem devido à apoptose. A presença de melanina em fungos, graças à sua capacidade de ligação hídrica, impede que a célula se desidrate, diminuindo a eficiência do tratamento do plasma com relação à inativação dos esporos, demandando uma aplicação de vários minutos (aproximadamente 5 a 20 minutos) (Ouf, Basher, and Mohamed, 2015) *a double atmospheric pressure argon cold plasma* (DAPACP).

INATIVAÇÃO ENZIMÁTICA

Além da deterioração microbiana, a degradação da qualidade devido à ação de enzimas endógenas também é um fator de preocupação para a indústria de alimentos. Em matérias-primas íntegras, as enzimas e os substratos encontram-se confinados em compartimentos separados; porém, quando os alimentos são processados, a ruptura das células faz com que as enzimas entrem em contato com os substratos, dando início às reações de escurecimento enzimático e resultando em produtos de qualidade inferior em termos nutricionais e sensoriais.

Enzimas oxidativas, como polifenoloxidase (PPO), peroxidase (POD), β-glucosidase (BGL) e lipoxigenase (LOX) são responsáveis pela deterioração da cor, sabor e valor nutricional de uma vasta gama de produtos alimentícios. Em geral, as reações de escurecimento enzimático em frutas e vegetais são principalmente catalisadas por PPO e POD na presença de oxigênio e substâncias redutoras. Essas enzimas podem catalisar a hidroxilação de monofenóis em *o*-difenóis e a oxidação de *o*-difenóis em *o*-quinonas, que polimerizam-se formando pigmentos marrons (Figura 5.5). Além disso, a POD está envolvida na catalisação da oxidação de ácidos cinâmicos e proteínas da parede celular contendo tirosina, que auxiliam na reticulação oxidativa de polissacarídeos da parede celular. A inativação das enzimas endógenas que degradam a qualidade é necessária para a extensão da vida útil de alimentos suscetíveis ao escurecimento enzimático.

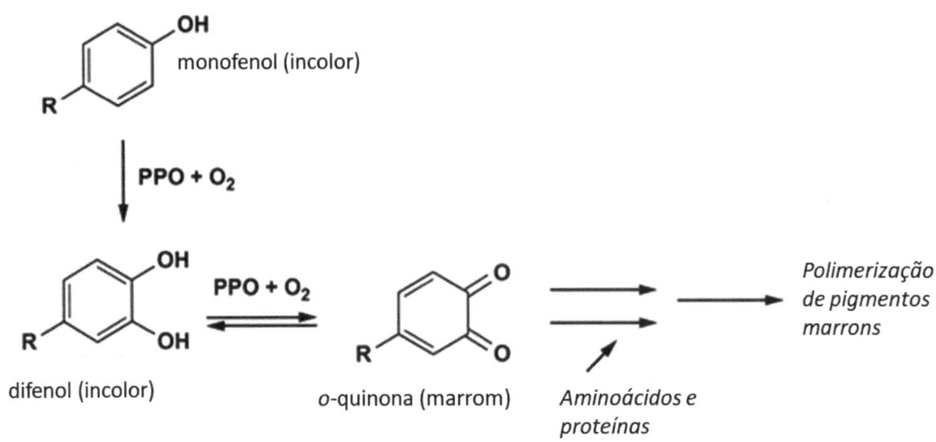

Figura 5.5 – Reação de escurecimento enzimático da polifenoloxidase (PPO) formando melaninas.

Adicionalmente, as propriedades texturais dos alimentos também podem ser afetadas por reações enzimáticas, principalmente devido a alterações na composição estrutural da parede celular e lamela média das células dos alimentos. Particularmente, deve-se dar atenção especial às enzimas pectina metilesterase (PME) e poligalacturonase (PG), que atuam na quebra da rede de pectina que envolve a estrutura da celulose, um importante componente da parede celular dos alimentos e, portanto, responsável por alterações indesejáveis na textura, viscosidade, consistência, cor e turbidez de alguns alimentos à base de frutas e vegetais.

Atualmente, o uso de plasma frio tem sido estudado na inativação de enzimas endógenas alimentares, como PPO, POD, PME, superóxido dismutase (SOD), fosfatase alcalina e lipase, em vários alimentos ou sistemas-modelo alimentares. Em geral, o mecanismo de inativação por plasma frio está relacionado à oxidação de aminoácidos presentes tanto nas cadeias livres quanto nas polipeptídicas, à despolimerização de cadeias polipeptídicas e à destruição de elementos estruturais secundários α-hélice e β-folha de proteínas, causando modificações químicas e estruturais no sítio ativo e, consequentemente, perda da atividade enzimática devido à interação das ROS e RNS.

A estabilidade da PPO e da POD depende da matriz alimentar. Em alguns casos, a PPO é mais estável do que a POD, e, em alguns casos a POD é mais estável que a PPO. A inativação tanto de PPO quanto de POD aumenta proporcionalmente à tensão, ao tempo de processamento e à concentração de oxigênio no gás de plasma. A inativação da PPO pode ocorrer em duas etapas, relacionadas à profundidade de penetração das espécies reativas do plasma: o primeiro estágio é rápido e ocorre enquanto as espécies de plasma têm boa acessibilidade às enzimas, enquanto o segundo ocorre quando a acessibilidade às enzimas diminui. Já a inativação da POD também pode ocorrer em duas etapas, mas a inativação observada no primeiro estágio é geralmente menor do que a da PPO. A primeira etapa é seguida por um segundo estágio de inativação muito mais lento, que pode não levar à inativação total da enzima.

A enzima fosfatase-alcalina (ALP) é uma enzima naturalmente presente no leite, que pode muito rapidamente ser inativada pelo tratamento por plasma. Perdas de 50% da atividade podem ser obtidas em poucos segundos de aplicação, usando sistemas de plasma tipo DBD, e observa-se uma atividade enzimática residual de aproximadamente 10%. A inativação de ALP aumenta à proporção que cresce a tensão e o tempo de processamento. Como em outras enzimas, a inativação da ALP é atribuída à reação de ROS, como o radical hidroxila (•OH), superóxido (O_2^-), hidroperoxilo (HOO•) e o óxido nítrico (NO), com as cadeias laterais dos aminoácidos da ALP. A cisteína e os aminoácidos aromáticos da ALP são os mais suscetíveis à reação com ROS, que induz mudanças estruturais na enzima que levam à sua inativação. A ALP tem a α-hélice como seu elemento estrutural predominante. Após o tratamento por plasma frio, o conteúdo da estrutura da β-folha aumenta, o que geralmente está relacionado à oxidação dos aminoácidos tirosina e triptofano. Outra mudança na estrutura está relacionada à remoção dos íons Mg^{2+} e Zn^{2+} do sítio ativo da ALP, o que torna o triptofano mais suscetível a reações com solventes e com as espécies reativas do plasma, levando a modificações na α-hélice com consequente perda de atividade enzimática.

Estudos científicos evidenciam que fatores, como a fonte de plasma, o gás de trabalho, o tipo de proteína/enzima, o volume da amostra e o meio de tratamento, desempenham um papel importante na desnaturação/modificação proteica induzida pelo plasma frio e, consequentemente, na eficiência do processo de inativação enzimática. Além disso, a frequência de excitação, a voltagem e o tempo são parâmetros cruciais para a inativação da atividade enzimática e devem ser considerados nos estudos que envolvem a aplicação de plasma frio em alimentos. É importante ressaltar que as modificações nas estruturas secundárias e terciárias das enzimas são diretamente proporcionais ao tempo de exposição ao tratamento, ou seja, à medida que o tempo de aplicação aumenta, o conteúdo do nível de substâncias reativas no plasma também aumenta e, portanto, o efeito na inativação enzimática cresce gradualmente.

De maneira geral, o plasma frio representa uma alternativa eficiente para a inativação de enzimas endógenas em alimentos. No entanto, seus efeitos ainda se limitam a alimentos líquidos simples ou amostras fatiadas. Os alimentos consistem em matrizes complexas, em que as enzimas interagem com outros componentes, e, com as restrições de penetrabilidade do plasma, ainda é um desafio aplicar a tecnologia para inativar enzimas endógenas em frutas inteiras, por exemplo. Portanto, os parâmetros de equipamento e processo para diferentes produtos alimentícios frescos devem ser otimizados para atingir o controle adequado da inativação enzimática e obter a máxima eficiência.

MODIFICAÇÃO DE COMPONENTES DOS ALIMENTOS

Os elétrons livres, íons carregados positiva e negativamente, átomos, moléculas, radicais livres e radiação UV, bem como as interações destes elementos com o alimento, são bastante complexos, podendo causar diversas modificações em macromoléculas (carboidratos, proteínas, fibras e lipídeos) e micromoléculas (água, vitaminas e minerais).

Conforme já mencionado, o plasma frio pode ser aplicado de duas formas: direta ou indiretamente. Quando o plasma é aplicado diretamente no alimento, os fenômenos de interação das espécies reativas produzidas durante o mecanismo de ionização do gás/ar são limitados à superfície de contato com o alimento. A profundidade de penetração do plasma é definida principalmente pelas características do alimento, como porosidade, atividade de água e composição química. Além disso, o limitado tempo de vida das espécies químicas reativas reduzem ainda mais a sua capacidade de penetração. Assim, a maioria dos efeitos sobre os alimentos é observada apenas na interface plasma/alimento, na qual as reações de interação entre as espécies reativas e as moléculas do alimento desencadeiam reações de degradação de constituintes e formação de novas moléculas reativas e atributos funcionais (Figura 5.6).

Por outro lado, no modo indireto, o plasma é aplicado inicialmente na água. As reações de interação dos componentes do plasma com a água intensificam os mecanismos de formação de ROS, permitindo uma maior penetrabilidade das espécies reativas nos alimentos e, portanto, uma maior eficácia no processo. Além disso, causa modificações mais substanciais na funcionalidade dos seus componentes.

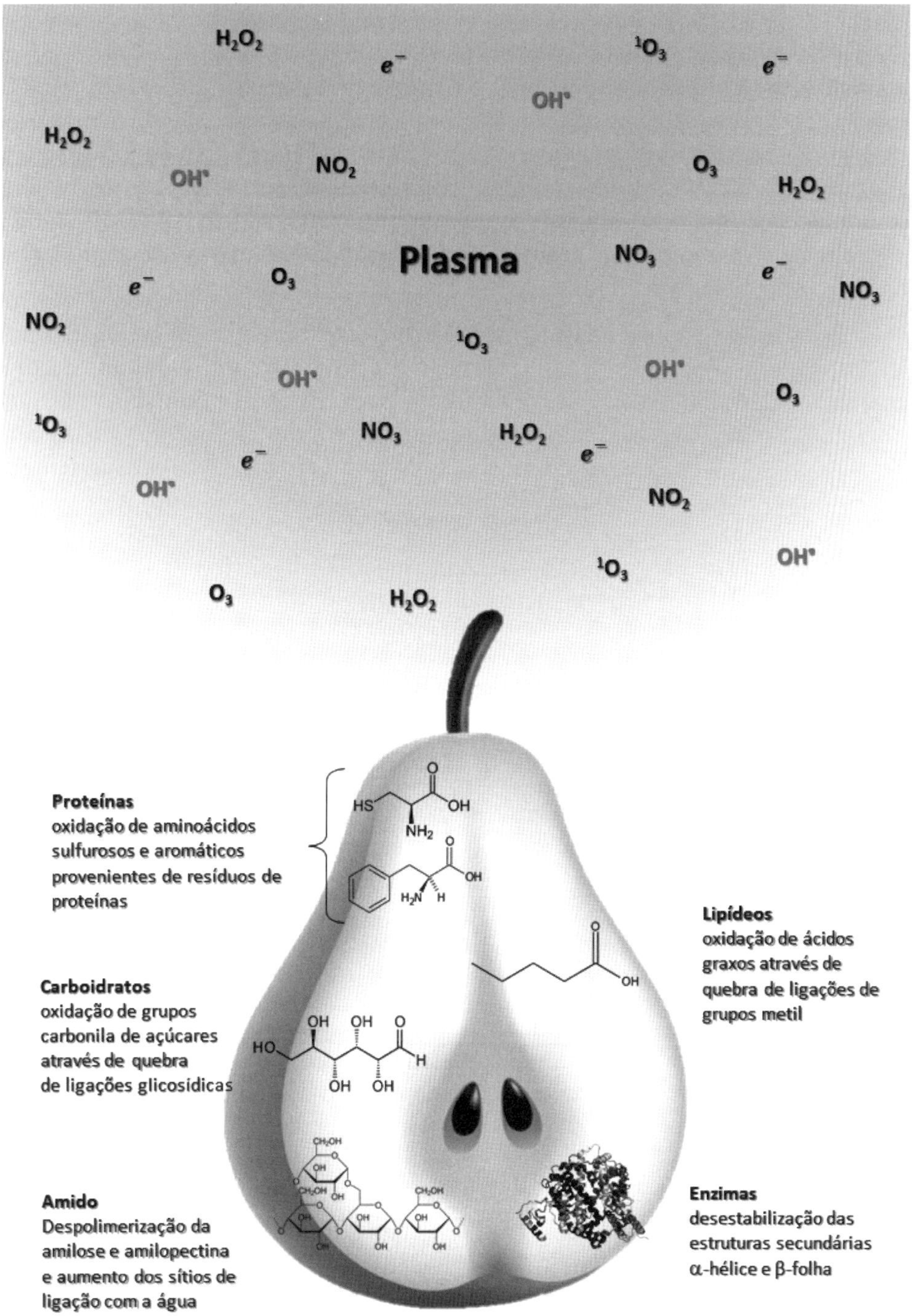

Figura 5.6 – Principais mecanismos de interação entre os componentes do plasma e as macromoléculas presentes nas matrizes alimentícias.
Fonte: Adaptado de Surowsky, Busler, & Schluter (2016).

Amidos e açúcares

As diversas reações que ocorrem entre o plasma e os componentes do alimento podem levar a modificações funcionais desejáveis e indesejáveis. Entre as desejáveis, está a modificação do amido que, em sua forma nativa, limita a aplicação industrial. Em geral, os amidos nativos apresentam solubilidade limitada em baixas temperaturas, além de alta viscosidade e indesejáveis efeitos de retrogradação na maioria dos produtos nos quais são aplicados. Após modificar suas funcionalidades, o amido passa a ser um ingrediente de grande valor e possui ampla capacidade de utilização em diversas formulações.

A modificação do amido por intermédio do uso de plasma frio tem sido estudada, e acredita-se que as espécies reativas do plasma interajam com a amilose e a amilopectina, causando mudanças desejáveis na configuração dessas moléculas e aumentando o seu poder de expansão, suas características hidrofílicas e hidrofóbicas, sua solubilidade, suas características de adesão e sua susceptibilidade a enzimas, além de causar alterações em suas propriedades térmicas. O ozônio é responsável pela quebra de ligações glicosídicas, provocando a despolimerização das moléculas. Além disso, esse gás possui a capacidade de oxidar os grupos funcionais carboxil e carbonil, levando à modificação das características funcionais da matriz alimentícia.

Nesse âmbito, diversos estudos sobre a aplicação de plasma frio em leguminosas e cereais tem demonstrado melhorias nas propriedades estruturais e funcionais do amido, como diminuição no tempo de cocção, aumento na capacidade de retenção de água, diminuição na temperatura de pasta e aumento na capacidade de gelatinização. A diminuição do tempo de cocção está relacionada principalmente à adesão a moléculas com grupos polares e ao aumento do grau de gelatinização do amido. Por outro lado, a despolimerização do amido por ROS na superfície dos alimentos, bem como o aumento dos sítios de ligação com a água, caracterizam-se como os principais mecanismos que induzem ao aumento na capacidade de retenção da água. A maioria dos estudos científicos observou mudanças na funcionalidade, mas não no teor do amido presente nas matrizes alimentícias tratadas com plasma frio.

O tratamento por plasma frio pode induzir uma diminuição na concentração de açúcares, como sacarose, frutose e glicose, em materiais derivados de vegetais, uma vez que esses açúcares são fonte de energia na maioria dos metabolismos primário e secundário. No tratamento de vegetais frescos, os açúcares são consumidos durante a biossíntese de compostos fenólicos, servindo como fonte de energia para a resposta ao estresse. Os açúcares são convertidos em fosfoenolpiruvato e eritrose-4-fosfato, respectivamente, por glicólise e via das pentoses-fosfato. O fosfoenolpiruvato e a eritrose-4-fosfato participam da rota do shikimato, sendo convertidos em fenilalanina, que participa da rota dos fenilpropanoides para gerar vários compostos fenólicos. Assim, a diminuição da concentração de açúcar pode estar diretamente relacionada ao acúmulo de fenólicos em material vegetal fresco.

O aumento na quantidade de açúcar não é comum após a aplicação de plasma frio, mas este fenômeno pode ocorrer, graças à despolimerização do amido e de outros oligossacarídeos. O aumento da concentração de frutose e da glicose pode estar relacionado à quebra da sacarose. Nas frutas, o ligeiro aumento no teor de açúcar também pode ser devido à extração de açúcares da polpa suspensa.

O tratamento de plasma frio pode induzir uma diminuição no comprimento médio da cadeia de oligossacarídeos. A despolimerização pode ocorrer em vários graus, dependendo do tipo de oligossacarídeo e das condições operacionais utilizadas. Geralmente, moléculas maiores são mais suscetíveis ao plasma do que as menores, e a diminuição da concentração de oligossacarídeos com maior grau de polimerização pode levar ao aumento da concentração com menor grau. A despolimerização de oligossacarídeos prebióticos pode ocorrer nas ligações α-1,6 glicosídicas, devido à oxidação por ozônio formada durante a aplicação de plasma frio.

Lipídios

Normalmente, a interação do plasma frio com os lipídios dos alimentos é sempre indesejável devido às aceleradas reações oxidativas. Por exemplo, o plasma frio contém muitos radicais hidroxila e oxigênio singleto, cujos alvos primários são grupos metil de ácidos graxos. O fenômeno da oxidação lipídica é geralmente dividido entre os estágios de iniciação, propagação e término, visto que ocorre a formação de radicais peróxidos (ROOR') e, em seguida, radicais hidroperóxido entre outros, pela quebra de ligações C–H. Essa reação em cadeia pode ser interrompida caso haja antioxidantes naturais presentes nos alimentos. No entanto, se essas substâncias não estiverem presentes na matriz alimentícia, a reação em cadeia é continuada, e os hidroperóxidos levam à quebra dos lipídios ou a ligações entre os ácidos graxos. Além disso, junto à peroxidação lipídica, observa-se a formação de compostos carbonílicos voláteis, como pentanal, cis-4-heptanal e trans-6-nonenal, responsáveis por aromas indesejáveis. Em geral, a oxidação lipídica acelerada pelo uso de plasma frio possui impacto negativo em produtos com alto teor lipídico, como carnes, laticínios e sementes oleaginosas. Por outro lado, o plasma frio tem sido usado para a hidrogenação parcial do óleo de soja sem a formação de ácidos graxos *trans*, mostrando-se um tratamento promissor em relação ao processo convencional de hidrogenação. Adicionalmente, o plasma frio também tem sido usado para a produção de biodiesel a partir de óleos de fritura, devido à sua capacidade de esterificar rapidamente.

Proteínas

O plasma frio também possui grande impacto sobre as estruturas químicas das proteínas e suas respectivas funcionalidades nos alimentos proteicos. Estudos têm indicado uma melhoria na capacidade de formação de espuma e emulsificação nas proteínas do soro de leite quando expostas ao plasma frio. Essas mudanças funcionais estão correlacionadas com a grande capacidade oxidativa das ROS e RNS na cisteína, levando a um aumento no número dos grupos carbonil e na hidrofobicidade da superfície.

O plasma frio também possui grande impacto sobre o glúten e as suas funcionalidades. No caso do tratamento da farinha de trigo, a estrutura secundária torna-se mais, e ocorrem algumas mudanças na reologia da massa durante o tempo de exposição ao plasma. As condições de tratamento, como tensão aplicada e tempo de exposição, são fatores que influenciam as características reológicas de viscosidade e elasticidade da farinha de trigo analisada. O principal componente do plasma que afeta as propriedades do glúten é o ozônio gerado.

O tratamento com plasma frio em leguminosas proporcionou um aumento na capacidade de ligação à água e à gordura, e foi observado um aumento na solubilidade em água. Além disso, foi verificada uma diminuição no pH em decorrência da acidificação do meio devido à formação dos radicais óxido nítrico (NO) e dióxido nítrico (NO_2). Enquanto isso, o aumento na solubilidade em água após o tratamento com plasma frio se correlaciona com o aumento significativo na concentração de grupos sulfidrila livres, o que se deve principalmente à interação da superfície proteica com as espécies ativas superóxido O_2^-, O_2^+, H_3O^+ e, consequentemente, ao aumento de sua hidrofilicidade.

Outro efeito importante do plasma frio que está sendo investigado é a sua capacidade de diminuição da alergenicidade em proteínas, como alérgenos da soja (β-conglicinina e glicinina) e leite (caseína, β-lactoglobulina e α-lactalbumina). O mecanismo de diminuição está relacionado à capacidade dos componentes do plasma em modificar epítopos lineares por fragmentação e conformacionais pela formação de agregados e reticulação. Os radicais hidroxila promovem a oxidação da cadeia lateral e, consequentemente, a ruptura das ligações peptídicas. A clivagem das ligações dissulfeto em peptídeos normalmente é o resultado da ação das ROS através da inclusão de um radical hidroxila. Além disso, as RNS, o ozônio (O_3), o radical hidroxila ($OH^\bullet$), o radical superóxido ($O_2^{\bullet -}$) e o peróxido de hidrogênio (H_2O_2), quando introduzidos em um ambiente líquido, são capazes de destruir os locais de ligação dos anticorpos, à medida que atacam aminoácidos facilmente oxidáveis.

Vitaminas e compostos fenólicos

A vitamina A pode aumentar ou diminuir com a aplicação do plasma, mas os mecanismos para essa mudança ainda são desconhecidos. O plasma a vácuo pode aumentar o conteúdo de pró-vitamina A em baixas fluências (tempo × fluxo de plasma). No entanto, a decomposição dessa pró-vitamina pode ser observada em fluências mais altas.

O ácido ascórbico (vitamina C) não se degrada significativamente durante a aplicação do plasma, e apenas perdas mínimas são observadas. O mecanismo de decomposição ocorre pela desprotonação da molécula, formando ascorbato, depois radical ascorbato, e terminando na formação de dehidroascorbato (DHA). A desprotonação do ácido ascórbico pode ocorrer por reação com hidrogênio, superóxido, peróxido de hidrogênio ou radical tocoferol. O teor do ácido diminui com a reação com ozônio, seja por reação direta ou pelo mecanismo Criegee. No entanto, a aplicação de plasma pode aumentar o teor de ácido ascórbico. Em células vivas, o DHA é regenerado pela enzima dehidroascorbato redutase (DHAR), formando ácido ascórbico. No entanto, a tecnologia de plasma frio pode induzir à hidrogenação de moléculas e transformar quimicamente o DHA em ácido ascórbico, revertendo o mecanismo de decomposição e aumentando o teor de vitamina C. A positividade ou negatividade do efeito depende dos parâmetros de processo e da matriz alimentar.

O plasma frio pode induzir tanto o aumento quanto a diminuição dos compostos fenólicos. Quatro fenômenos podem alterar o teor de fenólicos em produtos alimentícios: a extração de fenólicos da membrana celular, o vazamento de citoplasma devido à quebra celular, a despolimerização de taninos e, nas plantas, a ativação de mecanismos de defesa celular quando expostos a espécies de plasma reativo. Por outro lado, os fenólicos podem diminuir devido à oxidação.

O aumento do teor de fenólicos pode estar relacionado à extração de fenólicos das células superiores causada pela radiação UV e reação com as ROS, que também podem atuar como elicitores abióticos participando na regulação das respostas ao estresse nas plantas. A radiação UV estimula a hormese e induz reações benéficas no tecido vegetal, como o acúmulo de metabólitos secundários, incluindo os compostos fenólicos.

A presença de ROS sinalizam moléculas que desencadeiam reguladores de ROS exógenas que mediam o conteúdo fenólico em respostas ao estresse, contribuindo para o aumento do conteúdo fenólico. A biossíntese de fenólicos nas plantas é feita por enzimas da rota dos fenilpropanoides, como fenilalanina amonioliase (PAL), cinamato 4-hidroxilase (C4H) e 4-cumarato CoA ligase (4CL). O plasma frio pode aumentar a expressão dessas enzimas aumentando a produção de compostos fenólicos. Na rota dos fenilpropanoides, o ácido cinâmico é sintetizado pela PAL a partir da fenilalanina, o ácido *p*-cumárico (APC) é sintetizado pela C4H e a cinamoil-CoA é sintetizada pela 4CL, ambos a partir do ácido cinâmico. Compostos fenólicos, como ácido cafeico, ácido *p*-hidroxibenzoico, ácido protocatecuico e ácido gálico, são sintetizados a partir do ácido *p*-cumárico pela rota dos fenilpropanoides. A resposta ao estresse nas plantas pode ser aprimorada pelo tratamento por plasma aumentando o conteúdo de compostos fenólicos produzidos ao longo da rota dos fenilpropanoides.

Altas tensões na geração de plasma (superiores a 60 kV) podem gerar maiores concentrações de ROS e ozônio, que reagem com os anéis aromáticos fenólicos diminuindo o teor de compostos fenólicos. Flavan-3-ols (catequina, epicatequina e procianidina) tendem a se degradar quando submetidos ao plasma do tipo DBD e de acordo com o tempo de processamento. Os ácidos hidroxicinâmicos não são muito afetados quando submetidos ao DBD e ao plasma de jato, pois são agentes redutores menos eficazes do que outros compostos fenólicos e reagem lentamente com os radicais gerados.

O processamento por um longo tempo tende a degradar ligeiramente o ácido cafeico e o ácido 4-cumaroilquínico. DHA tendem a aumentar quando submetidas ao processamento por plasma por curto espaço de tempo (até 30 minutos) e, em seguida, diminuir após longa exposição (60 minutos). A concentração de flavonóis, como a quercetina, tendem a aumentar quando submetidos ao processamento de plasma do tipo DBD por curto tempo e, em seguida, diminuir após longa exposição. O mesmo ocorre com a miricetina. Já a rutina se degrada rapidamente quando submetida ao plasma. A diminuição no conteúdo de ácido gálico pode ocorrer com a quebra de seu anel aromático devido à formação de radical fenila durante a transferência de elétrons/prótons, levando à formação de pequenos ácidos fenólicos. Por outro lado, os elagitaninos podem ser hidrolisados e resultar na formação de ácido gálico, uma vez que as espécies reativas do plasma têm energia suficiente para quebrar as ligações covalentes e despolimerizar os elagitaninos.

Antocianinas e carotenoides

A concentração de antocianinas pode aumentar, devido à extração de antocianinas dos vacúolos para o espaço extracelular, ou diminuir, devido à degradação oxidativa. Antocianinas estão localizadas nos vacúolos celulares na maioria das plantas. As espécies reativas do plasma podem quebrar as membranas celulares e vacúolos, liberando esses compostos para o espaço extracelular, onde são mais facilmente detectados por instrumentos analíticos. O tratamento por plasma com mistura de argônio e oxigênio produz uma mistura de Ar^+, •OH e $•O_2$, que aumenta a quebra da epiderme vegetal e, portanto, aumenta a liberação de compostos bioativos do citoplasma e vacúolo para o espaço extracelular.

As antocianinas podem sofrer degradação oxidativa durante o tratamento por plasma, o que reduz seu conteúdo, e interagir com outras espécies geradas, resultando em maior degradação. Embora sejam suscetíveis às espécies reativas do plasma, as antocianinas são menos suscetíveis à degradação do que a antocianidina (que não apresenta grupo glicosado). Muitas antocianinas têm cor forte devido aos cromóforos de sua estrutura química, que são grupos químicos que absorvem a luz, dando origem à cor. O ozônio e o radical hidroxila podem causar a oxidação dos cromóforos, resultando em decomposição das antocianinas.

A difusão do ozônio pode aumentar a degradação da antocianina na matriz alimentar e durante o tempo de armazenamento. As tecnologias de plasma que geram radiação visível e UV podem induzir a fotodegradação de antocianinas com sua conversão a chalconas, que se decompõe posteriormente em um benzaldeído e um ácido benzoico.

Os carotenoides podem aumentar ou diminuir com a aplicação de plasma, porém o mecanismo ainda é desconhecido. O plasma a vácuo pode aumentar o conteúdo de carotenoides quando operados em baixas fluências (tempo × plasma). No entanto, sua decomposição pode ocorrer à medida que o tempo de processamento aumenta.

Capacidade antioxidante

O plasma frio pode induzir tanto o aumento quanto a diminuição da capacidade antioxidante, que está relacionada à soma da capacidade de vários compostos bioativos. Assim, um aumento no teor fenólico total ou em outros grupos químicos bioativos não necessariamente aumenta a capacidade antioxidante. Se a concentração de compostos com alta capacidade antioxidante diminuir e os compostos com baixa capacidade antioxidante aumentarem, a capacidade antioxidante líquida pode eventualmente levar a uma maior concentração de compostos bioativos, mas com uma menor capacidade total. A aplicação de plasma frio pode aumentar a capacidade antioxidante de um produto até determinado tempo de processamento, e, em seguida, a superexposição ao plasma e a seus radicais livres diminui a capacidade do produto.

DESCONTAMINAÇÃO DE SUPERFÍCIES E EMBALAGENS DE ALIMENTOS

A tecnologia de plasma frio tem sido largamente estudada no aperfeiçoamento de embalagens devido a sua capacidade de agir na descontaminação da superfície e aumentar a capacidade de impressão, especialmente em embalagens biodegradáveis. Nesse contexto, existem diversos estudos que relatam não apenas esse potencial, mas também a modificação das propriedades plásticas em embalagens.

Essas novas tendências no processo de descontaminação visam avançar principalmente no desenvolvimento de tecnologias não térmicas para a etapa de pós-embalagem e para a minimização do impacto na qualidade do produto. Embora a embalagem geralmente represente o estágio final do processamento de alimentos, uma fase de descontaminação subsequente é crítica para erradicar quaisquer contaminantes presentes nos produtos ou materiais de embalagem. Nesse sentido, as propostas de esterilização por plasma frio apresentam alguns benefícios, como tempo de processo reduzido, baixo custo, não utilização de insumos tóxicos e minimização de resíduos e seus respectivos efeitos nocivos.

Alguns estudos com biofilmes indicaram que o plasma frio foi capaz de aumentar a rugosidade da superfície, adesão da tinta, ângulo de contato e biodegradabilidade. Outros indicaram que o tratamento com plasma frio em biofilmes incorporados com ceras em sua composição reduziu a permeabilidade e solubilidade ao vapor de água, propriedades essenciais para materiais de embalagem de alimentos. Tais modificações estão relacionadas à capacidade dos componentes do plasma, incluindo elétrons livres, íons, radicais e átomos/moléculas excitadas, em alterar as propriedades do polímero na superfície das embalagens. As modificações podem ser controladas pela regulação do tipo de gás (oxigênio, nitrogênio, ar ou argônio) e das condições para gerar plasma, como frequência, potência e fluxo de gás. Portanto, entender os efeitos do tratamento e o funcionamento dos parâmetros é fundamental para obter um resultado satisfatório no tratamento/modificação dessas embalagens.

Estudos científicos sugerem que o tratamento da superfície de embalagens com plasma frio é de suma importância na descontaminação pós-embalagem de produtos à base de frutas, vegetais e alimentos prontos para consumo, uma vez que exigem processamento à temperatura ambiente a fim de garantir a segurança e a qualidade do produto. Além disso, a efetividade do processo de descontaminação parece estar diretamente relacionada ao tempo de exposição ao plasma frio, sendo, portanto, recomendado que o tempo de tratamento seja otimizado com base no tempo de produção máxima das espécies reativas desejadas para a efetiva esterilização comercial.

De maneira geral, a descontaminação da superfície de produtos após a etapa de embalagem tem sua eficácia aumentada proporcionalmente ao tempo de exposição e à voltagem de geração do plasma, em que se observa uma redução significativa na carga microbiana na superfície das embalagens. Além disso, nenhum impacto negativo foi observado nas propriedades físico-químicas de alimentos à base de frutas e vegetais, como cor, textura, pH ou teor de sólidos solúveis totais durante o período de vida de prateleira. Por outro lado, em produtos cárneos, atributos sensoriais, como cor, aroma e sabor sofreram alterações indesejáveis pelo tratamento com plasma à alta voltagem, em que se observou perda na coloração vermelha, devido à degradação da mioglobina, e formação de aromas e sabores rancificados, devido à oxidação lipídica. Portanto, a eficiência da descontaminação microbiana é altamente afetada pelo arranjo do plasma e pela natureza da contaminação, além das características dos alimentos, como volume, geometria e composição. Ainda não está claro se esses efeitos podem ser traduzidos para uso na indústria, uma vez que são poucos os estudos que avaliam o processo em escala-piloto ou industrial.

DEGRADAÇÃO DE MICOTOXINAS E PESTICIDAS

Micotoxinas são metabólitos secundários tóxicos produzidos por diversas cepas de fungos filamentosos. A contaminação de alimentos por fungos está relacionada principalmente às condições de armazenamento e estocagem, sobretudo em termos de teor de umidade e temperatura; alimentos com alto teor de carboidratos são mais susceptíveis à contaminação. Assim, fungos toxigênicos se desenvolvem facilmente em frutas, sementes, grãos e cereais que são muito utilizados na alimentação humana.

As micotoxinas, quando ingeridas, inaladas ou absorvidas pela pele, podem causar diversos efeitos deletérios à saúde humana, induzindo diferentes sinais clínicos, intimamente relacionados a cada micotoxina, dose ingerida e período de intoxicação, sendo observados desde fraqueza, perda de apetite, apatia, vômito e diarreia, até doenças mais graves ou a morte. Assim, dependendo de sua classificação e estrutura química, as micotoxinas produzem reações tóxicas mesmo em pequenas concentrações, além de terem efeito acumulativo e a longo prazo, com graves consequências, como a formação de lesões carcinogênicas, teratogênicas, mutagênicas, hepatóxicas e nefrotóxicas. As altas concentrações desses compostos encontrados em uma ampla variedade de alimentos os tornam de grande interesse na área de toxicologia alimentar, e diversos métodos de desintoxicação têm sido testados nos últimos anos.

Estudos científicos têm relatado que o tratamento com plasma frio é uma tecnologia eficaz na degradação de micotoxinas, como aflatoxinas (AFB1, AFB2, AFG1, AFG2, AFM1 e AFM2), zearalenona, enniatinas, desoxinivalenol, fumonisina, ocratoxina, desoxinivalenol e tricoteceno. Essa degradação está diretamente relacionada à reação das micotoxinas com os radicais livres formados durante a aplicação do plasma frio, como O• e OH•. No plasma frio gerado em ar úmido, a degradação está relacionada à reação com radicais de ozônio, hidroxila e alcoxi, que se formam a partir da ionização do oxigênio, água e dióxido de carbono (Figura 5.7). A via de degradação ocorre principalmente através da ozonólise, seguida de adição sequencial e reações de cisão, que envolvem a adição sequencial de uma molécula de água, átomo de hidrogênio ou grupo aldeído à aflatoxina ou às reações de epoxidação e oxidação através da reação com radical hidroperoxilo (HO2•). Uma via secundária relaciona a reação de compostos oxidativos com aflatoxina, quebrando-a na ligação dupla dos anéis dihidrofuranos, reduzindo a bioatividade da aflatoxina B1.

Além disso, o processamento com plasma frio é capaz de inibir o desenvolvimento de vários microrganismos que produzem micotoxinas, como *Aspergillus* spp., *Penicillium* spp., *Fusarium* spp. e *Alternaria* spp. A eficiência do plasma na degradação das micotoxinas varia de acordo com a estrutura molecular da toxina, a natureza do gás usado e a interação entre as moléculas de micotoxinas e as espécies reativas. Portanto, a micotoxina é degradada pelas ROS e RNS presentes no plasma, além da ação da radiação UV.

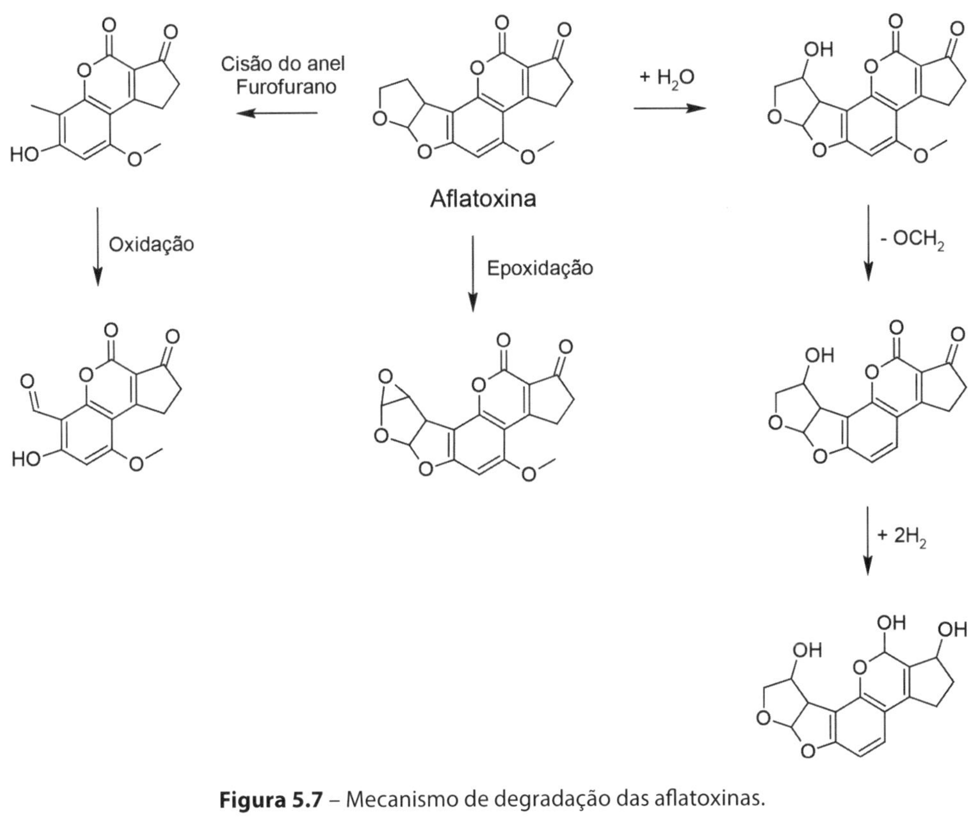

Figura 5.7 – Mecanismo de degradação das aflatoxinas.

O plasma frio também tem demonstrado ser uma alternativa com potencial para a degradação/remoção de pesticidas presentes em alimentos contaminados. Os pesticidas são uma classe de compostos que têm sido usados extensivamente na produção agrícola com o objetivo de inibir a proliferação de pragas e insetos. No entanto, a utilização de classes não recomendadas em determinados alimentos ou em quantidades residuais superiores às legalmente permitidas tornou-se um problema constante. O consumo de altas doses desses resíduos é prejudicial à saúde, e, portanto, métodos capazes de degradar os resíduos desses compostos nos alimentos são de grande interesse.

O plasma frio tem sido usado com sucesso para a degradação de vários tipos de pesticidas, como imidacloprida e boscalide em mirtilos, endosulfan, malatião e diclorvos em água, e fludioxonil, azoxistrobina, piriproxifen e ciprodinil em morangos. Estudos têm mostrado que as espécies reativas de oxigênio e nitrogênio geradas por plasma frio, bem como o ozônio e a radiação UV, possuem alto poder de degradar as moléculas constituintes de pesticidas. No entanto, é importante notar que a eficácia do plasma frio varia de acordo com a composição do gás utilizado e o tipo de pesticida.

TRATAMENTO DE ÁGUA E EFLUENTES

Atualmente, o impacto dos poluentes no meio ambiente e na saúde humana é uma grande preocupação, e as exigências legislativas estão se tornando cada vez mais rígidas em todo o mundo. Ao longo das últimas décadas, diversas tecnologias têm sido desenvolvidas com o objetivo de tratar os poluentes em detritos sólidos, efluentes e emissões de gases na atmosfera.

Nesse âmbito, a tecnologia de plasma frio vem ganhando destaque como um novo método de descontaminação de efluentes, trazendo consideráveis vantagens ambientais e econômicas para a degradação de contaminantes orgânicos. O tratamento gera diversas espécies químicas reativas envolvendo íons (H^+, H_3O^+, H^-, O^+, NO^-, NO_2^-, OH, N_2^+), moléculas (O_3, H_2O_2) e radicais livres (O•, H•, OH•, NO•), que contribuem para a eficiência do processo de degradação de contaminantes em aquíferos. Além disso, outros elementos do plasma, como radiação UV, efeitos de cavitação e pirólise de alta temperatura, também contribuem para o processo.

IMPACTO NA QUALIDADE DOS ALIMENTOS

Mudanças significativas na cor podem ocorrer em alimentos devido à oxidação de pigmentos. Produtos submetidos ao plasma em ambientes onde são gerados altos níveis de ozônio podem resultar em produtos mais luminosos devido a um efeito de branqueamento superficial. Uma diminuição significativa (superior a 15%) da clorofila, pigmento responsável pela cor verde de frutas e legumes, pode ocorrer após a aplicação do plasma. As clorofilas principais em frutas e vegetais são clorofila *a* e clorofila *b*, que ocorrem na proporção aproximada de 3:1. A degradação do pigmento ocorre devido à reação com radicais de oxigênio produzidos durante a aplicação do plasma, o que induz a quebra da membrana e se intensifica em frutas e vegetais minimamente processados.

A clorofila apresenta múltiplas vias de degradação. Algumas rotas mantêm o anel de porfirina intacto, levando a compostos coloridos. A oxidação adicional desses intermediários gera produtos descoloridos devido à quebra do anel de porfirina. Já a modificação química da periferia do anel leva a compostos de cor verde. A degradação mais comum ocorre pela remoção do grupamento fitol, promovida por condições ácidas. A remoção do magnésio quelado do centro do anel de porfirina leva à formação de produtos cor marrom-oliva e amarelo-oliva, chamados feofitinas. Nessa rota, o magnésio quelado é substituído por um íon de hidrogênio, assim sistemas de plasma que tendem a reações de hidrogenação podem levar a uma degradação mais rápida da clorofila.

O tratamento por plasma tende a diminuir o pH; assim, a aplicação do controle de pH pode ser necessária para evitar o excesso de degradação de clorofilas. Agentes alcalinos, como bicarbonato de sódio, glutamato de sódio, hexametafosfato, hidróxido de sódio e hidróxido de magnésio, são comumente usados para elevar o pH durante o processamento de vegetais verdes. A clorofila pode se degradar também devido à foto-oxidação em tecnologias de plasma, que irradiam grandes quantidades de fótons e luz UV.

Compostos fenólicos são metabólitos secundários presentes em raízes, frutas e vegetais. Os fenólicos podem ser divididos em dois grupos principais: compostos não flavonoides e flavonoides. Compostos não flavonoides são incolores ou ligeiramente amarelos e não têm uma contribuição direta significativa para a formação de cor, mas sua presença estabiliza e aumenta a cor dos compostos flavonoides devido à copigmentação, um fenômeno comum na natureza que pode ocorrer em produtos derivados de frutas, como vinhos e sucos. Os compostos flavonoides incluem as antocianinas, flavonóis e flavan-3-ols, que exibem cores intensas. Nesse grupo, as alterações no teor de antocianina têm o maior efeito na cor. O tratamento por plasma afeta os compostos fenólicos presentes nos alimentos, aumentando ou diminuindo compostos específicos, o que depende da tecnologia de plasma usada e das condições operacionais aplicadas, conforme explicado anteriormente. Assim, o tratamento pode resultar em mudança de cor. Mudanças significativas são notadas em frutas com maior teor de antocianina. Muitas antocianinas têm cor forte devido à sua estrutura química que contém cromóforos, que são grupos químicos que absorvem a luz, dando origem à cor. O ozônio e o radical hidroxila podem causar degradação oxidativa dos cromóforos, resultando em decomposição das antocianinas e alteração da cor. A estabilidade das antocianinas depende da sua estrutura molecular, concentração, pH, temperatura e presença de agentes complexados.

A presença de antocianinas e outros compostos fenólicos na matriz alimentar leva à copigmentação, estabilizando a cor da antocianina. A copigmentação induz mudanças nas propriedades espectrais dos grupos cromóforos, aumentando a absortividade e uma mudança para maiores comprimentos de onda, e diminuindo os valores L^* e b^* em soluções ricas em antocianina. A copigmentação é um fenômeno comum na natureza e pode ocorrer em produtos derivados de frutas, como vinhos e sucos, e tem a vantagem de impedir parcialmente a oxidação ou hidrólise do núcleo pirílio, reduzindo a mudança de cor.

Um aumento no teor de antocianina pode não necessariamente aumentar as variáveis colorimétricas do CIELab, e às vezes pode até diminuir as variáveis devido aos fenômenos de copigmentação. O tratamento por plasma mostrou converter parcialmente antocianinas em sua forma de aglicona (antocianidinas) por perda do glicídio, que pode alterar ligeiramente a cor do produto.

Alterações de cor também podem ocorrer em soluções ricas em antocianinas devido a alterações no pH. A antocianina apresenta diferentes conformações em diferentes pH, o que pode induzir mudanças nas cores. Em pH inferior a 2, as antocianinas existem principalmente na forma do cátion de flavílio de cor vermelho-alaranjado. Em pH superior a 2, a adição de água no núcleo pirílio converte a antocianina em hemiacetal e chalcona, que são incolores. A adição de água aumenta quando a antocianina está ligada dois glicídios. Nesse caso, produtos incolores são formados quando o pH aumenta. No entanto, em pH superior a 2, a desprotonação rápida dos grupos hidroxila forma quinonoides, que tem a cor roxa. Um equilíbrio termodinâmico ocorre entre as formas antocianina colorida e quinonoide e as formas incolores de hemiacetal e chalcona. As quantidades relativas dessas formas dependem da estrutura da antocianina, do glicídio ligado à estrutura da antocianina e do pH do meio. Sistemas de plasma que geram maiores quantidades de luz visível e radiação UV podem aumentar a degradação das antocianinas, produzindo chalconas incolores através da fotodegradação. No entanto, as antocianinas e, portanto, sua coloração é menos suscetível à degradação quando copigmentadas com fenólicos e flavonóis, porque estes compostos absorvem fortemente a radiação UV prejudicial e protegem as antocianinas.

As heme-proteínas mioglobina, hemoglobina e citocromo *c* são responsáveis pela cor dos produtos de carne. Entre esses compostos, a mioglobina, uma heme-proteína citoplasmática que consiste em uma cadeia de polipeptídios (globina) e um grupo protético heme (pigmento vermelho), corresponde a mais de 70% das heme-proteínas em carnes. Esses produtos têm baixas quantidades de hemoglobina por causa da sanguinação no momento do abate, e o citocromo *c* está presente em baixas quantidades e pouco contribui para a cor. A parte central do grupo heme contém ferro ligado aos átomos de nitrogênio da protoporfirina IX. A mioglobina pode ser ligada a um oxigênio formando a oximioglobina (MbFe(II)O2), de cor vermelha brilhante, ou não ligada ao oxigênio formando a desoximioglobina (desoxyMbFe(II)), de cor roxa. A oxidação ferro do grupo heme de Fe(II) para Fe(III) leva à formação da metamioglobina (MbFe(III)), que é incolor. O ozônio do plasma reage com o grupo heme, resultando em compostos oxidados. O ânion peroxinitrito (ONOO-) pode oxidar o íon ferroso do grupo heme, levando à mudança do vermelho para marrom.

Os carotenoides têm coloração de vermelho a amarelo e são ligados a proteínas e à estrutura da membrana. A aplicação de plasma pode quebrar essas ligações, liberando carotenoides no citoplasma. A quebra da membrana celular libera carotenoides no espaço extracelular, melhorando ligeiramente a cor do produto. A longa exposição ao plasma pode degradar os carotenoides com consequente mudança de coloração.

Frutas submetidas ao tratamento de plasma podem apresentar aumento ou perda de firmeza. Ambos os desfechos estão relacionados às mudanças na superfície da fruta (morangos, mirtilos e tomates) causadas pelas espécies reativas do plasma, como altos níveis de ozônio. A perda de textura é causada pelo amolecimento da superfície da fruta e pelos danos das células mais externas, com consequente degradação da estrutura interna. A perda de crocância também está relacionada à destruição de células superficiais por radicais oxidantes formados pelo plasma. Ainda há poucos estudos mostrando o efeito da aplicação de plasma em outros tipos de alimentos, e, portanto, seu efeito na textura é ainda desconhecido.

CONCLUSÃO

O plasma frio consiste em uma tecnologia não térmica que tem ganhado ampla aplicabilidade na indústria de alimentos como forma alternativa aos tratamentos térmicos já convencionalmente usados. Neste capítulo, foram explicitados as fundamentações teóricas, os equipamentos e os princípios operacionais relacionados à geração de plasma frio, bem como as diversas aplicações da tecnologia na indústria de alimentos. O tratamento com plasma frio é amplamente utilizado na descontaminação de alimentos e embalagens, na degradação de toxinas e pesticidas e no processamento de alimentos com modificação da funcionalidade dos componentes das matrizes alimentícias. Os estudos com fins de descontaminação são uma das maiores áreas de aplicação do plasma frio, uma vez que esta tecnologia vem sendo estudada em uma variedade de produtos frescos e processados, e também com relação à inativação de diversos microrganismos patogênicos. A degradação de toxinas e pesticidas, o controle de biofilmes microbianos e o tratamento de superfícies de processamento, resíduos e efluentes também estão sob investigação. O tratamento de plasma frio na esterilização comercial de embalagens tem atraído grande interesse da indústria de alimentos. Apesar da ampla aplicabilidade dessa tecnologia, ainda são escassos os estudos em escala-piloto e industrial, em que percepções de viabilidade técnico-econômica devem ser observados antes de uma utilização em escala comercial maior na indústria de alimentos.

REFERÊNCIAS BIBLIOGRÁFICAS

Albertos, I., Martin-Diana, A. B., Cullen, P. J., Tiwari, B. K., Ojha, K. S., Bourke, P., & Rico, D. (2019). Shelf-life extension of herring (*Clupea harengus*) using in-package atmospheric plasma technology. *Innovative Food Science & Emerging Technologies, 53*, 85-91.

Almeida, F. D. L., Cavalcante, R. S., Cullen, P. J., Frias, J. M., Bourke, P., Fernandes, F. A., & Rodrigues, S. (2015). Effects of atmospheric cold plasma and ozone on prebiotic orange juice. *Innovative Food Science & Emerging Technologies, 32*, 127-135.

Alothman, M., Bhat, R., & Karim, A. A. (2009). Effects of radiation processing on phytochemicals and antioxidants in plant produce. *Trends in Food Science & Technology, 20*, 201-212.

Alves Filho, E. G., de Brito, E. S., & Rodrigues, S. (2020). Effects of cold plasma processing in food components. In *Advances in cold plasma applications for food safety and preservation* (pp. 253-268). Elsevier.

Alves Junior, C. (2020). Plasma frio atmosférico: novas oportunidades de pesquisa numa plataforma versátil e portadora de futuro. *Revista Matéria*, *25*, 1-7.

Ananthanarasimhan, J., Lakshminarayana, R., Anand, M. S., & Dasappa, S. (2019). Influence of gas dynamics on arc dynamics and the discharge power of a rotating gliding arc. *Plasma Sources Science and Technology*, *28*, 085012.

Augusto, O., & Miyamoto, S. (2011). Oxygen radicals and related species. *Principles of free radical biomedicine*, *1*, 19-42.

Baron, C. P., & Andersen, H. J. (2002). Myoglobin-induced lipid oxidation: A review. *Journal of Agricultural and Food Chemistry*, *50*, 3887-3897.

Benstaali, B., Moussa, D., Addou, A., & Brisset, J. L. (1998). Plasma treatment of aqueous solutes: some chemical properties of a gliding arc in humid air. *The European Physical Journal-Applied Physics*, *4*, 171-179.

Bermudez-Aguirre, D. (2020). Advances in the inactivation of microorganisms and viruses in food and model systems using cold plasma. In *Advances in Cold Plasma Applications for Food Safety and Preservation* (pp. 49-91). Elsevier.

Bosch, L., Pfohl, K., Avramidis, G., Wieneke, S., Viöl, W., & Karlovsky, P. (2017). Plasma-based degradation of mycotoxins produced by *Fusarium*, *Aspergillus*, and *Alternaria* species. *Toxins*, *9*, 97.

Bußler, S., Steins, V., Ehlbeck, J., Schlüter, O. (2015). Impact of thermal treatment *versus* cold atmospheric plasma processing on the techno-functional protein properties from *Pisum sativum* "Salamanca." *Journal of Food Engineering*, *167*, 166-174.

Cataldo, F. (2006). Ozone degradation of biological macromolecules: Proteins, hemoglobin, RNA, and DNA. *Ozone: Science & Engineering*, *28*, 317-328.

Cavalcanti, R. N., Leite Jr., B. R. C., Cappato, L. P., Guimarães, J. T., Oliveira, P. H. B., Mercali, G. D., Marzack, L. D. F., Cristianini, M., Rodrigues, S., Cruz, A. G., & Sá, P. B. Z. R. (2016). Tecnologias emergentes. In: A. G. Cruz, P. B. Zacarchenco, C. A. F. Oliveira, & C. H. Corassi (Eds.), *Processamento de Leites de Consumo* (pp. 262-318). Oxford: GEN LTC.

Chakraborty, S., Kaushik, N., Rao, P. S., & Mishra, H. N. (2014). High-Pressure Inactivation of Enzymes: A Review on Its Recent Applications on Fruit Purees and Juices. *Comprehensive Reviews in Food Science and Food Safety*, *13*, 578-596.

Cheng, J. H., Lv, X., Pan, Y., & Sun, D. W. (2020). Foodborne bacterial stress responses to exogenous reactive oxygen species (ROS) induced by cold plasma treatments. *Trends in Food Science & Technology*, *103*, 239-247

Chizoba Ekezie, F. G., Sun, D. W., & Cheng, J. H. (2017). A review on recent advances in cold plasma technology for the food industry: Current applications and future trends. *Trends in Food Science & Technology*, *69*, 46-58.

Cubas, A. L. V., Machado, M. M., Pinto, C. R. S. C., Moecke, E. H. S., & Dutra, A. R. A. (2016). Biodiesel production using fatty acids from food industry waste using corona discharge plasma technology. *Waste Management*, *47*, 149-154.

Dasan, B. G., Mutlu, M., & Boyaci, I. H. (2016). Decontamination of *Aspergillus flavus* and *Aspergillus parasiticus* spores on hazelnuts via atmospheric pressure fluidized bed plasma reactor. *International Journal of Food Microbiology*, *216*, 50-59.

Deng, X. T., Shi, J. J., & Kong, M. G. (2007). Protein destruction by a helium atmospheric pressure glow discharge: capability and mechanisms. *Journal of Applied Physics*, *101*, 074701.

Devi, Y., Thirumdas, R., Sarangapani, C., Deshmukh, R. R., & Annapure, U. S. (2017). Influence of cold plasma on fungal growth and aflatoxins production on groundnuts. *Food Control*, *77*, 187-191.

Dong, S., Gao, A., Xu, H., Chen, Y. (2017). Effects of Dielectric Barrier Discharges (DBD) Cold Plasma Treatment on Physicochemical and Structural Properties of Zein Powders. *Food Bioprocess and Technology*, *10*, 434-444.

Duvetter, T., Sila, D. N., Van Buggenhout, S., Jolie, R., Van Loey, A. M., & Hendrickx, M. E. (2009). Pectins in processed fruit and vegetables: part I-Stability and catalytic activity of pectinases. *Comprehensive Reviews in Food Science and Food Safety*, *8*, 2, 75-85.

Fang, Z., Qiu, Y., Sun, Y., Wang, H., & Edmund, K. (2008). Experimental study on discharge characteristics and ozone generation of dielectric barrier discharge in a cylinder-cylinder reactor and a wire-cylinder reactor. *Journal of Electrostatics*, *66*, 421-426.

Fernández, A., Shearer, N., Wilson, D. R., & Thompson, A. (2012). Effect of microbial loading on the efficiency of cold atmospheric gas plasma inactivation of *Salmonella enterica* serovar *Typhimurium*. *International Journal of Food Microbiology*, *152*, 175-180.

Fernández, A., & Thompson, A. (2012). The inactivation of *Salmonella* by cold atmospheric plasma treatment. *Food Research International*, *45*, 678-684.

Förster, S., Mohr, C., & Viöl, W. (2005). Investigations of an atmospheric pressure plasma jet by optical emission spectroscopy. *Surface and Coatings Technology*, *200*, 827-830.

Fridman, A. (2008). *Plasma chemistry*. Cambridge University Press.

Gavahian, M., Chu, Y. H., & Jo, C. (2019). Prospective Applications of Cold Plasma for Processing Poultry Products: Benefits, Effects on Quality Attributes, and Limitations. *Comprehensive Reviews in Food Science and Food Safety*, *18*, 1292-1309.

Gavahian, M., Sarangapani, C., & Misra, N. (2021). Cold plasma technology for mitigating agrochemical and pesticide residue in food and water: Similarities with ozone and ultraviolet processing, considerations, and research needs. *Food Research International, 141*, 110138.

Gavahian, M., & Khaneghah, A. M. (2020). Cold plasma as a tool for the elimination of food contaminants: Recent advances and future trends. *Critical Reviews in Food Science and Nutrition, 60*, 1581-1592.

Giordano, S., Clodoveo, M. L., Gennaro, B. D., & Corbo, F. (2018). Factors determining neophobia and neophilia with regard to new technologies applied to the food sector: A systematic review. *International Journal of Gastronomy and Food Science, 11*, 1-19.

Giovane, A., Servillo, L., Balestrieri, C., Raiola, A., D'avino, R., Tamburrini, M., Ciardiello, M., & Camardella, L. (2004). Pectin methylesterase inhibitor. *Biochimica et Biophysica Acta (BBA) – Proteins and Proteomics, 1696*(2), 245-52.

Girard, F., Peret, M., Dumont, N., Badets, V., Blanc, S., Gazeli, K., Noël, C., Belmonte, T., Marlin, L., Cambus, J. P., Simon, G., Sojic, N., Held, B., Arbault, S., & Clément, F. (2018). Correlations between gaseous and liquid phase chemistries induced by cold atmospheric plasmas in a physiological buffer. *Physical Chemistry Chemical Physics, 20*, 9198-9210.

Gómez-López, V.M., Pataro, G., Tiwari, B., Gozzi, M., Meireles, M.Á.A., Wang, S., Guamis, B., Pan, Z., Ramaswamy, H., Sastry, S., Kuntz, F., Cullen, P.J., Vidyarthi, K., Ling, B., Quevedo, J.M., Strasser, A., Vignali, G., Veggi, P.C., Gervilla, R., Kotilainen, H.M., Viganó, J., Morata, A., Meireles, Á.A., Wang, S., Guamis, B., Pan, Z., Ramaswamy, H., Sastry, S., Kuntz, F., Cullen, P.J., Vidyarthi, S.K., Ling, B., Quevedo, J.M., Strasser, A., Vignali, G., Veggi, P.C., Gervilla, R., Kotilainen, H.M., Pelacci, M., Viganó, & J., Morata, A. (2021). Guidelines on reporting treatment conditions for emerging technologies in food processing. *Critical Reviews in Food Science & Nutrition*, 1-25.

Grzegorzewski, F., Ehlbeck, J., Schlüter, O., Kroh, L. W., & Rohn, S. (2011). Treating lamb's lettuce with a cold plasma-Influence of atmospheric pressure Ar plasma immanent species on the phenolic profile of *Valerianella locusta. LWT, 44*, 2285-2289.

Grzegorzewski, F., Rohn, S., Kroh, L. W., Geyer, M., & Schlüter, O. (2010). Surface morphology and chemical composition of lamb's lettuce (*Valerianella locusta*) after exposure to a low-pressure oxygen plasma. *Food Chemistry, 122*, 1145-1152.

Herceg, Z., Kovačević, D. B., Kljusurić, J. G., Jambrak, A. R., Zorić, Z., & Dragović-Uzelac, V. (2016). Gas phase plasma impact on phenolic compounds in pomegranate juice. *Food Chemistry, 190*, 665-672.

Herianto, S., Hou, C. Y., Lin, C. M., & Chen, H. L. (2021). Nonthermal plasma-activated water: A comprehensive review of this new tool for enhanced food safety and quality. *Comprehensive Reviews in Food Science and Food Safety, 20*, 583-626.

Ikmal Misnal, M. F., Redzuan, N., Firdaus Zainal, M. N., Raja Ibrahim, R. K., Ahmad, N., & Agun, L. (2021). Emerging cold plasma treatment on rice grains: A mini review. *Chemosphere, 274*, 129972.

Ji, S. H., Kim, T., Panngom, K., Hong, Y. J., Pengkit, A., Park, D. H., Kang, M. H., Lee, S. H., Im, J. S., Kim, J. S., Uhm, H. S., Choi, E. H., & Park, G. (2015). Assessment of the Effects of Nitrogen Plasma and Plasma-Generated Nitric Oxide on Early Development of *Coriandum sativum*. *Plasma Processes and Polymers, 12*, 1164-1173.

Joshi, S. G., Cooper, M., Yost, A., Paff, M., Ercan, U. K., Fridman, G., Friedman, G., Fridman, A., & Brooks, A. D. (2011). Nonthermal dielectric-barrier discharge plasma-induced inactivation involves oxidative DNA damage and membrane lipid peroxidation in *Escherichia coli*. *Antimicrobial agents and chemotherapy, 55*(3), 1053-1062.

Karel, M., & Lund, D. B. (2003). *Physical principles of food preservation: revised and expanded.* CRC Press.

Kazemi, M., & Taghvaei, H. (2021). A novel multi array dielectric barrier discharge plasma gas diffuser for wastewater treatment: The role of reactive species. *Separation and Purification Technology, 260*, 118236.

Khani, M. R., Shokri, B., Khajeh, K. (2017). Studying the performance of dielectric barrier discharge and gliding arc plasma reactors in tomato peroxidase inactivation. *Journal of Food Engineering, 197*, 107-112.

Khorram, S., Zakerhamidi, M. S., & Karimzadeh, Z. (2015). Polarity functions' characterization and the mechanism of starch modification by DC glow discharge plasma. *Carbohydrate Polymers, 127*, 72-78.

Kovačević, D. B., Putnik, P., Dragović-Uzelac, V., Pedisić, S., Jambrak, A. R., & Herceg, Z. (2016). Effects of cold atmospheric gas phase plasma on anthocyanins and color in pomegranate juice. *Food Chemistry, 190*, 317-323.

Lacombe, A., Niemira, B. A., Gurtler, J. B., Fan, X., Sites, J., Boyd, G., & Chen, H. (2015). Atmospheric cold plasma inactivation of aerobic microorganisms on blueberries and effects on quality attributes. *Food Microbiology, 46*, 479-484.

Laroussi, M., & Leipold, F. (2004). Evaluation of the roles of reactive species, heat, and UV radiation in the inactivation of bacterial cells by air plasmas at atmospheric pressure. *International Journal of Mass Spectrometry, 233*, 81-86.

Lee, H., Kim, J. E., Chung, M. S., & Min, S. C. (2015). Cold plasma treatment for the microbiological safety of cabbage, lettuce, and dried figs. *Food Microbiology, 51*, 74-80.

Li, X., Li, M., Ji, N., Jin, P., Zhang, J., Zheng, Y., Zhang, X., & Li, F. (2019). Cold plasma treatment induces phenolic accumulation and enhances antioxidant activity in fresh-cut pitaya (*Hylocereus undatus*) fruit. *LWT, 115*, 108447.

Liavoga, A., & Matella, N. J. (2012). Enzymes in quality and processing of tropical and subtropical fruits. In: M. Siddiq (ed), *Tropical and subtropical fruits: postharvest physiology, processing and packaging.* (pp. 35-51). Oxford, UK: Wiley-Blackwell.

López-Nicolás, J. M., Núñez-Delicado, E., Sánchez-Ferrer, Á., & García-Carmona, F. (2007). Kinetic model of apple juice enzymatic browning in the presence of cyclodextrins: The use of maltosyl-β-cyclodextrin as secondary antioxidant. *Food Chemistry, 101*, 1164-1171.

Lymar, S. V., & Hurst, J. K. (1998). CO2-Catalyzed One-Electron Oxidations by Peroxynitrite: Properties of the Reactive Intermediate. *Inorganic Chemistry, 37*, 294-301.

Mai-Prochnow, A., Clauson, M., Hong, J., & Murphy, A. B. (2016). Gram-positive and Gram-negative bacteria differ in their sensitivity to cold plasma. *Scientific reports*, *6*(1), 1-11.

Mai-Prochnow, A. (2020). Cold plasma to control biofilms on food and in the food-processing environment. In *Advances in Cold Plasma Applications for Food Safety and Preservation* (pp. 109-143). Elsevier.

Mandal, R., Singh, A., & Singh, A. P. (2018). Recent developments in cold plasma decontamination technology in the food industry. *Trends in Food Science & Technology, 80*, 93-103.

Marnett, L. J. (1999). Lipid peroxidation: DNA damage by malondialdehyde. *Mutation Research/Fundamental and Molecular Mechanisms of Mutagenesis, 424*, 83-95.

Martins, C., Assunção, R., Cunha, S. C., Fernandes, J. O., Jager, A., Petta, T., Oliveira, C. A., & Alvito, P. (2018). Assessment of multiple mycotoxins in breakfast cereals available in the Portuguese market. *Food Chemistry, 239*, 132-140.

Meinlschmidt, P., Ueberham, E., Lehmann, J., Reineke, K., Schlüter, O., Schweigger-t-Weisz, U., & Eisner, P. (2016). The effects of pulsed ultraviolet light, cold atmospheric pressure plasma, and gamma-irradiation on the immunoreactivity of soy protein isolate. *Innovative Food Science and Emerging Technologies, 38*, 374-383.

Mir, S. A., Dar, B. N., Shah, M. A., Sofi, S. A., Hamdani, A. M., Oliveira, C. A. F., Hashemi Moosavi, M., Mousavi Khaneghah, A., & Sant'Ana, A. S. (2021). Application of new technologies in decontamination of mycotoxins in cereal grains: Challenges, and perspectives. *Food and Chemical Toxicology, 148*, 111976.

Misra, N. N., & Jo, C. (2017). Applications of cold plasma technology for microbiological safety in meat industry. *Trends in Food Science & Technology, 64*, 74-86.

Misra, N. N., Kaur, S., Tiwari, B. K., Kaur, A., Singh, N., & Cullen, P. J. (2015). Atmospheric pressure cold plasma (ACP) treatment of wheat flour. *Food Hydrocolloids, 44*, 115-121.

Misra, N. N., Pankaj, S. K., Walsh, T., O'Regan, F., Bourke, P., & Cullen, P. J. (2014). In-package nonthermal plasma degradation of pesticides on fresh produce. *Journal of Hazardous Materials, 271*, 33-40.

Misra, N. N., Yadav, B., Roopesh, M. S., & Jo, C. (2019). Cold Plasma for Effective Fungal and Mycotoxin Control in Foods: Mechanisms, Inactivation Effects, and Applications. *Comprehensive Reviews in Food Science & Food Safety, 18*, 106-120.

Misra, N. N., Yepez, X., Xu, L., & Keener, K. (2019). In-package cold plasma technologies. *Journal of Food Engineering, 244*, 21-31.

Misra, N. N., Schlüter, O., & Cullen, P. J. (Eds.). (2016). *Cold plasma in food and agriculture: fundamentals and applications*. Elsevier.

Misra, N. N., Patil, S., Moiseev, T., Bourke, P., Mosnier, J. P., Keener, K. M., & Cullen, P. J. (2014). In-package atmospheric pressure cold plasma treatment of strawberries. *Journal of Food Engineering, 125*, 131-138.

Møller, I. M., Jensen, P. E., & Hansson, A. (2007). Oxidative modifications to cellular components in plants. *Annual Review of Plant Biology, 58*, 459-481.

Moosavi, M. H., Khani, M. R., Shokri, B., Hosseini, S. M., Shojaee-Aliabadi, S., & Mirmoghtadaie, L. (2020). Modifications of protein-based films using cold plasma. *International Journal of Biological Macromolecules, 142*, 769-777.

Moutiq, R., Pankaj, S. K., Wan, Z., Mendonca, A., Keener, K., Misra, N. N. (2020). Atmospheric Pressure Cold Plasma as a Potential Technology to Degrade Carbamate Residues in Water. *Plasma Chemistry & Plasma Processing, 40*, 1291-1309.

Nishime, T. M. C., Borges, A. C., Koga-Ito, C. Y., Machida, M., Hein, L. R. O., & Kostov, K. G. (2017). Non-thermal atmospheric pressure plasma jet applied to inactivation of different microorganisms. *Surface and Coatings Technology, 312*, 19-24.

Oh, Y. A., Roh, S. H., Min, S. C. (2016). Cold plasma treatments for improvement of the applicability of defatted soybean meal-based edible film in food packaging. *Food Hydrocolloids, 58*, 150-159.

Ojha, S., Fröhling, A., Durek, J., Ehlbeck, J., Tiwari, B. K., Schlüter, O. K., Bußler, S. (2021). Principles and Application of Cold Plasma in Food Processing. *Innovative Food Science & Emerging Technologies, 1857*, 519-540.

Ouf, S. A., Basher, A. H., & Mohamed, A. A. H. (2015). Inhibitory effect of double atmospheric pressure argon cold plasma on spores and mycotoxin production of *Aspergillus niger* contaminating date palm fruits. *Journal of the Science of Food and Agriculture, 95*, 3204-3210.

Ozen, E., & Singh, R. K. (2020). Atmospheric cold plasma treatment of fruit juices: A review. *Trends in Food Science & Technology, 103*, 144-151.

Pan, Y., Cheng, J., & Sun, D. (2019). Cold Plasma-Mediated Treatments for Shelf--Life Extension of Fresh Produce: A Review of Recent Research Developments. *Comprehensive Reviews in Food Science & Food Safety, 18*, 1312-1326.

Pan, Y., Cheng, J. H., Lv, X., & Sun, D. W. (2019). Assessing the inactivation efficiency of Ar/O2 plasma treatment against Listeria monocytogenes cells: Sublethal injury and inactivation kinetics. *LWT, 111*, 318-327.

Pankaj, S. K., Bueno-Ferrer, C., Misra, N. N., O'Neill, L., Tiwari, B. K., Bourke, P., & Cullen, P. J. (2015). Dielectric barrier discharge atmospheric air plasma treatment of high amylose corn starch films. *LWT, 63*, 1076-1082.

Pankaj, S. K., Bueno-Ferrer, C., Misra, N. N., Milosavljević, V., O'donnell, C. P., Bourke, P., Keener, K. M., & Cullen, P. J. (2014). Applications of cold plasma technology in food packaging. *Trends in Food Science & Technology, 35*, 5-17.

Pankaj, S. K., Wan, Z., Colonna, W., & Keener, K. M. (2017). Effect of high voltage atmospheric cold plasma on white grape juice quality. *Journal of the Science of Food and Agriculture, 97*, 4016-4021.

Patange, A., Boehm, D., Giltrap, M., Lu, P., Cullen, P. J., & Bourke, P. (2018). Assessment of the disinfection capacity and eco-toxicological impact of atmospheric cold plasma for treatment of food industry effluents. *Science of the Total Environment, 631-632*, 298-307.

Pedrow, P., Hua, Z., Xie, S., & Zhu, M. J. (2020). Engineering principles of cold plasma. In *Advances in Cold Plasma Applications for Food Safety and Preservation* (pp. 3-48). Elsevier.

Peng, P., Chen, P., Zhou, N., Schiappacasse, C., Cheng, Y., Chen, D., Addy, M., Zhang, Y., Anderson, E., Fan, L., Hatzenbeller, R., Liu, Y., & Ruan, R. (2020). Packed food and packaging materials disinfected by cold plasma. In *Advances in cold plasma applications for food safety and preservation* (pp. 269-286). Elsevier.

Perinban, S., Orsat, V., & Raghavan, V. (2019). Nonthermal Plasma-Liquid Interactions in Food Processing: A Review. *Comprehensive Reviews in Food Science and Food Safety, 18*, 1985-2008.

Priyadarshini, A., Rajauria, G., O'Donnell, C. P., & Tiwari, B. K. (2019). Emerging food processing technologies and factors impacting their industrial adoption. *Criticals Reviews in Food Science & Nutrition, 59*, 3082-3101.

Rana, S., Mehta, D., Bansal, V., Shivhare, U. S., & Yadav, S. K. (2020). Atmospheric cold plasma (ACP) treatment improved in-package shelf-life of strawberry fruit. *Journal of Food Science and Technology, 57*, 102-112.

Romani, V. P., Olsen, B., Pinto Collares, M., Meireles Oliveira, J. R., Prentice, C., & Martins, V. G. (2020). Cold plasma and carnauba wax as strategies to produce improved bi-layer films for sustainable food packaging. *Food Hydrocolloids, 108*, 106087.

Romani, V. P., Olsen, B., Pinto Collares, M., Meireles Oliveira, J. R., Prentice-Hernández, C., Guimarães Martins, V. (2019). Improvement of fish protein films properties for food packaging through glow discharge plasma application. *Food Hydrocolloids, 87,* 970-976.

Rowan, N. J., Espie, S., Harrower, J., Anderson, J. G., Marsili, L., & MacGregor, S. J. (2007). Pulsed-plasma gas-discharge inactivation of microbial pathogens in chilled poultry wash water. *Journal of Food Protection, 70,* 2805-2810.

Sakiyama, Y., & Graves, D. B. (2009). Neutral gas flow and ring-shaped emission profile in non-thermal RF-excited plasma needle discharge at atmospheric pressure. *Plasma Sources Science & Technology, 18,* 025022.

Sakudo, A., Misawa, T., & Yagyu, Y. (2020). Equipment design for cold plasma disinfection of food products. In *Advances in cold plasma applications for food safety and preservation* (pp. 289-307). Elsevier.

Sarangapani, C., Misra, N. N., Milosavljevic, V., Bourke, P., O'Regan, F., & Cullen, P. J. (2016). Pesticide degradation in water using atmospheric air cold plasma. *Journal of Water Process Engineering, 9,* 225-232.

Sarangapani, C., O'Toole, G., Cullen, P. J., Bourke, P. (2017). Atmospheric cold plasma dissipation efficiency of agrochemicals on blueberries. *Innovative Food Science & Emerging Technologies, 44,* 235-241.

Sarangapani, C., Yamuna Devi, R., Thirumdas, R., Trimukhe, A. M., Deshmukh, R. R., & Annapure, U. S. (2017). Physico-chemical properties of low-pressure plasma treated black gram. *LWT, 79,* 102-110.

Segat, A., Misra, N. N., Cullen, P. J., & Innocente, N. (2015). Atmospheric pressure cold plasma (ACP) treatment of whey protein isolate model solution. *Innovative Food Science & Emerging Technologies, 29,* 247-254.

Sen, Y., Onal-Ulusoy, B., & Mutlu, M. (2019). Aspergillus decontamination in hazelnuts: Evaluation of atmospheric and low-pressure plasma technology. *Innovative Food Science & Emerging Technologies, 54,* 235-242.

Shahbaz, H. M., Kim, J. U., Kim, S.-H., & Park, J. (2018). Advances in nonthermal processing technologies for enhanced microbiological safety and quality of fresh fruit and juice products. In *Food processing for increased quality and consumption* (pp. 179-217). Elsevier.

Shephard, G. S. (2008). Impact of mycotoxins on human health in developing countries. *Food Additives & Contaminants: Part A, 25*(2), 146-151.

Shi, H., Ileleji, K., Stroshine, R. L., Keener, K., & Jensen, J. L. (2017). Reduction of aflatoxin in corn by high voltage atmospheric cold plasma. *Food Bioprocess Technology, 10,* 1042-1052.

Smet, C., Govaert, M., Kyrylenko, A., Easdani, M., Walsh, J. L., Van Impe, J. F. (2019). Inactivation of single strains of *Listeria monocytogenes* and *Salmonella*

Typhimurium planktonic cells biofilms with plasma activated liquids. *Frontiers in Microbiology, 10,* 1539.

Starek, A., Pawłat, J., Chudzik, B., Kwiatkowski, M., Terebun, P., Sagan, A., & Andrejko, D. (2019). Evaluation of selected microbial and physicochemical parameters of fresh tomato juice after cold atmospheric pressure plasma treatment during refrigerated storage. *Scientific Reports, 9,* 1-11.

Surowsky, B., Bußler, S., & Schlüter, O. K. (2016). Cold plasma interactions with food constituents in liquid and solid food matrices. In *Cold plasma in food and agriculture* (pp. 179-203). Elsevier.

Surowsky, B., Fischer, A., Schlueter, O., Knorr, D. (2013). Cold plasma effects on enzyme activity in a model food system. *Innovative Food Science & Emerging Technologies, 19,* 146-152.

Tammineedi, C. V. R. K., Choudhary, R., Perez-Alvarado, G. C., & Watson, D. G. (2013). Determining the effect of UV-C, high intensity ultrasound and nonthermal atmospheric plasma treatments on reducing the allergenicity of α-casein and whey proteins. *LWT, 54,* 35-41.

Tappi, S., Gozzi, G., Vannini, L., Berardinelli, A., Romani, S., Ragni, L., & Rocculi, P. (2016). Cold plasma treatment for fresh-cut melon stabilization. *Innovative Food Science & Emerging Technologies, 33,* 225-233.

Thirumdas, R., Deshmukh, R. R., & Annapure, U. S. (2016). Effect of low temperature plasma on the functional properties of basmati rice flour. *Journal of Food Science & Technology, 53,* 2742-2751.

Thirumdas, R., Kadam, D., & Annapure, U. S. (2017). Cold Plasma: an alternative technology for the starch modification. *Food Biophysics, 12,* 129-139.

Thirumdas, R., Kothakota, A., Annapure, U., Siliveru, K., Blundell, R., Gatt, R., & Valdramidis, V. P. (2018). Plasma activated water (PAW): Chemistry, physico--chemical properties, applications in food and agriculture. *Trends in Food Science & Technology, 77,* 21-31.

Troy, D. J., Ojha, K. S., Kerry, J. P., & Tiwari, B. K. (2016). Sustainable and consumer-friendly emerging technologies for application within the meat industry: An overview. *Meat Science, 120,* 2-9.

Van Buggenhout, S., Sila, D., Duvetter, T., Van Loey, A. M., & Hendrickx, M. E. (2009). Pectins in processed fruits and vegetables: part III-Texture engineering. *Comprehensive Reviews in Food Science and Food Safety, 8,* 2, 105-17.

Vatansever, F., de Melo, W. C. M. A., Avci, P., Vecchio, D., Sadasivam, M., Gupta, A., Chandran, R., Karimi, M., Parizotto, N. A., Yin, R., Tegos, G. P., & Hamblin, M. R. (2013). Antimicrobial strategies centered around reactive oxygen species – bactericidal antibiotics, photodynamic therapy, and beyond. *FEMS Microbiology Reviews, 37*(6), 955-989.

Virador, V. M., Grajeda, J. P. R., Blanco-Labra, A., Mendiola-Olaya, E., Smith, G. M., Moreno, A., & Whitaker, J. R. (2010). Cloning, sequencing, purification, and crystal structure of Grenache (*Vitis vinifera*) polyphenol oxidase. *Journal of Agricultural and Food Chemistry, 58*, 1189-1201.

Wang, X., Wang, Z., Zhuang, H., Nasiru, M. M., Yuan, Y., Zhang, J., & Yan, W. (2021). Changes in color, myoglobin, and lipid oxidation in beef patties treated by dielectric barrier discharge cold plasma during storage. *Meat Science, 176*, 108456.

Wang, Y., Ye, Z., Li, J., Zhang, Y., Guo, Y., & Cheng, J. H. (2021). Effects of dielectric barrier discharge cold plasma on the activity, structure and conformation of horseradish peroxidase (HRP) and on the activity of litchi peroxidase (POD). *LWT, 141*, 111078.

Wu, T. Y., Sun, N. N., & Chau, C. F. (2018). Application of corona electrical discharge plasma on modifying the physicochemical properties of banana starch indigenous to Taiwan. *Journal of Food Drug Analysis, 26*, 244-251.

Wu, Y., Cheng, J. H., & Sun, D. W. (2021). Blocking and degradation of aflatoxins by cold plasma treatments: Applications and mechanisms. *Trends in Food Science & Technology, 109*, 647-661.

Xie, S., & Pedrow, P. D. (2020). A Novel Active Needle Probe in an Atmospheric Pressure Corona-Based Cold Plasma Reactor with Admixtures of Helium and Dry Air. *IEEE Transactions on Plasma Science, 48*, 2418-2430.

Xu, L., Garner, A. L., Tao, B., & Keener, K. M. (2017). Microbial Inactivation and Quality Changes in Orange Juice Treated by High Voltage Atmospheric Cold Plasma. *Food Bioprocess & Technology, 10*, 1778-1791.

Yepez, X. V., & Keener, K. M. (2016). High-voltage Atmospheric Cold Plasma (HVACP) hydrogenation of soybean oil without trans-fatty acids. *Innovative Food Science & Emerging Technologies, 38*, 169-174.

Zain, M. E. (2011). Impact of mycotoxins on humans and animals. *Journal of Saudi Chemical Society, 15*, 129-144.

Zhang, Q., Liang, Y., Feng, H., Ma, R., Tian, Y., Zhang, J., & Fang, J. (2013). A study of oxidative stress induced by non-thermal plasma-activated water for bacterial damage. *Applied physics letters, 102*, 203701.

Zhang, Z., Xu, Z., Cheng, C., Wei, J., Lan, Y., Ni, G., Sun, Q., Qian, S., Zhang, H., Xia, W., Shen, J., Meng, Y., & Chu, P. K. (2017). Bactericidal Effects of Plasma Induced Reactive Species in Dielectric Barrier Gas-Liquid Discharge. *Plasma Chemistry and Plasma Processing, 37*, 415-431.

Zhou, R., Zhou, R., Wang, P., Xian, Y., Mai-Prochnow, A., Lu, X., Cullen, P. J., Ostrikov, K., & Bazaka, K. (2020). Plasma-activated water: generation, origin of reactive species and biological applications. *Journal of Physics D: Applied Physics, 53*(30), 303001.

Ziuzina, D., Misra, N. N., Cullen, P. J., Keener, K., Mosnier, J. P., Vilaró, I., Gaston, E., Bourke, P. (2016). Demonstrating the potential of industrial scale in-package atmospheric cold plasma for decontamination of cherry tomatoes. *Plasma Medicine*, *6*(3-4).

Ziuzina, D., Misra, N. N., Han, L., Cullen, P. J., Moiseev, T., Mosnier, J. P., Keener, K., Gaston, E., Vilaró, I., & Bourke, P. (2020). Investigation of a large gap cold plasma reactor for continuous in-package decontamination of fresh strawberries and spinach. *Innovative Food Science & Emerging Technologies*, *59*, 102229.

CAPÍTULO 6

OZÔNIO

SUELI RODRIGUES, FABIANO ANDRÉ NARCISO FERNANDES

INTRODUÇÃO

A Organização Mundial da Saúde (OMS) declarou as doenças transmitidas por alimentos como uma ameaça considerável à saúde humana e à economia global. A preocupação cada vez mais frequente com a qualidade da alimentação tem alavancado o desenvolvimento de novas tecnologias que visam garantir a segurança do consumidor com maior preservação possível do valor nutricional e do sabor do alimento. Entre elas, destaca-se o uso de ozônio.

Esse gás é popularmente conhecido como o responsável pela proteção da Terra contra raios ultravioleta (UV) emitidos pelo sol. O ozônio natural é formado a partir de descargas elétricas de alta tensão na estratosfera terrestre. Entretanto, esse gás pode apresentar diversas aplicações, como em processos de oxidação fotoquímica e sanitização. A principal vantagem de seu emprego na indústria é a alta reatividade e sua decomposição em oxigênio e água.

O primeiro registro do uso do ozônio para sanitização foi no início do século XX (1906), em Nice (França), para tratamento de água potável. O primeiro processo industrial utilizando ozônio foi patenteado em 1980 para produção de água engarrafada. Seu uso para preservação de alimentos e higienização de superfícies tem sido cada vez mais frequente após a aprovação da estadunidense *Food and Drugs Administration* (FDA).

Para aplicações de higienização, o ozônio apresenta diversas vantagens em relação aos desinfetantes tradicionais, como o cloro, cuja taxa de inativação em concentrações permitidas pela legislação é relativamente baixa, além da preocupação dos consumidores sobre resíduos químicos e potenciais impactos ambientais.

Devido à presença de compostos residuais e subprodutos de reação, o uso de sanitizantes químicos está sob revisão. Por exemplo, subprodutos de cloração, como trihalometano e compostos de cloroamina, são potencialmente cancerígenos. Já os produtos de reação de ozônio provenientes da oxidação de compostos orgânicos, como aldeídos, cetonas ou ácidos carboxílicos, não foram relatados com consequências adversas à saúde. O ozônio é considerado uma alternativa ao cloro para evitar a formação de compostos orgânicos halogenados. No entanto, a eficácia do ozônio em alimentos e produtos alimentícios depende de suas propriedades físico-químicas e cada sistema de produção precisa ser estudado e otimizado, visando o resultado desejado.

A Tabela 6.1, a seguir, apresenta uma comparação do uso de ozônio e de cloro.

Tabela 6.1 – Comparação entre o ozônio e o cloro para aplicação em frutas e hortaliças

Propriedades do sanitizante	Ozônio	Cloro
Potencial de oxidação (volts)	2.07	1.36
Desinfecção (bactérias e vírus)	Excelente	Moderada
Potencial cancerígeno	Não provável	Provável
Remoção de cor	Excelente	Boa
Oxidação de matéria orgânica	Alta	Moderada
Efeito no pH	Baixo	Variável
Meia-vida na água	20 minutos	2 a 3 horas
Toxicidade cutânea	Moderada	Alta
Toxicidade inalável	Alta	Alta
Investimento inicial	Alto	Baixo
Custo mensal de operação	Baixo	Moderado a alto

A regularização do uso de ozônio para aplicações no processamento de alimentos ainda está em evolução, e em alguns países ainda não foi abordado. As indústrias de alimentos que desejam empregar o ozônio em suas unidades de produção devem consultar suas agências reguladoras para verificar as possíveis restrições, se houverem. A FDA declarou o ozônio reconhecido como seguro para água engarrafa em 1982. Em 2000, o uso como aditivo direto em alimentos foi aprovado pela agência americana e, em 2001, foi classificado como *gererally recognized as safe* (GRAS). No Brasil, a regulamentação do uso de ozônio em alimentos ainda não existe, entretanto não é proibido; a segurança do uso do ozônio é regulamentada pelo Conselho Nacional do Meio Ambiente (Conama), por intermédio dos decretos 3.179/1999, 410/2002 ou 430/2011. Como os demais processamentos não térmicos, o uso do ozônio para determinada aplicação requer a otimização do processo, sendo necessário estabelecer a concentração e o tempo de exposição para os resultados desejados. Os principais usos do ozônio na indústria de alimentos são a inativação de microrganismos, a eliminação de insetos e o controle de odores. Outras aplicações, como modificação de propriedades e inativação de enzimas, têm sido estudadas nos últimos anos.

A Figura 6.1 apresenta a linha temporal da aplicação de ozônio no processamento de alimentos.

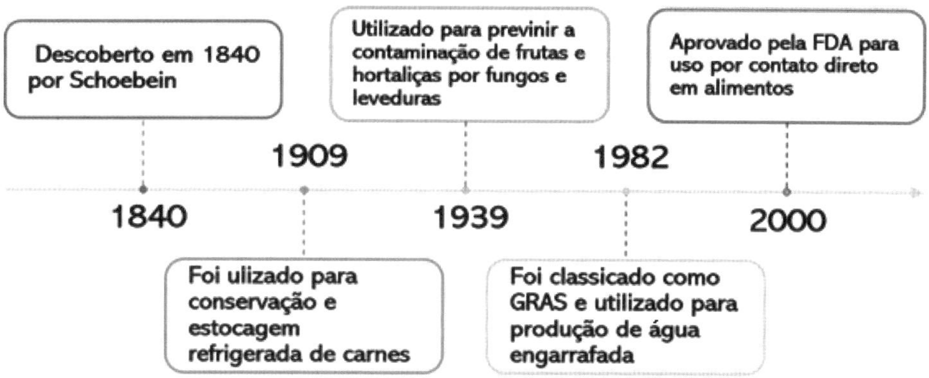

Figura 6.1 – Linha temporal do ozônio, desde a descoberta até a aprovação para uso em alimentos, pela *Food and Drug Administration* (*FDA* – Estados Unidos).

A aplicação do ozônio em alimentos pode se dar nas fases gasosa ou líquida. O processo mais comum é a utilização de ozônio na água de lavagem de frutas e hortaliças, em substituição ao cloro. A eficácia contra microrganismos depende de diversos fatores, incluindo a quantidade de ozônio aplicado, ozônio residual nos alimentos além do pH, temperatura, umidade relativa (RH), aditivos e quantidade de matéria orgânica ao redor das células, além da composição do alimento e seu estado físico (sólido ou líquido).

O ozônio é um agente oxidante forte, e seu efeito sobre o sabor e as propriedades sensoriais dos alimentos é extremamente dependente da quantidade aplicada e da matriz alimentar, cujos constituintes podem oxidar e formar sabores estranhos, sobretudo se o gás for aplicado em alimentos líquidos. Além da aceitação sensorial do alimento, outra preocupação é a aceitação da tecnologia do ozônio pelos consumidores, que se baseia na percepção pública dos riscos associados a ela; outro fator determinante é a fonte que fornece as informações sobre as novas tecnologias. Assim, além do desenvolvimento da tecnologia, a indústria de alimentos precisa alinhar a comunicação com o consumidor, uma vez que os níveis de conscientização da população em geral com as novas técnicas de processamento de alimentos são geralmente baixos. O sucesso na comunicação com clara demonstração de sua segurança e benefícios é um fator preponderante quando se deseja avançar na introdução de novas tecnologias na indústria alimentícia.

Este capítulo aborda os diversos aspectos da utilização de ozônio no processamento de alimentos, destacando suas vantagens, desvantagens, limitações e desafios como tecnologia emergente no processamento de alimentos.

ESTRUTURA QUÍMICA DO OZÔNIO

A molécula de ozônio consiste em três átomos de oxigênio (O_3). Durante a formação do ozônio, os três átomos de oxigênio são combinados, com o oxigênio central reorganizando e formando um triângulo com um ângulo de 116° 49', conforme apresentado na Figura 6.2.

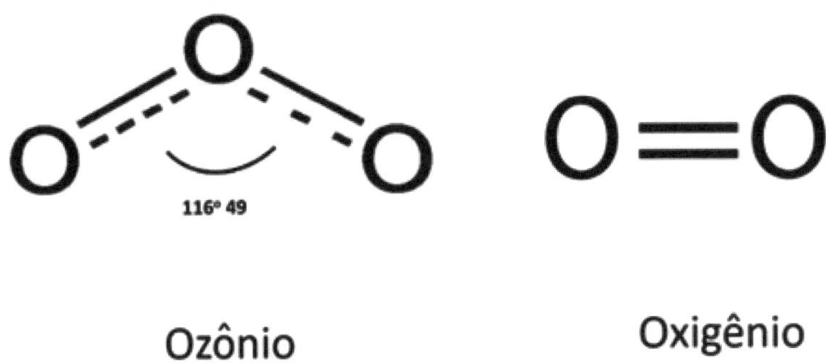

Figura 6.2 – Moléculas de ozônio e oxigênio.

Os três átomos de oxigênio na molécula de ozônio estão dispostos em um ângulo obtuso, pelo qual um átomo central de oxigênio é ligado a dois átomos de oxigênio equidistantes. O ponto de ebulição do ozônio é de –111,9 ± 0,3 °C; o ponto de fusão é de –192,5 ± 0,4 °C; a temperatura crítica é de –12,1 °C; e a pressão crítica é de 54,6 atm. Independentemente de como é gerado, em concentrações normais de produção, incluindo o processamento de alimentos, a cor não é perceptível. A Tabela 6.2 apresenta o tempo de meia-vida do gás ozônio.

Tabela 6.2 – Tempo de meia-vida do ozônio gasoso

Temperatura (°C)	Tempo de meia-vida (min)
5	101
10	76
15	58
20	44
25	35
30	26

O ozônio tem um odor pungente bastante característico, descrito pela primeira vez em 1781. Entretanto, esse odor somente foi associado a uma substância química e recebeu o nome de ozônio em 1849. A palavra *ozônio* foi atribuída por Schönbein e remete a palavra grega *ozein*, que significa "cheiro".

A densidade do ozônio (a 0 °C e sob a pressão atmosférica) é de 2,14 g/L, enquanto a densidade do ar nas mesmas condições é de 1,28 g/L, ou seja, o ozônio é mais denso que o ar.

GERAÇÃO DE OZÔNIO

Para uso industrial ou até mesmo doméstico, é possível gerar ozônio através de descarga corona, luz UV ou até mesmo em plantas de radiação gama, podendo ser utilizado ar atmosférico ou oxigênio puro. A geração de ozônio é obtida a partir da divisão de uma molécula de oxigênio diatômico (O_2), que libera o oxigênio radical livre para reagir com outra molécula de oxigênio diatômico e formar a molécula de ozônio triatômico (O_3). No entanto, para quebrar a ligação O=O, uma grande quantidade de energia é necessária.

Os métodos de radiação UV e corona podem ser usados para iniciar a formação do radical livre. Para gerar níveis comerciais de ozônio, o método de descarga corona é geralmente utilizado; requer sempre uma descarga elétrica difusa sobre uma superfície dielétrica a partir de dois eletrodos (um de alta voltagem e um terra) separados por uma estreita lacuna de descarga (Figura 6.3), criando um campo elétrico denominada "corona". Conforme o oxigênio passa pelo campo elétrico, a molécula é quebrada formado radicais ativos extremamente reativos, que reagem com o oxigênio molecular (O_2), formando o ozônio conforme reação a seguir:

$$O_2 + e \rightarrow 2O^{\cdot} \quad (6.1)$$

$$2O^{\cdot} + 2O_2 \rightarrow 2O_3 \quad (6.2)$$

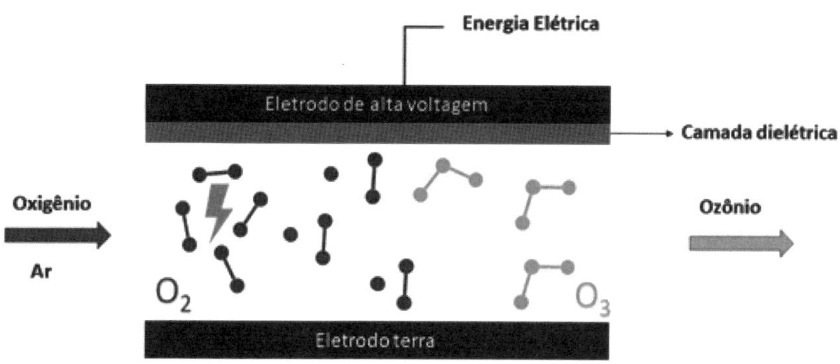

Figura 6.3 – Gerador de ozônio de descarga corona.

O ar pode ser utilizado como gás de alimentação do gerador de ozônio por descarga corona, com rendimento de cerca de 1% a 3%. Já a utilização de oxigênio puro resulta em concentrações de cerca de 16% de ozônio, sendo mais indicada para uso industrial. Devido à autodestruição do ozônio, há um limite de concentração que pode ser obtido em geradores industriais, sendo a concentração limite de ozônio inferior ao ponto que a taxa de formação e destruição são iguais.

Diferentes materiais e configurações podem ser utilizados para geração de ozônio através de descarga corona, como silicone, vidro e cerâmica. O material dielétrico é formado por tubos concêntricos ou placas planas.

Já a geração de ozônio por UV é realizada através de lâmpadas de UV de mercúrio de baixa pressão. A emissão de ozônio é realizada em dois comprimentos de onda, 185 nm e 254 nm. Os fótons emitidos a 185 nm são responsáveis pela produção do ozônio, enquanto os fótons emitidos a 254 nm são efetivos para alterar a estrutura do ácido dinitrosalicílico (DNS) de microrganismos, o que resulta em inativação microbiana. Nem todas as lâmpadas de UV são capazes de gerar ozônio; muitas emitem fótons somente a 254 nm (UV_{254}) e são conhecidas como lâmpadas germicidas, cuja ação se dá ocasionando danos no DNA.

A geração de ozônio por intermédio de lâmpadas UV a 185 nm utiliza o ar ambiente através do campo irradiado pela lâmpada UV_{185} nas proximidades. A produção do ozônio ocorre por fotodissociação da molécula de O_2, que forma radicais que reagem novamente com o O_2, formando o ozônio (O_3). Devido à baixa quantidade de ozônio gerada por lâmpadas UV_{185}, este processo é limitado do ponto de vista industrial. A comparação entre a geração de ozônio por lâmpada UV e por descarga corona é apresentada na Tabela 6.3.

Tabela 6.3 – Comparação entre ozônio gerado por lâmpada UV e descarga corona

Parâmetro	Lâmpada UV	Descarga corona
Produção de ozônio	1,94 g/kWh usando 185 nm	> 55 g/kWh ar seco
Concentração do ozônio no gás de saída	1,8 g/m^3 (~0,14% em massa)	12-60 g/m^3 (0,1% a 5% em massa)
Energia necessária para gerar 1 kg de ozônio	44 kWh	6-8 kWh
Gás seco	Opcional	Necessário
Consistência da produção do ozônio	Variável	Constante
Investimento	Baixo	Alto
Custo operacional	Alto	Baixo

Fonte: Water Quality Association, 1997, p. 12.

A qualidade do gás utilizado pode afetar a quantidade de ozônio formado e a vida útil do gerador. O ar atmosférico contém nitrogênio, vapor de água e, em grandes centros urbanos, gases oriundos de combustão incompleta, que precisam ser tratados antes de serem utilizados, para evitar corrosão e desgaste do gerador industrial de descarga corona. No caso do ar atmosférico, o nitrogênio pode formar HNO_3 em presença de umidade do ar; portanto, quando se usa ar atmosférico, é necessário que esteja isento de umidade.

Dessa forma, a melhor opção para geração de ozônio em escala industrial é gás oxigênio. Atualmente, existe uma grande disponibilidade de geradores de ozônio industriais que utilizam oxigênio como gás. O uso de oxigênio resulta também em maiores rendimentos de ozônio. A Figura 6.4 apresenta um esquema de geração de ozônio utilizando oxigênio.

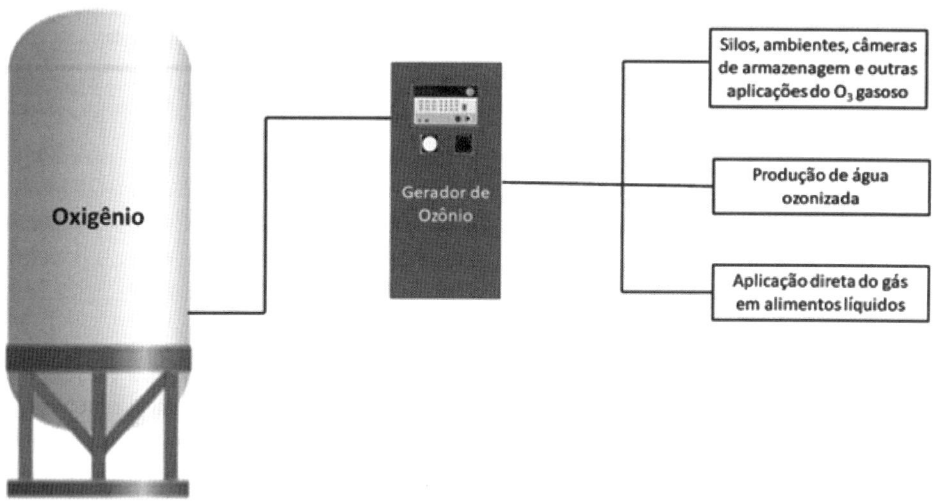

Figura 6.4 – Esquema de um sistema de gerador de ozônio industrial utilizando oxigênio puro.

Devido à degradação espontânea do ozônio em oxigênio, este gás não pode ser armazenado, devendo ser gerado no local de aplicação, o que requer a instalação de geradores e cilindros de oxigênio para sua utilização *in loco*.

Quando gerado a partir do ar seco, o ozônio é um gás azul à temperatura ambiente. Entretanto, quando o oxigênio de alta pureza é utilizado, o gás se apresenta na forma incolor. A –112 °C, o ozônio condensa-se em um líquido azul escuro, que pode ser detonado se misturado ao oxigênio em concentrações de oxigênio superiores a 20%.

Devido à necessidade de conhecer a quantidade de ozônio aplicada em determinado processo, os geradores vêm equipados com controladores que indicam a quantidade de ozônio na saída. Alguns equipamentos apresentam reguladores simples calibrados de fábrica, que indicam a quantidade gerada em função do fluxo e tipo de gás aplicado (ar atmosférico ou oxigênio gasoso). Esses equipamentos necessitam de calibração periódica para garantir a eficiência da aplicação desejada. Geradores mais sofisticados são equipados com sensores precisos que quantificam e muitas vezes registram a quantidade de ozônio fornecida.

REAÇÕES DO OZÔNIO EM ÁGUA

Para que o ozônio entre em contato com uma substância em fase aquosa, primeiramente o gás deve ser solubilizado no meio líquido. A solubilidade do ozônio em água é de cerca de 3 mg/L a 20 °C; em temperaturas elevadas, a solubilidade diminui, e, acima de 60 °C, o ozônio é considerado insolúvel.

O ozônio é mais instável em meio líquido do que na forma gasosa. O decaimento em água é caracterizado por uma rápida diminuição inicial, seguida por uma diminuição da concentração com cinética de primeira ordem (von Gunten, 2003). As reações do ozônio em meio líquido são complexas, e muitas reações químicas podem ser simultâneas e ocorrerem direta ou indiretamente (decomposição por meio de um mecanismo de reação em cadeia, resultando na produção de radicais livres de hidroxilas). Esse efeito combinado faz do ozônio um oxidante altamente eficaz quando comparado a outros produtos químicos. Portanto, a eficácia baseia-se geralmente nos efeitos dos mecanismos de reação direta e indireta, que dependem em grande parte da composição da água (ou meio líquido), especialmente seu pH e o tipo e conteúdo da matéria orgânica.

A desintegração do ozônio na água em radicais de hidroxila (OH), ou seja, moléculas com um elétron não emparelhado, é resultado do mecanismo de decomposição indireto. Os radicais de hidroxila formados são altamente instáveis e tem um potencial de oxidação ainda maior que o ozônio. A alta instabilidade dos radicais se deve à reação com outras moléculas visando recuperar o elétron perdido na formação do radical. As reações indiretas de decomposição do ozônio podem levar à formação de várias espécies primárias de alta reatividade. O mecanismo de decomposição indireta do ozônio composto será apresentado a seguir.

A primeira etapa de decomposição indireta do ozônio é a reação de iniciação promovida por um radical, como OH, formando o radical HO_2^o e o ânion O_2^{-o}. O radical HO_2^o é então decomposto em O_2^{-o} e H^+. Na etapa de reação em cadeia, o ânion O_2^{-o} reage com o O_3, formando o ânion O_3^{-o}, que se decompõe imediatamente via trióxido de hidrogênio (HO_3^o) no radical OH^o, o qual reage com o ânion HO_2^o, formando os produtos de decomposição O_2 e H_2O. A decomposição indireta do ozônio é ilustrada nas equações a seguir:

ETAPA DE INICIAÇÃO

$$O_3 + OH^- O_2^{-o} + HO_2^o \tag{6.3}$$

$$HO_2^o \rightarrow O_2^{-o} + H^+ \tag{6.4}$$

Etapa de reação em cadeia

$$O_3 + O_2^{-o} \rightarrow O_3^{-o} + O_2 \quad (6.5)$$

$$HO_3^o \leftrightarrow O_3^o + H^+ \quad (6.6)$$

$$HO_3^o \rightarrow OH^o + O_2 \quad (6.7)$$

$$OH^o + O_3 \rightarrow HO_4^o \quad (6.8)$$

$$HO_4^o \rightarrow HO_2^o + O_2 \quad (6.9)$$

$$OH^o + HO_2^o \rightarrow O_2 + H_2O \quad (6.10)$$

O mecanismo proposto nas equações se refere à interação do ozônio com a hidroxila. Quando se fala em interação com soluções aquosas, o ozônio pode agir como um agente eletrolítico ou nucleofílico. Devido à baixa solubilidade do ozônio em água e da seletividade do ozônio molecular, nem todos os compostos dissolvidos em água apresentam rápida oxidação.

Do ponto de vista do processamento de alimentos na presença de compostos resistentes ao ozônio, a ocorrência mais lenta de reações de oxidação pode ser uma vantagem tecnológica, porque auxilia na minimização da degradação dos constituintes do alimento. Já para aplicações em que se deseja a degradação da matéria orgânica, como estações de tratamento de água, essa característica pode inviabilizar a aplicação do ozônio. Para melhorar a performance do tratamento de águas residuárias com ozônio, pode-se recorrer ao uso de peróxido de hidrogênio (H_2O_2) ou luz UV, como iniciadores para a formação rápida de radicais OH em um processo denominado oxidação avançada, cujas reações envolvidas são complexas e dependentes da composição da matriz alimentar.

APLICAÇÃO DO OZÔNIO EM ALIMENTOS

As primeiras aplicações do ozônio na indústria de alimentos se referem à substituição do cloro e outro sanitizantes na desinfecção de superfícies, frutas e hortaliças e na eliminação de pragas em silos de armazenamento de grãos. Embora a tecnologia tenha sido inicialmente aplicada como sanitizante, visando a inativação de patógenos e inseticida, recentemente outras aplicações, como inativação de enzimas e modificação de algumas matrizes alimentares se mostraram promissoras. A Figura 6.5 apresenta a evolução do número de publicações na área nos últimos 20 anos.

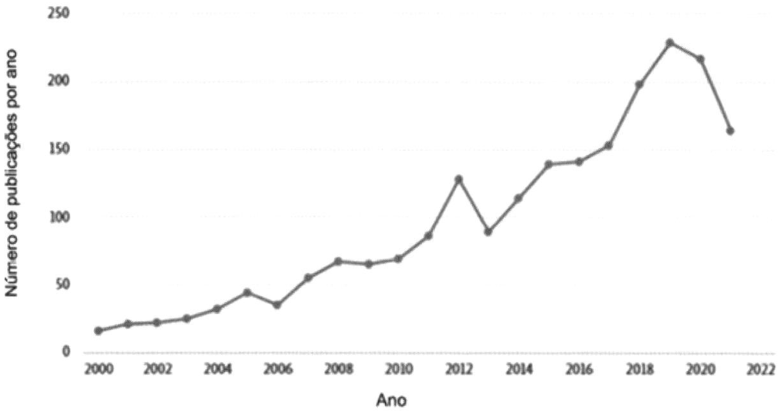

Figura 6.5 – Evolução do número de publicações utilizando a tecnologia de ozônio no processamento de alimentos.

De acordo com o gráfico apresentado, verifica-se uma forte evolução do número de trabalhos publicados com a tecnologia de ozônio no processamento de alimentos partir de 2004. Esse crescimento está associado com a aprovação da FDA, em 2000, para uso do ozônio em alimentos.

A aplicação do ozônio em alimentos pode ser na forma gasosa ou líquida. O ozônio na forma gasosa é aplicado em alimentos secos, como grãos e pós, e pode ser utilizando em atmosferas modificadas para desinfecção de frutas e hortaliças. Para o uso como agente sanitizante, o ozônio é dissolvido em água e utilizado diretamente em linhas de produção de frutas, hortaliças e pescados. A dissolução do ozônio em água é baixa, e, quanto maior a temperatura, menor a concentração obtida. A Figura 6.6 apresenta a solubilidade do ozônio em água.

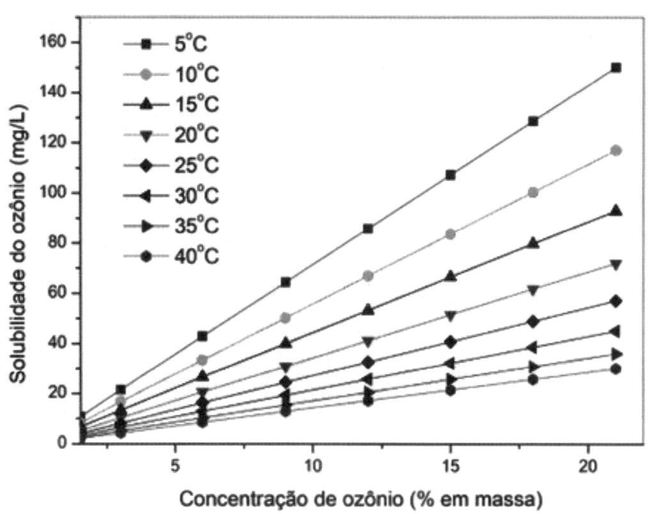

Figura 6.6 – Solubilidade do ozônio em água em função da temperatura.

A dissolução do ozônio em alimentos líquidos depende da composição e do pH do alimento. Quando o ozônio é aplicado em matrizes orgânicas, como suco de frutas ou outros alimentos líquidos, é necessário otimizar a transferência do gás para o líquido. Embora tubos de venturi possam ser utilizados para dissolução do ozônio em líquidos, a forma mais eficiente é por meio de difusores de bolhas. O tamanho da bolha depende do tamanho dos poros do meio e influencia o tempo de contado com o meio líquido e a transferência de massa da fase gasosa para a fase líquida – quanto menor a bolha, melhor a transferência de massa.

O fluxo de gás ozônio também influencia o processo de solubilização. Entre os difusores de bolhas, as placas de microbolhas constituem os meios mais eficientes. Essas placas podem ser construídas de diversos materiais, como aço inox e vidro sinterizado. Quando utilizados diretamente em alimentos, os difusores necessitam de limpeza para remover resíduos de alimentos e, assim, evitar entupimentos e incrustações. A limpeza das placas depende do material e de sua aplicação. A Figura 6.7 mostra um meio poroso para geração de bolhas em pequena escala. A Figura 6.8 mostra uma coluna de bolhas com placa porosa.

Figura 6.7 – Meio poroso para dissolução de ozônio em líquidos: (A) Detalhe do meio poroso; e (B) Formação de bolhas em água.

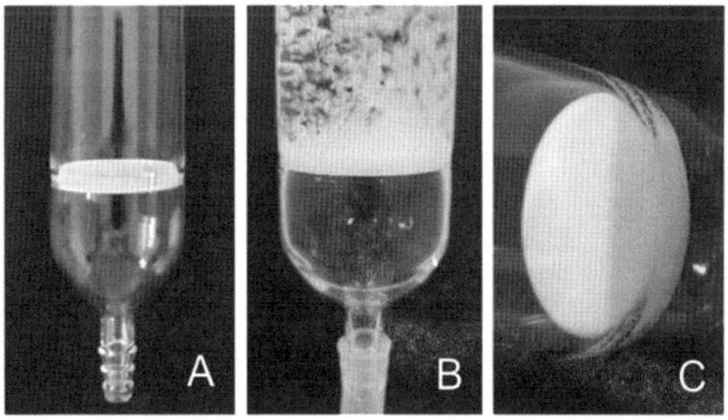

Figura 6.8 – (A) Coluna com placa porosa de vidro sinterizado; (B) Formação de bolhas em água através da injeção de gás a partir da placa distribuidora porosa; e (C) detalhe da placa de vidro sinterizada acoplada a coluna.

MÉTODOS DE DETERMINAÇÃO DO OZÔNIO

A quantidade de ozônio aplicada em determinado processo é fundamental para atingir o objetivo pretendido. Devido ao forte poder oxidante do ozônio, seu uso deve ser moderado quando aplicado diretamente em matrizes alimentares, para não impactar de forma significativa na qualidade e nos aspectos sensoriais do produto. Existem diversos métodos de quantificação do ozônio, tanto para meios líquidos como para o ar ambiente. Em plantas de processamento com ozônio, o monitoramento do ar ambiente é um fator crítico, pois trata-se de um gás tóxico cujo limite de exposição é de 0,16 mg/m^3 de ar, conforme a Norma Reguladora (NR) 15 do Ministério do Trabalho.

DETERMINAÇÃO DO OZÔNIO NO AR

Existem dois métodos primários de medição de ozônio em plantas de processamento de alimentos: absorção UV e semicondutor de óxido de metal (MOS). Os sistemas UV são amplamente utilizados para determinar desde os níveis de ozônio tão baixos quanto as quantidades atmosféricas típicas (menos de 0,10 ppm) até concentrações produzidas por grandes geradores que trabalham com oxigênio (12% a 15% em massa). O método UV é muito preciso e, portanto, bastante complexo e caro tecnicamente. A leitura do ozônio é expressa pelo percentual em massa, partes por milhão (ppm) ou gramas por metro cúbico normalizado (g/Nm^3).

Analisadores de ozônio gasoso com base na tecnologia MOS são mais baratos do que analisadores UV e são tipicamente usados em situações em que a precisão é menos crítica. Os analisadores MOS são amplamente utilizados como dispositivos de segurança para avisar se os níveis de ozônio excedem uma concentração predeterminada, como 0,1 ppm, muitas vezes emitindo alarmes sonoros. Eles precisam ser calibrados periodicamente e repostos a intervalos determinados pelo fabricante.

Existem também equipamentos bastante sofisticados para medir a concentração do ozônio de gás em câmeras de estocagem e silos em que o ozônio gasoso deve ser aplicado em concentrações bem determinadas para o tratamento desejado. Essas concentrações muitas vezes são superiores ao limite máximo de exposição humano. Portanto, esses medidores são automatizados e contam com comunicação remota e registro de dados para monitoramento seguro.

DETERMINAÇÃO DE OZÔNIO EM MEIOS LÍQUIDOS

A concentração de ozônio na água pode ser medida convenientemente por método colorimétrico, titulométrico/iodométrico ou instrumental (por intermédio de sensores eletrônicos). A determinação do ozônio dissolvido em água visa avaliar se a carga aplicada foi a necessária para inativar microrganismos e promover a desinfecção da água.

O principal método colorimétrico para determinação de ozônio em água é o do azul índico, cuja molécula contém apenas uma dupla ligação C=C que pode reagir com o ozônio. A descoloração do azul é proporcional à quantidade de ozônio presente na amostra, e a reação é monitorada por meio da absorbância a 600 nm.

O método titulométrico, também conhecido como iodométrico, consiste em uma titulação indireta do ozônio, que borbulha o residual em uma solução de iodeto de potássio (KI) 2% em meio acidificado. O ozônio reage com o KI e forma iodo (I_2) em uma solução de coloração âmbar, conforme reação a seguir:

$$O_3 + 2KI + H_2O \rightarrow I_2 + 2KOH + O_2 \quad (6.11)$$

O I_2 formado é então titulado com tiossulfato de sódio para quantificar o iodo liberado e o ozônio absorvido pela solução de KI.

Por fim, a determinação instrumental do ozônio utiliza sensores amperométricos com sensores recobertos com uma membrana permeável ao gás ozônio, esticada sobre um cátodo de ouro. O sensor possui ainda um ânodo de prata e uma solução eletrolítica. O ozônio se difunde pela membrana e reage com a solução eletrolítica no interior do sensor, formando um composto intermediário. Uma voltagem polarizada aplicada ao cátodo reduz completamente esse composto intermediário, gerando uma corrente entre o cátodo e o ânodo, que é medida pelo analisador de ozônio e é diretamente proporcional à concentração de ozônio na amostra. O método instrumental apresenta a vantagem de medição em tempo real. Entretanto, trata-se de um método com maior custo que o colorimétrico, pois é necessário adquirir o equipamento que requer calibração e manutenção periódica.

No caso de amostras líquidas de alimentos, a determinação com azul índigo pode sofrer interferências da composição do alimento. Portanto, o método iodométrico para determinação do ozônio residual é uma alternativa viável e com boa reprodutibilidade, já que quantifica o ozônio aplicado, mas não consumido no tratamento com alimentos líquidos. O método instrumental constitui também uma boa alternativa para alimentos líquidos, entretanto a troca da membrana pode ser necessária em intervalos menores que para amostras de água.

MECANISMOS DE INATIVAÇÃO MICROBIANA

Devido ao amplo espectro de atividade antimicrobiana em água, o ozônio é considerado um potente agente bactericida. Para determinar a efetividade do ozônio na inativação de microrganismos é necessário determinar o tempo e a concentração necessária para a destruição de uma quantidade definida. Estudos analisaram a inativação de esporos de *Bacillus subtilis* utilizando ozônio e concluíram que se trata de um desinfetante mais potente que o dióxido de cloro. Devido à alta instabilidade do ozônio, tanto em sua forma gasosa como em solução aquosa, o gás se decompõe em radicais hidroxila (OH^-), superperóxido (O_2^-) e hidroperoxil (HO_2). A formação desses radicais é responsável pelo alto poder oxidante do ozônio.

A atividade bactericida do ozônio foi estudada tanto em bactérias Gram-negativas (*Pseudomonas aeruginosa*, *Yersinia enterocolitica*) e Gram-positivas (*Listeria monocytogenes*, *Staphylococcus aureus*, *Bacillus cereus* e *Enterococcus faecalis*), em leveduras (*Candida albicans*, *Zygosaccharomyces bacilli*) e em esporos de *Aspergillus niger*, bem como em esporos e células vegetativas. A inativação microbiana pelo ozônio se dá pela ação do gás na membrana celular (ácidos graxos insaturados, glicoproteínas ou glicolípideos, enzimas), bem como no conteúdo intracelular (enzimas e ácidos nucleicos). Pode haver também oxidação das ligações duplas da membrana celular e danos nas proteínas e DNA.

Os principais mecanismos descritos para inativação de microrganismos por ozônio são oxidação dos grupos sulfidrila aminoácidos enzimáticos e peptídeos e proteínas formando peptídeos menores e oxidação de ácidos graxos poli-insaturados. Em consequência da ação na membrana celular, ocorre a lise ou desintegração do envelope celular levando o microrganismo à morte.

APLICAÇÕES DO OZÔNIO EM ALIMENTOS

A aplicação do ozônio em alimentos foi inicialmente estudada visando a inativação microbiológica. Entretanto, ao longo dos últimos anos, foi verificado que, dependendo da matriz do alimento, o ozônio pode apresentar outros efeitos além da inativação de microrganismos, como inativação de enzimas e alteração de propriedades de alimentos secos. A seguir, são abordados alguns estudos para verificar o efeito do tratamento por ozônio na matriz do alimento, não só no tocante à inativação de microrganismos, mas também a alteração provocada no alimento.

DESINFEÇÃO DE FRUTAS E HORTALIÇAS POR OZÔNIO

Uma das principais aplicações do ozônio para inativação de microrganismos em alimentos é a desinfecção de frutas e hortaliças utilizando água ozonizada ou aplicação direta de gás ozônio. A água ozonizada, além de inativar microrganismos, se mostrou capaz de aumentar a vida de prateleira de alguns alimentos. Em um primeiro momento, seu uso foi avaliado inoculando determinado patógeno no alimento e utilizando a água para sua desinfecção. Com essa técnica, a lavagem com água ozonizada se mostrou eficiente para a inativação de: *Shigella sonnei* (1.8 LR) e *E. coli* O157:H7 em alface; *E. coli* O157:H7 em maçãs e coliformes a bactérias anaeróbias em batata-palito.

Mais recentemente, tratamentos combinando o ozônio com outras tecnologias têm se mostrado mais eficientes para a inativação de microrganismos em frutas e hortaliças.

Lavagem de morangos com água ozonizada

O efeito da lavagem de morangos com ozônio (concentração máxima de 3,5 mg/L por 5 e 15 min) indica bons resultados no decaimento do fungo *Botrytis cinerea*, nos parâmetros físico-químicos, nos compostos bioativos, na atividade antioxidante *in vitro* e *in vivo* e nas propriedades sensoriais em morangos durante o armazenamento refrigerado a 5 °C. O tratamento por 5 minutos atrasa o aparecimento da infecção por *B. cinerea* em 4 dias e reduz significativamente sua incidência à medida que o armazenamento progride (aproximadamente 17% menor do que no controle no oitavo dia), sem prejudicar os parâmetros físico-químicos ou a qualidade sensorial. O tratamento não afeta a atividade antioxidante de extratos de morango *in vitro* (ensaios de capacidade de absorção dos radicais oxigenados [ORAC] e 2,20-azino-bis (ácido 3-ethylbenzthiazoline-6-sulfônico) [ABTS]) ou ensaios *in vivo* (usando *Caenorhabditis elegans* como organismo-modelo). A elevação da concentração de ozônio não impacta no decaimento do fungo *B. cinerea* durante todo o período de armazenamento. Um estudo concluiu que a exposição de morangos a um tratamento de ozônio em fase aquosa à concentração de 3 mg/L por 5 minutos é capaz de estender o armazenamento do fruto a 5 °C.

Lavagem de folhas de salada com água ozonizada

Os efeitos da lavagem com ozônio e cloro na inativação de *Escherichia coli* e *Listeria innocua* em folhas de salsa frescas foram estudados e se mostraram efetivos. As reduções microbianas obtidas com tratamentos de ozônio foram aproximadamente 1 log maior do que as obtidas com água destilada. O cloro foi mais eficaz contra *E. coli* do que o ozônio (com reduções de 3,2 e 2,2 log, respectivamente), porém as reduções nas contagens de *L. innocua* obtidas com cloro e ozônio não foram significativamente diferentes.

O crescimento dos microrganismos e as alterações nos pigmentos e compostos antioxidantes das folhas durante o armazenamento a frio durante 15 dias também foram também avaliados após o tratamento de lavagem, mas não apresentaram nenhum efeito deletério. Por outro lado, essas características apresentaram tendências descendentes durante o armazenamento a frio. As reduções atingiram até 45%, 39%, 88%, 33% e 35% em clorofila *a*, clorofila *b*, ácido ascórbico, teores fenólicos totais e atividade antioxidante, respectivamente, no final do armazenamento.

A contagem de *E. coli* diminuiu constantemente; no entanto, a contagem de *L. innocua* foi bastante estável durante o armazenamento, o que pode representar um sério risco de segurança alimentar associado à salsa.

Lavagem de alface com água ozonizada

Estabelecimentos de alimentação fora do lar frequentemente utilizam lavagens com agentes higienizantes durante a preparação de produtos frescos. A eficácia da água ozonada na inativação de vírus e bactérias em superfícies de alface bibb de Boston (BB) e tomate cereja foram avaliadas através da inoculação com vírus (*Murine norovirus* [MNV] e bacteriófago MS2), bactérias (*Enterobacter cloacae* e *Bacillus cereus*) ou a associação de ambos (MNV com *E. cloacae* ou *B. cereus*). Após a inoculação, o produto foi mantido a 4 °C por 90 minutos (vírus, vírus + bactérias) ou 24 horas (vírus, bactérias) antes do tratamento. Um sistema de saneamento de lavagem de ozônio em lote foi preparado com gelo (3 a 5 °C) e uma concentração inicial de ozônio (0,5 ppm). O sistema-controle foi a lavagem sem ozônio. As amostras foram tratadas por 40 minutos com água ozonizada (0,86 a 0,99 ppm) ou lavagem somente com água e colhidas a cada 10 minutos. Depois, foram processadas para recuperação microbiana, sendo determinadas unidades formadoras de placas (PFU) e unidades formadoras de colônias remanescentes dos produtos.

Embora reduções microbianas de 99% a 99,99% tenham sido alcançadas durante os tratamentos de ozônio, poucas diferenças estatisticamente significativas ($P > 0,1$) foram detectadas ao comparar com a lavagem com água pura. Notavelmente, observou-se uma diferença significativa ($P = 0,009$) na redução de bactérias + MNV e MNV isolado na alface após 40 minutos de lavagem com água ozonada. Especificamente, o MNV com *B. cereus* apresentou uma redução 1 log a mais (2,60 log PFU [*plaque forming units*]/ml) em comparação a MNV isolado (1,63 log PFU/ml). No geral, a lavagem dos produtos em água ozonada não aumentou significativamente a inativação microbiana em comparação à água pura nas condições estudadas. Variáveis que impactam a eficácia da lavagem de ozônio devem ser consideradas na implementação de sistemas de lavagem de vegetais em linhas de processamento.

Ozonização de tomates-cereja

A desinfecção superficial e a extensão da vida útil dos tomates-cereja usando ozônio em água (17,2 g/m^3 de ozônio para 4 minutos, e 17,2 g/m^3 de ozônio por 12 minutos), água ionizada alcalinizada (pH 10 por 20 minutos, e pH 8,5 por 20 minutos) e suas oito combinações apresentaram resultados promissores considerando a qualidade do produto. Não foram detectadas diferenças significativas na cor (L* [luminosidade], a* [vermelho], b* [amarelo]), acidez titulável, capacidade antioxidante total, teores fenólicos e licopenos totais. Todos os tratamentos reduziram significativamente: as bactérias mesofílicas aeróbicas totais; a contagem de leveduras: e de *Salmonella enteritidis*, *Listeria monocytogenes* e *Botrytis cinerea*. A combinação da água alcalinizada a pH 10 por 20 minutos e de ozônio 17,2 mg/m^3 por 12 minutos estendeu a vida útil do tomate para 7 semanas. Para os demais tratamentos e para o grupo-controle, a vida útil foi de 5 e 3 semanas, respectivamente.

OZONIZAÇÃO DE ALIMENTOS SECOS

A ozonização de alimentos secos se dá pela aplicação direta do gás no alimento. A carga de ozônio e o tempo de tratamento devem ser otimizados para cada alimento, dependendo do que se pretende: inativação microbiológica, eliminação de pragas e insetos ou alteração das propriedades. A aplicação do ozônio em alimentos secos já é realidade no controle de pragas e insetos em silos para armazenamento de cereais, devido à alta eficiência e à ausência de resíduos em contraste com o uso de inseticidas.

OZONIZAÇÃO DE LEITE EM PÓ DESNATADO

O tratamento do leite em pó desnatado com ozônio por 120 minutos em fluxo de aproximadamente 0,06 g/min diminui a contagem de bactérias aeróbias totais, *Staphylococci, Enterobacteriaceae, Coliformes, Clostridium* spp., bolores e leveduras, *Salmonella* spp. e *Bacillus* spp. para valores abaixo do limite de detecção. Em relação à qualidade do leite em pó, o tratamento por ozônio não afetou o tamanho das partículas das amostras. Entretanto, a dispersão e a capacidade de espuma do pó aumentaram, enquanto o tempo de molhabilidade diminuiu. O índice de coesão das amostras variou de 11,98 a 18,34, diminuindo com maiores tempos de tratamento. O ozônio diminuiu significativamente a tendência de *caking* e coesão, bem como as características de compactação, e aumentou a estabilidade de fluxo de amostras tratadas com ozônio em comparação com o controle. Portanto, o tratamento com ozônio pode ser eficaz para melhorar os comportamentos de fluxo de leite em pó desnatado em termos de *caking*, coesão e compactação. A inativação de microrganismos e a melhoria das características funcionais e de fluxo de pó podem ter aplicações no processamento de leite em pó e na segurança alimentar.

OZONIZAÇÃO DE FARELO DE TRIGO

Foram estudados os efeitos do tratamento de ozônio em microrganismos e substâncias voláteis do farelo de trigo, bem como na qualidade do macarrão fresco feito de farinha de trigo produzida com o farelo tratado com ozônio. Os resultados mostraram que a condição otimizada foi de 50 minutos e a carga microbiana foi reduzida em mais de 90%. Não houve crescimento microbiano durante o armazenamento, e os compostos voláteis diminuíram ao longo dessa fase. O farelo de trigo ozonizado misturado à farinha de trigo e usado para a preparação de macarrão fresco não impactou significativamente na qualidade, havendo poucas mudanças no macarrão fresco. Por outro lado, a vida útil do produto foi prolongada em comparação ao farelo não tratado.

AMÊNDOAS E PIMENTAS

Tratamentos gasosos com dióxido de cloro (ClO_2) e ozônio em alimentos com baixa umidade têm sido relatados por sua eficiente redução bacteriana sem afetar a qualidade externa dos alimentos. A eficácia da aplicação gasosa ClO_2 e O_3 na inativação de patógenos (*Shiga toxin, Escherichia coli, Salmonella enterica* e *Listeria monocytogenes*) inoculados em amêndoas e pimenta-do-reino sob várias condições apresentaram resultados satisfatórios. As amêndoas foram tratadas com ClO_2 por 4 e 6 horas, enquanto a pimenta-do-reino foi trata por 2,5 e 4 horas. O tratamento com ozônio gasoso foi realizado por 6 horas em amêndoas e 2 ou 4 horas nas pimentas. Foram avaliados os efeitos da RH durante o tratamento de pimentas e aquecimento pós-tratamento nas amêndoas. O aquecimento a 65 °C pós-tratamento com ClO_2 resultou nas maiores reduções logarítmicas de bactérias em amêndoas (4,6 UFC [unidades formadoras de colônia]/g), enquanto a 80% de RH resultou em redução bacteriana de 3,7 UFC/g em pimentas. O ozônio gasoso resultou em reduções máximas de 1,3 e 2,5 UFC/g em amêndoas e pimentas, respectivamente, e nenhum dano visual foi observado.

OZONIZAÇÃO DE PISTACHE

Em um estudo, grãos de pistache foram inoculados com concentrações conhecidas de *Escherichia coli* e *Bacillus cereus*. As amostras foram expostas ao ozônio gasoso em uma câmara em 3 concentrações diferentes (0,1, 0,5 e 1 ppm) por períodos de até 360 minutos a 20 °C e 70% de umidade relativa. A eficácia do ozônio contra *E. coli e B. cereus* aumentou proporcionalmente com o tempo de exposição e concentração de ozônio. As propriedades físico-químicas, incluindo pH, ácidos graxos livres, índice de peróxido, cor e composição de ácidos graxos nos pistaches, não apresentaram alterações significativas após os tratamentos de ozonização, excetuando o índice de peróxido dos pistaches moídos ozonizados a 1 ppm por 360 minutos. Esta concentração, entretanto, foi eficaz na inativação de *E. coli* e *B. cereus* em grãos e pistaches descascados, enquanto as concentrações inferiores de ozônio foram consideradas apropriadas para reduzir o número de bactérias em pistaches moídos sem qualquer alteração em sua estria físico-química.

OZONIZAÇÃO DE AMIDO DE MANDIOQUINHA

A mandioquinha (*Arracacia xanthorrhiza*) é um tubérculo originário dos Andes e utilizada como fonte de amido alimentar na América do Sul. O amido de mandioquinha apresenta propriedades interessantes, como uma temperatura relativamente baixa de gelatinização e uma pasta de tonalidade mais clara quando comparada a outros amidos comerciais, e que podem ser muito úteis para aplicações industriais e elaboração de novos produtos. No entanto, o amido nativo de mandioquinha apresenta algumas desvantagens que limitam sua aplicação adicional, como um gel fraco e uma pasta de alta consistência. Portanto, técnicas de modificação podem expandir sua utilização.

A tecnologia de ozônio é um método promissor de modificação, uma vez que estudos relataram que ela pode diminuir a viscosidade aparente e aumentar a força do gel de diferentes fontes de amido. A ozonização do amido de mandioquinha melhorou as propriedades do alimento e resultou em mudanças estruturais, como redução do tamanho das moléculas, formação de grupos de carbonila e carboxila e aumento do teor de açúcar. Entre os principais resultados, destaca-se a melhora da estabilidade da coloração da pasta e dos hidrogéis, que ficaram até 250% mais fortes que os obtidos com o amido nativo. A melhoria conferida pelo tratamento com ozônio potencializa o uso industrial do amido de mandioquinha.

OZONIZAÇÃO DE ALIMENTOS LÍQUIDOS

A água ozonizada para lavagem e o ozônio gasoso em alimentos secos são as principais aplicações na indústria de alimentos já bem estabelecidas em alguns países. Nesta seção, são abordadas outras aplicações, destacando-se a aplicação em alimentos líquidos, que ainda não é uma realidade devido à complexidade das reações de interação do ozônio com a matriz dos alimentos.

Entretanto, a aplicação direta do ozônio em alimentos líquidos tem mostrado um bom potencial, embora, em muitos casos, há necessidade de mais estudos, pois os maiores efeitos deletérios são reportados para alimentos líquidos. A ozonização de matrizes alimentares líquidas visa, além da inativação microbiológica, a inativação enzimática, sobretudo de enzimas deterioravas.

OZONIZAÇÃO DE ÁGUA DE COCO PARA INATIVAÇÃO DE PEROXIDASE

A ozonização de água de coco para inativação enzimática de peroxidase (POD) pode ser obtida através da aplicação do gás ozônio em reator de coluna de bolhas. O pH da água de coco, os sólidos solúveis, a acidez titulável, a cor, o teor de compostos fenólicos total e a atividade enzimática são determinadas antes e depois dos tratamentos. O processamento por ozônio não altera a qualidade da água de coco, e a POD foi totalmente inativada utilizando baixas cargas de ozônio. Todos os tratamentos de ozônio promovem a inativação completa da atividade da POD e não afetam o conteúdo de compostos fenólicos.

OZÔNIO NA INATIVAÇÃO DE ENZIMAS E NA QUALIDADE DE SUCO DE AÇAÍ

O efeito do ultrassom, do ozônio e da combinação de ambos em suco de açaí foi analisado comparando-se os parâmetros de qualidade do suco de açaí processado e não processado. Foram utilizadas duas densidades de potência para o tratamento com ultrassom (350 e 700 J/mL) e duas condições de ozonização (5 e 10 minutos com 1,5 ppm) para suco de açaí puro. Para observar os parâmetros de qualidade do suco, foram realizadas análises físico-químicas de pH, acidez titulável, valor da nuvem, *browning* não enzimático, reologia, atividade antioxidante (DPPH [2,2-difenil-1-picrilhidrazil] ABTS, POD e polifenoloxidase [PPO]), compostos fenólicos, antocianinas entre outros fatores. Foram também realizadas contagens microbianas de bactérias mesofílicas e leveduras. Para a POD, o ozônio apresentou melhores resultados de inativação enzimática que o ultrassom. Para os tratamentos combinados, o aumento da densidade de potência favoreceu a inativação da POD, mas nenhum tratamento foi eficaz para a inativação da PPO. O estudo demonstrou ainda que o pH e a acidez titulável não foi alterado pelo ultrassom, nem pelo ozônio. Não foram observadas alterações também no valor de nuvem para o tratamento com ozônio. Os métodos combinados reduziram a viscosidade dos sucos, mas apresentaram efeitos deletérios nos compostos bioativos (fenólicos e teor de antocianina) e, consequentemente, na atividade antioxidante (DPPH e ABTS). Todos os tratamentos apresentaram uma redução satisfatória para bactérias mesofílicas, bolores e leveduras. Embora os resultados dos tratamentos com ozônio e ozônio combinado a ultrassom fossem satisfatórios em alguns aspectos, o processo ainda precisa ser melhorado, visando minimizar os impactos na qualidade do produto.

OZONIZAÇÃO DE SUCOS DE FRUTAS E EFEITO DA MATRIZ ALIMENTAR

A aplicação de ozônio em alimentos líquidos é um objeto recente de estudos. Assim como em outras matrizes alimentares, como alimentos secos, cereais e farinhas, o efeito do processamento não térmico depende fortemente da composição da matriz do alimento. Um estudo comparou a aplicação de ozônio e ultrassom nos compostos bioativos, a capacidade antioxidante e as enzimas deteriorativas (POD e PPO) em sucos de goiaba, tangerina e laranja. Altas cargas de ozônio (0,148 e 0,296 mgO_3/mL) favoreceram inativação de ambas as enzimas em todas as matrizes estudadas.

O suco de goiaba foi o que apresentou os melhores resultados para o processamento por ozônio, com aumento na quantidade de compostos fenólicos, na vitamina C e, consequentemente, na capacidade antioxidante (ABTS). O ozônio também elevou os compostos bioativos e o teor de vitamina C no suco de laranja e de tangerina.

OZONIZAÇÃO DA SEIVA DE BÉTULA

A seiva de bétula foi ozonizada em intervalos de 5 (O_3: 0,087 ± 0,009 mg L-1), 10, 15, 20, 25 e 30 minutos (O_3: 0,99 ± 0,09 mg L-1). Após o tratamento, a seiva foi estocada por 7 dias a 2 °C e por 5 dias a 20 °C, utilizando seiva fresca como controle. A análise microbiológica incluiu contagem total de bactérias, de bactérias do ácido láctico e de bolores e leveduras, e indicou que os microrganismos foram gradualmente reduzidos com intervalos crescentes de tratamento de ozônio. Os efeitos na cor, no pH, na acidez titulável e no Brix foram também avaliados. Os melhores resultados foram obtidos após 25 e 30 minutos de ozonização. O tratamento com ozônio não alterou o pH, acidez titulável, nem o Brix da seiva. O ozônio teve uma influência significativa no ângulo croma e no ângulo *hue*.

OUTRAS APLICAÇÕES DO OZÔNIO EM ALIMENTOS

OZÔNIO NA REMOÇÃO DE PESTICIDAS

Uma aplicação interessante do ozônio em alimentos é na remoção de resíduos de pesticidas em frutas, reduzindo o risco de exposição em humanos. A remoção de resíduos de carbosulfan e triclorofon em maçãs usando tratamento de microbolhas de ozônio, água da torneira, água com hipoclorito, água ozonizada e água tratada com microbolhas variaram entre 98% e 100%. Além disso, os processos apresentaram poucos efeitos na cor da fruta.

A remoção de resíduos de pesticidas malationa e carbosulfano do repolho chinês via tratamento com água ozonizada mostrou a degradação de 53% e 33%, respectivamente, desses pesticidas. As condições ideais de tratamento foram 2 mg/L de ozônio na água por 15 minutos. Não houve alterações significativas na cor da hortaliça. Embora tenha havido uma ligeira diminuição no teor de vitamina C (aproximadamente 7,9 mg/100 g) após os tratamentos, observou-se uma diminuição significativa das colônias microbianas nas amostras.

OZÔNIO COMO PRÉ-TRATAMENTO PARA DESIDRATAÇÃO DE FRUTAS

A desidratação parcial pós-colheira é uma técnica utilizada na produção de importantes vinhos secos e suaves na Itália. Um manejo preciso dos parâmetros ambientais de desidratação permite a modulação do metabolismo e a manutenção/melhoria da qualidade enoquímica das uvas. Como a perda de água induz processos oxidativos em frutas, o jasmonato de metila (MeJA) e o ozônio foram avaliados como tratamentos pós-colheita antes da desidratação parcial das uvas, visando melhorar sua qualidade. Os cachos foram tratados com MeJA 10 ou 100 μM a 20 °C ou com gás ozônio a 10 °C, em 70% de RH e fluxo de ar, por 12 horas; os cachos de controle não foram tratados e somente foram mantidos a 20 °C por 12 horas. Posteriormente, foi realizada a desidratação parcial a 10 °C, até que uma perda de peso de 30% fosse alcançada.

O jasmonato de metila acelerou a perda de água de uva. O teor de polifenóis e flavonoides no final da desidratação parcial foi menor nas frutas tratadas pelo MeJA do que nas amostras de controle e ozônio. As taxas de atividade de superóxido (SOD), catalase (CAT), ascorbate peroxidase (APX) e guaiacol peroxidase (GPX) aumentaram nas amostras tratadas em relação ao controle. Já a lipoxygenase (LOX) e PPO apresentaram atividades mais baixas nas amostras tratadas pelo MeJA do que no controle. Embora o tratamento com ozônio não tenha acelerado a perda de água da uva, ele induziu o sistema antioxidante e aumentou o teor de polifenóis.

OZONIZAÇÃO DE CARNES E PESCADOS

OZONIZAÇÃO DE BIFES DE CARNE BOVINA

O efeito da ozonização em carne foi analisado considerando as características físico-químicas (textura, oxidação lipídica, cor da superfície) e a segurança alimentar (crescimento microbiano de microflora heterotrófica e de *Listeria monocytogenes* inoculada em bife). Mudanças transitórias na concentração de ozônio dentro da câmara de tratamento foram matematicamente modeladas usando um equilíbrio de massa não estacionário. Pulsos de ozônio foram aplicados, e as intensidades de tratamento foram avaliadas em cada caso. Longos períodos de exposição ao ozônio (superior a 10 minutos) afetaram negativamente a cor vermelha, graças à rancidez oxidativa. Os tratamentos mais eficazes para controlar a flora microbiana foram os pulsos de ozônio, variando em 5 a 10 minutos a cada 30 minutos por 5 horas e usando 280 mg O_3/m^3. Esses tratamentos permitiram a redução de mais de 1 log na contagem da flora natural na carne bovina (bactérias do ácido láctico, mesofilos e *enterobacteriaceae*), mantendo estabilidade oxidativa e parâmetros físico-químicos adequados. Além disso, essas baixas doses de ozônio gasoso diminuíram a contagem de *L. monocytogenes* para valores abaixo do limite de detecção por 16 dias a 4 °C, limitando seu crescimento durante o armazenamento refrigerado. O uso de ozônio gasoso em produtos de carne bovina permite o controle do crescimento microbiano durante o armazenamento refrigerado, mantendo um parâmetro de alta qualidade.

OZONIZAÇÃO DE CAMARÕES FRESCOS

A combinação de métodos de preservação que visam alcançar melhores efeitos sobre a inativação de microrganismos em frutos do mar é uma área de pesquisa que recebe cada vez mais interesse entre pesquisadores do mundo todo. Camarões frescos foram tratados por ozônio na seguinte condição: concentração fixa de ozônio de 100 mg/h, no tempo de lavagem de 1 minuto e durante o armazenamento em gelo por até 11 dias, recebendo a mesma carga de ozônio. A inativação de microrganismos aeróbios foi avaliada pela cinética de inativação durante o período de armazenamento e mostrou uma tendência de redução da carga microbiana durante o armazenamento do camarão em gelo. A combinação do tratamento com ozônio e o armazenamento em gelo se mostrou promissora para preservar o camarão fresco.

EFEITOS DO OZÔNIO NA SAÚDE DO TRABALHADOR

Na Tabela 6.4 estão apresentados os efeitos adversos do ozônio na saúde humana. O ozônio é um gás tóxico, cuja exposição diária deve ser limitada. No Brasil, a exposição máxima é de no máximo 0,16 mg/m^3 de ar para jornadas de até 48 horas por semana, conforme a NR 15 do Ministério do Trabalho. Embora a presença de medidores e registradores com emissão de alarme seja obrigatória em instalações que trabalham com ozônio, o gás é detectado pelo nariz humano em níveis bastante baixos. A Tabela 6.4 apresenta os principais sintomas após a exposição humana ao gás ozônio.

Tabela 6.4 – Efeitos adversos do ozônio na saúde humana

Sintomas	Nível de concentração (ppm)
Limiar para percepção do gás no ar ambiente	0,005-0,02
Limite de exposição média máxima de 8 horas	0,1
Limiar para irritação nos olhos, nariz e garganta, dor de cabeça e falta de ar	> 0,1
Tosse, redução do consumo de oxigênio, irritação pulmonar, fadiga severa, dor torácica e tosse seca	0,5-1
Tosse, dor de cabeça, irritação respiratória e possível coma	1-10
Possibilidade de pneumonia grave em níveis mais altos de exposição	10
Imediatamente perigoso para a vida e a saúde	10-15
Letal para pequenos animais dentro de 2 horas	> 20

Fonte: Myozone (https://myozone.com.br/dosagens-seguras-de-ozonio-em-ambientes-de-trabalho).

CONSIDERAÇÕES FINAIS SOBRE O USO DO OZÔNIO NO PROCESSAMENTO DE ALIMENTOS

O uso de ozônio na indústria de alimentos, além de considerado seguro pelas principais agências reguladoras, apresenta diversas vantagens, como eliminação de microrganismos (bactérias, fungos, vírus e protozoários em segundos), degradação de toxinas produzidas por fungos e pesticidas residuais, melhora do sabor, da cor e de outras propriedades do alimento, decomposição em oxigênio e água sem deixar resíduos em superfícies. Por ser produzido no local de uso, o risco de armazenamento de grandes quantidades de desinfetantes químicos é reduzido, pois a matéria-prima para geração do ozônio em plantas industriais é o oxigênio, e o ar pode ser utilizado para aplicações em pequena escala, como o uso doméstico.

O efeito do ozônio é fortemente dependente da matriz do alimento, e cada processo necessita de otimização quanto à carga a ser aplicada, bem como a configuração de reatores e fluxo de gás em câmeras de armazenamento e silos. O investimento inicial em uma instalação industrial é mais alto que o necessário para sanitizantes tradicionais, como ácido peracético e cloro. No caso de alimentos sólidos, o ozônio pode substituir o óxido de etileno sem deixar resíduos, sendo uma opção eficiente para o tratamento de pós e grãos.

Embora a aplicação do ozônio no processamento de alimentos seja uma realidade em algumas áreas, como o uso de água ozonizada e aplicação direta do gás em diversos alimentos, seu uso requer cuidados em relação à saúde do trabalhador, e os limites de exposição devem ser respeitados. O uso de sensores com alarmes e registro dos níveis de ozônio no ambiente de trabalho é de suma importância para garantir a saúde humana. O uso de respiradores com filtro de ozônio e óculos de segurança é também recomendado.

Embora muitos processos possam ser realizados em câmaras sem a presença humana, convém instalar destruidores de ozônio, que são catalisadores específicos capazes de destruir o ozônio não utilizado na saída das instalações e reatores. A saída para a atmosfera deve ser projetada de forma a ter uma área livre do trânsito de pedestres, garantido que o gás na exaustão seja decomposto naturalmente sem comprometer a saúde humana.

Por se tratar de um gás corrosivo, o material utilizado nos equipamentos para processamento com ozônio deve ser apropriado. Teflon, viton, aço inox 316, silicone, CPVC e PVDF são materiais compatíveis. NBR, nylon, ferro, aço carbono e borracha não são compatíveis com o ozônio e não devem ser utilizados em instalações para processamento.

REFERÊNCIAS BIBLIOGRÁFICAS

Akdemir Evrendilek, G., & Kanar Uzun, K. (2020). Effects of ozonation, alkaline ionized water, and their combination on surface disinfection and shelf-life extension of tomatoes. *Journal of Food Processing and Preservation*, *44*(10), 1-11. https://doi.org/10.1111/jfpp.14792.

And, M. A., & Yousef, A. E. (2001). Efficacy of Ozone Against Escherichia coli O157:H7 on Apples. *Journal of Food Science*, *66*(9), 1380-1384. https://doi.org/https://doi.org/10.1111/j.1365-2621.2001.tb15218.x.

Brasil. (2014). *NR15 Atividades e operações insalubres – Anexo 11* – agentes químicos cuja insalubridade é caracterizada por limite de tolerância e inspeção no local de trabalho. Dispõe os limites de tolerância para atividades insalubres. Acessado em junho de 2021. Disponível em: www.gov.br/trabalho/pt-br/inspecao/seguranca-e-saude-no-trabalho/normas-regulamentadoras/nr-15.pdf.

Contigiani, E. V., Kronberg, M. F., Jaramillo Sánchez, G., Gómez, P. L., García-Loredo, A. B., Munarriz, E., & Alzamora, S. M. (2020). Ozone washing decreases strawberry susceptibility to Botrytis cinerea while maintaining antioxidant, optical and sensory quality. *Heliyon*, *6*(11). https://doi.org/10.1016/j.heliyon.2020.e05416.

Dawley, C. R., Lee, J. A., & Gibson, K. E. (2021). Reduction of Norovirus Surrogates Alone and in Association with Bacteria on Leaf Lettuce and Tomatoes During Application of Aqueous Ozone. *Food and Environmental Virology*. *13*(3), 390-400. https://doi.org/10.1007/s12560-021-09476-y.

Eaton, A. D. (2005). *Standard methodos for examination of water and wastewater.* 21st Edition. Washington: American. Public Health Association.

Evans, F. L. (1972). *Ozone in Water and Wastewater Treatment.* Ann Arbor, Michigan: Ann Arbor Science Publishers.

Frewer, L., Scholderer, J., & Lambert, N. (2003). Consumer acceptance of functional foods: issues for the future. *British Food Journal, 105*(10), 714-731. https://doi.org/10.1108/00070700310506263.

Giménez, B., Graiver, N., Giannuzzi, L., & Zaritzky, N. (2021). Treatment of beef with gaseous ozone: Physicochemical aspects and antimicrobial effects on heterotrophic microflora and listeria monocytogenes. *Food Control, 121*(2020), 1-9. https://doi.org/10.1016/j.foodcont.2020.107602.

Gottschalk, C., Libra, J. A. and Saupe, A. (2010). *Ozonation of Water and Waste Water.* 2 Edition. Weinheim, Germany: Wiley-VCH Verlag GmbH & Co.

Greene, A. K., Güzel-Seydim, Z. B., Seydim, A. C. (2012). Chemical and Physical Properties of Ozone. In C. O'Donnel, B. K. Tiwari, P. J. Cullen, & R. G. Rice (Eds), *Ozone in Food Processing.* (pp 19-29). West Sussex, UK: John Wiley & Sons.

Guzel-Seydim, Z. B., Greene, A. K., & Seydim, A. C. (2004). Use of ozone in the food industry. *LWT - Food Science and Technology, 37*(4), 453-460. https://doi.org/10.1016/j.lwt.2003.10.014.

Hill, A. G., & Rice, R. G. (1982). Historical background, properties and applications. In R. G. Rice, & A. Netzer (Eds), *Handbook of Ozone Technology and Applications.* (pp. 1-37). Ann Arbor, Michigan: Ann Arbor Science Publishers.

Hoigné, J. (1998). Chemistry of aqueous ozone, and transformation of pollutants by ozonation and advanced oxidation processes. In: J. Hubrec (Ed), *The Handbook of Environmental Chemistry Quality and Treatment of Drinking Water.* (pp.83-142). Berlin: Springer.

Ishizaki, K., Shinriki, N., & Matsuyama, H. (1986). Inactivation of Bacillus spores by gaseous ozone. *Journal of Applied Bacteriology, 60*(1), 67-72. https://doi.org/https://doi.org/10.1111/j.1365-2672.1986.tb01067.x.

Karaca, H., & Velioglu, Y. S. (2020). Effects of ozone and chlorine washes and subsequent cold storage on microbiological quality and shelf life of fresh parsley leaves. *Lwt, 127*(2019), 109421. https://doi.org/10.1016/j.lwt.2020.109421.

Kogelschatz, U. (1988). Advanced ozone generation. In S. Stucki (Ed), *Process Technologies for Water Treatment.* (pp. 87-120). New York: Plenum Publishers.

Komanapalli, I. R., & Lau, B. H. (1996). Ozone-induced damage of Escherichia coli K-12. *Applied Microbiology and Biotechnology, 46*(5-6), 610-614. https://doi.org/10.1007/s002530050869.

Langlais, B., Reckhow, D. A. and Brink, D. R. (1991). *Ozone in Water Treatment:Application and Engineering.* Denver, CO: Am. Water Works Assoc. Research Foundation.

Li, C., Xie, Y., Guo, Y., Cheng, Y., Yu, H., Qian, H., & Yao, W. (2021). Effects of ozone--microbubble treatment on the removal of residual pesticides and the adsorption mechanism of pesticides onto the apple matrix. *Food Control, 120*(1800), 107548. https://doi.org/10.1016/j.foodcont.2020.107548.

Lima, D. C., Villar, J., Castanha, N., Maniglia, B. C., Matta Junior, M. D., & Duarte Augusto, P. E. (2020). Ozone modification of arracacha starch: Effect on structure and functional properties. *Food Hydrocolloids, 108*, 106066. https://doi.org/10.1016/j.foodhyd.2020.106066.

Liu, C., Zhang, Y., Li, H., Li, L., & Zheng, X. (2020). Effect of ozone treatment on processing properties of wheat bran and shelf-life characteristics of noodles fortified with wheat bran. *Journal of Food Science and Technology, 57*(10), 3893-3902. https://doi.org/10.1007/s13197-020-04421-6.

Manley, T. C., & Niegowski, S. J. (1967). Ozone. In: *Encyclopedia of Chemical Technology*, 2 Edition. (pp. 410-32). New York: John Wiley & Sons.

Manousaridis, G., Nerantzaki, A., Paleologos, E. K., Tsiotsias, A., Savvaidis, I. N., & Kontominas, M. G. (2005). Effect of ozone on microbial, chemical and sensory attributes of shucked mussels. *Food Microbiology, 22*(1), 1-9. https://doi.org/10.1016/j.fm.2004.06.003.

Masschelein, W. J. (1992). *Unit Processes in Drinking Water Treatment*, New York: Marcel Dekker.

Modesti, M., Petriccione, M., Forniti, R., Zampella, L., Scortichini, M., & Mencarelli, F. (2018). Methyl jasmonate and ozone affect the antioxidant system and the quality of wine grape during postharvest partial dehydration. *Food Research International, 112*, 369-377. https://doi.org/10.1016/j.foodres.2018.06.061.

Murray, R. G. E., Steed, P., & Elson, H. E. (1965). The Location of the Mucopeptide in Sections of the Cell Wall of *Escherichia Coli* and other Gram-Negative Bacteria. *Canadian Journal of Microbiology, 11*(3), 547-560. https://doi.org/10.1139/m65-072.

Myozone. (2021). *Dosagens seguras de ozônio no ambiente de trabalho*. Disponível em: https://myozone.com.br/dosagens-seguras-de-ozonio-em-ambientes-de-trabalho.

Noguera, N. H., Lima, D. C., Alves Filho, E. G., Fonteles, T. V., & Rodrigues, S. (2021). Influence of Different Non-thermal Processing on Guava, Orange, and Tangerine Juices and the Food Matrix Effects. *Food and Bioprocess Technology*. https://doi.org/10.1007/s11947-021-02663-6.

O'Donnel, C., Tiwari B. K., Cullen, P. J., & Rice, R. G. (2012). Status and Trends of Ozone in Food Processing. In: C. O'Donnel, B. K. Tiwari, P. J. Cullen, & R. G. Rice (Eds), *Ozone in Food Processing*. (pp. 1-5). West Sussex, UK: John Wiley & Sons.

Okpala, C. O. R., Bono, G., Falsone, F., Cani, M. V., Scannella, D., & Di Maio, F. (2016). Aerobic Microbial Inactivation Kinetics of Shrimp Using a Fixed Minimal Ozone Discharge: A Fact or Fib During Iced Storage? *Procedia Food Science, 7*, 47-52. https://doi.org/10.1016/j.profoo.2016.02.084.

Oliveira, A. F. A., Mar, J. M., Santos, S. F., da Silva Júnior, J. L., Kluczkovski, A. M., Bakry, A. M., Bezerra, J. de A., Nunomura, R. de C. S., Sanches, E. A., & Campelo, P. H. (2018). Non-thermal combined treatments in the processing of açai (*Euterpe oleracea*) juice. *Food Chemistry, 265*, 57-63. https://doi.org/10.1016/j.foodchem.2018.05.081.

Pascual, A., Llorca, I., & Canut, A. (2007). Use of ozone in food industries for reducing the environmental impact of cleaning and disinfection activities. *Trends in Food Science and Technology, 18*(Suppl. 1), 29-35. https://doi.org/10.1016/j.tifs.2006.10.006.

Paulikienė, S., Mingaila, J., Vilimas, V., Bartkevičius, E., Viskelis, P., & Raila, A. (2021). Influence of ozone on the biochemical composition of birch sap. *Applied Sciences (Switzerland), 11*(7). https://doi.org/10.3390/app11072965.

Philizon. (2021). *Propriedades físicas do ozônio gasoso.* Disponível em: https://www.philozon.com.br/sobre-o-ozonio/propriedades-fisicas/.

Porto, E., Alves Filho, E. G., Silva, L. M. A., Fonteles, T. V., do Nascimento, R. B. R., Fernandes, F. A. N., de Brito, E. S., & Rodrigues, S. (2020). Ozone and plasma processing effect on green coconut water. *Food Research International, 131*, 109000. https://doi.org/10.1016/j.foodres.2020.109000.

Rane, B., Bridges, D. F., & Wu, V. C. H. (2020). Gaseous antimicrobial treatments to control foodborne pathogens on almond kernels and whole black peppercorns. *Food Microbiology, 92*, 103576. https://doi.org/10.1016/j.fm.2020.103576.

Restaino, L., Frampton, E. W., Hemphill, J. B., & Palnikar, P. (1995). Efficacy of ozonated water against various food-related microorganisms. *Applied and Environmental Microbiology, 61*(9), 3471-3475. https://doi.org/10.1128/aem.61.9.3471-3475.1995.

Rice, R. G., & Bollyky, L. J. (1981). Fundamental aspects of ozone technology. In: R. G. Rice (ed), *Ozone Treatment of Water for Cooling Applications* (pp. 1-19). Vienna, VA: The International Ozone Association.

Rice, R. G., Bollyky, L. J., & Lacy, W. J. (eds) *Analytical Aspects of Ozone Treatment of Water and Wastewater.* (pp. 7-26). Chelsea: Lewis Publishers.

Rose, L. J., Rice, E. W., & Homeland, N. (2016). Inactivation of bacterial biothreat agents in water, a review. *J Water Health, 12*(4), 618-633. https://doi.org/10.2166/wh.2014.038.Inactivation.

Scott, D. B. M. (1975). The effect of ozone on nucleic acids and their derivatives, in Rice, R.G. (ed.) *Aquatic Applications of Ozone* (p. 1-15). Syracuse, NY: International Ozone Association, Pan American Group.

Sehested, K., Corfitzen, H., Holcman, J., Fischer, C. H., & Hart, E. J. (1991). The primary reaction in the decomposition of ozone in acidic aqueous solutions. *Environmental Science & Technology, 25*(9), 1589-1596. https://doi.org/10.1021/es00021a010.

Selma, M. V., Beltrán, D., Allende, A., Chacón-Vera, E., & Gil, M. I. (2007a). Elimination by ozone of Shigella sonnei in shredded lettuce and water. *Food Microbiology, 24*(5), 492-499. https://doi.org/10.1016/j.fm.2006.09.005.

Singh, N., Singh, R. K., Bhunia, A. K., & Stroshine, R. L. (2002). Efficacy of Chlorine Dioxide, Ozone, and Thyme Essential Oil or a Sequential Washing in Killing Escherichia coli O157:H7 on Lettuce and Baby Carrots. *LWT - Food Science and Technology, 35*(8), 720-729. ttps://doi.org/https://doi.org/10.1006/fstl.2002.0933.

Tiwari, B. K., & Rice, R. G. (2021). Regulatory and Legislative Issues. In: C. O'Donnel, B. K. Tiwari, P. J. Cullen, & R. G. Rice (Eds), *Ozone in Food Processing.* (pp 7-16). West Sussex, UK: John Wiley & Sons.

Trapp, C., & Rice, R. G. (2012). Generation and Control of Ozone. In C. O'Donnel, B. K. Tiwari, P. J. Cullen, & R. G. Rice (Eds), *Ozone in Food Processing.* (pp 33-53). West Sussex, UK: John Wiley & Sons.

Victorin, K. (1992). Review of the genotoxicity of ozone. *Mutation Research/Reviews in Genetic Toxicology*, 277(3), 221–238. https://doi.org/10.1016/0165-1110(92)90045-B.

von Gunten, U. (2003). Ozonation of drinking water: Part I. Oxidation kinetics and product formation. *Water Research*, *37*, 1443-1467. http://www.sciencedirect.com/science/article/pii/S0043135402004578.

Wang, S., Wang, J., Li, C., Xu, Y., & Wu, Z. (2021). Ozone treatment pak choi for the removal of malathion and carbosulfan pesticide residues. *Food Chemistry, 337*(2020), 127755. https://doi.org/10.1016/j.foodchem.2020.127755.

CAPÍTULO 7

RADIAÇÃO ULTRAVIOLETA

Mariana Moyses Delorme, Tatiana Colombo Pimentel, Erick Almeida Esmerino, Maria Carmela Kasnowski Holanda Duarte, Adriano Gomes da Cruz

INTRODUÇÃO

A indústria de alimentos utiliza diversos processos tecnológicos com a finalidade de aumentar a vida de prateleira e garantir a segurança e o valor nutricional de produtos alimentícios. O processamento térmico é a técnica tradicionalmente utilizada pela indústria de alimentos para essa finalidade, eliminando ou reduzindo o número de microrganismos patogênicos e deteriorantes e promovendo a inativação de enzimas. No entanto, o processamento térmico pode afetar negativamente os alimentos por meio de alterações nas propriedades sensoriais (aparência, aroma, sabor e textura), redução da concentração de compostos bioativos, desnaturação de proteínas e oxidação de lipídios. Além disso, requer alto consumo de energia, comprometendo o custo final do produto e resultando em preços altos para o consumidor, a fim de garantir a rentabilidade da indústria.

Tecnologias emergentes não térmicas têm sido amplamente desenvolvidas na Europa e nos Estados Unidos, aumentando o interesse na América Latina, especialmente no Brasil, Chile, Peru, México, Argentina, Colômbia e Venezuela. Essas tecnologias vêm sendo estudadas como métodos alternativos ou complementares aos tratamentos convencionais, garantindo a segurança microbiológica, provocando danos mínimos à matriz e mantendo as características físicas, nutricionais e sensoriais dos produtos.

A luz ultravioleta (UV) é uma dessas tecnologias emergentes. Foi descoberta em 1801 pelo físico alemão Johann Wilhelm Ritter, e o efeito germicida do comprimento de onda curto foi usado nos primeiros experimentos em 1878. O primeiro equipamento comercial de radiação UV foi fabricado para indústrias farmacêuticas e de aquicultura, por não utilizar produtos químicos para descontaminação. O interesse das indústrias de alimentos e bebidas surgiu mais tarde, como uma alternativa às tecnologias térmicas, que afetavam a qualidade dos alimentos, e uma possibilidade de método complementar, além de apresentar vantagens tecnológicas, como o baixo custo de manutenção, instalação e energético e facilidade de implementação.

A radiação UV consiste na aplicação de luz UV em diferentes comprimentos de onda, por meio de equipamentos projetados para este fim. Atualmente, é utilizada na indústria alimentícia para, entre outros motivos, descontaminação do ar, água e superfícies, sobretudo equipamentos de fábricas. Recentemente, houve um crescente interesse no uso da radiação UV para descontaminação de líquidos e superfícies de alimentos sólidos, pois demonstrou ser um método eficaz para inativação de microrganismos deteriorantes e patogênicos. Além disso, no geral, o tratamento não resultou em alterações nos parâmetros físicos (cor) e atributos sensoriais (textura e aparência). Dessa forma, produtos submetidos à radiação UV eram seguros e apresentavam melhores aspectos nutricionais e sensoriais quando comparados aos produtos submetidos ao processamento térmico.

A radiação UV também se apresenta como uma possível barreira tecnológica adicional ao crescimento microbiano, podendo ser utilizada para evitar contaminação pós-processamento de alimentos. Sendo assim, apresenta-se como uma promessa considerável no processamento de alimentos, pois torna-se uma possível alternativa ao tratamento térmico tradicional de alimentos líquidos, tratamento de pós-processamento de alimentos prontos para o consumo e extensão da vida de prateleira de produtos frescos.

Duas pesquisas foram elaboradas de forma independente e conduzidas por um grupo norte-americano (Pesquisa 1) e por um grupo europeu (Pesquisa 2). Os entrevistados eram profissionais de alimentos da indústria, academia e governo. As perguntas buscavam identificar novas tecnologias aplicadas na atualidade ou com potencial para serem comercializadas em 5 a 10 anos, fatores de comercialização, regulamentações e limitações associadas. Na Pesquisa 1, aquecimento por micro-ondas (88%), alta pressão (80%) e radiação UV (84%) foram as principais tecnologias atuais e previstas para os próximos 5 anos. Na Pesquisa 2, alta pressão (73%), aquecimento por micro-ondas (35%) e pulso elétrico pulsado (33%) foram consideradas as principais tecnologias atuais e previstas para os próximos 5 anos, sendo a radiação UV escolhida por 20% dos entrevistados. Os principais parâmetros considerados pelos consumidores foram produtos de maior qualidade (94%), segurança (92%) e vida de prateleira (91%). Dessa forma, a radiação UV é reconhecida pelos consumidores como uma tecnologia com aplicação atual ou futura.

A radiação UV pode ser combinada a outras técnicas e tratamentos de intervenção para obter efeitos aditivos e/ou sinérgicos. Seu uso para a inativação de microrganismos é atraente, porque é uma tecnologia comercialmente disponível que não envolve o uso de produtos químicos. Algumas aplicações já estão bem desenvolvidas, como o tratamento de água. Outras ainda são promissoras, como o processamento de alimentos.

Este capítulo tem por objetivo discorrer sobre a aplicabilidade da radiação UV no processamento de alimentos.

A TECNOLOGIA

PRINCÍPIOS E TEORIA

A radiação UV é uma forma não ionizante de luz invisível, situada na porção do espectro eletromagnético (EM) entre a luz visível e os raios X (Figura 7.1). A radiação UV compreende a faixa de comprimento de onda entre 100 e 400 nm, que produz quatro principais tipos de raios UV: UV-A, UV-B, UV-C e UV-vácuo. Os raios UV-A (315 a 400 nm) têm sido usados para purificação de água, enquanto os UV-B (280 a 315 nm) têm sido usados para induzir o crescimento de plantas. Os raios UV-C (200 a 280 nm) são descritos como germicidas e têm sido usados para processamento de alimentos, particularmente auxiliando na inativação microbiana. Esse comprimento de onda proporciona um efeito letal mais eficaz em diferentes microrganismos, provocando quebra de ligações no DNA, o que altera o metabolismo e reprodução, levando à morte celular. No entanto, o comprimento de onda UV-A também consegue inativar microrganismos, devido à capacidade de induzir a formação de radicais livres e promover danos de foto-oxidação nas bases de DNA. A radiação UV-vácuo pode ser absorvida por quase todas as substâncias; no entanto, só é transmissível em ambiente à vácuo.

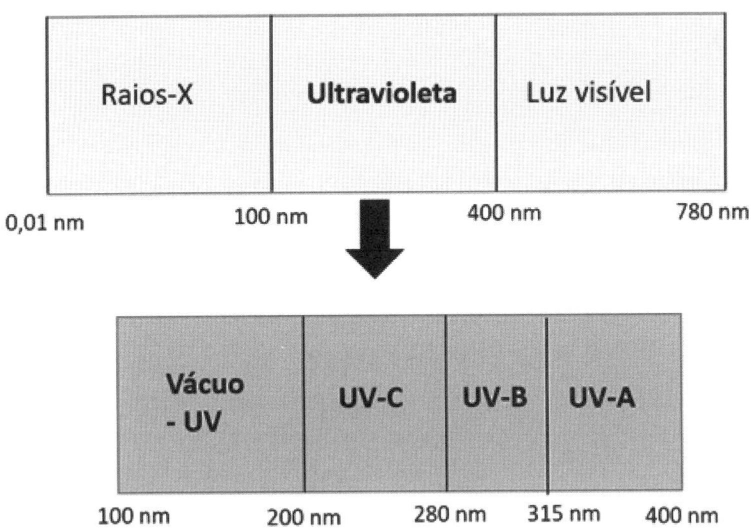

Figura 7.1 – Radiação ultravioleta e comprimentos de onda.
Fonte: Adaptado de Delorme et al. (2020).

A radiação UV pulsada (PL) é uma versão modificada e aprimorada da radiação UV-C, que utiliza dispositivos contendo lâmpadas que emitem luz UV em alta potência e em intervalos regulares. A PL é aplicada em um tempo extremamente curto (1 μs a 0,1 s), na faixa de 200 a 1.100 nm. Embora efeitos fototérmicos e fotofísicos também tenham sido detectados, a inativação microbiana por PL é caracterizada como essencialmente um processo fotoquímico. A unidade usada para caracterizar as reações fotoquímicas é a fluência (J/cm^2), ou seja, significa a quantidade de energia luminosa que atinge a superfície do alimento. A medição adequada da fluência é fundamental para caracterizar um tratamento de PL, com sistemas de feixes colimados projetados especificamente para esse propósito. Quando PL é usada em estudos, alguns parâmetros devem ser reportados, como: fluência e modo de medição; evolução da temperatura, temperatura mais alta atingida ou o maior incremento de temperatura; taxa de repetição do pulso; espectro de emissão da lâmpada; mapa de distribuição de fluência; e, para amostras líquidas, sólidos em suspensão ou turbidez, espectro de absorção e espessura da amostra. Se estiver usando um reator de fluxo: tempo de residência e regime de fluxo.

Dessa forma, a radiação UV é uma tecnologia de intervenção não térmica e não química que utiliza energia física e é considerada segura e não tóxica. É uma técnica que exige baixos custos de investimento e manutenção, em comparação com outros métodos de conservação, além de ser ambientalmente amigável, uma vez que não provoca danos ambientais. Além disso, a radiação UV é conhecida como radiação não ionizante, ou seja, não fornece nenhuma radioatividade ao produto tratado, em contraste com a radiação ionizante (radiação gama), que fornece radioatividade residual.

EQUIPAMENTOS

As aplicações de radiação UV são realizadas com diferentes equipamentos para alimentos sólidos ou líquidos, sendo necessário desenvolver um dispositivo UV com lâmpadas e tamanhos adequados para se atingir os efeitos desejados.

Os reatores são dispositivos usados para aplicar radiação UV em líquidos. A transmissão da radiação UV para alimentos líquidos, como sucos, é pequena, devido à sua alta densidade óptica. À medida que a absorbância de UV de um meio líquido aumenta, a penetração e a intensidade da luz UV fornecida diminuem, reduzindo assim a eficácia antimicrobiana da dose. Dessa forma, a eficiência de desempenho da radiação UV, particularmente UV-C, pode ser severamente prejudicada pela fraca transmissão da luz em líquidos.

A transmitância da luz UV-A, devido à sua natureza de comprimento de onda longo, é muito mais alta do que outras luzes de comprimento de onda mais curto, como a luz UV-C. No entanto, uma de suas principais desvantagens é sua incapacidade de inativar o microrganismo tão efetivamente quanto a luz UV-C. Sendo assim, o tratamento com UV-A precisa ser complementado com outros tratamentos antimicrobianos para ser eficaz.

Nesse contexto, diferentes projetos de reatores UV de fluxo contínuo estão sendo avaliados para uso na pasteurização de sucos, a fim de superar a interferência da alta absortividade UV e turbidez, o que dificulta a ação da tecnologia. As propriedades ópticas dos produtos alimentícios líquidos, juntamente ao projeto do reator UV, são os principais fatores que afetam a inativação de microrganismos em alimentos líquidos com altas propriedades de absorção. Sendo assim, para evitar problemas associados à falta de penetração, duas estratégias são empregadas: a utilização de fluxo laminar em unidades UV de filme extremamente fino, em busca da diminuição do comprimento do caminho da radiação UV, e a utilização de turbulência dentro da unidade UV para aproximar o material da radiação durante o tratamento.

Câmaras de UV são utilizadas no processamento de alimentos sólidos, como pode ser observado na Figura 7.2.

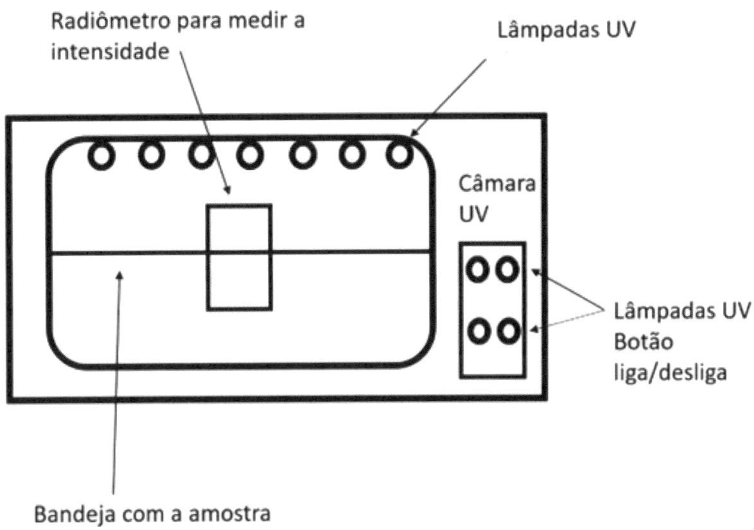

Figura 7.2 – Câmaras de UV utilizadas para processamento de alimentos sólidos. Fonte: Adaptado de Ha et al. (2016).

A composição do produto, o conteúdo de sólidos, a cor e a química geral do alimento têm um grande impacto nas propriedades de absorção e na eficácia da inativação UV. Dessa forma, são importantes a escolha e o design corretos da unidade de UV, suas características de fluxo e a fonte adequada, sendo possível reduzir a interferência de alta capacidade de absorção de radiação UV e da viscosidade associada aos sucos frescos, melhorando a eficiência de inativação. É o que acontece com o leite, uma vez que a opacidade e a viscosidade do alimento também são fatores que dificultam a penetração.

PARÂMETROS DE PROCESSO

A eficácia da ação germicida da radiação UV na descontaminação dos alimentos depende de muitos fatores, incluindo a dose de radiação usada, o tempo de exposição, o tempo de inoculação, a localização dos microrganismos nos alimentos, o tipo, a quantidade e a capacidade de regeneração dos mesmos e as características da superfície do produto. Portanto, o conhecimento adequado desses fatores e de suas influências na morte bacteriana ou na capacidade de sobrevivência é essencial para determinar o tratamento com a radiação apropriado, em vista de se obter dados de inativação desejáveis. Os parâmetros avaliados na radiação UV estão apresentados na Tabela 7.1.

Tabela 7.1 – Parâmetros relacionados à aplicação e à eficiência da radiação UV

Parâmetros	Fatores
Parâmetros de processo	Tempo
	Temperatura
	Dose de UV
	Comprimento de onda
	Fonte de radiação UV
Parâmetros do produto	Composição química
	Viscosidade
	Densidade
	Turbidez
	Opacidade
	Cor
	Rugosidade
Parâmetros do equipamento	Número e posição das lâmpadas na cabine
	Distância entre as lâmpadas e o produto
Características do microrganismo	Tipo
	Espécie
	Cepa
	Contagem inicial
	Fase de crescimento
	Condições de recuperação

Fonte: Delorme et al. (2020).

Os principais parâmetros que afetam a eficácia da inativação microbiana referentes ao processo são o comprimento de onda e a dose de UV. Além disso, outros fatores físicos também são importantes, como o padrão de fluxo, e a conformação e a geometria do equipamento UV.

Os efeitos germicidas dependem principalmente da dose de UV (J/m^2), que se refere à irradiância UV ou fluxo de intensidade UV e é definida como a função da intensidade e do tempo de exposição, sendo geralmente determinada pela Equação (7.1).

$$D = I \times t \tag{7.1}$$

D é a "dose" de UV, conhecida como quantidade de energia UV aplicada a uma superfície específica durante determinado intervalo, I é intensidade de UV medida na superfície e t é o tempo de exposição.

A intensidade da UV (W/m^2) é a radiação total da área especificada. Na maioria dos casos, à medida que o tempo de exposição e a intensidade da luz UV aumentam e a distância entre a fonte de luz e o alvo diminui, a taxa de inibição das células aumenta. Além disso, a localização das amostras também influencia a taxa de inibição de microrganismos, uma vez que a ação é mais eficaz quando as amostras estão posicionadas diretamente sob as lâmpadas germicidas.

A escolha da fonte UV correta é extremamente importante, pois pode aumentar a eficiência da inativação microbiana, aumentando a penetração da radiação UV nos alimentos. As fontes disponíveis comercialmente incluem lâmpadas de mercúrio de baixa e média pressão (LPM e MPM), luz pulsada (PL) e diodos emissores de luz (LED). LPM, MPM e lâmpadas de excimer são convencionalmente utilizadas no tratamento de água e/ou em aplicações alimentícias. As duas primeiras são fontes bem conhecidas e confiáveis para a maioria dos tratamentos de desinfecção, que se beneficiam de seu desempenho, baixo custo e qualidade.

As LPM são operadas por pressões de gás nominais totais de 102 a 103 MPa, e o gás portador está em excesso nas proporções de 10 para 100. Isso corresponde à pressão de vapor do mercúrio líquido em uma temperatura ótima de 40 °C na parede da lâmpada. Tipicamente, a carga elétrica específica na zona de brilho, expressa em watts por centímetro, está entre 0,4 e 0,6 W (e)/cm. O espectro de emissão de LPM é concentrado em um número limitado de linhas bem definidas, e a fonte é chamada de monocromática. As linhas de ressonância em 253,7 e 185 nm são de longe as mais importantes.

As MPM funcionam a uma pressão total de gás de aproximadamente 104 a 106 MPa. Em comparação às lâmpadas LPM, a temperatura mais fria possível do MPM é cerca de 400 °C, enquanto sobe até 600 °C ou 800 °C em uma operação estável. Portanto, é absolutamente necessário usar um invólucro de quartzo aberto (ou mesmo ventilado), para evitar o contato direto da superfície da lâmpada com o fluido tratado. As MPM operam na faixa de gradiente potencial de 5 a 30 W/cm, e a emissão é policromática. O espectro cobre comprimentos de onda de cerca de 250 a quase 600 nm, o que resulta em uma série de emissões na região do UV e na faixa do visível. Portanto, essas lâmpadas não são consideradas úteis para o tratamento germicida direcionado; contudo, seu forte fluxo de radiação UV resulta em alta profundidade de penetração. Variando o fluxo de gás, a dopagem e o material de quartzo, o espectro e o fluxo de radiação das lâmpadas UV, pode-se adequar aplicações específicas de processamento de alimentos, especialmente para oxidação ou fotodegradação.

No entanto, a exposição aos vapores de mercúrio emitidos por tais lâmpadas pode causar sérios danos à saúde. A Convenção de Minamata sobre Mercúrio foi aprovada por delegados de cerca de 140 países no Programa das Nações Unidas para o Meio Ambiente (PNUMA). De acordo com o tratado, a fabricação de produtos que contenham mercúrio e sua importação/exportação é proibida, para reduzir a quantidade de mercúrio liberado no meio ambiente e garantir a saúde humana e ambiental. Dessa forma, o uso de lâmpadas LPM e MPM deve ser descontinuado, e o desenvolvimento de um novo sistema de radiação UV é imperativo. Estudos já reportaram que lâmpadas de excímero de criptônio-cloro emitindo radiação a 222 nm podem exibir maior atividade bactericida em alimentos do que lâmpadas convencionais de mercúrio de 254 nm. Além disso, a radiação UV-C gerada a partir de lâmpadas de xenônio pulsadas, que emitem luz a intervalos regulares, pode fornecer intensidade de energia mais instantânea do que as lâmpadas convencionais. Os LED UV podem ser fabricados para emitir luz em comprimentos de onda específicos nas regiões UV-A, UV-B e UV-C, permitindo que sejam ajustados de acordo com a necessidade para inativação de microrganismos específicos. Além disso, arranjos de LED UV de diferentes comprimentos de onda podem ser combinados para fornecer efeitos sinérgicos.

Atualmente, LED que emitem radiação UV-C monocromática são uma excelente opção em aplicações alimentícias, devido ao seu tamanho compacto, portabilidade, alta eficiência e longa vida útil.

Com relação ao produto a ser tratado, o desempenho da radiação UV também depende de qual matéria-prima será utilizada no tratamento, porque, em geral, a penetrabilidade é restrita. A capacidade de penetração depende de vários fatores, incluindo propriedades físicas, composicionais e de superfície, como espessura, viscosidade, propriedades ópticas, densidade, cor e presença de sujeiras ou rugosidades.

As características do produto que são mais influentes em termos de eficácia letal são as propriedades ópticas, principalmente a absorbância de UV e a turbidez do meio. Os componentes de cor, sólidos em suspensão e compostos solúveis podem reduzir o número de fótons disponíveis para inativar microrganismos, uma vez que absorvem, refletem e dispersam a luz incidental. Em contrapartida, outras características não demonstraram ser relevantes para determinar a resistência bacteriana à radiação UV, como o pH e a atividade de água. Esse fato é de extrema importância, pois facilita a aplicação dessa tecnologia em diferentes produtos.

As características microbianas também são fatores importantes para a eficácia do processo, uma vez que a sensibilidade à radiação UV varia significativamente entre os diversos tipos de microrganismos, espécies e cepas, sendo requeridas diferentes doses UV letais específicas. A inativação de bactérias Gram-negativas, por exemplo, é alcançada com maior eficiência em comparação às Gram-positivas, cuja estrutura peptideoglicana espessa na parte externa da parede celular dificulta a penetração dos fótons de luz UV nas células e aumenta a resistência à radiação. As leveduras também apresentam maior resistência à radiação UV, o que tem sido associado ao maior tamanho das células e à menor concentração de pirimidina. Além disso, esporos bacterianos são mais resistentes à radiação UV do que as células vegetativas, devido à forma desidratada do núcleo, que reduz a dimerização da pirimidina e a ação dos fotoprodutos. Vírus com capsídeos de estrutura mais complexa são mais resistentes à radiação UV, pois há maior dificuldade em promover danos ao genoma e/ou agir sobre a proteína viral.

O estado fisiológico das células, como sua fase e condições de crescimento, os fatores estressantes antes do tratamento UV e a recuperação celular após o processamento, também influenciam na sensibilidade microbiana à radiação UV. Em geral, as células em fase estacionária apresentam maior resistência em comparação às células em fase de crescimento logarítmico.

Outro parâmetro igualmente importante na determinação da eficiência do tratamento com doses corretas de UV é a concentração inicial de inóculo bacteriano nos alimentos, uma vez que concentrações iniciais mais altas diminuem o efeito de inativação da radiação.

A capacidade de reparar danos induzidos por UV e sobreviver é outro fator essencial referente às condições de recuperação dos microrganismos. A formação de dímeros provocada pela radiação UV pode ser revertida por meio de dois mecanismos de reparo: fotoreativação e reparo escuro. As bactérias utilizam enzimas de reparo, que aumentam a probabilidade de sobrevivência dos microrganismos e reduzem o prazo de validade comercial do produto tratado com UV. A fotoreativação é o principal mecanismo para controle de danos nesses microrganismos submetidos à radiação UV e consiste em reverter lesões de DNA por meio de enzimas fotoliase, usando a energia da luz visível, sem excisar a região distorcida. A primeira etapa, que não requer luz, refere-se à formação de um complexo entre a enzima de fotoreativação (PRE) e o dímero a ser reparado. Posteriormente, uma etapa absolutamente dependente da energia luminosa envolve o reparo do DNA, ou seja, a restauração do dímero à sua forma monomerizada original e liberação de PRE. Portanto, é essencial que as condições de armazenamento sejam adequadas e impeçam a fotoreativação de microrganismos em alimentos tratados por UV. Assim, é imprescindível evitar a exposição à luz visível após o processamento, a fim de tornar os produtos mais seguros e alcançar os efeitos de controle desejados. O reparo escuro é um mecanismo que consiste no processo de excisão de bases e de nucleotídeos, envolvendo várias enzimas. Diferentemente da fotoreativação, o reparo escuro é um mecanismo independente de luz, complexo e em várias etapas, que não reverte diretamente os danos ao DNA, mas o substitui por um novo nucleotídeo não danificado. No entanto, é menos eficiente que a fotoreativação e nem sempre leva ao reparo completo. Os principais fatores que afetam a capacidade de reparação são o tipo de microrganismo, a dose de UV empregada, o tipo de luz UV, o comprimento de onda e as condições de incubação.

Com relação às embalagens, verificou-se que o tratamento com a radiação UV também pode ser aplicável em produtos já embalados. Ha et al. (2016) avaliaram os efeitos da radiação UV-C em diversos patógenos de origem alimentar em superfícies de queijos fatiados e embalados e evidenciaram que plásticos transparentes, como o filme de polipropileno (PP) e polietileno (PE) em conjunto com a radiação UV-C, podem garantir a prevenção de contaminação pós-processamento e durante a embalagem.

APLICAÇÕES DA RADIAÇÃO UV NO PROCESSAMENTO DE ALIMENTOS

A Figura 7.3 apresenta as áreas potenciais de aplicações da radiação UV no processamento de alimentos. As aplicações estão relacionadas com segurança, preservação, funcionalidade e destruição de compostos químicos e toxinas.

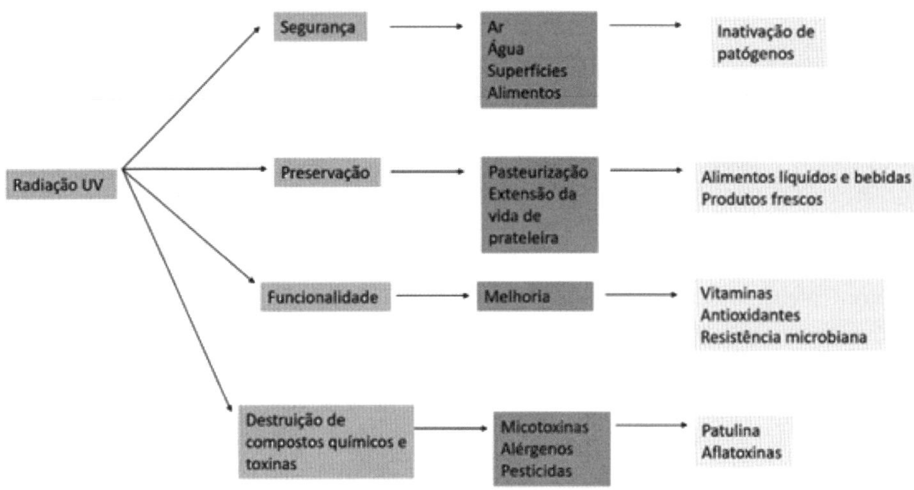

Figura 7.3 – Áreas potenciais de aplicações da radiação UV no processamento de alimentos. Fonte: Adaptado de Koutchma (2019).

INATIVAÇÃO MICROBIANA

A inativação microbiana pela ação da radiação UV ocorre por meio de diversos mecanismos que dependem dos comprimentos de onda aplicados no tratamento. Os efeitos da radiação UV no material genético são os principais responsáveis pela inativação microbiana, embora outros componentes celulares também possam ser danificados, como proteínas. Sendo assim, essa inativação pode ser alcançada diretamente, pela absorção da luz incidente no DNA da célula microbiana, ou indiretamente. O principal mecanismo pelo qual a radiação UV inativa os microrganismos é pela ação direta, através de lesões que interferem na replicação do DNA.

A radiação UV-C, de ondas curtas (200-280 nm), compreende o pico de absorção do DNA nas células e é, portanto, a faixa mais letal. Essa é considerada a região mais germicida do espectro UV para diferentes tipos de microrganismos, incluindo bactérias e vírus patogênicos. Um efeito maior é alcançado entre 250 e 260 nm, uma vez que os fótons UV produzidos nesses comprimentos de onda são amplamente absorvidos pelas bases nitrogenadas timina e citosina do ácido desoxirribonucléico (DNA). Assim que é absorvida pelos microrganismos, a radiação provoca uma ligação cruzada entre timina e citosina no DNA microbiano, o que resulta na supressão da transcrição e replicação da fita de DNA, levando à morte celular. A absorção da radiação UV-C induz modificações na expressão gênica do DNA com a formação de fotoprodutos de dímeros de ciclobutano pirimidina (CPD) e de pirimidina 6-4 pirimidona (6-4PP). O mais importante é o dímero de pirimidina, formado entre moléculas de pirimidina adjacentes da mesma cadeia de DNA, que pode interromper a transcrição e a replicação do DNA, levando à morte celular (Figura 7.4).

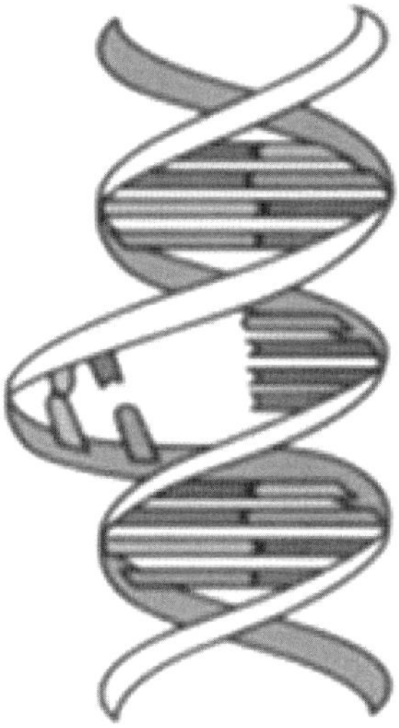

Figura 7.4 – Estrutura do DNA após aplicação de radiação UV.

A radiação UV-C tem capacidade de inativar uma ampla gama de bactérias patogênicas de origem alimentar (*Escherichia coli*, *Listeria*, *Salmonella*, *Staphylococcus*, *Bacillus*, *Clostridium*, *Yersinia*, *Aeromonas*, *Cladosporium*, *Alicyclobacillus*), bactérias deteriorantes (*Lactobacillus*), leveduras deteriorantes (*Saccharomyces cerevisiae*, *Zygosaccharomyces bailii*) e bolores (*Neosartorya fischeri*).

Mudanças ultraestruturais também podem ser induzidas por efeitos fotoquímicos indiretos, como a formação de radicais livres. A radiação UV-A produz menos danos fotoquímicos devido à baixa capacidade de absorção do DNA nessa faixa, mas seu comprimento de onda também é capaz de inativar microrganismos graças à sua capacidade de induzir a formação de radicais livres e promover danos de foto-oxidação nas bases de DNA pirimidina e purina. As bases nitrogenadas danificadas pela oxidação resultam em lesões menores, que exercem obstáculos mais brandos para replicação e transcrição, levando à mutagênese do DNA e à produção de proteínas mutantes (mutagênese transcricional). A maioria dos danos às proteínas induzidos por UV ocorrem indiretamente, mediados por espécies reativas de oxigênio (ROS), que podem levar à fragmentação de proteínas e agregação e alteração de propriedades físico-químicas, resultando na perda de funcionalidade.

Água

A segurança da água potável é essencial em todo o mundo, sobretudo em países em desenvolvimento e áreas rurais. Vários estudos demonstraram a capacidade de desinfecção da radiação UV em amostras de água, porém a comparação dos resultados permanece difícil devido à falta de uniformidade na metodologia de pesquisa. Rattanakul & Oguma (2018) investigaram vários LED-UV-C (265 nm, 280 nm, 300 nm) como potenciais dispositivos de descontaminação de água a partir de uma série de espécies microbianas (*P. aeruginosa*, *L. pneumophila*, *E. coli*, esporos de *B. subtilis* e bacteriófago Qβ), para determinar comprimento de onda o mais eficiente na inativação e na redução de consumo de energia. Foi determinado que o LED de 280 nm era mais eficiente, apresentando alta taxa de inativação (3 log) e baixo consumo de energia (inferior a 1,04 kWh/m^3), destacando o seu uso potencial no tratamento da água.

Sucos de fruta

Alimentos líquidos e bebidas têm alto conteúdo de água e nutrientes e são altamente perecíveis. Os sucos de frutas têm um pH baixo e geralmente são ricos em carboidratos e fontes complexas de nitrogênio, sendo meios ideais para o crescimento de leveduras deteriorantes, bolores e algumas bactérias tolerantes a ácidos. A deterioração microbiana pode causar alterações nas propriedades nutricionais e sensoriais, resultando no desenvolvimento de turbidez, floculação e formação de aglomerados. Além disso, os microrganismos podem converter carboidratos em álcoois (principalmente etanol), dióxido de carbono, ácidos orgânicos e numerosos metabólitos, causando o estufamento das embalagens, bem como sabor e aroma desagradáveis. Por fim, surtos de infecções ocasionadas pelo consumo de sucos de frutas e vegetais não pasteurizados têm sido constantemente reportados, demandando estudos de tecnologias para o seu processamento.

A pasteurização por calor tem sido usada como um método-padrão para estender a vida de prateleira e fornecer segurança aos sucos de fruta. A pasteurização de baixa temperatura e longa duração (LTLT) e a pasteurização de alta temperatura e curta duração (HTST) são usadas na produção de suco em modo contínuo em grande escala. A HTST substituiu a LTLT como o método de pasteurização mais comumente utilizado para o tratamento de sucos. No entanto, os sucos que passam pela pasteurização térmica tendem a mudar de cor e perder parte de seu aroma e valor nutricional durante o processo de aquecimento. Além disso, o tratamento térmico pode causar perdas de nutrientes sensíveis ao calor (como ácido ascórbico e tiamina) e afetar negativamente as propriedades sensoriais e reológicas. Por fim, vários compostos tóxicos, como furanos e 5-hidroximetilfurfural, podem ser gerados. As principais autoridades regulatórias globais (Administração de Alimentos e Medicamentos dos Estados Unidos [FDA], Health Canada e União Europeia) já aprovaram o uso de radiação UV para controle de patógenos no processamento de sucos de fruta. Dessa forma, a radiação UV tem sido utilizada na pasteurização de sucos de fruta.

Niu et al. (2021) avaliaram o efeito de diodos emissores de luz UV-C (LED UV-C) na inativação e no dano à membrana da levedura deteriorante *Saccharomyces cerevisiae* e sua aplicação na pasteurização de suco de laranja. Os resultados demonstraram que o efeito antimicrobiano do tratamento foi potencializado pelo aumento da dose de radiação. Quando a dose de radiação LED UV-C foi de 1.420 mJ/cm^2, a população de *S. cerevisiae* em meio de cultura foi reduzida em 4,86 log UFC/mL e a viabilidade em 4,44 log UFC/mL. Por meio de microscopia eletrônica de varredura e coloração fluorescente, foi observado que a estrutura e a função da membrana plasmática foram severamente danificadas e que a eficácia de inativação em suco de laranja também aumentou proporcionalmente à dose de radiação.

Xiang et al. (2020) avaliaram os efeitos da radiação LED UV-C nos níveis de *Zygosaccharomyces rouxii* em suco de maçã. As populações foram reduzidas em valores de 4,86 e 5,46 log após a aplicação de radiação a 800 e 1.200 mJ/cm^2, respectivamente.

Antonio-Gutierrez et al. (2019) avaliaram diferentes arranjos de reatores de UV-C com recirculação para inativar *Saccharomyces cerevisiae* em suco de uva. O suco testado foi inoculado com *S. cerevisiae* e processado em três taxas de fluxo (5,2, 17,1 e 31 mL/s) durante 60 minutos. Os arranjos selecionados foram avaliados variando o comprimento (30 ou 80 cm) da lâmpada UV-C (254 nm), o número de lâmpadas (1 ou 2) e a espessura do *gap* no reator (1,0 ou 0,5 cm) para a lâmpada UVC de 30 cm. Além disso, as doses de UV-C dos arranjos estudados foram avaliadas por meio da degradação do corante para determinar o efeito da vazão nos sistemas de recirculação. Em reatores UV-C com uma única lâmpada, aproximadamente 2,5 log foram reduzidos com taxas de fluxo de 17,1 ou 31 mL/s, enquanto a 5,2 mL/s apenas 2 log foram alcançados. Com duas lâmpadas UV-C em série, foram obtidas reduções de 5 log após 45 minutos de tratamento, independentemente do comprimento da lâmpada, mas apenas nas altas taxas de fluxo testadas. Com o reator da menor espessura, reduções de 6 log foram alcançadas em 17,1 mL/s ou 31 mL/s. Em geral, uma redução da espessura do filme de suco permitiu maiores reduções de *S. cerevisiae*; além disso, diferenças importantes foram observadas entre os sistemas avaliados ao comparar o efeito da taxa de fluxo. Os resultados para os sucos de uva sugerem que a radiação UV-C pode ser uma alternativa eficaz aos tratamentos térmicos no processamento de sucos de fruta e vegetais, cujo efeito é dependente dos parâmetros de processo.

Nos estudos relatados de tratamento por radiação UV de sucos, três tipos de sistemas contínuos de UV em escala-piloto ou de laboratório foram usados: sistemas anulares em fluxo laminar e turbulento; sistemas de tubo em espiral em fluxo Dean; e sistemas Taylor-Couette. Além disso, três unidades UV comerciais, incluindo CiderSure (fluxo laminar de filme fino; NY, Estados Unidos), módulo Salcor (fluxo Dean em tubo espiralado, turbulento; CA, Estados Unidos), unidade UV espiral Asepto Ray (Israel) e SurePure (filme fino, turbulento; SupePure Inc., Zug, Suíça), foram validadas para aplicações em suco. As características do fluxo foram avaliadas por meio do cálculo do número de Reynolds (Re). Para alcançar homogeneização suficiente, o FDA recomendou regime de fluxo turbulento de Re superior a 2.000.

A aplicação de radiação UV em sucos de fruta é dificultada devido à sua baixa transmitância pela presença de sólidos em suspensão. Dessa forma, os microrganismos podem sobreviver apesar da exposição contínua a grandes quantidades de energia de luz UV. Os sucos com grandes quantidades de material em suspensão precisam de uma dose maior de UV do que os sucos transparentes, ou seja, o suco de maçã precisa de uma dose de UV mais baixa para atingir a redução efetiva, enquanto o suco de laranja e os tropicais requerem dosagens mais altas para atingir as reduções necessárias.

Leite e produtos lácteos

Os produtos lácteos podem sofrer contaminação cruzada com microrganismos desde o manuseio do leite até o seu processamento, armazenamento e embalagem. No entanto, a pasteurização pode afetar as propriedades físico-químicas e sensoriais. A termização é definida como um tratamento térmico de subpasteurização aplicado ao leite cru, normalmente na faixa de 62 °C a 65 °C por 10 a 20 s, que não tem como objetivo destruir quaisquer patógenos preocupantes, mas sim de estender sua vida de armazenamento antes da pasteurização normal, controlando as bactérias psicrotróficas em um estágio inicial. Nesse caso, o leite é resfriado a temperaturas de armazenamento refrigerado imediatamente após o tratamento de termização, aguardando a pasteurização em uma data posterior (ou seja, não se destina a ser um substituto para a pasteurização).

A radiação UV pode ser empregada como um método alternativo à termização nas fazendas e centros de coleta para controle microbiano e aumento da vida útil durante o transporte. Estudos usando sistemas UV de fluxo turbulento disponíveis comercialmente reportaram que o processamento por radiação UV do leite cru pode ocasionar redução de 3 a 4 log da carga inicial total de psicotróficos, coliformes e termodúricos e estender a vida de prateleira até 14 dias. Além disso, a tecnologia foi considerada eficaz contra bactérias patogênicas comumente encontradas no leite, como *E. coli* O157:H7, *L. monocytogenes*, *Salmonella senftenberg*, *Y. enterocolitica* e *S. aureus*. Amilase, catalase, lactase, lactoferrina, lipase, fosfatase, proteína e vitamina A, que são facilmente destruídas pelo calor, permanecem intactas após o processamento de UV e mantêm as propriedades dos produtos naturais.

O efeito da radiação UV na inativação de microrganismos em leite depende da origem (humana, caprina e bovina), teor de gordura (integral, reduzido, desnatado) e estado microbiano (cru, pasteurizado inoculado e ultrapasteurização [UHT]). Em geral, uma maior inativação é obtida em amostras de leite desnatado, seguida do leite com gordura reduzida e do leite integral. As diferenças podem estar relacionadas ao conteúdo lipídico desses produtos, já que as micelas atenuam a luz UV, levando a uma menor eficácia geral do tratamento.

Crook et al. (2015) avaliaram o efeito da radiação UV-C em 254 nm na inativação de 7 patógenos transmitidos pelo leite (*L. monocytogenes*, *Serratia marcescens*, *S. senftenberg*, *Y. enterocolitica*, *Aeromonas hydrophila*, *E. coli* e *S. aureus*). Os patógenos foram suspensos em leite integral em temperatura ultra-alta e tratados em doses de UV entre 0 e 5.000 J/L, a uma taxa de fluxo de 4.300 L/h, em um sistema-piloto de fluxo turbulento de filme fino. Dos 7 patógenos testados, *L. monocytogenes* foi a mais resistente, exigindo 2.000 J/L de exposição para atingir uma redução de 5 log. O patógeno mais sensível foi *S. aureus*, exigindo apenas 1.450 J/L para atingir uma redução de 5 log.

Estudos publicados utilizaram a radiação UV no processamento de leite e de diferentes tipos de queijo, como Cottage, queijo branco, Fiordilatte, Cheddar e Kashar fresco. Todos os estudos confirmam o potencial da radiação UV em inativar diversos microrganismos de importância no leite e em produtos lácteos, como *Staphylococcus aureus*, *Escherichia coli* O157:H7, *Salmonella typhimurium*, *Listeria monocytogenes*, *Pseudomonas* spp. e *Listeria innocua* entre outros.

Fernández et al. (2016) testaram dois tipos de queijo com diferentes características de superfície (Gouda e Manchego) quanto à descontaminação por PL (*Listeria* sp.). As fatias de queijo foram submetidas a fluências compreendidas entre 0,9 e 8,4 J/cm^2. O tratamento com PL foi menos eficaz em Manchego do que em Gouda, no qual foram obtidos 3 log UFC/cm^2 com 0,9 J/cm^2. Nas fatias de Manchego, a inativação máxima obtida foi inferior a 1 log UFC/cm^2, mesmo na maior fluência utilizada. Diante desses resultados, a PL pode ser considerada uma estratégia útil para descontaminar queijos, sendo recomendada a utilização em produtos com superfície lisa e homogênea.

Os estudos reportados até o momento sugerem que o tratamento com radiação UV-C ainda não pretende substituir completamente a pasteurização do leite, mas pode oferecer vantagens para laticínios em desenvolvimento e estabelecidos, estendendo a vida útil de leite cru antes da pasteurização ou de produtos tratados termicamente pós-pasteurização. Os benefícios adicionais incluem economia de energia (devido à natureza não térmica da tecnologia), menos desperdício de leite, menores custos (materiais e energia usados para a produção) e maior apelo para o consumidor. À medida que a sustentabilidade e as considerações ambientais se tornam cada vez mais importantes, os consumidores preferem comprar produtos que foram processados de maneira ambientalmente responsável, e a tecnologia de radiação UV pode atender a esse requisito.

Produtos cárneos

A indústria de carnes deve seguir padrões rígidos para garantir a segurança dos seus produtos, e o mercado tem sido impulsionado por demandas de consumidores que se preocupam cada vez mais com a saúde. A contaminação de produtos cárneos pode ocorrer por meio da água de lavagem, resfriadores de salmoura ou injetores, causando deterioração microbiana e encurtando a vida de prateleira. A radiação UV tem capacidade limitada de penetração na carne; no entanto, pode ser utilizada de forma eficiente para reduzir a contaminação nas superfícies dos produtos. A radiação UV foi eficaz contra *E. coli* e *Salmonella* em pele de porco, carnes cruas e superfícies de aves e contra outros microrganismos patogênicos não formadores de esporos em carnes cruas e superfícies de aves.

Kalchayanand et al. (2020) avaliaram a eficiência de tratamentos com radiação UV-C e uma combinação de UV-C e ozônio como intervenções antimicrobianas em carne bovina. As carnes frescas foram inoculadas com coquetéis de cepas de *Escherichia coli* produtoras de toxina Shiga (STEC – serotipos O26, O45, O103, O111, O121, O145 e O157:H7), *Salmonella* e *Listeria monocytogenes* e submetidas a tratamentos com UV-C ou UV-C-ozônio de 106 a 590 mJ/cm^2. O tratamento com UV-C isolado ou em combinação com o ozônio reduziu as populações de STEC (0,86 a 1,49 log UFC), *Salmonella* (0,76 a 1,33 log UFC), *L. monocytogenes* (0,5 a 1,14 log UFC) e bactérias aeróbias de: 0,86 a 1,49; 0,76 a 1,33; 0,5 a 1,14; e 0,64 a 1,23 log UFC, respectivamente. Os tempos de redução decimais (valores D) para STEC, *Salmonella* e *L. monocytogenes* nas superfícies da carne fresca indicaram que o tratamento com UV-C-ozônio foi mais eficaz do que a radiação UV-C isolada para reduzir os patógenos. Os resultados sugerem que UV-C e UV-C em combinação com ozônio gasoso podem ser úteis para aumentar a segurança microbiana da carne bovina fresca.

Kim & Kang (2020) avaliaram a possibilidade de inativar *Escherichia coli* O157:H7, *Salmonella typhimurium* e *Listeria monocytogenes* em carne fatiada usando um sistema de irradiação LED UV-C. Os patógenos inoculados foram reduzidos em 1,5 a 3 log dentro de 34 segundos. Haughton et al. (2012) investigaram a exposição de filés de frango sem pele inoculados com *C. jejun*i a LEDUV-C (395 ± 5 nm) e reportaram reduções de 2,21 e 2,62 logs para tempos de exposição de 1 e 5 minutos, respectivamente. Os autores concluíram que há aplicação potencial dessa tecnologia para a indústria de carne, incluindo a descontaminação de carcaças durante o resfriamento, uma vez que *C. jejuni* é prevalente em produtos cárneos.

Pedrós-Garrido et al. (2018) avaliaram o efeito da radiação UV na descontaminação de salmão, polietileno (PE) e aço inoxidável (SS). A aplicação de radiação UV resultou em 0,9 log UFC/g de inativação microbiana no salmão. Os efeitos do tratamento em vários grupos microbianos presentes no salmão foram então avaliados. *Pseudomonas* spp. foi o grupo mais resistente; três de suas cepas foram avaliadas, incluindo uma cepa de *P. fluorescens*, que foi selecionada para estudos subsequentes. As superfícies de PE e SS foram inoculadas com uma suspensão de *P. fluorescens* suspensa em uma solução de "suco de salmão" e tratadas com UV-C em diferentes doses (mJ/cm^2). As superfícies de PE foram efetivamente descontaminadas em baixas doses, com uma redução superior a 4 logs. Quando SS foi tratado com UV-C, a redução máxima foi de 2 logs, mesmo na dose mais alta.

Os estudos com produtos cárneos indicaram que a radiação UV pode ser benéfica para fábricas de processamento de carnes, sendo capaz de reduzir o nível de patógenos aeróbios e não formadores de esporos. Para demonstrar a eficácia da tecnologia UV, os requisitos de dose para atingir a redução de log específica precisam ser avaliados primeiramente. Essas informações permitem selecionar não apenas a fonte de UV correta, mas também o projeto eficaz de um sistema, dependendo da aplicação.

Ovos

A maioria dos surtos de *S. enteritidis* tem sido relacionada ao consumo de ovos crus ou malcozidos ou alimentos que contenham ovos. Portanto, a indústria de ovos tem investigado técnicas alternativas de descontaminação, que possam atender melhor ao público, minimizar os custos e beneficiar tanto o consumidor quanto a indústria. A radiação UV-C foi documentada como eficaz na redução do número de microrganismos nas superfícies da casca do ovo, incluindo *S. typhimurium*, *E. coli* e *Yersinia enterocolitica*.

Produtos frescos

Os produtos frescos compreendem frutas, vegetais e grãos, que constituem uma importante fonte de nutrição para os humanos. A contaminação microbiana de produtos frescos pode ocorrer durante a colheita, o armazenamento, o transporte, a comercialização e o manuseio durante o consumo. Surtos envolvendo *Salmonella*, *E. coli*, *L. monocytogenes*, norovírus ou vírus da hepatite aumentaram nos últimos anos, principalmente devido ao consumo de produtos frescos contaminados. Devido à deterioração da qualidade, o tratamento térmico não é apropriado para inativar patógenos em produtos frescos. Os métodos tradicionais utilizados na sanitização de produtos frescos incluem o uso de dióxido de cloro (ClO_2), peróxido de hidrogênio (H_2O_2), hipoclorito de sódio (NaClO), ácidos orgânicos, plasma a frio, ozônio (O_3) e água eletrolisada.

Em testes comerciais, a exposição de cubos de melancia embalados à radiação UV-C (4,1 kJ/m^2) resultou em mais de 1 log de redução nas populações microbianas ao final da vida útil do produto, sem afetar a cor e a qualidade visual geral. Doses mais altas de UV não melhoraram a inativação microbiana ou resultaram em deterioração da qualidade (13,7 kJ/m^2). A imersão dos cubos em cloro (40 µL/L) e ozônio (0,4 µL/L) não foi eficaz na redução das populações microbianas, e a qualidade do produto foi negativamente impactada em comparação a cubos submetidos à radiação UV ou controle. Os autores dos testes concluíram que, quando devidamente utilizada, a radiação UV-C é o único método, entre os testados, que poderia ser potencialmente usada para higienizar melancia minimamente processada.

Da mesma forma, a exposição de maçãs fatiadas à radiação UV-C resultou em maior redução (aproximadamente 1 log) de *Listeria innocua* ATCC 33.090, *E. coli* ATCC 11.229 e *Saccharomyces cerevisiae* KE 162, em comparação a maçãs pré-tratadas com antiescurecimento e sanitizante (ácido ascórbico 1% p/v e cloreto de cálcio 0,1% p/v). A combinação de UV-C com o pré-tratamento antiescurecimento preservou melhor a cor das maçãs fatiadas durante o armazenamento a 5 °C por 7 dias.

EFEITOS SOBRE OS CONSTITUINTES E QUALIDADE DOS PRODUTOS

A radiação UV pode atingir as taxas de inativação microbiana desejadas para diversos tipos de alimentos; no entanto, como qualquer outra tecnologia de processamento, pode induzir mudanças químicas nos alimentos, dependendo dos parâmetros de processamento e demais propriedades, conforme discutido anteriormente. A principal alteração promovida pelas reações fotoquímicas é a oxidação de nutrientes essenciais, que pode ocorrer devido à reação direta da radiação UV com nutrientes-alvo, incluindo proteínas, lipídios e micronutrientes. Na maioria dos casos, a oxidação de proteínas e lipídios é causada pela formação de oxigênio singleto ($^1O_2$) durante as reações fotoquímicas, iniciando uma reação em cadeia.

Em relação à qualidade dos alimentos, a oxidação lipídica é a reação de oxidação mais significativa, resultando em características indesejáveis, incluindo modificação das propriedades sensoriais e desenvolvimento de sabor rançoso. Além disso, pode causar oxidação de proteínas, devido às interações estreitas com lipídios. No entanto, os efeitos da radiação UV dependem do tipo de produto alimentício.

Vitamina A, carotenos, cianocobalamina (vitamina B_{12}), vitamina D, ácido fólico, vitamina K, riboflavina (vitamina B_2), tocoferóis (vitamina E), triptofano, ácidos graxos, gorduras sólidas e fosfolipídios são os compostos mais sensíveis à radiação UV. Além dos nutrientes, certos pigmentos alimentares também são sensíveis à luz. Em geral, apenas moléculas orgânicas insaturadas absorvem comprimentos de onda maiores do que 220 nm. Quanto mais longa for a cadeia conjugada na molécula, maior é o comprimento de onda de absorção máxima. Moléculas heterocíclicas aromáticas, como as bases de ácidos nucleicos e os aminoácidos aromáticos (fenilalanina, triptofano e tirosina), absorvem fortemente a 254 nm. Em alguns casos, o espectro de absorção se estende bem acima de 300 nm. Os carboidratos não são especialmente sensíveis à luz, pois têm baixa capacidade de absorção. Na presença de certos fotossensibilizadores, os polióis (por exemplo, sorbitol) são foto-oxidados nas hexoses e ácidos hexônicos correspondentes. O oxigênio singleto e os radicais hidroxila (OH^-) podem produzir algumas fotorreações sensibilizadas; a despolimerização fotoquímica de polissacarídeos pode ocorrer em alimentos, produzindo, por exemplo, amolecimento de frutas e vegetais.

A utilização da radiação UV em vegetais prontos para consumo tem sido amplamente estudada. Estudos demonstraram que o tratamento UV-C proporcionou características benéficas quando utilizado em milho pronto para consumo, mantendo a textura e a concentração total de açúcar durante o armazenamento, o que demonstra a viabilidade e a vantagem da radiação UV-C. O teor total de açúcares é uma das principais qualidades que afetam a qualidade do milho, uma vez que está relacionado ao sabor típico do produto.

Outro estudo demonstrou que o acúmulo de pectina solúvel em água e a degradação da protopectina foram retardados pela UV-C, auxiliando na manutenção da firmeza do tomate. Além disso, a exposição à radiação provocou redução da atividade das enzimas de degradação da parede celular, aumentando os níveis de poliamina e, consequentemente, atrasando o amadurecimento e a senescência do fruto, o que retardou o amolecimento.

Estudos recentes enfocam o uso da irradiação UV como tratamento pré ou pós-colheita para estimular a síntese de compostos bioativos em produtos frescos. Os resultados mostraram que o conteúdo fenólico total, flavonoide total e a atividade antioxidante de tomates foram promovidos pela radiação UV-C a 0,4 ou 0,8 J/cm^2 e subsequente armazenamento no escuro a 14 °C e 95% de umidade relativa por 35 dias. A irradiação

UV-C, usada como tratamento pós-colheita, estimulou o acúmulo de ácidos fenólicos e flavonoides individuais após 21 dias de armazenamento. O ácido clorogênico foi o composto fenólico mais abundante, seguido pelo ácido p-cumárico, ácido cafeico, ácido protocatecuico e ácido gálico após esse período. O mecanismo molecular responsável pelo acúmulo de compostos fenólicos em frutos tratados com UV-C durante o armazenamento tem sido associado ao aumento de diferentes tipos de enzimas (fenilalanina amônia-liase [PAL], ácido cinâmico 4-hidroxilase [C4H], coenzima A ligase [CoA], chalcona sintase [CHS] e chalcona isomerase [CHI]) pela indução da expressão gênica envolvida na via fenilpropanoide. Os resultados indicam que a radiação UV-C aumenta o conteúdo fenólico total em produtos frescos, estimulando a via fenilpropanoide.

A aplicação de radiação UV não alterou a cor de sucos de laranja, cenoura ou abacaxi. Além disso, a cor (parâmetro L* e a*) de suco de melancia foi semelhante ao do produto fresco quando doses mais baixas de UV foram utilizadas. Por outro lado, quando doses mais altas foram utilizadas, a cor foi impactada (redução nos valores de b*). A radiação UV também pode ocasionar alteração na turbidez e degradação de carotenoides: em alguns tipos de suco, pode ocorrer aumento na turbidez, enquanto em outros uma diminuição foi relatada, o que pode ser explicado pela inativação das leveduras e bolores e menor sedimentação da pectina fragmentada.

Niu et al. (2021) avaliaram o efeito de diodos emissores de radiação UV-C (LEDs UVC) na inativação e no dano à membrana da levedura deteriorante *Saccharomyces cerevisiae* e sua aplicação na pasteurização de suco de laranja. A radiação UV-C não induziu mudanças notáveis no pH, sólidos solúveis totais, acidez titulável e parâmetros de cor dos produtos. No entanto, o conteúdo fenólico total diminuiu significativamente. Xiang et al. (2020) avaliaram os efeitos da radiação LED UV-C nos níveis de *Zygosaccharomyces rouxii* e nas propriedades físico-químicas do suco de maçã. O pH, a condutividade elétrica, a acidez titulável, os sólidos solúveis totais, o açúcar redutor e a L* permaneceram quase constantes após a aplicação de radiação UV até 1.200 mJ/cm^2. No entanto, houve redução no conteúdo fenólico total e na atividade antioxidante do produto. Além disso, o tratamento causou mudanças significativas nos atributos de cor (a*, b*, croma, ângulo de matiz e diferença total de cor) e índice de escurecimento.

Sanganamoni et al. (2017) estudaram o efeito da radiação UV e do tratamento térmico nas propriedades físico-químicas (pH, sólidos solúveis totais [SST], acidez titulável, diferença de cor, turbidez), concentração de componentes bioativos (ácido ascórbico, conteúdo fenólico total, atividade antioxidante) e inativação de enzimas (polifenol oxidase [PPO] e peroxidase [POD]) em água de coco (*Cocos nucifera*). Foram avaliados a espessura da amostra (1, 2 e 3 mm), o tempo de tratamento (30, 60 e 90 minutos) e a distância da amostra à fonte da lâmpada (8,6; 13,7; e 18,6 cm). Já para o tratamento térmico, os parâmetros do processo foram temperatura (80, 85, 90 e 95 °C) e tempo de tratamento (2,5; 5; 7,5; e 10 minutos). Os resultados obtidos mostraram que a radiação UV não tem nenhum efeito significativo no pH, SST e acidez titulável da água de coco. No entanto, tem efeito significativo na diferença de cor, turbidez, ácido ascórbico, conteúdo fenólico total, capacidade antioxidante, PPO e POD. A inativação máxima de PPO foi atingida em 51,5% no tratamento com radiação UV, enquanto no tratamento térmico a inativação máxima foi de 99%. Já a inativação máxima de POD da radiação UV e do tratamento térmico foi de 65,7% e 100%, respectivamente – inativação completa da POD foi alcançada após tratamento térmico a 90 °C por 5 minutos. A PPO foi considerada a enzima mais resistente, tanto no tratamento térmico, quanto na radiação UV. Os resultados também indicaram que, apesar de a inativação máxima de PPO e POD ter sido alcançada, o tratamento térmico promoveu a deterioração das propriedades nutricionais. Dessa forma, embora o tratamento térmico seja a melhor opção de processamento referente à inativação enzimática, a radiação UV foi considerada superior com base na retenção dos atributos de qualidade.

Gök (2021) projetou e testou um reator ultravioleta (UV-C) em escala de laboratório, baseado na tecnologia de vórtice Dean, quanto à sua capacidade de inativar microrganismos em sucos de maçã e uva tinta em doses relativamente baixas. Os experimentos foram realizados com os sucos espremidos na hora e inoculados com *Lactobacillus plantarum* NRIC1749 e *Saccharomyces cerevisiae* NCIB4932. Foram avaliados as propriedades físico-químicas, a atividade antioxidante, o conteúdo fenólico total, o hidroximetilfurfural (5-HMF) e a cor. A atividade antioxidante e o conteúdo fenólico total do suco de maçã tratado com UV-C aumentaram significativamente, enquanto o conteúdo fenólico total permaneceu constante no suco de uva. No entanto, o tratamento não teve efeito significativo no conteúdo de 5-HMF de ambos os sucos. Um efeito na cor foi observado, mas nenhuma mudança significativa nos atributos de qualidade (aparência, cor, odor, sabor) foi determinada em ambos os sucos tratados por UV-C.

Koutchma et al. (2016) avaliaram o efeito da radiação UV nos atributos de qualidade de 20 tipos de sucos de frutas (maçã, laranja, uva, manga, abacaxi entre outros) e 3 sucos de vegetais (cenoura, suco verde e laranja com cenoura). Para a análise, foram verificados os dados de um total de 42 artigos de pesquisa revisados por pares e outros documentos publicados no período de 2004 a 2015. Os sucos de maçã e laranja foram os produtos mais estudados em termos de aplicação de radiação UV, em sua maior parte com o objetivo de melhorar a segurança e estender a vida de prateleira. A maioria dos estudos concluiu que a radiação UV foi capaz de preservar melhor a qualidade e os atributos nutricionais dos sucos quando comparada ao tratamento térmico convencional. No entanto, o efeito da radiação UV foi considerado dependente da dose utilizada e do nutriente em questão. Em geral, concluiu-se que as vitaminas C, A e B_6 eram relativamente afetadas pelos tratamentos com radiação UV. Além disso, havia impacto nas enzimas e mudança limitada no conteúdo de fenólicos totais, atividade antioxidante e antocianinas. A maioria dos estudos também relatou mudança insignificante de cor na maioria dos sucos. Os autores concluíram que a tecnologia de radiação UV é altamente promissora para prolongar a vida de prateleira de sucos de origem vegetal, preservando compostos nutricionais, e pode ser usada como alternativa não térmica e não química ao tratamento térmico.

Em leite e produtos lácteos, a aplicação de radiação UV não causa efeitos adversos extensivos, especialmente quando a luz é aplicada em quantidades moderadas. Parâmetros de importância na qualidade do leite, como pH, cor, teor de sólidos solúveis e viscosidade, foram avaliados após o processamento com UV, e o leite integral submetido à radiação UV não apresentou diferenças significativas nestas características. Além disso, após a conversão do 7-desidrocolesterol (7-DHC) em vitamina D_3 foi reportado um aumento nas concentrações desta vitamina.

No entanto, a aplicação de doses mais elevadas de UV pode levar à perda nutricional, deterioração da qualidade e formação de componentes indesejáveis. Alterações no perfil de ácidos graxos, aumento nos valores da substância reativa ao ácido tiobarbitúrico e maior precipitação de proteínas também podem ocorrer. Além disso, já foram descritos o aumento de aldeídos e hidrocarbonetos, compostos voláteis derivados da oxidação lipídica e a quebra de aminoácidos. Considerando os aspectos sensoriais do leite de cabra após tratamento com radiação UV, foram descritas alterações em relação ao aroma, sugerindo que, dependendo dos parâmetros de processo, podem ocorrer alterações negativas.

Fernández et al. (2016) testaram dois tipos de queijo com diferentes características de superfície (Gouda e Manchego) quanto à descontaminação por PL (*Listeria* sp.). As fatias de queijo foram submetidas a fluências compreendidas entre 0,9 e 8,4 J/cm^2. Em ambos os queijos, diferenças de odor e sabor foram relatadas imediatamente após o tratamento para fluências superiores ou iguais a 4,2 J/ cm^2 devido ao desenvolvimento de notas de enxofre. A análise volátil mostrou um aumento de compostos de enxofre que pode explicar essas observações. A concentração de voláteis de enxofre e as notas sensoriais correspondentes desapareceram durante o armazenamento refrigerado. Os resultados demonstraram que a PL pode ser uma tecnologia importante para a descontaminação de queijos, mas as fluências utilizadas devem ser devidamente optimizadas para não impactar negativamente nas características sensoriais dos produtos. Sendo assim, os resultados da literatura sugerem que, embora o efeito antimicrobiano seja comprovado, ainda é desafiador definir os parâmetros ótimos do processo, tendo em vista a redução do crescimento microbiano sem causar alterações físico-químicas e sensoriais.

Outros estudos reportam inúmeros benefícios da radiação UV em queijos. O tratamento limita potencialmente a inativação de enzimas, como lipases e proteases nativas do leite, e a desnaturação das proteínas do soro, α-lactalbumina e β-lactoglobulina, que são alteradas após o tratamento térmico convencional. Além disso, a radiação UV também pode limitar os defeitos que ocorrem no queijo associados a altas contagens bacterianas iniciais do leite cru, reduzir os defeitos de sabor (frutado, rançoso, amargo, pútrido) e resultar em maior rendimento devido à redução de bactérias psicotróficas. Cilliers et al. (2014) avaliaram as mudanças microbiológicas, bioquímicas e sensoriais no leite cru integral processado por pasteurização HTST, radiação UV-C e uma combinação de ambos (UV-C-HTST) na produção em escala comercial de queijo Cheddar. Nenhuma diferença significativa foi relatada na composição de macronutrientes; entretanto, uma redução de 35% e 18% no colesterol nos tratamentos UV e UVC-HTST, respectivamente, foi observada. O tratamento com HTST e UVC-HTST reduziu a riboflavina e a vitamina B_{12} no leite em cerca de 31% e 18%, sem redução na riboflavina e vitamina B12 observada após o tratamento com UV-C sozinho. Os resultados da oxidação lipídica e da lipólise indicaram uma diferença significativa entre o leite cru e o leite tratado com UVC-HTST. Os resultados da oxidação de proteínas não indicaram diferenças significativas, exceto para metionina sulfona, que aumentou em 67,24% e 87,93%, respectivamente, para os tratamentos UV.

Em produtos cárneos, precauções devem ser tomadas para evitar a descoloração da cor, uma vez que a radiação UV estimula a formação de metamioglobina (marrom). A taxa de descoloração do produto depende da intensidade da luz e da distribuição do comprimento de onda. O produto embalado também pode ser exposto à radiação UV para evitar o risco de recontaminação.

POTENCIAL DE DETOXIFICAÇÃO DE MICOTOXINAS

As estratégias de pós-colheita são uma etapa integral no controle do desenvolvimento de fungos após a colheita das safras. Além de graves perdas de rendimento, fungos micotoxigênicos, como *Penicillium* e *Fusarium*, podem produzir micotoxinas prejudiciais, incluindo desoxinivalenol (DON), zearalenona (ZEN) e ocratoxina A (OTA). O tratamento pós-colheita de grãos mais utilizado é a secagem, que tem alto custo e consumo de energia. O uso de radiação UV-C em 253,7 nm tem se mostrado promissor como uma estratégia pós-colheita não ionizante para a redução das cargas de fungos e micotoxinas nas superfícies dos grãos. Uma série de estudos relatados avaliaram a viabilidade do UV-C monocromático em 254 nm como uma possível aplicação comercial para a redução da patulina em cidra e suco de maçã fresco.

A aflatoxina B1 (AFB1) pode absorver a radiação UV em 222, 265 e 362 nm, sendo esta a sua absorção máxima. Como resultado, a estrutura do anel furano terminal é afetada, e o local de ligação ativo é eliminado. A radiação UV interage com a maioria dos locais ativos em AFB1, ou seja, ligações C8–C9 e C1–C14, que foram reconhecidas como responsáveis pela toxicidade de AFB1. Além disso, a radiação UV induz a formação de radicais de hidroxila, causando a fotólise das moléculas de aflatoxina. Dessa forma, a radiação UV é uma tecnologia econômica para eliminação microbiana e detoxificação de micotoxinas.

Vários estudos recentes sugerem que o conteúdo de umidade dos alimentos, tipos de aflatoxinas, pH e espessura dos alimentos afetam significativamente a eficiência da radiação UV na detoxificação de aflatoxina. A radiação UV-C tem se mostrado eficaz na redução de micotoxinas e crescimento de esporos de fungos em superfícies de milho, sugerindo que seu uso em superfícies de contato de grãos pós-colheita pode prevenir a contaminação.

A taxa de detoxificação de micotoxinas pela radiação UV depende da intensidade e do comprimento de onda, do tempo de exposição, das propriedades do produto e da estrutura das micotoxinas. Normalmente, a magnitude da redução das micotoxinas aumenta proporcional à intensidade da radiação e do tempo de exposição. A AFB1 na superfície do amendoim foi completamente degradada a uma intensidade de 800 $\mu W/cm^2$ por 80 minutos, enquanto 93,1% de degradação foi alcançada a uma intensidade de 200 $\mu W/cm^2$. A produção de ocratoxina de *Aspergillus carbonarius* diminuiu 89,1% a 96,9% e 55,7% a 82,1% após tratamento com radiação UV-A (1,7 mW/m^2) e UV-B (0,1 mW/m²). Jubeen et al. (2012) examinaram o efeito da radiação UV-C na estabilidade da aflatoxina em nozes e descobriram que AFG1, AFG2, AFB1 e AFB2 foram reduzidas em 70,25%, 68,25%, 100% e 68,96% após exposição por 15 minutos, respectivamente. Esse resultado indicou que AFG2 foi mais sensível a UV-C do que AFG1, AFB1 e AFB2. Além disso, a taxa de degradação das micotoxinas também está correlacionada com a espessura da amostra, devido à fraca capacidade de penetração da radiação UV.

VANTAGENS E LIMITAÇÕES DA RADIAÇÃO UV E ASPECTOS REGULATÓRIOS

Como uma tecnologia inovadora de processamento de alimentos, a radiação UV oferece múltiplas vantagens sobre o processamento convencional, como a efetiva inativação de uma ampla gama de microrganismos patogênicos e deteriorantes e a perda mínima de qualidade nutricional e sensorial de produtos alimentícios. Além disso, não apresenta efeitos tóxicos, nem há geração de resíduos. A radiação UV é eficiente em termos de energia e custo-benefício quando comparada a outros métodos. A eficiência energética está associada à eficiência da fonte de UV, como o número e o tipo de fontes de luz UV, taxa de fluxo e homogeneização no reator, e às características do alimento a ser tratado. Foi observado que o consumo total de energia de um sistema UV pode ser 10.000 vezes menor em comparação à pasteurização convencional.

No entanto, tem aplicação limitada, uma vez que é uma forma relativamente não penetrante de radiação eletromagnética. O desafio mais significativo para o uso comercial da tecnologia UV-C é a penetração limitada dos microrganismos, mesmo expostos diretamente à luz UV-C, para serem inativados. Portanto, garantir que todas as superfícies dos alimentos sejam expostas à luz UV-C ainda é problemático. Para aplicações comerciais, os tratamentos por radiação UV-C para descontaminação de superfície podem ser limitados a alimentos geometricamente arredondados, como frutas e certos vegetais. Os alimentos podem ser girados rápida e aleatoriamente em vários planos, permitindo a exposição de toda a superfície à radiação UV-C. Os processos de fluidização e tamboreamento podem ser usados para aumentar a eficácia do UV-C em materiais granulares e alimentos que resistem a danos mecânicos. O UV-C de dupla face também foi testado para aumentar a exposição ao UV-C em todas as superfícies de um alimento.

As limitações atuais relacionadas aos custos de investimento, controle total das variáveis associadas à operação do processo e falta de aprovação regulatória têm atrasado uma implementação mais ampla da radiação UV em escala industrial. Antes que qualquer tecnologia emergente possa ser utilizada e o produto processado seja comercializado, as avaliações de segurança e demais características (potenciais preocupações microbiológicas, toxicológicas ou nutricionais) devem ser conduzidas pelas agências reguladoras. A radiação UV é reconhecida pela *Health Canada* (*Health Canada, Guidelines*) e pela Agência de Proteção Ambiental dos Estados Unidos (US EPA) para desinfecção de água contaminada com bactérias, como *E. coli*, cistos de protozoários, como *Cryptosporidium* e *Giardia* e a maioria dos vírus. No Japão, existe uma diretriz emitida pelo Ministério da Agricultura para a aplicação da radiação UV na desinfecção de água mineral. Nessa aplicação, precisa ser assegurada a dose de UV equivalente à desinfecção térmica a 85 °C por 30 minutos.

O crescente interesse e a rápida disseminação da tecnologia UV na produção e processamento de alimentos em todo o mundo impõem a necessidade de aceleração das aprovações e a harmonização e globalização das regulamentações. Existem vários produtos tratados com radiação UV, como sucos, leite cru e pasteurizado, cogumelos, pão e fermentos, que receberam aprovações regulatórias e podem ser vendidos em todo o mundo. A União Europeia, Canadá, Austrália e Nova Zelândia têm abordagens amplamente semelhantes na regulamentação de novos alimentos. A avaliação de segurança pré-comercialização é necessária antes que os alimentos tratados com UV possam ser vendidos aos consumidores nos Estados Unidos. No entanto, a identificação desses alimentos, a forma de avaliação pré-comercialização, o nível de supervisão regulatória e os poderes legislados dos reguladores variam entre os países. Entender os regulamentos de cada nação ajuda os fabricantes de equipamentos a colocar seus produtos e tecnologia nos mercados com mais rapidez e menor custo.

CONCLUSÃO E PERSPECTIVAS

A radiação UV é uma técnica não térmica que tem muito a oferecer para o desenvolvimento sustentável da indústria de alimentos. Sua aplicação é energética e econômica, além de resultar em produtos com maior segurança e melhores características de qualidade quando utilizada como etapa de tratamento, extensão da vida de prateleira ou método alternativo de pasteurização para diferentes categorias de alimentos. Praticamente todas as instalações de processamento de alimentos podem se beneficiar com a aplicação de radiação UV para controlar os riscos microbianos por meio de tratamentos de ar, superfícies de contato com alimentos, ingredientes e produtos crus e finalizados. Os efeitos benéficos da UV-C incluem pequenas alterações na atividade de enzimas essenciais e efeitos mínimos nos nutrientes, sabor e aroma dos produtos. Vários tipos de embalagens de plástico, vidro e metal podem ser usados após o tratamento com radiação UV. Embora haja uma série de benefícios, a utilização precisa ser cuidadosamente considerada em cada caso específico para a implementação da tecnologia de forma bem-sucedida e com resultados positivos.

A adoção de uma tecnologia inovadora de processamento de alimentos pela indústria de alimentos depende de vários fatores, como as características da indústria (capacidades tecnológicas, tamanho, participação de mercado, capacidade de absorção), características da tecnologia (custos de desenvolvimento e comercialização, vantagens, riscos, complexidade), qualidade dos produtos, aceitação do consumidor e conformidade com o meio ambiente, normas e regulamentos. Portanto, as indústrias adotam uma tecnologia se ela puder oferecer vantagens de custo e/ou desempenho em relação à tecnologia convencional. Nesse sentido, a radiação UV se apresentou como uma tecnologia promissora.

REFERÊNCIAS BIBLIOGRÁFICAS

Aghajanzadeh, S., & Ziaiifar, A. M. (2021). Pasteurization of Juices with Non-Thermal Technologies. In *Sustainable Food Processing and Engineering Challenges* (p. 25-73). Elsevier.

Antonio-Gutiérrez, O., López-Díaz, A., Palou, E., López-Malo, A., & Ramírez-Corona, N. (2019). Characterization and effectiveness of short-wave ultraviolet irradiation reactors operating in continuous recirculation mode to inactivate Saccharomyces cerevisiae in grape juice. *Journal of Food Engineering, 241*, 88-96.

Cilliers, F. P., Gouws, P. A., Koutchma, T., Engelbrecht, Y., Adriaanse, C., & Swart, P. (2014). A microbiological, biochemical and sensory characterisation of bovine milk treated by heat and ultraviolet (UV) light for manufacturing Cheddar cheese. *Innovative Food Science & Emerging Technologies, 23*, 94-106.

Crook, J. A., Rossitto, P. V., Parko, J., Koutchma, T., & Cullor, J. S. (2015). Efficacy of ultraviolet (UV-C) light in a thin-film turbulent flow for the reduction of milkborne pathogens. *Foodborne pathogens and disease, 12*(6), 506-513.

Delorme, M. M., Guimarães, J. T., Coutinho, N. M., Balthazar, C. F., Rocha, R. S., Silva, R., Margalho, L. P., Pimentel, T. C., Silva, M. C., Freitas, M. Q., Granato, D., Sant'Ana, A. S., Duart, M. C. K. H., & Cruz, A. G. (2020). Ultraviolet radiation: An interesting technology to preserve quality and safety of milk and dairy foods. *Trends in Food Science & Technology, 102*, 146-154.

Deng, L.-Z., Tao, Y., Mujumdar, A. S., Pan, Z., Chen, C., Yang, X.-H., Liu, Z.-L., Wang, H., & Xiao, H. W. (2020). Recent advances in non-thermal decontamination technologies for microorganisms and mycotoxins in low-moisture foods. *Trends in Food Science & Technology, 106*, 104-112.

Fan, X., Huang, R., & Chen, H. (2017). Application of ultraviolet C technology for surface decontamination of fresh produce. *Trends in Food Science & Technology, 70*, 9-19.

Fernández, M., Arias, K., & Hierro, E. (2016). Application of pulsed light to sliced cheese: Effect on Listeria inactivation, sensory quality and volatile profile. *Food and Bioprocess Technology, 9*(8), 1335-1344.

Gómez-López, V. M., Pataro, G., Tiwari, B., Gozzi, M., Meireles, M. Á. A., Wang, S., ..., & Morata, A. (2021). Guidelines on reporting treatment conditions for emerging technologies in food processing. *Critical Reviews in Food Science and Nutrition*, 1-25.

Gök, S. B. (2021). UV-C treatment of apple and grape juices by modified UV-C reactor based on Dean vortex technology: Microbial, physicochemical and sensorial parameters evaluation. *Food and Bioprocess Technology*, 1-12.

Ha, J. W., Back, K. H., Kim, Y. H., & Kang, D. H. (2016). Efficacy of UV-C irradiation for inactivation of food-borne pathogens on sliced cheese packaged with different types and thicknesses of plastic films. *Food microbiology, 57*, 172-177.

Haughton, P. N., Grau, E. G., Lyng, J., Cronin, D., Fanning, S., & Whyte, P. (2012). Susceptibility of Campylobacter to high intensity near ultraviolet/visible 395 ± 5 nm light and its effectiveness for the decontamination of raw chicken and contact surfaces. *International Journal of Food Microbiology, 159*(3), 267-273.

Jubeen, F., Bhatti, I. A., Khan, M. Z., Zahoor-Ul, H., & Shahid, M. (2012). Effect of UVC irradiation on aflatoxins in ground nut (*Arachis hypogea*) and tree nuts (*Juglans regia*, *Prunus duclus* and *Pistachio vera*). *J Chem Soc Pak, 34*(6), 1366-1374.

Kalchayanand, N., Bosilevac, J. M., King, D. A., & Wheeler, T. L. (2020). Evaluation of UVC Radiation and a UVC-Ozone Combination as Fresh Beef Interventions against Shiga Toxin-Producing *Escherichia coli*, *Salmonella*, and *Listeria monocytogenes* and Their Effects on Beef Quality. *Journal of Food Protection, 83*(9), 1520-1529.

Kim, D. K., & Kang, D. H. (2020). Inactivation efficacy of a sixteen UVC LED module to control foodborne pathogens on selective media and sliced deli meat and spinach surfaces. *LWT, 130*, 109422.

Koutchma, T. (2009). Advances in ultraviolet light technology for non-thermal processing of liquid foods. *Food and Bioprocess Technology, 2*(2), 138-155.

Koutchma, T., Popović, V., Ros-Polski, V., & Popielarz, A. (2016). Effects of ultraviolet light and high-pressure processing on quality and health-related constituents of fresh juice products. *Comprehensive Reviews in Food Science and Food Safety, 15*(5), 844-867.

Koutchma, T. (2019). *Ultraviolet light in food technology: principles and applications* (Vol. 2). CRC Press.

Koutchma, T. (2021). Global regulations on ultraviolet and pulsed light technology for food related applications. In: *Innovative Food Processing Technologies* (p. 311-315). Elsevier.

Koutchma, T., Bissonnette, S., & Popovic, V. (2019). An update on research, development and implementation of UV and pulsed light technologies for nonthermal preservation of milk and dairy products. *Innovative Food Processing Technologies* (pp. 256-276). Elsevier.

Jermann, C., Koutchma, T., Margas, E., Leadley, C., & Ros-Polski, V. (2015). Mapping trends in novel and emerging food processing technologies around the world. *Innovative Food Science & Emerging Technologies, 31*, 14-27.

Jiménez-Sánchez, C., Lozano-Sánchez, J., Segura-Carretero, A., & Fernández-Gutiérrez, A. (2017). Alternatives to conventional thermal treatments in fruit-juice processing. Part 1: Techniques and applications. *Critical Reviews in Food Science and Nutrition, 57*, 501-523.

Niu, L., Wu, Z., Yang, L., Wang, Y., Xiang, Q., & Bai, Y. (2021). Antimicrobial Effect of UVC Light-Emitting Diodes against Saccharomyces cerevisiae and Their Application in Orange Juice Decontamination. *Journal of Food Protection, 84*(1), 139-146.

Pedrós-Garrido, S., Condón-Abanto, S., Clemente, I., Beltrán, J. A., Lyng, J. G., Bolton, D., Brunton, N., & Whyte, P. (2018). Efficacy of ultraviolet light (UV-C) and pulsed light (PL) for the microbiological decontamination of raw salmon (Salmo salar) and food contact surface materials. *Innovative Food Science & Emerging Technologies*, *50*, 124-131.

Rattanakul, S., & Oguma, K. (2018). Inactivation kinetics and efficiencies of UV-LEDs against *Pseudomonas aeruginosa*, *Legionella pneumophila*, and surrogate microorganisms. *Water research*, *130*, 31-37.

Sanganamoni, S., Purohit, S., & Rao, P. S. J. (2017). Effect of Ultraviolet-C Treatment on Some Physico-Chemical Properties of Tender Coconut Water. *International Journal of Current Microbiology and Applied Sciences*, *6*(5), 2893-2904.

Singh, H., Bhardwaj, S. K., Khatri, M., Kim, K. H., & Bhardwaj, N. (2020). UVC radiation for food safety: An emerging technology for the microbial disinfection of food products. *Chemical Engineering Journal*, 128084.

Souza, V. R., & Koutchma, T. (2021) Repair mechanisms of UV-induced damage of microorganism in foods. In: *Innovative food processing technologies* (pp. 385-397). Elsevier.

Taze, B. H., Akgun, M. P., Yildiz, S., Kaya, Z., & Unluturk, S. UV Processing and Storage of Liquid and Solid Foods: Quality, Microbial, Enzymatic, nutritional, organoleptic, composition and properties effects. In: *Innovative food processing technologies* (pp. 277-305). Elsevier.

Xiang, Q., Fan, L., Zhang, R., Ma, Y., Liu, S., & Bai, Y. (2020). Effect of UVC light--emitting diodes on apple juice: Inactivation of *Zygosaccharomyces rouxii* and determination of quality. *Food Control*, *111*, 107082.

CAPÍTULO 8

IRRADIAÇÃO

Hélio de Carvalho Vital, Eliane Teixeira Mársico, Tiago Rusin

INTRODUÇÃO

Quase um terço da produção agrícola mundial deteriora-se antes de chegar à mesa do consumidor. Tal contexto é agravado pela escassez de alimentos e pela elevação dos preços tanto dos itens alimentícios quanto dos combustíveis, decorrentes do crescimento da demanda por produtos e da utilização de grãos e cereais como matéria-prima para produção de biocombustíveis.

Dentre 195 países, apenas 17 são considerados megadiversos, por conterem 70% da biodiversidade mundial, e o Brasil ocupa o primeiro lugar, abrangendo a maior diversidade biológica da América do Sul e entre 15% e 20% de toda a biodiversidade do planeta. Globalmente, nosso país alimenta 1,6 bilhão de pessoas e é o quarto maior produtor de alimentos, destacando-se entre vários itens: carne (bovina e frango), soja e milho. Além disso, após um robusto crescimento de 210% nos últimos 20 anos, o Brasil já assumiu o segundo lugar na produção de grãos, com boas perspectivas para tornar-se o maior exportador mundial nos próximos 5 anos.

Algumas regiões brasileiras são capazes de proporcionar 2 ou 3 safras por ano em contraste com uma única, como ocorre na maioria dos países. No entanto, nosso clima, predominantemente tropical, apresenta temperaturas médias elevadas, que favorecem a degradação mais rápida de alimentos.

Buscando vencer esses desafios, esforços têm sido realizados com o propósito de desenvolver processos que aperfeiçoem a qualidade sanitária/fitossanitária e aumentem a validade comercial de alimentos, consequentemente reduzindo perdas e tornando-os mais seguros, atraentes e nutritivos por mais tempo. Uma opção de elevado potencial é a irradiação. A proposta é somar as demais tecnologias a esse processo de exposição controlada a uma fonte autorizada de radiação ionizante na busca de alimentos seguros e combate ao desperdício e a doenças transmitidas por alimentos.

Utilizada isoladamente ou em combinação a outros métodos de conservação, a irradiação permite estender a vida útil e melhorar a qualidade e segurança sanitária ou fitossanitária. Organizações e agências reguladoras nacionais e internacionais concluíram que alimentos irradiados são seguros e em geral mantêm-se com boa qualidade por um período bem mais longo. Por essas razões, observa-se atualmente uma demanda crescente pela tecnologia, que contrasta com seu histórico de subutilização, à medida que os consumidores estão se esclarecendo sobre os benefícios do tratamento.

HISTÓRICO

O tratamento de alimentos por irradiação não é recente. Os primeiros estudos relacionados ao uso dessa tecnologia datam do início do século passado, quando foram descobertos os raios X. Em 1905, surgiram as primeiras patentes propondo a irradiação para descontaminação de carne de porco. O uso da radiação ionizante para preservação de alimentos aumentou no início da década de 1920. Posteriormente, com o advento da Segunda Guerra Mundial foi mais profundamente pesquisada, como uma nova ferramenta que ajudaria a suprir a demanda de proteínas por parte dos combatentes situados em locais de difícil logística. Ao final da guerra, deu-se continuidade ao esforço para oferecer aos militares americanos rações tratadas em doses altas e intermediárias. Esses experimentos motivaram estudos semelhantes em outros países, e, desde então, o interesse pela irradiação de alimentos tem crescido em todo o mundo.

A irradiação de alimentos vem sendo pesquisada no Brasil desde a década de 1960, quando foram testadas a viabilidade e a eficácia desse tratamento no aperfeiçoamento de diversos tipos de alimentos típicos da dieta brasileira, objetivando também determinar as doses mais apropriadas. Na década de 1970, foi construída a primeira instalação comercial de irradiação no Brasil, em operação até hoje.

O processo de irradiação é avalizado e divulgado desde a década de 1980. O interesse pelo uso da irradiação de alimentos aumentou após a aprovação, em 1997, da americana *Food and Drug Administration* (FDA) para o controle de patógenos em carnes vermelhas e produtos cárneos não processados. Essa aprovação gerou vários estudos posteriores com uma variedade de alimentos.

Dessa forma, pesquisadores têm investigado os efeitos específicos (físico-químicos, microbiológicos, nutricionais ou sensoriais) da irradiação em diferentes tipos de alimentos. Em 1999, o Grupo Consultivo Internacional para Irradiação de Alimentos (ICGFI) declarou que o tratamento é seguro em qualquer dose. Quando a legislação brasileira para irradiação de alimentos foi publicada, em janeiro de 2001, foi considerada a mais avançada do planeta, não impondo limites quantitativos de dose com base nessa informação do ICGFI.

POTENCIAL

Condições inadequadas de manuseio, transporte e armazenamento, agravadas pela ação de altas temperaturas e pela predominância de cargas microbianas relativamente elevadas, características das regiões tropicais, concorrem para a rápida degradação e a perda de dezenas de milhões de toneladas de produtos alimentícios no Brasil todos os anos. Por outro lado, barreiras sanitárias e fitossanitárias, cada vez mais rigorosas, limitam a exportação de muitos produtos brasileiros.

A construção de novos irradiadores e a utilização mais ampla da tecnologia de irradiação no Brasil poderiam:

- Reduzir substancialmente a quantidade de perdas pós-colheita, gerando economia de divisas
- Suprir a demanda nas entressafras, regulando preços
- Tornar economicamente viáveis novas áreas produtoras
- Viabilizar a exportação de vários produtos, tornando-os mais atraentes e duráveis
- Melhorar a qualidade de rações esterilizadas destinadas a grupos especiais, como pacientes imunodeprimidos em hospitais, tropas militares em campanha de longa duração, marinheiros e pelotões de fronteira
- Reduzir o uso de conservantes químicos e melhorar a qualidade higiênica de refeições, diminuindo substancialmente a incidência de doenças por bactérias presentes em alimentos
- Substituir a perigosa prática da desinfestação por fumigação

Além disso, a irradiação poderia contribuir para simplificar a logística de distribuição e armazenamento de alimentos em locais de difícil acesso, como a Amazônia, ou em situações de calamidade pública, tornando-a viável e menos dispendiosa. A vida de prateleira mais longa dos alimentos irradiados também concorre para reduzir perdas decorrentes da deterioração precoce, permitindo reduzir a frequência de reabastecimento.

SEGURANÇA

Durante o processo, energia é transferida da radiação para o alimento, danificando preferencialmente o ácido desoxirribonucleico (DNA) das bactérias presentes, sem afetar significativamente a matriz do alimento. A tecnologia apresenta-se como uma eficaz alternativa a processos térmicos convencionais, para aperfeiçoar muitos produtos alimentícios, tornando-os mais seguros e duráveis. O processo tem sido pesquisado há quase um século, e sua segurança, atestada inúmeras vezes por comitês de especialistas da Agência Internacional de Energia Atômica (AIEA), da Organização Mundial da Saúde (OMS) e da Organização das Nações Unidas para a Alimentação e a Agricultura (FAO).

Esses grupos de especialistas concluíram unanimemente que a irradiação não apresenta nenhum risco toxicológico, microbiológico ou nutricional, além daqueles normalmente associados às técnicas convencionais de processamento de alimentos. Essas organizações, juntamente à Comissão do *Codex Alimentarius* e várias agências reguladoras, há quase três décadas endossam a segurança da irradiação de alimentos, desde que sejam utilizadas as Boas Práticas de Fabricação (BPF) e Boas Práticas de Irradiação dos produtos. A garantia da segurança e da qualidade dos alimentos irradiados vem impulsionando a aprovação de políticas públicas para autorização do processamento e consumo desses produtos por diversos países.

IRRADIAÇÃO

O tratamento de alimentos por irradiação consiste na exposição em doses controladas aos raios gama provenientes dos radioisótopos cobalto-60 (fótons com energias de 1,17 e 1,33 MeV) ou césio-137 (fótons com energia de 0,66 MeV) ou radiações geradas por máquinas, que aceleram feixes de elétrons a altas energias (até 10 MeV) ou raios X (até 5 MeV). Enquanto os elétrons são partículas aceleradas a altas energias, os raios gama e raios X constituem ondas eletromagnéticas ou fótons de alta energia. Todas são radiações ionizantes, ou seja, são capazes de remover elétrons dos átomos, desfazer ligações químicas, dissociar moléculas e criar íons ou radicais livres, que, em sua maioria, recombinam-se entre si, neutralizando-se.

A energia mínima necessária para retirar um próton ou um nêutron de um núcleo atômico é da ordem de 10 MeV. Ao se aproximar de um átomo do material exposto, um elétron incidente sofre uma forte repulsão eletrostática da coroa eletrônica, desacelerando e, portanto, perdendo energia. Tal repulsão não acontece com a radiação eletromagnética, que não tem carga. Isso explica por que o limite autorizado para a energia dos raios X é metade daquele exigido para feixes de elétrons.

Nota-se também que, se essas radiações interagirem com o núcleo, elas não têm energia suficiente para alterar a estrutura nuclear, ou seja, não podem induzir nele instabilidades que poderiam tornar o átomo radioativo. Além disso, como o alimento tratado em um irradiador permanece sempre fisicamente separado da fonte de radiação por meio de estruturas metálicas, ele não se contamina. Pode-se então concluir que, ao ser irradiado, um alimento não se torna radioativo e, portanto, não oferece nenhum risco radiológico ao consumidor.

O DNA, considerado uma macromolécula por ser muito extenso, é muito sensível e pode sofrer danos irreversíveis ao longo de suas cadeias de polinucleotídeos quando interage com a radiação ionizante direta ou indiretamente. É esse mecanismo que em geral ocasiona a morte do microrganismo. Em forte contraste, as moléculas dos constituintes alimentícios quase não são afetadas, uma vez que, por serem menores e mais radiorresistentes, pouquíssimas interagem e sofrem danos durante o tratamento.

Em resumo, pode-se afirmar que a irradiação é um processo físico no qual a energia da radiação ionizante incidente é transferida para o alimento, promovendo inativação microbiológica e enzimática, que melhoram sua qualidade e estendem sua validade comercial. Além disso, observa-se que os efeitos microbiológicos produzidos pelo método tendem a ser muito mais intensos que os químicos. O que torna a irradiação viável, eficiente e com interessante potencial é sua capacidade, em doses suportáveis pela maioria dos alimentos, de inativar bactérias que transmitem doenças e fazem o alimento degradar-se mais rapidamente, sem prejudicar as características funcionais e sensoriais dos produtos.

Quando a radiação eletromagnética ionizante interage com o alimento a nível atômico, três mecanismos físicos podem acontecer:

- "Efeito fotoelétrico", no qual um fóton transfere toda a sua energia para um elétron orbital, liberando-o do átomo, efeito que predomina em energias mais baixas (aproximadamente 0,1 MeV)
- "Espalhamento Compton", no qual um fóton colide com um elétron fracamente ligado, transferindo para ele parte de sua energia. O fóton espalhado segue em outra direção, com energia menor, enquanto o elétron recua. É o processo mais importante na interação da radiação eletromagnética de alta energia (raios gama e X) com tecidos vivos e predomina em energias intermediárias (aproximadamente 0,5 MeV)
- "Produção de pares", que ocorre quando um fóton de alta energia (superior a 1,022 MeV) interage com o forte campo eletromagnético do núcleo atômico, convertendo-se em um elétron e um pósitron (ambos com 0,511 MeV). Intensifica-se em energias mais altas ao envolver núcleos de maior número atômico, constituindo o principal mecanismo de absorção e conversão direta de radiação eletromagnética de alta energia em matéria.

IRRADIADORES

Os irradiadores são instalações autorizadas para realizar com segurança o tratamento de vários tipos de produtos por exposição a doses controladas de radiação ionizante. Existem irradiadores comerciais e de pesquisa. Estes últimos, embora de porte e capacidade irradiadora bem menores, oferecem a vantagem de fornecer doses com maior grau de uniformidade. Em virtude disso, são muito empregados em pesquisas com doses baixas e em experimentos para determinação de doses ideais para tratamento de vários tipos de produtos, incluindo alimentos.

A irradiação de alimentos se justifica quando objetiva atender uma necessidade sanitária ou tecnológica. Ela não deve ser usada de forma indiscriminada, como substituta de outros processos convencionais. Os produtos que entram devem estar fisicamente separados dos que saem, e as instalações devem ser projetadas para prover uma taxa de dose tão uniforme quanto possível. Cuidados adicionais devem ser tomados quando assim exigirem determinados alimentos, sujeitos a padrões especiais de higiene e temperatura.

No Brasil, o tratamento de alimentos somente pode ser realizado em instalações licenciadas e registradas para tal propósito pela Comissão Nacional de Energia Nuclear (CNEN), que supervisiona o projeto, a construção e operação delas, de acordo com as exigências de segurança, eficácia e Boas Práticas de Irradiação e processamento de alimentos, sendo operadas por um grupo de 5 a 10 profissionais adequadamente preparados, treinados e competentes, autorizados a exercer suas funções. Regularmente, essas instalações também podem ser vistoriadas por outros órgãos de Governo, como o Ministério da Agricultura, Pecuária e Abastecimento e a Agência Nacional de Vigilância Sanitária.

A legislação estabelece quais fontes de radiação ionizante podem ser utilizadas em irradiadores. Essas fontes não têm energia suficiente para causar alterações no núcleo atômico, ou seja, não tornam radioativos os produtos expostos.

Irradiadores comerciais são geralmente de grande porte e oferecem capacidade de tratamento de muitas toneladas de produtos por mês. São instalações projetadas para evitar qualquer alteração no nível de radioatividade na parte externa da instalação. Não são instalações nucleares, mas sim radiológicas ou radioativas, porque não abrigam combustível nuclear e não produzem rejeitos radioativos. Para atingir essa finalidade, elas incluem espessas paredes de concreto pesado, dispostas em configurações de labirintos, e possuem excelente histórico de operação, sem qualquer registo de acidente que tenha afetado o público. Por outro lado, a fonte de radiação e as volumosas paredes de concreto pesado constituem os itens que mais elevam os custos na construção desse tipo especial de instalação.

A escolha do melhor tipo de irradiador depende da disponibilidade de instalações próximas, da dose pretendida e das características do produto a ser tratado. Se os produtos forem espessos, uma fonte de radiação mais penetrante seria mais recomendável. Os raios gama do cobalto-60, por exemplo, proporcionam melhores condições para uniformização da dose. Por outro lado, se o produto pode ser tratado em camadas de alguns centímetros de espessura, os aceleradores de elétrons são uma ótima opção.

Irradiadores com feixes de elétrons são atualmente mais numerosos. Eles constituem uma opção prática e confiável, pois basta interromper a alimentação de energia elétrica para que os feixes deixem de existir. Existem também muitos irradiadores que usam radioisótopos, sendo a maioria deles de cobalto-60, com piscina para armazenagem da fonte, quando ela não está em uso. Uma pequena minoria dos irradiadores ainda tem fonte de césio-137 ou usa raios X. A Figura 8.1 apresenta um diagrama de um equipamento de irradiação que utiliza cobalto-60 como fonte de energia ionizante, considerando o processamento de alimentos embalados.

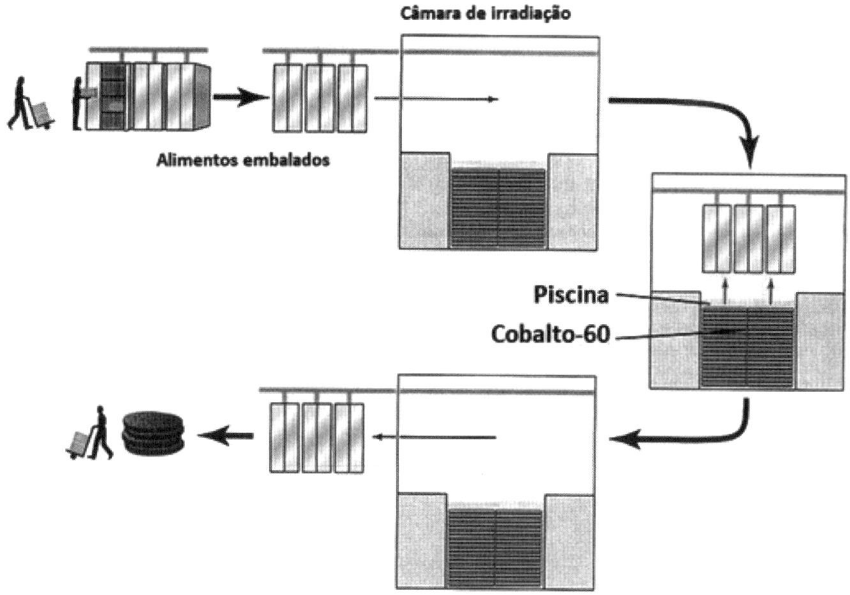

Figura 8.1 – Diagrama de um equipamento de irradiação que utiliza cobalto-60 como fonte ionizante.
Fonte: Adaptado de UBC Wiki (2020).

RADIONUCLÍDEOS

As poucas instalações irradiadoras que ainda possuem fontes de césio-137 são utilizadas em sua maioria para pesquisa. Além das dificuldades para o licenciamento dessas instalações, uma vez que o cloreto de césio da fonte é solúvel em água, pesando este fato sob o ponto de vista ambiental, novas fontes de césio, fabricadas a partir de combustível nuclear reprocessado, não estão mais disponíveis. Outro fato desvantajoso é que uma fonte de cobalto-60 de mesma atividade fornece uma taxa de dose maior em uma ordem de grandeza, pois emite dois fótons gama com energias bem maiores (1,17 MeV e 1,33 Mev), que, por serem mais energéticos, são mais penetrantes e atravessam as estruturas metálicas que separam a fonte do produto em frações duas ou três vezes maiores que os gama de 0,66 MeV de césio-137. Por outro lado, os raros irradiadores com fonte de césio ainda estão em operação, porque suas fontes podem se manter proporcionando taxas de dose apropriadas por um século, enquanto as de cobalto-60 necessitam ser repostas a cada 20 anos. Irradiadores com fonte de césio-137 não têm piscina, porque o cloreto de césio-137 é solúvel em água, ao contrário do cobalto-60.

Ao serem expostos diretamente à fonte de radiação por um tempo previamente calculado para que absorvam a dose desejada, os produtos, geralmente transportados sobre esteiras dentro de caixas de alumínio, permanecem em movimento em torno da fonte dentro da câmara de irradiação, sendo que, quanto maior for o tempo de exposição, maior será a dose, mantendo-se as demais condições de irradiação. Para confirmar a dose aplicada, utilizam-se dosímetros, que são irradiados junto aos produtos, permitindo também a rastreabilidade do tratamento, juntamente aos registros do histórico de irradiação, quando necessário.

MÁQUINAS DE FEIXES DE ELÉTRONS E RAIOS X

Os aceleradores de elétrons (monoenergéticos) usam cátodos para produzir um feixe de elétrons colimado, que pode ser acelerado com voltagem de corrente contínua ou radiofrequência. Os aceleradores são utilizados comercialmente para tratamento de alimentos e outras aplicações, como a esterilização de equipamentos médicos e materiais de embalagem, radioterapia, cura de fios e cabos isoladores, mudança da coloração de pedras semipreciosas, eliminação de traças e cupins em livros e obras de arte e remoção de componentes tóxicos. Feixes com energia de até 1 MeV têm alcances muito limitados (alguns mm) e são utilizados para tratar finas camadas de materiais, como papel, filmes e folhas de embalagens. Em geral, para alimentos, vale a relação aproximada entre energia e alcance de 0,5 cm/MeV. Dessa forma, a energia máxima permitida pela legislação brasileira (10 MeV) corresponde a um alcance de 5 cm (ou 10 cm, se forem irradiados ambos os lados).

A irradiação por raios X consiste basicamente na emissão de elétrons de um cátodo, que se movem sob efeito de um campo elétrico até chegarem a um ânodo, onde são desacelerados bruscamente. A diferença entre a energia inicial e final dos elétrons é emitida na forma de fótons de alta energia, também conhecida como radiação *Bremsstrahlung*. Essa tecnologia aperfeiçoou-se muito nas últimas décadas, e, hoje, mais de 10% da energia dos elétrons são convertidos em raios X, cujas energias variam de 0 até a dos elétrons (com pico em 1/10 desta última). Os raios X podem penetrar até 30 cm nos alimentos.

Deve-se atentar para as perspectivas futuras, como preocupações ecológicas, crescente escassez de fontes e novas conquistas tecnológicas, que devem influenciar na escolha do irradiador ideal para atender o objetivo desejado.

PARÂMETROS DE IRRADIAÇÃO

As doses de radiação ionizante devem atender aos fins tecnológicos e de saúde pública em conformidade com as boas práticas de irradiação. Os alimentos e suas embalagens devem ser de boa qualidade, apresentando-se em condições higiênicas apropriadas para o tratamento, e manuseados, antes e após a irradiação, de acordo com as boas práticas de fabricação, levando-se em conta as exigências específicas aplicáveis ao alimento. Os documentos relevantes para despacho de alimentos irradiados devem fornecer uma identificação apropriada da instalação irradiadora, incluindo a data do tratamento e identificação da origem do produto.

As informações efetuadas no livro de registros da instalação devem identificar a natureza e o tipo do produto que está sendo irradiado ou sinais (no caso de embalagens), detalhes do transporte, densidade média, tipo de fonte, dosimetria, dosímetros usados e detalhes de sua calibração, além do dia do tratamento. Tais registros devem permanecer disponíveis para fins de inspeção pelas autoridades nacionais apropriadas como documentos que testemunham que os procedimentos estão de acordo com as normas vigentes.

De modo a garantir a maior uniformidade de dose possível, faz-se necessário atentar para os vários parâmetros que devem ser controlados para garantir o sucesso do processo. A razão entre a taxa de dose máxima e a mínima não deve ser maior que 2 a 3, sendo bem menor (1,2 a 1,4) para irradiadores de pesquisa. Em irradiadores comerciais, a dose máxima não deve ultrapassar o limite tolerado pelo produto. Deve-se também ressaltar que, quanto maior for a dose, mais elevado é o custo de operação. Por outro lado, a dose mínima deve ser suficiente para produzir o efeito desejado.

APLICAÇÕES

Podem ser várias as aplicações da irradiação. Baixas doses são eficazes para prolongar a vida útil de grãos e farináceos por desinfestação (eliminação de insetos) e inibir a ação de enzimas responsáveis por processos fisiológicos, aumentando a vida útil de bulbos e tubérculos, por inibição do brotamento ou retardo do amadurecimento. Por sua vez, doses médias promovem a melhoria da qualidade higiênica e a extensão da vida útil de vários produtos, por redução da carga microbiana, por inativação de fungos ou por eliminação de bactérias patogênicas. Por fim, doses elevadas promovem descontaminação ou esterilização. Além disso, alimentos crus, prontos para consumo e minimamente processados também se apresentam como bons candidatos à qualidade higiênica garantida por irradiação.

Com a aplicação adequada, a irradiação pode ser uma ferramenta eficaz para eliminar microrganismos e larvas de insetos, ajudando a evitar ou atenuar problemas relacionados a doenças transmitidas por estes e, assim, melhorando a segurança e garantindo a qualidade dos alimentos. A irradiação é um processo utilizado para diversas finalidades, tendo como principal função a garantia da segurança alimentar.

A maioria dos alimentos pode ser tratada com baixas doses (inferiores a 1 kGy), com diferentes finalidades:

- **Doses baixas (0 a 1 kGy)**
  - Inibir o brotamento de bulbos, raízes e tubérculos (0,05 a 0,15 kGy)
  - Desinfestar grãos e farináceos (0,01 a 1 kGy)
  - Retardar o amadurecimento de várias frutas ou a senescência de verduras
  - Aumentar a qualidade fitossanitária e a validade comercial dos produtos
- **Doses médias (1 a 10 kGy)**
  - Retardar amadurecimento de algumas frutas (morango, mamão etc)

  - Eliminar parasitas ou bactérias patogênicas
  - Inativar fungos
  - Descontaminar, melhorando a qualidade sanitária de carnes (frango, peixe, bovina e outros produtos de origem animal)

- **Doses altas (10 a 200 kGy)**

  - Descontaminar ou esterilizar especiarias e frutas desidratadas
  - Descontaminar ração animal
  - Esterilizar rações para pacientes imunodeprimidos
  - Proporcionar estabilidade de rações de longa duração para grupos especiais (militares, cientistas, astronautas, desportistas)
  - Inativar esporos de bactérias patogênicas (aproximadamente 45 kGy)

Algumas vantagens do processo de irradiação são as seguintes:

- Por ser muito penetrante, o tratamento tem uma ação eficaz, promovendo o efeito desejado em todo o volume do alimento
- Permite tratar o alimento na embalagem final, reduzindo o risco de recontaminação
- Elimina ou reduz a necessidade do uso de agrotóxicos e de aditivos químicos
- Não cria substâncias estranhas, tóxicas ou radioativas, nem deixa resíduos
- Não acarreta perdas de nutrientes por aquecimento porque praticamente não esquenta o alimento
- É reconhecido como um tratamento quarentenário
- Na maioria das aplicações, é usado em combinação a outros processos, sinergicamente potencializando seus efeitos. Alguns exemplos mais comuns são resfriamento, congelamento e atmosfera modificada
- Em muitas aplicações, a irradiação é a única tecnologia disponível, capaz de agir eficazmente, sem prejudicar o produto, como no caso da descontaminação de carnes cruas, especiarias e hambúrgueres

EFEITOS QUÍMICOS

Ao interagir com a matéria a nível atômico, a radiação ionizante pode promover elétrons a orbitais mais energéticos (excitação atômica) ou arrancá-los dos átomos (ionização), desfazendo ligações químicas e excitando ou dissociando moléculas, o que acarreta a produção de íons e radicais livres.

Um fóton de alta energia pode colidir com um elétron atômico, doando a ele parte de sua energia e ionizá-lo. Dessa forma, elétrons primários (vindos diretamente da fonte) e secundários, seguem promovendo ionizações em sucessivas interações, rompendo ligações químicas e dissociando moléculas. Por esse mesmo mecanismo, elétrons secundários geram novos radicais livres e elétrons terciários.

Durante a interação da radiação ionizante com a matéria, diminutas alterações químicas ocorrem na matriz do alimento devido à absorção direta da energia. São os efeitos primários. Os radicais livres e íons excitados produzidos como efeitos primários são, em sua maioria, instáveis e altamente reativos, que reagem entre si em frações de segundo, produzindo uma grande quantidade de produtos químicos estáveis.

A decomposição química de substâncias decorrente da ação de radiações ionizantes denomina-se radiólise. A diversidade de produtos formados durante a irradiação tende a ser muito grande, mas suas concentrações são muito reduzidas. Por serem formados na radiólise, eles são chamados de produtos radiolíticos e incluem radicais livres, cátions (positivos) e elétrons, sendo em sua maioria fortemente reativos. Quimicamente, os produtos radiolíticos são idênticos aos produzidos pelos processos de conservação convencionais, não tendo toxicidade significativa que possa acarretar algum risco à saúde do consumidor. Além disso, a quantidade de átomos que realmente interage com a radiação, direta ou indiretamente, é muito pequena – da ordem de partes por bilhão (ppb) ou partes por milhão (ppm) –, geralmente exigindo técnicas sofisticadas, como a cromatografia gasosa, para sua identificação.

Uma dose de 10 kGy, limite inferior das doses altas, eleva em apenas 2,3 °C a temperatura da água, uma vez que a radiação interage com o material, depositando nele sua energia. Como é mínima a elevação de temperatura, as perdas nutricionais devido ao aquecimento por irradiação são desprezíveis. Além disso, as reações causadas por elétrons secundários, terciários ou outros concentram-se ao longo de suas trajetórias, onde os produtos radiolíticos tendem a reagir entre si, neutralizando-se, antes de atacar o substrato do alimento.

Mesmo sendo uma das moléculas orgânicas mais simples estruturalmente, o metano dá origem a uma série de produtos radiolíticos quando sofre radiólise. Como efeitos primários da exposição à radiação ionizante, a molécula do metano pode simplesmente excitar-se ao interagir com um elétron primário ou dissociar-se em radical metil e radical hidrogênio, caso exista energia suficiente para ionização.

Como parte dos efeitos secundários, os produtos radiolíticos formados reagem entre si por quatro mecanismos:

- Recombinação: radicais metil e hidrogênio se recombinam, recriando a molécula de metano
- Dimerização: os dois radicais metil se combinam, formando etano, enquanto radicais hidrogênio formam hidrogênio molecular
- Captura eletrônica: elétrons são capturados por moléculas ionizadas de metano, neutralizando-as
- Desproporcionalização: os radicais metil e etil se combinam, formando eteno e etano

A irradiação do metano é um interessante exemplo de vários mecanismos envolvidos e o complexo espectro de produtos radiolíticos, que podem ser gerados mesmo por um composto tão simples, como hidrogênio, etano, eteno e traços de butano. As quantidades desses produtos são determinadas pelas condições de irradiação. Por outro lado, em contraste com os efeitos primários, os secundários dependem principalmente da composição química e do estado físico do alimento. Havendo outros compostos presentes, cresce o número de produtos finais.

Observa-se que, durante a irradiação, rompem-se mais frequentemente as ligações químicas mais fracas ou as associadas às mais abruptas variações na densidade eletrônica da molécula. No caso do metano, as quatro ligações do hidrogênio têm a mesma chance de se partirem durante a irradiação. Tanto a irradiação quanto os processos termolíticos convencionais têm em comum o fato de que causam a ruptura de ligações químicas nas mesmas posições das moléculas (onde a energia é preferencialmente absorvida), ou seja, ambos criam substâncias quimicamente idênticas.

A radiólise ocorre durante uma fração de microssegundo; no entanto, como alguns produtos formados não são completamente estáveis, eles podem dar origem a efeitos químicos com duração de segundos, horas, dias ou mesmo meses após a irradiação. Dessa forma, perdas de micronutrientes podem ocorrer durante o período de armazenamento. Além disso, radicais livres podem permanecer isolados na matriz de um alimento por um longo tempo após a irradiação, se o meio for sólido, desidratado ou congelado. A reidratação ou o descongelamento permitem que esses radicais recuperem mobilidade e reajam entre si ou com a carga microbiana, inativando-a.

Como a maioria dos alimentos possui altas concentrações de água em sua composição, os produtos radiolíticos dela passam a ser de extrema importância para a compreensão dos efeitos das radiações em alimentos. A água está presente em cerca de 90% da composição dos vegetais, 80% dos frutos, 60% das carnes, 40% do pão, 13% na farinha de trigo, 10% em vegetais secos e 5% em nozes. Daí a grande importância de conhecer os produtos radiolíticos da água.

Quando a água é irradiada, suas moléculas podem sofrer ionização, dissociação e excitação. Formados em concentrações diminutas durante a radiólise da água, podem ser citados os seguintes produtos: radical hidroxila (OH•; poderoso agente oxidante, altamente eficaz na redução da microbiota), elétron aquoso (forte agente redutor), átomo de hidrogênio (agente redutor de menor reatividade), hidrogênio, peróxido de hidrogênio (agente oxidante) e próton hidratado.

A água é muito utilizada como blindagem em piscinas de reatores nucleares e irradiadores comerciais com fonte de cobalto-60, por dar origem a concentrações finais de produtos radiolíticos muito baixas. A eficácia do tratamento de alimentos por irradiação depende da composição do produto, de seu estado físico e de conservação, de sua tolerância à radiação ionizante e das condições de irradiação (dose, temperatura e atmosfera da embalagem), além das condições de embalamento e de armazenamento.

A presença do oxigênio tem uma grande importância no curso da radiólise, enquanto catalisador de uma série de reações – algumas delas preponderantes na redução da carga microbiana, embora também capazes de alterar atributos sensoriais. Durante o processo de irradiação, o oxigênio interage com átomos de hidrogênio, produzindo o radical hidroperoxila, que é oxidante. Além disso, reage com o elétron aquoso formando o radical ânion superóxido. O radical hidroperoxila e o radical superóxido podem dar origem ao peróxido de hidrogênio. Por removerem os agentes redutores do elétron aquoso, do radical hidrogênio e do radical hidroxila, as reações de oxidação se tornam muito mais importantes em soluções oxigenadas.

Para evitar a formação de peróxidos em um nível capaz de impactar a aceitação do produto, irradia-se o alimento empacotado a vácuo ou em atmosfera de nitrogênio ou outro gás inerte. Observa-se por exemplo que a concentração de peróxido de hidrogênio formado em água irradiada a 1 kGy em ar e a vácuo são, respectivamente, 5,5 e 0,5 x 10^{-5} mol. Ou seja, uma concentração 11 vezes menor é obtida simplesmente excluindo o oxigênio.

A quantidade de produtos radiolíticos em geral cresce linearmente com a dose, sendo que, dobrando-se a dose, dobra-se a quantidade de produtos finais. Contudo, em doses altas, alguns produtos formados em baixas doses podem passar a ser destruídos pela radiação ou atacados por outros produtos.

A irradiação com feixes de elétrons é tão rápida que o tratamento se torna praticamente anaeróbio em doses inferiores a 0,6 kGy, pois não proporciona tempo suficiente para que o oxigênio atmosférico se difunda pelo alimento. Observa-se, contudo, que, na prática, com exceção da situação descrita, a influência da taxa de dose raramente se torna significativa.

Embora variações de apenas alguns décimos sejam mais comuns em doses intermediárias, o pH de um meio pode se alterar em mais de uma unidade, favorecendo ou prejudicando o crescimento de colônias de microrganismos em alimentos irradiados. Isso porque, durante a irradiação de sistemas aquosos, uma solução ácida favorece o desaparecimento do elétron aquoso, enquanto um meio alcalino tende a formá-lo.

A redução da mobilidade dos produtos radiolíticos a temperaturas mais baixas, onde o meio pode se apresentar resfriado ou congelado, constitui um mecanismo de proteção aos constituintes do alimento. Por exemplo, carne bovina irradiada a 45 kGy a 20 °C adquire compostos de enxofre, carbonetos e hidrocarbonetos, totalizando cerca de 1.200 ppb. Esse total se reduz gradualmente para 600 ppb a -40 °C, 400 ppb a -80 °C e 20 ppb a -180 °C, conforme os produtos radiolíticos encontrem mais dificuldade para se difundir. O mecanismo de imobilização dos radicais livres faz com que as qualidades sensoriais da carne irradiada e congelada a temperaturas muito baixas sejam melhores do que à temperatura ambiente.

Um outro exemplo importante é o ácido ascórbico, protegido por efeito da imobilização de radicais intermediários resultantes da radiólise, que ficam impedidos de reagir entre si ou com o substrato, enquanto o meio permanece totalmente congelado. Durante o descongelamento, esses radicais passam a interagir entre si. Dessa forma, quando o material retorna à temperatura ambiente, o substrato é parcialmente poupado, e a perda de vitamina C, reduzida.

As alterações químicas que ocorrem durante a irradiação dependem do número de radicais livres disponíveis para reagir com as moléculas da substância diluída. Em soluções pouco diluídas, os efeitos diretos da irradiação tendem a predominar. Por outro lado, soluções muito diluídas, com menos de 0,1 M, são mais afetadas por efeitos indiretos. Dessa forma, quanto mais alta for a concentração da diluição, maior será o número de moléculas que não encontram outras para interagir e continuam inalteradas. Por exemplo, uma dose de 10 kGy causa 20% de perda de atividade enzimática em solução a 1% e 60% de perda, se estiver diluída a 0,5%.

Um suco deve ser irradiado na forma de concentrado, a fim de minimizar perdas e preservar seu grau de aceitação sensorial. Por outro lado, a inibição de enzimas, como as encontradas em veneno de cobra, é facilitada, irradiando soluções altamente diluídas. Quando o processo é concluído, pode-se afirmar que a alta reatividade dos radicais intermediários da radiólise é responsável pela observação frequentemente feita de que certa dose de radiação faz mais estrago em uma substância dissolvida na água do que em uma substância seca pura.

Em vez de minimizar perdas de uma substância dissolvida irradiando-a em concentrações maiores, é possível, também adicionar outras substâncias à solução, denominadas agentes protetores, os quais competem pelos radicais livres intermediários do solvente. Por exemplo, diluída a 0,1%, a enzima pepsina sofre 80% de perdas ao ser irradiada com 5 kGy. Essas perdas se reduzem a 20%, quando se adiciona uma solução de 0,1% de ácido isoascórbico antes da irradiação.

Alimentos geralmente possuem uma constituição complexa, em que os diversos componentes disputam pelos produtos radiolíticos, gerando uma proteção mútua que reduz alterações em compostos individuais. Mesmo nesses casos, no entanto, algumas substâncias mais reativas tendem a uma degradação maior. Por isso, análises de substâncias puras podem superestimar as perdas vitamínicas que ocorrem quando alimentos são irradiados.

EFEITOS SOBRE CONSTITUINTES

A interação da radiação ionizante com os constituintes dos alimentos pode, em alguns casos, afetar o valor nutricional deles. A natureza e a extensão desses efeitos dependem da composição específica do alimento, da dose de radiação absorvida, da temperatura e da atmosfera de embalamento durante a irradiação e o armazenamento. A legislação estabelece normas para que isso seja evitado no tratamento de produtos a serem comercializados.

Ao penetrar na matriz alimentar, a radiação ionizante proveniente da fonte age sobre os componentes moleculares de forma direta. Essa mesma radiação pode também atuar de forma indireta, formando produtos radiolíticos no citoplasma celular que tendem a atacar outras estruturas. O alvo de maior impacto é o DNA cromossômico, mas outros danos celulares podem acontecer, destacando-se aqueles sobre a membrana citoplasmática. As alterações químicas nas moléculas que constituem a matriz alimentar dependem da dose de radiação utilizada e da composição do meio. Os efeitos indiretos da radiação dependem da presença da água, onde os produtos radiolíticos se formam e se movem para atacar as principais estruturas celulares, como o DNA. Não havendo água no estado líquido, os radicais livres formados se difundem menos pela célula. Pode-se concluir que a difusão dos radicais livres em alimentos sólidos ou congelados é bem limitada.

Os macronutrientes (carboidratos, proteínas e gorduras) fornecem energia e desempenham funções fundamentais na construção, estruturação e sustentação do corpo, não sofrendo perdas significativas quando são irradiados. Observa-se também que não ocorre destruição significativa de aminoácidos essenciais em carne, peixe ou em outro tipo de alimento, mesmo em altas doses.

Durante o tratamento, pode haver quebra de ligações peptídicas, ligações dissulfeto e pontes de hidrogênio, que impactam as estruturas dessas moléculas, alterando sua funcionalidade, em especial no caso das estruturas terciárias. Como acontece com outros métodos de conservação, as ligações mais frágeis e suscetíveis ao rompimento são as sulfidrílicas e as pontes de hidrogênio, que produzem desnaturação quando se rompem, com consequente prejuízo às propriedades funcionais. A irradiação do ovo, por exemplo, tem por finalidade inativar a *Salmonella*, mas também pode alterar a viscosidade da clara e o sabor da gema se as demais condições de irradiação não favorecem à preservação das características sensoriais do produto.

Por outro lado, também pode ocorrer um aumento na solubilidade das proteínas em função de modificações estruturais, hidrofobicidade e reações de desaminação. Com relação à oxidação proteica, com consequente formação de carbonilas, pode-se afirmar que há um aumento proporcional à dose utilizada. De uma forma geral, doses de irradiação inferiores a 5 kGy inibem a capacidade de emulsificação de proteínas sarcoplasmáticas por hidratação, com consequente formação de agregados e reticulação no espaço intraproteico. No entanto, essas mesmas propriedades tendem a melhorar com doses de 3 kGy, devido à repulsão eletrostática entre as gotas da emulsão ou à formação de agregados. O processo foi igualmente testado como opção para redução de alergias alimentares de acordo com modelos alergênicos associados à beta-lactoglobulina, albumina de ovo de galinha e tropomiosina de camarão e se mostrou capaz de alterar a estrutura das moléculas, diminuindo expressivamente a alergenicidade.

O uso da radiação pode e deve ser uma alternativa para prolongar a vida útil de vários produtos e dirimir as doenças das populações contemporâneas, sem ocasionar impacto no valor nutricional. Nas proteínas da soja, por exemplo, a radiação consegue aumentar a atividade antioxidante dos compostos fenólicos, mas tende a induzir à formação de radicais livres, cuja consequência imediata é a oxidação lipídica, que pode ser evitada com uso de antioxidantes, incluindo os de origem natural. Atentando-se para esses mecanismos, é possível buscar as condições de equilíbrio do sistema, adaptando também a dose de radiação em benefício do alimento.

Outros processos que o tratamento pode desencadear são o de auto-oxidação, formação de peróxidos e iniciação de séries de reações que levam à formação de produtos estáveis. Entretanto, outros métodos de conservação de alimentos também atuam em ligações duplas, criando radicais livres, que propiciam a formação de ranço oxidativo. Com o uso de doses menores e condições de irradiação mais favoráveis ou até mesmo com a adição de antioxidantes, em especial os naturais, pode-se manter em níveis aceitáveis a oxidação lipídica.

Pesquisas comprovam que o valor biológico e a digestibilidade de proteínas em rações animais irradiadas permanecem essencialmente inalteradas, mesmo com doses de 50 kGy. Além disso, mesmo em altas doses, os valores proteicos de feijão e lentilhas permanecem inalterados. Pode-se concluir que carboidratos não são significativamente afetados pela irradiação em termos de valor nutricional.

Um interessante exemplo é a esterilização de carne bovina com uma dose muito alta (45 kGy). A irradiação feita a 20 °C produz no total apenas uma parte por milhão de produtos radiolíticos, constituída por 65 compostos voláteis identificáveis, sendo que hidrocarbonetos respondem por 90% do peso e 70% do número de moléculas. Formam-se também sulfetos, carbetos, alquilbenzenos e peróxidos.

Em contraste, as perdas de micronutrientes devem ser monitoradas mais atentamente, pois podem ser significativas em vários casos. Algumas vitaminas são suscetíveis à irradiação, dependendo da composição do alimento e das condições de irradiação e armazenagem. Entre as vitaminas solúveis em água, tiamina (B1) é a mais sensível à radiação, seguida da vitamina C, piridoxina (B6), riboflavina (B2) e niacina (B3). Entre as vitaminas do complexo B, listadas em ordem decrescente de sensibilidade, tem-se: tiamina, ácido ascórbico, piridoxina, riboflavina, ácido fólico, cobalamina e ácido nicotínico. Na comparação entre as vitaminas solúveis em gordura, o alfa-tocoferol (E) é o mais facilmente degradado pela radiação, seguido pelas vitaminas A e K, enquanto a vitamina D permanece mais estável. Em resumo, pode-se dizer que as vitaminas A, B1, E e K são mais radiossensíveis, enquanto a vitamina D, a riboflavina e a niacina são mais radiorresistentes.

Muitas contradições ainda existem em relação a perdas vitamínicas observadas em alimentos irradiados. Alguns relatos superestimam perdas, porque baseiam-se em resultados para soluções puras de vitaminas, as quais são muito maiores do que em alimentos. Isso acontece porque a composição mais complexa e diversificada da matriz alimentar blinda mais eficientemente seus constituintes individuais de ataques por produtos radiolíticos.

A tiamina (vitamina B1) constitui um bom exemplo que ilustra esse mecanismo. Na irradiação com 0,5 kGy, ela pode sofrer perdas de até 50% quando diluída em solução aquosa, porém apenas 5% em ovo desidratado. A diferença deve-se principalmente à menor mobilidade dos radicais livres e maior proteção química oferecida pelos demais constituintes do ovo.

Por outro lado, alguns trabalhos subestimam perdas vitamínicas, porque baseiam-se em aferições realizadas logo após a irradiação, ignorando o fato de que, na presença do oxigênio, essas perdas tendem a se acumular a uma taxa maior após o tratamento. Um exemplo seria o de ostras irradiadas com 1 kGy, que sofrem 20% de perda de vitamina

E durante a irradiação e mais 45% durante 7 meses de armazenamento. Em contraste, em atmosfera de nitrogênio, elas não sofrem perda significativa, mesmo após 8 meses. A perda de tiamina em ostras, causada por aquecimento, tende a ser maior nas irradiadas. Tais perdas se reduzem muito com a exclusão do ar.

Perdas de vitamina C em frutas e legumes irradiados com doses abaixo de 2 kGy em geral resultam de alterações metabólicas no alimento, não sendo, portanto, um efeito direto da irradiação. Essa resposta fisiológica depende da dose de radiação, da espécie e variedade do vegetal, do tempo decorrido entre a irradiação e a análise, do grau de amadurecimento na hora da colheita e da temperatura de irradiação e armazenamento, além de outros fatores.

Pesquisadores geralmente avaliam apenas o nível de ácido ascórbico, já que, durante a irradiação, pode ocorrer conversão parcial em ácido dehidroascórbico por oxidação, o qual também é uma forma viável, sendo que ambos são responsáveis pela atividade de vitamina C no homem. Entretanto, esse hiperfoco pode superestimar as perdas de vitamina C.

No tratamento com doses inferiores a 1 kGy, em geral não são observadas reduções significativas de vitamina C em uvas, laranjas, mangas, mamões e bananas. No entanto, em doses intermediárias, como a aplicada em morangos para fins de descontaminação, têm sido observadas perdas de 15% no nível de ácido ascórbico.

Na aferição de perdas, o bom senso deve prevalecer. Para aqueles interessados em fornecer alimentos irradiados com teor normal de vitaminas, não faria sentido uma campanha contra a irradiação de especiarias, tendo em vista que elas não constituem fonte importante de vitamina C. Por outro lado, se o desafio for eliminar a *Trichinella spiralis* em carne de porco, é importante ter atenção para o fato de que esse alimento é uma importante fonte de tiamina para algumas populações, portanto a irradiação com dose de 0,3 kGy é suficiente para inativação, sem reduzir o teor de tiamina, nem prejudicar os atributos sensoriais da carne. Uma outra opção, menos indicada e mais dispendiosa, seria esterilizar a carne de porco a vácuo e a 30 °C.

A interação da radiação ionizante com minerais e elementos-traços em alimentos é quase sempre mínima, não produzindo neles alteração significativa. Dessa forma, a irradiação não afeta a biodisponibilidade desses constituintes, independentemente da dose. Durante a irradiação, hidrocarbonetos se formam a partir de estruturas lipídicas, compostos aromáticos e sulfurosos se originam de proteínas, e peróxidos surgem da radiólise da água. Em síntese, pode-se afirmar que as perdas nutricionais em alimentos irradiados são basicamente iguais às que ocorrem em alimentos tratados com outros processos e em geral podem ser minimizadas. Em alguns casos, em que são utilizados aquecimento, fritura, micro-ondas etc., as perdas de nutrientes podem ser bem maiores que por irradiação.

EFEITOS SENSORIAIS

As alterações químicas nos alimentos irradiados são em geral bem pequenas, na ordem de partes por milhão ou por bilhão. No entanto, mesmo que uma pequeníssima fração das moléculas expostas sofra quebras ou modificações devido à ação direta da radiação ou indireta dos radicais livres produzidos, podem ocorrer alterações de sabor, aroma, textura ou aparência, o que pode prejudicar a aceitação do produto pelo consumidor.

A legislação brasileira para irradiação de alimentos determina que o tratamento não pode acarretar alterações sensoriais significativas nos produtos. Portanto, antes de sua comercialização, testes sensoriais, além de análises físicas e químicas, devem ser realizados para investigar a dose ideal para promoção do efeito desejado em um produto de interesse.

Alterações sensoriais induzidas pela radiação tendem a ocorrer quando são empregadas doses acima da tolerada pelo produto, muitas vezes igual ao limite máximo recomendável para o tratamento, quando disponível. Em tais casos, podem surgir modificações que tendem a se intensificar com o aumento da dose.

É importante ressaltar que existem opções para minimizar alterações sensoriais em alimentos irradiados. Entre elas, pode ser citada a atmosfera modificada, de vácuo ou até mesmo de substâncias antioxidantes. A irradiação de produtos em temperaturas ultrabaixas, congelados ou resfriados também é empregada.

Doses médias ou altas podem induzir odores estranhos em sucos de frutas. Os compostos voláteis de enxofre, como sulfureto de hidrogênio, metanotiol, sulfeto de metila, dissulfeto de dimetila e trissulfeto de dimetila, desempenham um papel significativo no desenvolvimento desses odores. Na alteração de sabor, contribuem o malondialdeído, o formaldeído e o tetrahidrofurano. Convém então que os produtos sejam irradiados na forma de concentrados, para que haja redução da mobilidade dos produtos radiolíticos formados, com consequente redução da interação deles com as substâncias constituintes de sucos.

Como acontece com os demais métodos de conservação, a porção glicídica pode ser afetada quando dissacarídeos, oligossacarídeos ou polissacarídeos tiverem suas ligações glicosídicas quebradas pela radiação e formarem estruturas menores, um mecanismo que pode favorecer a aceitação do produto. Por exemplo, no processo de irradiação de frutas, pode haver alteração do sabor de forma desejável em função da formação de moléculas menores, com maior poder adoçante. Por outro lado, em alguns casos, ocorre o escurecimento, em decorrência da formação de melanoidinas, e alteração da textura, decorrente de alterações nas cadeias de peptídeos, que, em doses excessivas, pode vir a comprometer a intenção de compra do produto e até alterar o sabor pela formação de compostos de sabor amargo. O ponto crítico do processo deve ser a determinação da dose ideal para atingir o objetivo desejado, não prejudicando a aceitação do produto.

De uma forma geral, doses baixas de radiação, de 0,1 a 1 kGy, tendem a ser bem toleradas, sem prejuízo sensorial ou funcional detectável ou significativo, por uma grande quantidade de alimentos, incluindo grãos, farináceos, raízes, frutos, massas, sucos, carnes entre outros. A inibição de brotamento em bulbos e tubérculos, por exemplo, mostra-se mais eficaz em doses de 0,04 a 0,1 kGy, quando interrompe a multiplicação celular, inviabilizando a criação de novas estruturas. Doses próximas de 0,5 kGy permitem retardar o amadurecimento de algumas frutas, como manga, ao mesmo tempo promovendo uma desinfestação eficaz. A maioria dos produtos de origem vegetal são tratados com baixas doses para diversas finalidades. Em alguns casos, contudo, são usadas doses médias no tratamento de algumas frutas para fins de descontaminação, como é o caso do morango, irradiado com 2,5 a 3 kGy, o que comprova a boa receptividade por parte dos consumidores. A maioria das carnes resfriadas costuma ser irradiada com doses entre 1,5 e 3 kGy (frango, peixe, codorna etc) com boa aceitação. Com esse mesmo propósito, especiarias e temperos desidratados são tratados por exposição a altas doses (10 kGy ou superiores), visando sua exportação.

Alterações no sabor de produtos ricos em lipídios, como a rancificação oxidativa, produzidas pelo radical hidroxila, têm sido minimizadas diminuindo a dose ou a temperatura (ultrabaixa, sob congelamento ou resfriamento) ou modificando a atmosfera (vácuo ou gases inertes) durante a irradiação e o armazenamento.

Os atributos sabor, odor e aparência são geralmente os mais frequentemente avaliados em análises sensoriais de alimentos irradiados. Os seguintes termos são geralmente citados nessas avaliações, as quais incluem analogias para descrever componentes estranhos (*off flavor*) no sabor: "gosto metálico", "rançoso", "de remédio", "estragado", "queimado", "ácido" etc.

Nem todas as alterações sensoriais produzidas pelo tratamento com doses impróprias são desfavoráveis. Os dois exemplos mais frequentes de alterações que melhoram a aceitação de produtos protegidos por irradiação são a cor rósea da carne de frango e o sabor mais adocicado de doces, resultante da quebra de dissacarídeos em monossacarídeos, que estimulam mais eficientemente a percepção do componente doce nas papilas gustativas.

Odores anormais e alterações de sabor em alimentos de origem animal são geralmente produzidos pela quebra de moléculas lipídicas, em função da formação de peróxidos e hidroperóxidos, dando origem a produtos de ranço oxidativo constituídos em especial por aldeídos e cetonas. Em carnes, há relatos de limitação da aplicação da tecnologia de irradiação em virtude de alterações nas propriedades sensoriais associadas à produção de moléculas voláteis, que geram odores anormais (semelhante a ovo podre ou odor sulfídrico), demandando redução da dose para atingir um nível aceitável de inativação microbiana e alterações sensoriais mínimas.

Como os efeitos da irradiação estão diretamente relacionados à composição e densidade da matriz alimentar, é relevante considerar que, em algumas situações, a irradiação apresenta menor efeito destrutivo que os processos térmicos com relação à produção de compostos voláteis, sendo inclusive mais recomendada quando se busca preservar certos constituintes. Um exemplo são as moléculas de terpenos, limoneno e ácido butanoico, responsáveis por sabores frescos, cítricos e doces que, dependendo da dose da irradiação, podem se tornar mais amenos, mas, em doses adequadas, são mantidas na matriz, aumentando a intenção de compra do produto.

Doses acima de 4 kGy no tratamento de carne bovina resfriada geralmente acarretam efeitos sensoriais indesejáveis na matriz alimentar, como alterações de cor (tonalidade amarronzada), odor e aparência. Entretanto, a adição de substâncias protetoras, que interagem com os radicais livres, neutralizando-os, e, por conseguinte, protegem a matriz do alimento, apresentam potencial para melhorar os efeitos antibacterianos e reduzir prejuízos sensoriais. Uma das opções em estudo atualmente é a utilização de revestimento de polifenol-quitosana, como uma estratégia para inibir a oxidação lipídica induzida pelo crescimento bacteriano e pela irradiação, evitando alterações indesejáveis nos parâmetros sensoriais. Em alguns tipos de frutas e vegetais, a irradiação pode estar associada à quebra de constituintes da parede celular, como pectina, celulose e hemicelulose, e alterações de membranas semipermeáveis. Dessa forma, o processo diminui a força de cisalhamento e pode alterar a firmeza/consistência em tais matrizes, sendo importante considerar que esses efeitos são menos destrutivos quando comparados aos produzidos em outros tratamentos.

Modelos matemáticos têm sido propostos para correlacionar a dose de radiação com a aceitação de produtos irradiados segundo seus atributos. O objetivo é inativar microrganismos sem causar alterações sensoriais, modelando estatisticamente os efeitos do processo sobre os fatores microbianos e sobre a qualidade dos produtos irradiados. O procedimento permitiria otimizar o tratamento de produtos de origem animal, utilizando a dose de radiação mais favorável à descontaminação do produto sem prejuízo aos atributos de qualidade, garantindo os requisitos de segurança e estabilidade dos alimentos. Alguns limites de dose, acima dos quais são percebidas modificações sensoriais em alimentos cárneos resfriados, irradiados em atmosfera normal, são: 2,5 kGy para frango, boi, camarão e lagosta; 2 kGy para peixe; 1,75 kGy para porco; e 1,5 kGy para peru.

O tratamento com altas doses (10 a 45 kGy) é muito empregado no tratamento de condimentos e especiarias desidratados e de ração animal, produtos que costumam ter alta tolerância à radiação. Contudo, muitos alimentos, incluindo aqueles de origem animal, beneficiam-se do tratamento por altas doses, combinado a outros processos. Para efeitos de inativação enzimática e microbiana, eles são congelados e empacotados a vácuo em embalagens multicamadas hermeticamente fechadas, mantidos em temperaturas ultrabaixas (- 40 °C) e irradiados com doses em torno de 45 Gy. Essa combinação de processos viabiliza a preservação dos atributos sensoriais, ao mesmo tempo que, proporcionando excepcional estabilidade, estende a vida de prateleira dos produtos entre 1 e 5 anos.

INATIVAÇÃO MICROBIOLÓGICA

Durante o processo de irradiação, larvas de insetos e bactérias presentes no alimento são eliminadas em sua grande maioria, pois a radiação ionizante é prejudicial aos organismos vivos. De uma maneira geral, quanto maior a dose aplicada, maior é a redução da carga microbiana.

Durante o processo, a radiação ionizante e os produtos reativos por ela formados interagem com as células de microrganismos, danificando seus núcleos e membranas. Em consequência, a maioria das bactérias sofre inativação ou morte, sendo a redução da carga microbiana proporcional à dose total absorvida pelo alimento.

O alvo crítico para inativação microbiológica é o ácido desoxirribonucleico (DNA) cromossômico e as moléculas de ácido ribonucleico do núcleo celular, onde podem ocorrer danos irreversíveis, os quais geralmente ocasionam a inativação ou morte do microrganismo na tentativa de divisão celular.

Os efeitos da radiação sobre o DNA constituem o principal mecanismo de redução da carga microbiana e classificam-se em:

- Diretos: a radiação ioniza e excita ácidos ribonucleicos. O efeito direto é predominante em células com baixo teor de água, como os esporos
- Indiretos: a radiação interage com outros átomos na célula, e os radicais livres formados (principalmente na água) movem-se pelo citoplasma e interagem com o DNA, danificando-o. Esse efeito é predominante em células vegetais

Alterações produzidas na estrutura da membrana citoplasmática e que também afetam a atividade de enzimas metabólicas constituem um mecanismo secundário de dano. A Figura 8.2 apresenta um esquema proposto para inativação microbiana por meio de radiação ionizante.

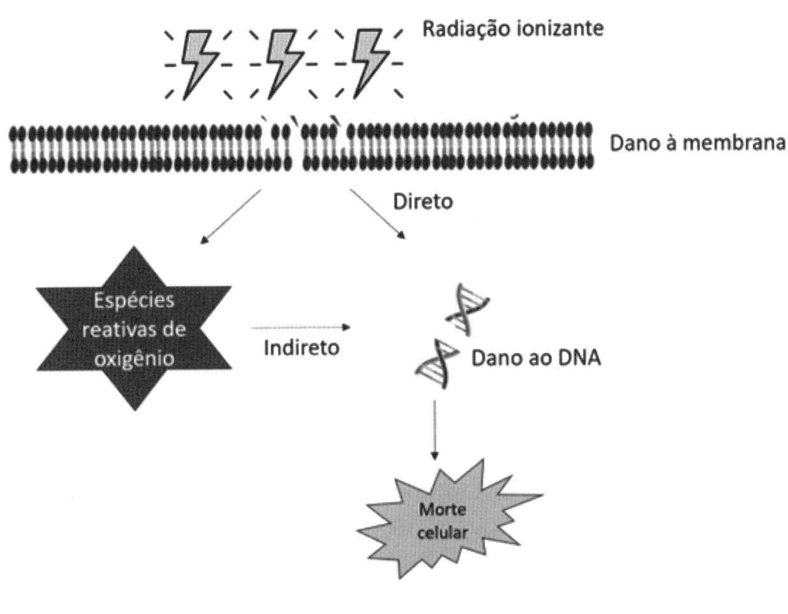

Figura 8.2 – Esquema de inativação microbiana por meio de radiação ionizante.
Fonte: Adaptado de Jeong & Jeong (2018).

A resistência dos seres vivos à radiação varia enormemente. Em regra, quanto mais evoluído o ser, mais extenso será o DNA e, portanto, maiores são as chances de sofrer danos por ação da radiação. A Tabela 8.1 lista, em ordem crescente de resistência à radiação, as faixas de dose letal para diferentes tipos de seres vivos.

Tabela 8.1 – Resistência do organismo de acordo com a faixa de dose letal

Ser vivo	Dose letal
Mamíferos	0,003 – 0,01
Insetos	0,1 – 3
Bactérias	0,5 – 10
Esporos	10 – 50
Vírus	10 – 200

Considerando as doses listadas anteriormente, uma dúvida que preocupa vários potenciais consumidores de alimentos irradiados é a seguinte: sabe-se que alimentos irradiados são muitas vezes tratados com doses de radiação três ordens de grandeza superiores à dose letal para seres humanos; como então garantir que não ocorra nenhum prejuízo ao consumidor, se as bactérias, muito mais resistentes que nós, são exterminadas em sua maioria durante o processo?

Inicialmente, deve ser ressaltado o fato de que o alimento tratado por irradiação não se torna radioativo, porque ele não entra em contato direto ou não encosta na fonte radioativa, ou seja, não se contamina. Além disso, ele não sofre alterações nos núcleos de seus átomos, o que poderia torná-los instáveis, fazendo-os emitir radiação. Isso é garantido pela incapacidade das fontes autorizadas para tratar alimentos de gerar energia suficiente para induzir radioatividade em materiais irradiados. Dessa forma, ao contrário do que acontece com a microbiota presente no alimento, que fica exposta à radiação dentro do irradiador, o consumidor não fica exposto a nenhum nível adicional de radiação, nem corre qualquer risco que seja.

Em produtos de origem animal, observa-se que a carga microbiana se reduz uma ordem de grandeza por kGy de dose absorvida, aproximadamente. Dessa forma, reduções de contagem de 3 a 7 $\log_{10}$ costumam ser observadas após tratamentos com doses entre 1,5 e 7 kGy. Outro exemplo típico é a contagem de mesófilos viáveis totais presentes em carne de frango resfriada, a qual se reduz a 1/1.000 de seu valor inicial na irradiação com 3 kGy.

Valores típicos de D10 (redução da população a 1/10) para bactérias em forma vegetativa e esporulada em carne são 0,2 a 0,6 kGy e 3 a 4 kGy, respectivamente. Em experimentos para determinação de níveis de tolerância de microrganismos, não devem ser esquecidos os efeitos do meio onde estão as bactérias, incluindo a atmosfera condicionante, a temperatura, o estado físico do meio, o nível de proteção da própria composição do alimento, a microbiota inicial etc.

A utilização de tratamentos que inibem a atuação de mecanismos de reparo a danos ao DNA permite reduzir significativamente as doses de radiação necessárias para alcançar um objetivo. A carne de frango, por exemplo, mantida a 60 °C por 3 minutos antes da irradiação com 1 kGy sofre redução nas contagens de 8 ordens de grandeza, enquanto uma dose de 3 kGy, sem aquecimento prévio, produz queda de apenas 3 ou 4.

Alimentos congelados demandam doses maiores para redução da microbiota, porque os íons e radicais livres formados durante o processo têm muito menos mobilidade no citoplasma das células em matrizes congeladas, não atingindo o DNA. Assim, os danos praticamente ficam restritos àqueles produzidos pela radiação que incide diretamente sobre o DNA, enquanto a componente indireta permanece pouco expressiva. Um interessante exemplo disso seria a carne de frango resfriada, tratada com 3 kGy para redução de microbiota e aumento da vida de prateleira, enquanto a congelada exige dose de 7 kGy.

O uso de baixas doses pode modificar o espectro microbiano em alimentos, conforme ilustra o seguinte exemplo: em carne, as bactérias mais comuns são as *Pseudomonas* (D10 aproximadamente de 0,02 a 0,1 kGy) e as *Achromobacter* (0,1 a 0,6 Gy). Caso uma dose média seja aplicada, as primeiras praticamente desaparecem, enquanto as segundas passam a dominar totalmente o meio, deixando de existir competição entre elas. Nesse mesmo meio, a bactéria *Escherichia coli* apresenta uma D10 que pode variar entre 0,2 e 0,5 kGy.

Ainda com relação à redução da carga microbiana, vários trabalhos comprovaram que ela tende a crescer:

- Com o aumento da dose, pois é maior o número de produtos radiolíticos e nível de radiação ionizante que atacam os microrganismos
- Com o aumento do teor de água, pois há formação do radical hidroxila, o qual é muito reativo e ataca severamente a microbiota
- Com o aumento de temperatura, pois as taxas de reações aumentam, intensificando também o ataque dos radicais livres sobre microrganismos
- Na presença do oxigênio, que impede a recombinação dos radicais hidroxila, contribuindo para que continuem atacando as bactérias

Por outro lado, a redução da microbiota tende a diminuir em alimentos de composição complexa, porque haverá uma diversidade maior de radicais livres formados disponíveis para interagir com os produtos radiolíticos, reduzindo dessa forma o ataque à carga microbiana. Outro mecanismo que reduz a ação do radical hidroxila (OH•) é o congelamento, que restringe a mobilidade dos produtos radiolíticos, limitando o prejuízo da população bacteriana à ação direta da radiação.

Cada vez mais utilizada em substituição à perigosa prática da fumigação, a irradiação é muito eficaz na desinfestação desses produtos, e doses baixas de radiação têm sido empregadas para grãos, farináceos e frutas. Algumas espécies de insetos apresentam maior tolerância à radiação que outras fisicamente parecidas, exigindo doses de 1 a 3 kGy para desinfestação imediata. Tais divergências muitas vezes são atribuídas a diferenças na eficácia dos mecanismos de reparo aos danos produzidos no DNA durante a irradiação.

Em um interessante experimento, dois pacotes de feijão comercializados, um tratado com 1 kGy e o outro não irradiado, foram mantidos lado a lado, separados por apenas 3 cm e à temperatura ambiente. Seis meses depois, foram achados vários furinhos na embalagem de plástico do feijão não irradiado, possivelmente produzidos por indivíduos de *Sitophilus oryzae*, enquanto o pacote de feijão irradiado permaneceu intacto, em perfeito estado durante anos de armazenagem. Conclui-se então que as larvas presentes no pacote não irradiado cresceram, furaram a embalagem e fugiram. No pacote irradiado, as larvas haviam morrido com a irradiação. É interessante observar como os gorgulhos, obedecendo ao instinto, optaram por fugir para o ambiente natural, em vez de permanecer se alimentando do feijão.

Na eliminação de parasitas, é comum a utilização de doses baixas, as quais eficazmente inativam os indivíduos sem alterar características do alimento, em vez de doses médias, que os matariam, porém em detrimento de alguns atributos sensoriais dos produtos. Conclui-se então que, em muitos casos, deve ser considerada a opção de inativar, e não matar, usando uma dose menor para evitar alterações sensoriais nos alimentos.

Doses médias de radiação (entre 1 e 7 kGy) geralmente são aplicadas no controle de fungos, embora algumas espécies possam exigir até 16 kGy para eliminação completa. Observa-se também que espécies de um mesmo gênero podem apresentar diferentes níveis de tolerância à radiação. Para o gênero *Aspergillus*, verifica-se que as doses para inativação de algumas espécies situam-se entre 2 e 7 kGy. Deve-se atentar para o fato de que a irradiação é pouco eficiente na destruição de micotoxinas. Por essa razão, a inativação do fungo não garante a degradação da toxina deixada por ele no alimento. Essa preocupação deve ser sempre levada em consideração no controle de fungos por irradiação.

As estruturas fúngicas, incluindo o micélio, tendem a se contrair ao serem irradiadas, buscando reduzir o dispêndio de recursos vitais. Elas apresentam um período de dormência após o tratamento, necessário ao refazimento após o severo estresse da irradiação. Caso não tenha ocorrido a inativação da colônia, voltam a se expandir posteriormente. Outro interessante exemplo é o de frutas climatéricas irradiadas. Observam-se curiosas oscilações após a irradiação, geralmente erráticas, nos valores dos parâmetros, indicadores do metabolismo, como a taxa de respiração. Tais variações não são exibidas por frutos não irradiados, os quais apresentam tendências suaves e bem determinadas. Conclui-se então que frutos irradiados, como vítimas de um severo estresse desconhecido, parecem buscar novas configurações metabólicas, como variações nas taxas de respiração, que lhes permitem sobreviver por mais tempo. Como resultado, têm seu amadurecimento retardado e permanecem em condições apropriadas para o consumo por um período mais longo.

A adoção das boas práticas permite reduzir a carga microbiana antes da irradiação, viabilizando a obtenção de contagens ainda menores após o tratamento. Em consequência disso, legumes e frutas lavados antes de serem irradiados podem ter contagens 1 ou 2 ordens de grandeza menores, favorecendo a extensão da vida de prateleira. Quando o objetivo é a eliminação total de bactérias patogênicas, utiliza-se um valor de dose rigoroso, que corresponde a doze vezes a dose D10, objetivando a esterilização do produto em relação ao patógeno de interesse.

Na garantia da segurança alimentar, o tratamento por irradiação também se mostra como um poderoso aliado para prevenção ou controle de doenças transmitidas por alimentos contaminados por patógenos. Doses intermediárias permitem eliminar completamente colônias de bactérias patogênicas (tais quais *Salmonella*, *Escherichia coli*, a perigosa O157:H7, *Staphylococcus aureus*, *Listeria*, *Campylobacter*), sem prejudicar as características sensoriais (sabor, odor ou aparência) dos produtos.

Uma das espécies de bactérias patogênicas mais resistentes ao tratamento por irradiação é o *Clostridium botulinum*, que produz uma toxina altamente tóxica (com alta resistência à radiação) e que se apresenta em forma de esporos anaeróbios com D10 igual a 3,5 kGy, aproximadamente. Por esse motivo e para garantir a estabilidade enzimática, as rações à base de carne, embaladas a vácuo e oferecidas aos astronautas da NASA, são irradiadas com 43 kGy (12 D10 [medida em kGy necessária para inativar 90% da população]). Outro exemplo de bactéria extremamente resistente à radiação é a *Micrococcus radiodurans*. A dose necessária para eliminá-la (65 kGy) é tão elevada que não seria tolerada pela maioria dos alimentos. Nesse caso, como a bactéria é sensível ao calor, utiliza-se um tratamento térmico para inativá-la.

Para ilustrar a eficácia do processo de irradiação, sabe-se que uma dose muito baixa, de 0,1 kGy apenas, é suficiente para produzir danos a 2,8% do DNA de bactérias, o que acarreta a morte da maioria durante a fase de mitose. Em severo contraste, essa mesma dose é capaz de alterar somente 0,14% das enzimas de um alimento, um nível somente detectável com dificuldade por meios sofisticados. Além disso, apenas 0,005% dos aminoácidos, nível praticamente não detectável, têm alguma alteração. Dessa forma, a carga microbiana é severamente penalizada pela radiação, que atravessa o alimento, interagindo muito pouco com ele.

IDENTIFICAÇÃO E QUALIDADE

Em geral, as alterações químicas, físicas e sensoriais produzidas em alimentos pela exposição controlada à energia ionizante são muito pequenas. Além disso, deve ser ressaltado que grandes variações nas propriedades e características de um mesmo tipo de produto podem se originar de diferenças em: cultivo, solo, clima e grau de amadurecimento na colheita; condições de armazenagem pós-colheita; processamento e empacotamento de produtos de origem vegetal; e raça, rações, idade, processamento, armazenagem e empacotamento de produtos de origem animal. A influência desses fatores geralmente é muito maior do que a influência da irradiação. Do exposto, resulta o seguinte desafio: se o consumidor não consegue à primeira vista dizer se o alimento foi ou não irradiado, como podem ser evitadas fraudes?

A capacidade de diferenciar com segurança os alimentos ou ingredientes irradiados dos não irradiados é de interesse de agências reguladoras governamentais, processadores de alimentos e consumidores. Soma-se a isso o fato de que testes de detecção devem ser usados para fazer cumprir os requisitos legais de rotulagem, objetivando garantir ao consumidor o direito de escolher ou não um alimento tratado por processo de irradiação por meio de uma rotulagem com identificação adequada. Além disso, o conhecimento mais aprofundado das alterações químicas induzidas pela radiação nos alimentos fornece a base científica para avaliar a segurança do consumo de alimentos irradiados.

Vários processos para identificação de alimentos irradiados já foram submetidos a estudos colaborativos interlaboratoriais, incluindo ressonância de *spin* de elétrons (ESR) e métodos de luminescência, físicos, químicos e biológicos.

Um dos instrumentos mais utilizados em análises químicas para detecção e identificação de radicais livres é o espectrômetro por ressonância de *spins* eletrônicos, que detecta o paramagnetismo (*spin*) de elétrons desemparelhados em até 10 partes por bilhão, com sinal com amplitude diretamente proporcional ao número de *spins* e com forma indicativa do elemento.

Os métodos mais práticos são ESR (mede a concentração de radicais livres no material irradiado que contenha ossos, conchas ou outras partículas), termoluminescência (TL; para alimentos que contêm partículas de poeira mineral) e GC (para alimentos que contêm gordura).

Os métodos de luminescência incluem os dosímetros termoluminescentes (TLD), que detectam a presença de moléculas excitadas e que emitem luz quando são aquecidos, proporcionalmente à dose absorvida (termoluminescência, TL). Os esforços contínuos para desenvolver novos métodos de detecção estão se concentrando no ensaio do DNA-cometa e em mudanças na distribuição da massa molecular da proteína medida por eletroforese descontínua de SDS-poliacrilamida, quantificada por densitometria de varredura a laser.

Os métodos físicos são baseados em mudanças nas propriedades físicas da matéria (como a viscosidade) com a irradiação; os químicos são baseados na medição de produtos radiolíticos, por exemplo, usando cromatografia gasosa (GC) para medir produtos radiolíticos voláteis, como alcanos, alquenos e 2-alquilciclobutanonas, em alimentos contendo gordura, ou para medir compostos não voláteis, como 6-cetocolesterol e o-tirosina. Os métodos biológicos baseiam-se em medições de alterações observadas em microrganismos viáveis ou mudanças na germinação de plantas como resultado da irradiação.

Conhecendo o histórico de irradiação do produto, é possível em vários casos determinar a dose absorvida pelo alimento. No entanto, sabe-se que as assinaturas deixadas pela irradiação tendem a se degradar com o tempo, fazendo com que o uso de métodos de identificação de alimentos se torne menos confiável com o tempo desde o tratamento.

BOAS PRÁTICAS DE IRRADIAÇÃO

Sob o ponto de vista da qualidade do processo, a irradiação de alimentos se justifica quando tem por objetivo tornar mais seguro o alimento, muitas vezes atendendo também a alguma necessidade tecnológica. Dessa forma, não deve ser usada como substituta, mas em combinação a outros processos convencionais apropriados, com o propósito de aperfeiçoar a qualidade sanitária do produto.

Somente alimentos em bom estado de conservação podem ser irradiados, como exige a legislação brasileira. Portanto, o processo não deve ser usado para recuperar alimentos que já apresentem sinais de deterioração. É importante lembrar que a exposição à radiação, por si só, não garante que o alimento irradiado não possa se contaminar. Por essas razões, normas de boas práticas devem ser seguidas para garantir a eficácia do tratamento em todas suas etapas: colheita ou fabricação, processamento, irradiação, transporte, armazenamento e comercialização. Enquanto as etapas pré-irradiação permitem que o alimento seja irradiado em bom estado e com a carga microbiana tão baixa quanto possível, as etapas pós-irradiação contribuem para que ele não se contamine novamente, mantendo-se apropriado para o consumo por um período geralmente muito mais longo.

As doses aplicadas devem estar de acordo com os fins tecnológicos e de saúde pública a serem atingidos, respeitando as boas práticas. Essas doses devem ser suficientes para atender satisfatoriamente a finalidade pretendida, sem causar alterações funcionais ou sensoriais nos alimentos, tendo em vista que doses mais baixas demandam menos tempo de irradiação, o que barateia o processo e simplifica a logística de comercialização. Os registros devem permitir a rastreabilidade dos produtos, fornecendo a identificação apropriada da instalação irradiadora, a data do tratamento e a identificação e o histórico do lote.

EMBALAGENS

Geralmente, alimentos são irradiados dentro de embalagens, embora isso possa não acontecer quando o processo é utilizado para fins de inibição de brotamento (bulbos e tubérculos), desinfestação (grãos) e retardo de amadurecimento (frutas). Entre as várias funções das embalagens, podem ser citadas a prevenção de recontaminação microbiana ou de reinfestação por insetos, a redução de perda de água, a exclusão do oxigênio, a prevenção de danos mecânicos durante o transporte e a simplificação de manuseio e comercialização.

O material de empacotamento não pode liberar substâncias para o alimento, nem sofrer deterioração de sua resistência mecânica, estabilidade do selo ou impermeabilidade à água. A maioria dos materiais plásticos comumente utilizados para proteção de alimentos pode ser irradiada até pelo menos 10 kGy, uma vez que apresentam boa estabilidade em doses médias e até mesmo altas, sendo que alguns sofrem o aperfeiçoamento de suas propriedades por radiação (por formação de ligações cruzadas entre suas cadeias poliméricas), como é o caso do polietileno (autorizado até 60 kGy), do poliestireno e do poliprolileno. Em contraste, alguns plásticos são mais radiossensíveis e se deterioram levemente em doses médias, como é o caso de poliofinas, poli-isobutileno etc. Além disso, embalagens de papel também se deterioram em doses médias e altas, tornando-se quebradiças.

Por fim, vidros geralmente escurecem ao serem irradiados, pois desenvolvem centros de cor, adquirindo uma coloração cinza ou marrom, que se intensifica com a dose até a saturação. Esse efeito tende a desaparecer, pelo menos parcialmente, quando o vidro é aquecido. Visores, lentes e óculos podem perder suas funções ao serem descontaminados com doses excessivas. O mesmo acontece com plástico. Como uma eficiente alternativa para uso em altas doses, embalagens multicamadas, que alternam plástico e alumínio, têm sido utilizadas em tratamentos de alimentos.

OUTRAS APLICAÇÕES

Sabendo que a produção de alimentos de origem vegetal e animal passa por períodos de safras e entressafras, as demais atividades de irradiação possibilitam manter em operação as instalações irradiadoras, mesmo em períodos de baixa demanda pelo tratamento de alimentos. Entre outras atividades de irradiação, destacam-se o beneficiamento dos seguintes produtos:

- Equipamentos médicos, cirúrgicos, hospitalares, cosméticos, fraldas e de higiene pessoal, tratados para fins de esterilização
- Cabos, polímeros e pneus, para aumento de resistência e durabilidade
- Quadros, livros e obras de arte, para preservação e eliminação de parasitas (como cupim, traças, microrganismos)
- Flores ornamentais, para fins de desinfestação e conservação
- Pragas sanitárias como a mosca-da-fruta e o mosquito *Aedes aegypti* pela Técnica do Inseto Estéril (TIE), para esterilizar o macho da espécie
- Beneficiamento de sementes, para fins de excitação e descontaminação
- Pedras semipreciosas, para modificar cor e agregar valor comercial
- *Pallets,* para defesa sanitária e fitossanitária e evitar a importação de pragas
- Sangue irradiado, para prevenção da doença do enxerto contra hospedeiro pós-transfusional
- Pele de tilápia, para esterilização e posterior utilização em pacientes que sofreram queimaduras graves
- Água e efluentes, para reduzir a carga microbiana
- Solo, para esterilização e inoculação de bactérias fixadoras de nitrogênio
- Ração animal, para fins de descontaminação

LEGISLAÇÃO PARA IRRADIAÇÃO DE ALIMENTOS NO BRASIL

A legislação brasileira fez menção pela primeira vez ao termo "alimento irradiado" em 1969, no Decreto-Lei nº 986, de 21 de outubro de 1969, que instituiu normas básicas sobre alimentos. No entanto, a primeira legislação específica data de 1973 e estabelece normas gerais para irradiação de alimentos com a publicação do Decreto-Lei nº 72.718, de 29 de agosto de 1973.

Com o advento da publicação da Resolução da Diretoria Colegiada (RDC) nº 21, de 26 de janeiro de 2001, que aprovou o Regulamento Técnico para Irradiação de Alimentos, o Brasil foi considerado um dos países com a legislação mais atualizada para a irradiação de alimentos, seguindo recomendações e diretrizes da *Codex Alimentarius*, FAO, OMS e AIEA. Essa publicação estabelece os tipos de fontes de radiação permitidos, requisitos de rotulagem, doses mínimas e máximas sem especificar os produtos que podem ser irradiados entre outros itens. Quando divulgada pela Agência Nacional de Vigilância Sanitária (Anvisa), foi considerada a mais avançada em todo mundo, pois adotava as recomendações publicadas em 1999 pelo Grupo Consultivo Internacional para Irradiação de Alimentos (FAO-WHO-AIEA).

Segundo a agência brasileira, "irradiação é o processo físico de tratamento que consiste em submeter o alimento, já embalado ou a granel, a doses controladas de radiação ionizante, com finalidade sanitária, fitossanitária e/ou tecnológica". Além disso, ela autoriza o uso do tratamento para qualquer alimento, de acordo com as normas de boas práticas aplicáveis, "desde que a dose mínima absorvida (quantidade de energia absorvida por unidade de massa) seja suficiente para alcançar a finalidade pretendida; e a máxima seja inferior àquela que comprometeria as propriedades funcionais e/ou os atributos sensoriais do alimento". Na embalagem de alimentos irradiados, além de informações sobre o produto, deve constar o rótulo "alimento tratado por processo de irradiação".

Mais recentemente foram publicadas duas normativas que autorizam a irradiação de produtos de origem vegetal. A Instrução Normativa nº 9, de 24 de fevereiro de 2011, do Ministério da Agricultura, Pecuária e Abastecimento, adotou as diretrizes da Norma Internacional para Medidas Fitossanitárias (NIMF) nº 18, como orientação técnica para o uso da irradiação com propósitos fitossanitários, objetivando prevenir a introdução e a disseminação de pragas quarentenárias no território brasileiro, voltada para produtos de origem vegetal. Já o artigo 275 do Decreto nº 9.013, de 29 de março de 2017, dispõe sobre a inspeção industrial e sanitária de produtos de origem animal e autoriza o uso da irradiação neles. Portanto, o Brasil possui arcabouço legal e regulatório adequado ao uso da irradiação em alimentos de origem animal e vegetal, tanto voltado para o mercado interno, quanto para exportação.

Na Figura 8.3, é apresentado o símbolo internacional para alimento irradiado, a Radura. Representada ao centro, vê-se a fonte de radiação, como uma pequena esfera. A parte superior do anel simboliza raios gama, emitidos isotropicamente pela fonte e que incidem sobre a esteira que transporta os produtos em tratamento em um irradiador. A parte inferior do anel, sobre a qual repousam duas folhas de um alimento exposto à fonte, simetricamente disposto para formar a figura de uma flor, é contínua, simbolizando a robustez das estruturas de blindagem, que atenuam totalmente a radiação, garantindo, portanto, a segurança radiológica da instalação irradiadora. O símbolo, em agradável cor verde-claro, tende a ser bem-visto pelo consumidor.

Figura 8.3 – O logotipo da Radura do *Codex Alimentarius*.

SITUAÇÃO ATUAL

Um grupo técnico de trabalho, criado com o intuito de investigar a atual capacitação e propor ações para dinamizar a utilização mais ampla de técnicas nucleares na agricultura brasileira, recentemente concluiu que o Brasil domina com excelência a irradiação de alimentos, possuindo profissionais qualificados e demanda comercial passível de ser suprida no atendimento do mercado interno e, principalmente, do externo. Para isso, no entanto, faz-se necessário construir irradiadores multipropósitos em áreas próximas aos setores produtores, para atender à crescente demanda do setor agrícola.

Duas instalações irradiadoras comerciais operam no sudeste brasileiro; no entanto, sua utilização para tratamento de alimentos e produtos agropecuários é baixa porque seu objetivo principal é a esterilização de produtos para os setores médico, farmacêutico, cosmético e de materiais, o que torna crítica a necessidade de ampliar a capacidade irradiadora no país. Além de alguns outros irradiadores dedicados, adaptados para linhas de produção específicas, o Brasil possui alguns de pesquisa, como o Irradiador Multipropósito do Instituto de Pesquisas Energéticas e Nucleares (IPEN), que permite atender uma pequena parcela da demanda de pesquisa e desenvolvimento no país. A crescente necessidade por produtos irradiados e a falta de irradiadores comerciais para atendê-la têm motivado esforços para estimular o setor produtivo privado a interessar-se pela expansão da capacidade irradiadora no Brasil.

IRRADIAÇÃO NO MUNDO

Existem cerca de 300 irradiadores comerciais em todo o mundo, sendo a maioria já operante há mais de 20 anos, promovendo a esterilização de instrumentos médico-farmacêuticos e descontaminação de especiarias, frutas desidratadas e rações animais, entre vários outros itens. Conforme registros da AIEA de 2021, 68 países autorizam a venda de um ou mais tipos de alimentos irradiados. A quantidade global de alimentos tratados por irradiação em 2005 foi de 0,41 milhão de toneladas (Mt), sendo 46% de especiarias desidratadas e produtos vegetais, 20% de grãos e frutas, 8% de carnes e peixes, 22% de alho, couve e batata e 4% de outros (cogumelos, mel etc.). Nos Estados Unidos, Canadá e Brasil, irradiou-se 0,101 Mt de especiarias, 0,007 Mt de frutas e 0,008 Mt de carnes, totalizando 0,116 Mt (29%). A exportação global de produtos alimentícios irradiados aproxima-se de meio milhão de toneladas, sendo 40% deles pela China, 20% pelos Estados Unidos, 13% pelo Vietnã e 8% pelo México; outros países respondem juntos por 19%, ressaltando que, dentro de cada um, a quantidade de alimentos irradiados, produzidos e comercializados é muito maior. Em 2019, a China, líder mundial em irradiação de alimentos, possuía 130 instalações multipropósitos com fontes de cobalto-60, sendo 3/4 delas destinadas exclusivamente a alimentos. Além dessas, existiam também 78 unidades comerciais com aceleradores de elétrons, havendo previsão de construção de 5 a 10 novas instalações a cada ano. A China irradiou 0,6 e 1 Mt de alimentos para o consumo interno em 2015 e 2020, respectivamente.

Sabe-se que o mercado asiático e o americano aceitam bem a técnica da irradiação de alimentos. Contudo, em contraste, o mercado europeu poderia apresentar resistência em aceitar produtos irradiados. Consumidores e legisladores da União Europeia (UE) ainda precisam de muito convencimento sobre os benefícios e a segurança da tecnologia de irradiação, embora alguns países do Leste Europeu, como a Hungria, a adotem. O problema reside no estado atual da legislação da UE, que impede a implementação generalizada da irradiação, embora os consumidores já a reconheçam como uma tecnologia eficaz para garantir a segurança microbiana dos alimentos.

Continua em vigência na União Europeia a Diretriz 1999/2/CE, do Parlamento Europeu e do Conselho, de 22 de fevereiro de 1999, relativa a alimentos e ingredientes alimentares tratados por radiação ionizante. O anexo dessa diretriz lista alimentos que podem ser irradiados, como ervas aromáticas secas, especiarias e temperos vegetais, em instalações aprovadas pelas autoridades dos países-membros. A Decisão 2002/840/CE permite que os alimentos sejam irradiados em uma instalação aprovada em países terceiros e importados para a UE, desde que cumpram as regras da UE.

O Brasil é o 5° maior mercado de alimentos embalados do mundo; contudo, são irradiadas apenas para o consumo interno, aproximadamente 20 mil toneladas de especiarias e 3 mil toneladas de grãos e frutas. Além disso, é o 3° maior produtor mundial de frutas, sendo o 23° maior exportador, mas ainda pode melhorar sua classificação e se consolidar como o maior exportador de carne bovina e de frango utilizando a técnica de irradiação de alimentos. Embora seja um dos setores mais significativos da economia nacional, respondendo atualmente por cerca de 1/4 do produto interno bruto do Brasil, a agricultura do país faz pouco uso da tecnologia nuclear para se tornar ainda mais competitiva no cenário internacional e em benefício da sociedade brasileira.

A Figura 8.4 representa o potencial geopolítico do Brasil, mostrando a sua localização privilegiada no quadro regional.

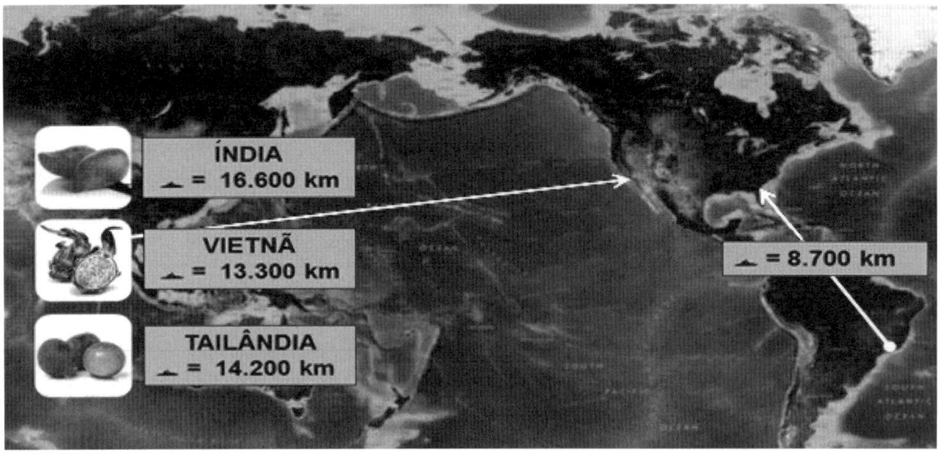

Figura 8.4 – Distâncias entre os atuais países fornecedores de alimentos irradiados aos Estados Unidos e o real potencial do Brasil no quadro geopolítico global.

A Tabela 8.2 apresenta alguns alimentos de origem vegetal, irradiados e importados pelos Estados Unidos, originários de países a grandes distâncias. Observa-se que, com o passar dos anos, a demanda por esse tipo de produto tem aumentado, mostrando o potencial que a técnica de irradiação de alimentos possui. O Brasil, como possível forte exportador de alimentos irradiados, poderia atuar nesse contexto regional, melhorando sua economia e capacidade de agregar valor aos alimentos.

Tabela 8.2 – Quantidades (t) de irradiados comercializados nos Estados Unidos.
Fonte: Adaptado de Hallman et al. (2016).

Origem							
Ano	**Índia**	**México**	**África do Sul**	**Tailândia**	**Vietnã**	**Havaí**	**Total**
2007	157	0	0	195	0	3.823	4.175
2008	276	262	0	2.440	121	3.915	7.014
2009	132	3.559	0	2.247	117	3.324	9.379
2010	94	5.672	0	1.540	754	5.746	13.806
2011	80	5.539	0	743	1.445	6.220	14.027
2012	217,5	8.349,5	16,5	937,5	1.764,5	4.296	15.581
2013	283	9.526	16,5	1.060,5	1.967,5	6.000	18.853
2014	265	10.119,5	0	843	2.293	6.500	20.020
Produto principal	**Manga**	**Goiaba**	**Uva**	**Longan**	**Pitaia**	**Batata doce**	

O Brasil é considerado uma grande potência da agropecuária mundial, um verdadeiro "celeiro" da biodiversidade e de alimentos. Com toda essa aptidão para o mercado interno e exportação, são necessárias conformações logísticas e de processamento, a fim de atender requisitos sanitários e fitossanitários. A capacidade instalada de irradiadores industriais, que faz frente à robusta demanda do agronegócio brasileiro, é praticamente inexistente, já tendo sido inclusive maior. Essa situação peculiar constitui atualmente o cenário brasileiro da irradiação.

Analisando os dados dos maiores exportadores mundiais de alimentos irradiados, entende-se que ainda faltam irradiadores comerciais suficientes para atender às reais demandas das dimensões continentais do Brasil. Há uma urgente necessidade de que esse paradigma termine. O maior receio dos empresários com relação a alimentos irradiados reside na incerteza do grau da aceitação dos produtos pelos consumidores. Quando convidados a participar da construção de irradiadores, além da demanda esperada, preocupam-se com o custo e a sustentabilidade do empreendimento e o retorno esperado a médio e longo prazo. Uma estratégia para atingir esse fim seria motivar investidores e empresários a participarem de empreendimentos, objetivando a instalação de centros regionalizados de irradiação multipropósito, os quais seriam construídos em pontos focais de nosso território a fim de atender a demanda do agronegócio brasileiro.

DIVULGAÇÃO E ACEITAÇÃO DO CONSUMIDOR

Ainda que a ciência já tenha comprovado a segurança e as vantagens da irradiação dos alimentos, uma fração significativa da população ainda desconhece o processo e evita o consumo de produtos irradiados. A reação inicial é de ceticismo e preocupação. No entanto, quando devidamente esclarecido, o consumidor vence o medo e concorda em experimentá-los. Na maioria das vezes, após comprovar por si próprio as diversas vantagens da tecnologia, ele passa a consumir produtos alimentícios irradiados, quando disponíveis. Uma explicação para essa desconfiança inicial é a associação imediata e equivocada da expressão "irradiação de alimentos" com "radiação em alimentos", dois elementos que prefeririam ver bem longe um do outro.

O consumidor teme aquilo que desconhece, porém, quando devidamente esclarecido, tende a encarar normalmente o alimento. Como exemplo disso, destaca-se o Japão, onde a tecnologia nuclear aplicada é bem-aceita, e os consumidores preferem o consumo de alimentos irradiados, por lhes garantir maior segurança sanitária e fitossanitária. O tema é discutido desde o início da formação educacional das crianças, constituindo tema de destaque na grade educacional japonesa, que favorece a discussão edificante e a quebra de paradigmas e preconceitos sobre o assunto. Além disso, os professores são capacitados adequadamente e dominam o assunto, de forma a refletir seus conhecimentos em diferentes níveis de abordagem.

No Brasil, a cultura da desinformação, preconceito e insegurança quanto ao consumo de alimentos irradiados ainda é um obstáculo a ser superado. O acidente de Goiânia com césio-137 em 1987 impactou fortemente o direcionamento de ações na área, sendo que a Constituição Federal do Brasil, publicada em 1988, trouxe para o Estado a guarda desse assunto. Por outro lado, uma campanha de esclarecimento feita em instituições educacionais de Goiânia durante os anos seguintes fez com que a cidade apresentasse um dos melhores índices de aceitação da tecnologia nuclear do país.

A divulgação de informações sobre as vantagens de alimentos irradiados influencia na tomada de decisão de compra dos consumidores, levando-os a concordar em pagar mais pelos produtos, já que conhecem seus benefícios à saúde. Observa-se, portanto, que uma campanha a favor da irradiação contribui significativamente para aumentar a demanda de produtos irradiados e a disposição para comprar esses alimentos, enquanto a informação negativa causa o efeito oposto. Por outro lado, pesquisas têm mostrado que, quando informações positivas e negativas sobre alimentos irradiados são fornecidas simultaneamente, a resposta negativa prevalece nas decisões dos consumidores.

Observa-se que o desconhecimento do consumidor sobre conceitos básicos do processo de irradiação ainda é a principal causa de rejeição e confusão. O caso clássico da diferença entre alimentos irradiados e contaminados agrava a preocupação do consumidor com esses alimentos. Tendo em vista a necessidade de atualização de esclarecimentos para a população, entende-se que, tanto o Estado quanto empresas privadas precisam atuar na divulgação dos benefícios dos alimentos irradiados, quebrando paradigmas de alguns consumidores sobre esses produtos e seu processamento. Sabe-se, contudo, que o ciclo de preparação e formação é um processo moroso, que precisa ser intensificado o mais brevemente possível a fim de garantir resultados satisfatórios.

A associação imprópria à área nuclear e a falta de divulgação e preconceitos, aliadas aos interesses de grupos associados às tecnologias convencionais de tratamento de alimentos, têm contribuído por décadas para impedir a difusão do processo de irradiação. A divulgação da tecnologia de irradiação de alimentos deve ser bem criteriosa, buscando salientar que o alimento irradiado:

- Não é radioativo
- Não é, de forma alguma, prejudicial à saúde
- Fica com qualidade higiênica melhor que quando não irradiado
- Continua saboroso, nutritivo e com boa aparência por um período em geral mais longo que quando tratado por outros métodos

  Na propaganda, a escolha das palavras deve ser meticulosa. Como exemplos, são tecnicamente corretos e produzem um impacto positivo os seguintes dizeres:

- Alimento protegido (ou tratado) por energia ionizante
- Alimento protegido eletronicamente (quando tratado por feixe de elétrons)
- Alimento tratado por ionização

No entanto, o rótulo exigido por lei ("alimento tratado por processo de irradiação") lembra "radiação". Essa associação, infelizmente, não estimula muito o consumidor a vencer o medo de experimentar alimentos irradiados.

Por fim, devem ser evitadas expressões que possam causar más interpretações, com remissões a explosões de uma bomba nuclear (alimento bombardeado com raios gama, por exemplo).

CONCLUSÃO

O cenário atual favorece a concepção de uma nova estratégia nacional para o setor agropecuário brasileiro, um dos mais robustos e expressivos do planeta, considerando que governo, sociedade, empresas e universidades estão unidos em prol do desenvolvimento nacional sustentável. Diante desse enorme desafio, surge então um grande interesse pela utilização de técnicas nucleares, fundamentado na irradiação, com suas diversas aplicações, objetivando garantir maior segurança e qualidade sanitária e fitossanitária e agregando valor ao produto.

Devido à grande extensão territorial brasileira, existe a necessidade latente da instalação de uma rede de irradiadores multipropósitos para atender à crescente demanda produtiva do setor agropecuário. Para tanto, destaca-se a necessidade de parcerias estratégicas para a implantação e aprimoramento de novas tecnologias, que poderiam trazer benefícios diretos e indiretos, além de possibilitar o desenvolvimento regional e auxiliar a economia nacional. Além disso, as altas temperaturas que predominam em nosso país concorrem para que alimentos estraguem rapidamente, reduzindo a qualidade dos produtos e acentuando perdas. Uma fração significativa dessas perdas poderia ser evitada se os alimentos fossem tratados por irradiação, como parte de um programa nacional, destinado a melhorar a qualidade dos alimentos, planejado e implementado segundo um estudo logístico adequado às necessidades do Brasil. Portanto, o país muito poderia se beneficiar da construção de irradiadores multipropósitos, estrategicamente situados nas principais regiões de produção agrícola e pecuária.

A irradiação constitui um processo alternativo eficaz e versátil, pesquisado à exaustão para comprovar cientificamente sua segurança e eficiência. Ainda muito subutilizada, constitui uma poderosa aliada para melhorar a segurança alimentar e reduzir o desperdício, quando utilizada em combinação a outros tratamentos ou isoladamente. Vários tipos de alimentos irradiados permanecem por mais tempo apropriados para o consumo em virtude da eficaz inativação microbiana e enzimática. A tecnologia apresenta um grande potencial para garantir a qualidade sanitária e aumentar a competitividade de vários produtos agropecuários brasileiros no mercado internacional. Irradiadores são instalações de construção dispendiosa, mas totalmente seguras e de baixos custos de manutenção e operação. Várias iniciativas estão em curso, envolvendo entidades privadas e governamentais em parceria, objetivando a criação de um programa nacional de irradiação com logística meticulosamente planejada para atender a demanda por alimentos seguros no Brasil.

REFERÊNCIAS BIBLIOGRÁFICAS

BRASIL. *Decreto nº 9.600, de 5 de dezembro de 2018.* (2018). Consolida as diretrizes sobre a Política Nuclear Brasileira. Diário Oficial da União, Brasília, DF.

BRASIL. *Decreto nº 9.828, de 10 de junho de 2019. (2019).* Dispõe sobre o Comitê de Desenvolvimento do Programa Nuclear Brasileiro. Diário Oficial da União, Brasília, DF.

BRASIL. *Decreto nº 10.468, de 18 de agosto de 2017.* (2020). RIISPOA. Altera o Decreto nº 9.013 de 29 de março de 2017, que regulamenta a Lei nº 1.283, de 18 de dezembro de 1950, e a Lei nº 7.889, de 23 de novembro de 1989, que dispõem sobre a Inspeção industrial e Sanitária de Produtos de Origem Animal. Diário Oficial da União, Brasília, DF.

BRASIL. *Decreto-Lei nº 986, de 21 de outubro de 1969.* (1969). Institui normas básicas sobre alimentos. Diário Oficial da União, Brasília, DF.

BRASIL. *Decreto-Lei nº 72.718 de 29 de agosto de 1973.* (1973). Estabelece normas gerais sobre irradiação de alimentos. Diário Oficial da União, Brasília, DF.

BRASIL. *Instrução Normativa nº 9, 24 de fevereiro de 2011.* (2011). Adota diretrizes da Norma Internacional para Medidas Fitossanitárias (NIMF) nº 18 como orientação técnica para o uso da irradiação com propósitos fitossanitários, objetivando prevenir a introdução e a disseminação de pragas quarentenárias regulamentadas no território brasileiro. Diário Oficial da União, Brasília, DF.

BRASIL. *Resolução RDC nº 21 de 26 de janeiro de 2001.* (2001). Aprova o Regulamento Técnico para Irradiação de Alimentos. Diário Oficial da União, Brasília, DF.

Cárcel, J. A., Benedito, J. A., Cambero, M. I., Cabeza, M. C., & Ordónez, J. A. (2015). Modeling and optimization of the E-beam treatment of chicken steaks and hamburgers, considering food safety, shelf-life, and sensory quality. *Food and Bioproducts Processing,* 9(6), 133-144.

Castell-Perez, M. E., & Moreira, R. G. (2021). Irradiation and Consumers Acceptance. *Innovative Food Processing Technologies, 2,* 122-135.

Chatterjee, S., Variyar, P. S., & Sharma, A. (2013). Phenol induced by irradiation does not impair sensory quality of fenugreek and papaya. *Radiation Physics and Chemistry, 92,* 121-122.

Derakhshana, Z., Contid, G. O., Heydarie, A., Hosseinig, M. S., Mohajerie, F. A., Gheisari, H., Kargarg, S., Karimij, E., & Ferranted, M. (2018). Survey on the effects of electron beam irradiation on chemical quality and sensory properties on quail meat. *Food and Chemical Toxicology, 112,* 416-420.

Diehl, J. F. (1995). *Safety of Irradiated Foods.* New York: Marcel Dekker, Inc. CRC Press.

Ehlermann, D. A. E. (2009). The RADURA-terminology and food irradiation. *Food Control, 20,* 526-528.

Fan, X., Niemira, B. A., & Thayer, D. W. (2004). Low-Dose Ionizing Radiation of Fruit Juices: Benefits and Concerns. In *ACS Symposium Series* (pp. 138-150). American Chemical Society.

Farkas, J., & Mohácsi-Farkas, C. (2011). History and Future of Food Irradiation. *Trends in Food Science & Technology*, *22*(2-3), 121-126.

Fox, J. A., Hayes, D. J., & Shogren, J. F. (2002). Consumer preferences for food irradiation: How favorable and unfavorable descriptions affect preferences for irradiated pork in experimental auctions. *The Journal of Risk and Uncertainty*, *24*(1), 75-95.

Ganem, R. S. (2011). *Biodiversity conservation: legislation and public policies*. Brasília: Chamber of Deputies, Chamber Editions, Brazil.

Hallman, G. J., Hénon, Y. M., Parker, A. G., & Blackburn, C. M. (2016) Phytosanitary Irradiation: An Overview. *Florida Entomologist*, *99*(2).

Hayes, D. L., Fox, J. A., & Shogren, J. F. (2002). Experts and activists: How information affects the demand for food irradiation. *Food Policy*, *27*, 185-193.

Hernandes, N. K., Coneglian, R. C. C., Godoy, R. L. O., Vital, H. C., & Freire Junior, M. (2007). Testes sensoriais de aceitação da beterraba vermelha (Beta vulgaris ssp. vulgaris L.), cv. Early Wonder, minimamente processada e irradiada. *Ciência e Tecnologia de Alimentos*, *27*(1), 64-68.

Irradiation, I. C. G. o. F. (1999). *Facts on Food Irradiation*. International Atomic Energy Agency.

Jeong, M. A., & Jeong, R. D. (2018). Applications of ionizing radiation for the control of postharvest diseases in fresh produce: recent advances. *Plant Pathology*, *67*, 18-29.

Kume, T., Furuta, M., Todoriki, S., Uenoyama, N., & Kobayashi, Y. (2009). Status of Food Irradiation in the World. *Radiation Physics and Chemistry*, *78*, 222-226.

Li, C., Peng, A., He, L., Ma, S., Wu, W., Yang, H., Sun, X., Zeng, Q., Jin, G., Zhang, J., & Ma, M. (2018). Emulsifying properties development of pork myofibrillar and sacroplasmic protein irradiated at different dose: A combined FT-IR spectroscopy and lowfield NMR study. *Food Chemistry*, *252*, 108-114.

Macedo, A. M. (2017). *Utilização da irradiação em alimentos: Avaliação das alterações químicas e seu potencial antioxidante*. [MasterThesis]. Repositório Institucional da Universidade Fernando Pessoa.

ONU. (2015). *Transforming our World: The 2030 Agenda for Sustainable Development*. Resolution adopted by the General Assembly (A/RES/70/1), September 25, 2015, New York.

Ornellas, C. B. D., Gonçalves, M. P. J., Silva, P. R., & Martins, R. T. (2006). Atitude do Consumidor Frente à Irradiação de Alimentos. *Ciência e Tecnologia de Alimentos*, *26*(1), 211-213.

Ouattara, B., Sabato, S. F., & Lacroix, M. (2001). Efeito combinado do revestimento antimicrobiano e da irradiação gama na extensão da vida útil de camarão pré-cozido (*Penaeus* spp.). *International Journal of Food Microbiology, 68*, 1-9.

Shahbaz, H. M., Ahn, J. J., Akram, K., Kim, H. Y., Park, E. J., & Kwon, J. H. (2014). Chemical and sensory quality of fresh pomegranate fruits exposed to gamma radiation as quarantine treatment. *Food Chemistry, 145*, 312-318.

UBC Wiki. *What is food irradiation?* Disponível em: https://wiki.ubc.ca/Course:FNH200/Lessons/Lesson_10/Page_10.3.

Urbain, W. M. (1986). *Food Irradiation*. Elsevier.

Vital, H. C., & Freire, J. M. (2014). Irradiação de Alimentos. In L. E. Kurozawa, & S. R. R. Costa, *Tendências e Inovações em Ciência e Tecnologia de Alimentos* (pp. 3-10). Rio de Janeiro: Editora Atheneu.

Vital, H. C., Pires, L. F. G., Lima, R. Q., & Vellozo, S. O. (2000). Experimentos Dosimétricos no Irradiador Gama do IPE. *Anais do V ENAN.*

Vital, H. C., Hernandes, N. K., & Santos, A. (2008). A Conservação de Alimentos por Irradiação. *Revista CTEx P&D, 2*, 45-50.

Zhang, Q. Q., Rui, X., Guo, Y., He, M., Xu, X. L., & Dong, M. S. (2017). Combined Effect of Polyphenol-Chitosan Coating and Irradiation on the Microbial and Sensory Quality of Carp Fillets. *Journal of Food ScienceJournal of Food Science, 82*(9), 2121-2127.

CAPÍTULO 9

MICRO-ONDAS

Érica Sayuri Siguemoto, Eduardo dos Santos Funcia,
Jorge Andrey Wilhelms Gut, Carmen Cecília Tadini

INTRODUÇÃO

Em 1940, durante a Segunda Guerra Mundial, o engenheiro americano Percy Spencer auxiliava cientistas ingleses na construção de radares quando percebeu que ondas eletromagnéticas próximas ao comprimento das ondas de rádio (*i.e.* micro-ondas) poderiam aquecer alimentos. Diversos livros-texto incluem esse e outros relatos sobre as circunstâncias dessa descoberta, como o derretimento de uma barra de chocolate no bolso do jaleco de Spencer ou o estouro de ovos e grãos de milho, ignorando as implicações sobre condições seguras de trabalho pela exposição à radiação de micro-ondas de alta potência (Regier & Schubert, 2001).

Spencer submeteu um pedido de patente em 1945, que foi publicada em 1950, descrevendo uma invenção com o objetivo de "prover um método eficiente de empregar energia eletromagnética para o cozimento de alimentos" (Raytheon Manufacturing Company, 1950, 1952). Os primeiros fornos foram introduzidos na indústria e em restaurantes em 1955, enquanto os fornos domésticos surgiram em 1965. Hoje, a tecnologia de micro-ondas para aquecimento já é uma prática estabelecida na indústria de alimentos para diversas aplicações (Orsat, Raghavan & Krishnaswamy, 2017; Thippareddi & Sanchez, 2006; Tewari, 2007).

Entre os principais atrativos do uso de micro-ondas para aquecimento, destacam-se a maior velocidade de processamento, o aquecimento volumétrico oriundo da penetração da radiação, a alta eficiência na conversão de energia elétrica em térmica e uma fonte de energia limpa sem queima de combustíveis (Coronel, Simunovic & Sandeep, 2003; Salazar-González et al., 2012).

Para explorar o uso da tecnologia de micro-ondas na indústria de alimentos, este capítulo é estruturado da seguinte forma:

- Inicialmente, são apresentados os fundamentos do aquecimento de alimentos por micro-ondas
- Em seguida, é descrita a configuração geral de um sistema de aquecimento por micro-ondas
- Por fim, segue uma discussão dos principais aspectos e recentes avanços relacionados às várias aplicações dessa tecnologia na indústria de alimentos

FUNDAMENTOS DO AQUECIMENTO POR MICRO-ONDAS

As micro-ondas correspondem à faixa do espectro eletromagnético com frequência de onda entre 300 MHz (1 MHz = 10^6 Hz) e 300 GHz (1 GHz = 10^9 Hz) ou com comprimento de onda entre 1 m e 1 mm, respectivamente, ficando deste modo entre o infravermelho e as ondas de rádio, conforme Figura 9.1 (Metaxas & Meredith, 1983). A relação entre a frequência e o comprimento de uma onda eletromagnética propagando é descrita pela Equação (9.1), na qual f é a frequência [Hz], λ é o comprimento de onda [m] e c é a velocidade da luz no vácuo ($3{,}00 \times 10^8$ m/s, valor também admissível para o ar).

$$c = f\lambda \tag{9.1}$$

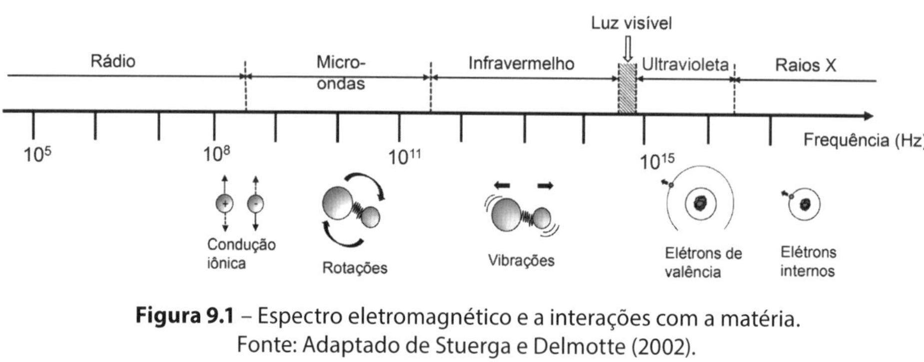

Figura 9.1 – Espectro eletromagnético e a interações com a matéria.
Fonte: Adaptado de Stuerga e Delmotte (2002).

Devido à proximidade com as ondas de rádio, as micro-ondas apresentam características interessantes para uso em radares e comunicação e convencionou-se que certas faixas de frequência são reservadas para usos industriais, científicos e/ou médicos (*Industrial, Scientific and Medical* [ISM]), conforme a Tabela 9.1 (Dibben, 2001; Metaxas e Meredith, 1983).

Tabela 9.1 – Frequências de micro-ondas reservadas para fins industriais, científicos e médicos Fonte: (Dibben, 2001; Metaxas e Meredith, 1983).

Frequência [MHz]	Comprimento de onda [mm]	Regiões
896 ± 10	335 ± 4	Grã-Bretanha
915 ± 13	328 ± 5	América
2.375 ± 50	126 ± 3	Antiga União Soviética
2.450 ± 50	122 ± 3	Todos os países, exceto a antiga União Soviética
5.800 ± 75	52 ± 1	Todos os países
24.125 ± 125	12,43 ± 0,01	Todos os países

Desde a descoberta de Spencer, sabe-se que um alimento pode ser aquecido pela aplicação de energia na forma de ondas eletromagnéticas de alta frequência ($3 \times 10^6 < f < 3 \times 10^9$ Hz), usando uma potência milhares de vezes superior à adotada nas aplicações de comunicação. O princípio desse aquecimento está na capacidade do campo elétrico presente na radiação eletromagnética em interagir com moléculas e íons do alimento. Esse aquecimento, ao nível molecular, ocorre em razão de dois mecanismos distintos: a rotação de dipolos elétricos[1] e a movimentação de íons (condução iônica), como ilustrado na Figura 9.2. O calor gerado pela rotação de dipolos é resultado do atrito na movimentação de moléculas polares, principalmente a água, que giram para se alinhar ao campo elétrico oscilante, com alguma defasagem devido à rápida frequência de inversão do campo, bilhões de vezes por segundo. A contribuição desse fenômeno sobre o aquecimento de alimentos aumenta com a frequência da radiação na faixa das micro-ondas. Já o calor gerado pela condução iônica se deve aos íons se movendo por um meio resistivo em direção ao campo elétrico oscilante (efeito Joule).[2] Esse é o mecanismo de aquecimento dominante nas frequências mais baixas da faixa das micro-ondas (Figura 9.2) e é diretamente proporcional à condutividade elétrica do meio (Ditchfield & Matsui, 2016; Guo et al., 2017; Jacob, Chia & Boey, 1995; Saxena & Chandra, 2011; Tang, Hao & Lau, 2002; Tang, 2015; Tewari, 2007).

1 Dipolo elétrico consiste em um par de cargas opostas separadas por uma distância. Algumas moléculas, como a da água, embora eletricamente neutras, possuem uma distribuição não uniforme de cargas devido a diferenças de eletronegatividade dos átomos que a constituem. Essa não uniformidade deixa a molécula eletricamente polarizada (Matsushita, 2013).

2 Efeito Joule é o calor gerado pela condução iônica devido à movimentação de íons por um meio resistivo quando aplicada uma diferença de potencial elétrico (Sastry, 2005).

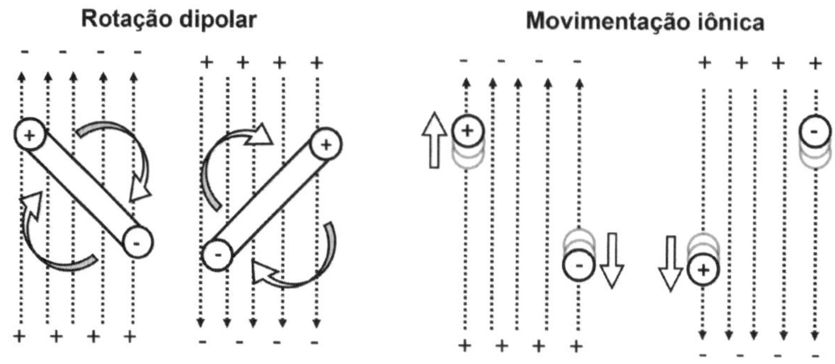

Figura 9.2 – Mecanismos de aquecimento por micro-ondas em nível atômico.

A propagação das micro-ondas por um material ou pelo vácuo é governada pela relação entre o campo elétrico (*E*) e o campo magnético (*B*) com o meio. Matematicamente, essa relação é descrita pelas equações de Maxwell para o eletromagnetismo. A partir de simplificações da primeira equação (Teorema de Ampère) e da terceira equação (Teorema de Gauss), considerando que um campo elétrico oscilante dentro do alimento é gerado por um sistema de placas paralelas,[3] a conversão de energia elétrica em térmica pode ser obtida a partir da Equação (9.2) (Metaxas & Meredith, 1983):

$$\frac{\dot{Q}}{V} = \rho C_P \frac{\Delta T}{\Delta t} = 2\pi f \varepsilon_0 \varepsilon'' E^2 \qquad (9.2)$$

Em que $\dot{Q}$ é a taxa de aquecimento [W], ρ é a densidade do alimento [kg/m³], *CP* é o calor específico do alimento [J/kg K], ΔT é o aumento de temperatura [K] (assumida como uniforme no volume *V* [m³]), Δt é a duração do aquecimento [s], ε_0 é a permissividade elétrica do vácuo (8,854 × 10^{-12} F/m; o Farad é uma unidade de capacitância e representa a carga elétrica armazenada por unidade de diferença de potencial: 1 Farad = 1 Coulomb/Volt),[4] ε" é o fator de perda do alimento [adimensional] e *E* é a intensidade do campo elétrico entre as placas [V/m].[5]

A conversão da energia do campo elétrico das micro-ondas em energia térmica depende de uma propriedade do material denominada permissividade elétrica complexa (ε), descrita pela Equação (9.3), em que ε' [adimensional] é a permissividade elétrica relativa ao vácuo (referente ao armazenamento de energia elétrica na forma de polarização) e ε" [adimensional] é o fator de perda relativo ao vácuo (referente à conversão

[3] Para detalhes do desenvolvimento matemático das equações de Maxwell recomenda-se a leitura de livro-texto *Industrial microwave heating*, sobre aquecimento eletromagnético dos autores Metaxas e Meredith (1983) – capítulo 4.

[4] O Farad é uma unidade de capacitância e representa a carga elétrica armazenada por unidade de diferença de potencial: 1 Farad = 1 Coulomb/Volt.

[5] Sabendo que 1 Volt = 1 Joule/Coulomb (energia potencial por unidade de carga elétrica), verifique se as dimensões dos três termos da Equação (9.2) são coerentes.

de energia elétrica em calor), sendo $i = \sqrt{-1}$ a unidade imaginária. Juntas, ε' e ε" são conhecidas como propriedades dielétricas de um material e indicam como este responde à aplicação de um campo eletromagnético a dada frequência.

$$\varepsilon = \varepsilon' + \varepsilon'' i \tag{9.3}$$

Nos alimentos, as propriedades dielétricas variam muito com a umidade e a composição. A presença de água eleva muito a permissividade, pois sua molécula polar pode se orientar ao campo elétrico, armazenando energia. Já a presença de íons dissolvidos na água (sais minerais) aumenta o valor do fator de perda, pois promove o aquecimento por efeito Joule, enquanto óleos e gorduras apresentam valores baixos de permissividade e fator de perda.

As propriedades dielétricas também variam com a frequência das micro-ondas e com a temperatura (Regier & Schubert, 2001). Como exemplo, a Figura 9.3 apresenta a variação das propriedades do suco de laranja na faixa de frequência de 500 MHz até 3.000 MHz e temperaturas entre 20 °C e 90 °C. A permissividade relativa (ε') é elevada nesse alimento, devido à grande quantidade de água, e observa-se que ela diminui com o aumento da frequência e da temperatura. Isso ocorre por causa da maior dificuldade das moléculas de água de se alinharem ao campo elétrico oscilante. Já o fator de perda (ε") apresenta uma dependência complexa com a frequência e com a temperatura, devido à ação conjunta dos dois mecanismos de conversão de energia elétrica em térmica: a condução iônica prevalece em frequências menores, e ε" aumenta com a temperatura (maior mobilidade dos íons); a rotação de dipolos prevalece em frequências maiores, e ε" diminui com a temperatura (maior agitação molecular dificulta polarização e dissipa energia; Franco, Tadini & Gut, 2017).

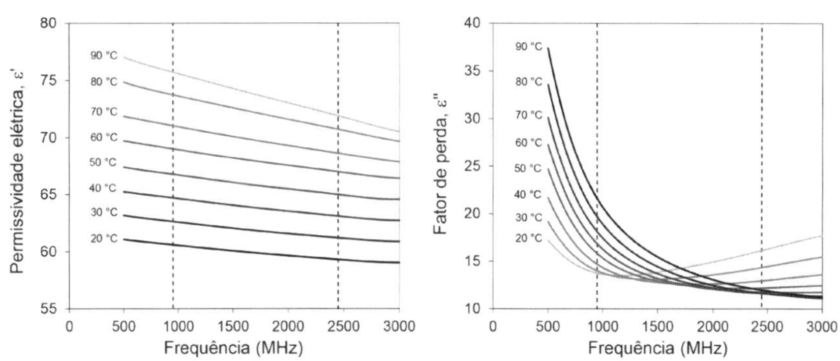

Figura 9.3 – Permissividade elétrica relativa (ε') e fator de perda (ε") em função da frequência e da temperatura para o suco de laranja.
Fonte: Adaptado de Franco, Tadini e Gut (2017).

As propriedades dielétricas podem ser medidas para diferentes frequências e temperaturas. Uma técnica bastante empregada é a de sonda coaxial, muito útil para alimentos homogêneos líquidos ou macios (é preciso um bom contato entre a ponta do sensor e a superfície do alimento; Nelson, 2015). Valores de propriedades dielétricas para diversos alimentos em diferentes faixas de frequência, temperatura e conteúdo de água estão disponíveis na literatura (Wang et al., 2003; Coronel et al., 2008; Sosa-Morales et al., 2010; Zhu, Guo & Wu, 2012; Fazaeli et al., 2013; Guo & Wu, 2014; Zhu, Guo & Jia, 2014).

Um aspecto importante no processamento de alimentos por micro-ondas é o aquecimento volumétrico, pois a onda eletromagnética penetra no meio, tendo sua energia gradualmente convertida em energia térmica durante o caminho. Considerando o caso ideal de uma onda incidindo perpendicularmente sobre um meio semi-infinito plano, é possível definir a profundidade de penetração da onda (*dp*) como a distância percorrida em que a potência incidente é atenuada a 1/e = 1/2,718 = 36,79% do seu valor original. Para essa situação, *dp* [m] pode ser calculada a partir da Equação (9.4) (Chandrasekaran, Ramanathan & Basak, 2013; Nelson & Datta, 2001; Tang, Hao & Lau, 2002; Tang, 2015).

$$d_p = \frac{c}{2\pi f\sqrt{2\varepsilon'\left(\sqrt{1+\left(\dfrac{\varepsilon''}{\varepsilon'}\right)^2}-1\right)}} \tag{9.4}$$

Para alimentos, a profundidade de penetração das micro-ondas é da ordem de milímetros ou centímetros (Ditchfield e Matsui, 2016). Processos baseados na aplicação de micro-ondas devem ser projetados a partir da estimativa da profundidade de penetração para verificar se todo o volume do alimento está exposto à radiação (Coronel, Simunovic & Sandeep, 2003). Entretanto, na prática, o fenômeno é mais complexo, pois envolve a transmissão, a reflexão, a refração e a absorção da radiação, o que depende do formato e do tamanho do alimento e do forno. O interior do forno é revestido de metal, material que reflete as micro-ondas, gerando sua sobreposição e criando regiões de alta e baixa potência no espaço (Figura 9.4).

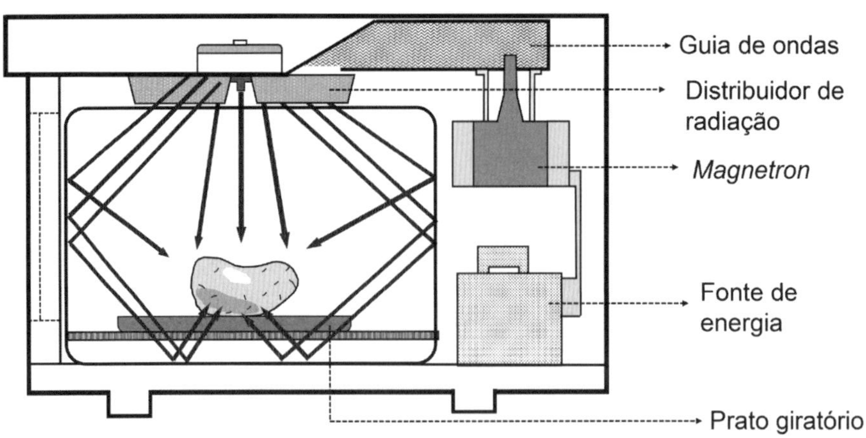

Figura 9.4 – Configuração de um forno de micro-ondas doméstico.

A principal desvantagem das micro-ondas é o aquecimento não uniforme do alimento. É possível observar esse fenômeno até mesmo em um forno doméstico, quando algumas partes do alimento ficam mais quentes do que outras. Em alimentos com o formato retangular, geralmente as bordas são as regiões de altas temperaturas; e em alimentos esféricos ou cilíndricos, a região de maior temperatura é observada próxima ao seu centro. Na Tabela 9.1, a frequência de 2.450 MHz equivale ao comprimento de onda no vácuo de 12,2 cm. Isso significa que, ao propagar, a intensidade do campo elétrico varia entre um valor máximo e 0 a cada 6,1 cm. Essa variação contribui com a não uniformidade do aquecimento (Wäppling Raaholt e Isaksson, 2017).

No tratamento térmico de alimentos visando a destruição de microrganismos e a inativação de enzimas, é importante investigar o padrão de aquecimento por micro-ondas, para identificar o ponto de aquecimento mais lento dentro do alimento. Essa identificação não é trivial, devido à complexidade da propagação das ondas eletromagnéticas e à mudança das propriedades dielétricas do alimento conforme sua temperatura aumenta. Há casos em que o fator de perda aumenta com a temperatura, fazendo com que as partes quentes do alimento passem a se aquecer cada vez mais rápido, em detrimento das partes mais frias (fenômeno chamado de *thermal runaway*).

Há alguns estudos sobre inativação de microrganismos e enzimas que alegam a existência do chamado efeito não térmico, em que a inativação no aquecimento por micro-ondas é mais intensa do que no aquecimento convencional. Entretanto, esse é um assunto ainda controverso, pois a verificação do efeito não térmico requer condições experimentais difíceis de reproduzir na prática, como uniformidade de temperatura no produto e sua medida precisa durante a irradiação. Dessa forma, é recomendável considerar apenas o efeito térmico da combinação de tempo e temperatura sobre a inativação para cálculos de letalidade (Kubo et al., 2020).

CONFIGURAÇÃO GERAL DE UM SISTEMA DE MICRO-ONDAS

Equipamentos de micro-ondas utilizados no processamento de alimentos variam entre fornos comuns domésticos pequenos (de aproximadamente 1 kW de potência), fornos comerciais de maior capacidade para uso em restaurantes (até 3 kW) e os grandes fornos industriais (até 75 kW). No entanto, todos os sistemas de micro-ondas possuem três componentes básicos: o gerador de ondas, a guia de ondas e a cavidade de aplicação, que contém o alimento (Edgar e Osepchuk, 2001). Outros componentes importantes são a fonte de energia, o controlador de potência e o sistema de resfriamento do gerador de ondas, bem como os espalhadores de ondas para melhor distribuição da radiação na cavidade, apresentados na Figura 9.4 (Ditchfield & Matsui, 2016; Edgar & Osepchuk, 2001). O processamento pode ser em batelada, deixando o alimento por um período dentro do forno, ou contínuo, transportando o alimento através da cavidade por uma esteira ou escoando por um tubo.

Existem diferentes tecnologias para os geradores de micro-ondas, que incluem os *girotrons*, os geradores de estado sólido, os *klystrons* e os *magnetrons*. A maioria dos sistemas de aquecimento por micro-ondas opera com *magnetrons*, por apresentarem menor custo, alta eficiência energética e possibilidade de resfriamento usando ar. Consiste em um tubo oco isolado com vácuo, cujo interior contém placas metálicas (ânodos) e um filamento central (cátodo) que emite elétrons quando aquecido. A presença de imãs cria um campo magnético no tubo, que faz com que os elétrons emitidos pelo cátodo girem antes de atingirem uma das placas, promovendo uma oscilação de cargas nas placas e, por consequência, levando à emissão de ondas eletromagnéticas por uma antena ligada a uma das placas, conforme mostra a Figura 9.5. A frequência de operação de um *magnetron* é fixa, pois depende da geometria do tubo. Para equipamentos domésticos e comerciais, utiliza-se 2.450 MHz; já para usos industriais, é comum também usar 915 MHz, por apresentar maior profundidade de penetração, como mostra a Tabela 9.1 (Ditchfield e Matsui, 2016; Edgar e Osepchuk, 2001; Regier, Knoerzer e Schubert, 2017).

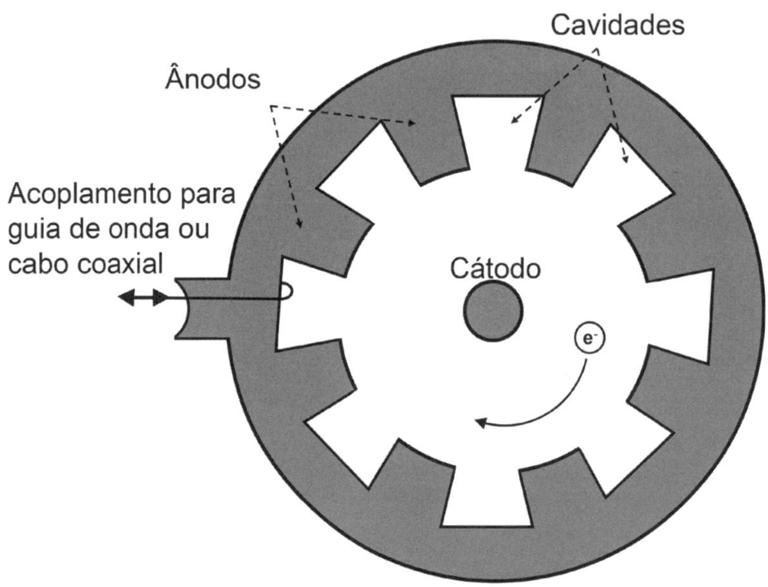

Figura 9.5 – Configuração e funcionamento de um *magnetron*.
Fonte: Adaptado de Regier e Schubert (2001).

A radiação emitida pelo *magnetron* é conduzida até a cavidade de aplicação através de guias de onda, cujos dutos metálicos são normalmente de seção transversal retangular e feitos de latão ou alumínio (Figura 9.6), nas quais a radiação reflete continuamente ao propagar-se. As dimensões do duto devem ser compatíveis com o comprimento de onda da radiação, de maneira a formar um padrão de propagação das ondas. A impedância[6] da guia de ondas deve ser ajustada por meio de sintonizadores para se equiparar à da carga (alimento), e assim diminuir a radiação refletida de volta ao *magnetron*, que é danosa ao equipamento (Ditchfield e Matsui, 2016; Regier, Knoerzer e Schubert, 2017).

[6] Impedância é a resistência à passagem de carga elétrica e depende da frequência de oscilação do campo elétrico.

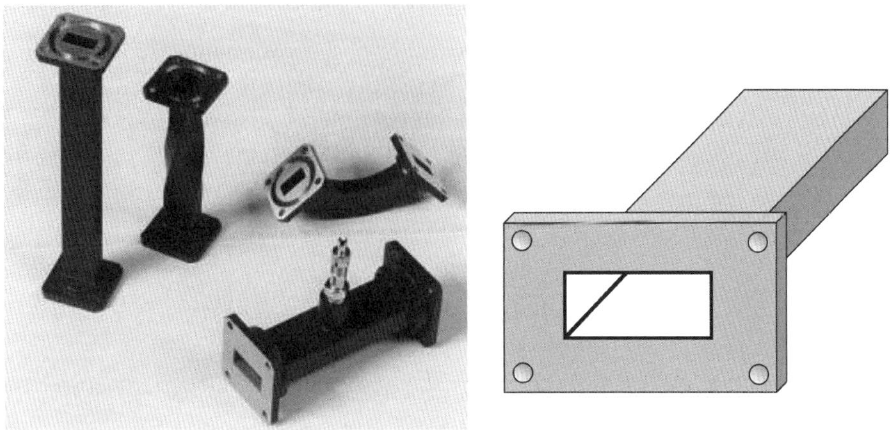

Figura 9.6 – Guias de onda retangulares para transmissão de micro-ondas de alta potência. Fonte: Imagem cortesia de RF Com Ltd. (Reino Unido).

As cavidades de aplicação de micro-ondas podem ser classificadas como monomodais ou multimodais. As cavidades monomodais são alimentadas por um único gerador de ondas e pequenas, de tamanho similar ao do comprimento da onda na frequência do gerador (Tabela 9.1). Isso permite a formação de uma onda estacionária dentro da cavidade com um ponto espacial - ou modal - de maior intensidade de campo elétrico. O alimento é preferencialmente posicionado nesse ponto de maior intensidade, a fim de maximizar a absorção de energia eletromagnética pela carga.

Já as cavidades multimodais podem se configurar com um único gerador de alta potência ou com vários geradores de potência menor; são algumas vezes maiores do que o comprimento da onda. Consequentemente, há uma distribuição heterogênea de campo elétrico no interior da cavidade, com regiões de alta e baixa intensidade de campo elétrico se alternando. O uso de correias transportadoras ou de pratos giratórios para mover a carga pelo interior da cavidade objetiva uma maior homogeneidade no aquecimento. É importante ressaltar que a presença do alimento altera a distribuição do campo elétrico dentro da cavidade, ou seja, não é exatamente a mesma prevista para a cavidade vazia, o que torna a análise do padrão de aquecimento bastante complexa (Edgar e Osepchuk, 2001; Mehdizadeh, 2010; Regier, Knoerzer e Schubert, 2017).

Nos últimos 15 anos, surgiram diversas empresas especializadas em equipamentos industriais com tecnologia de micro-ondas customizados para diferentes processos ou produtos na indústria alimentícia, como EnWave (Delta, Canadá), Sairem (Neyron, França), SinnovaTek (Raleigh, Estados Unidos), Ferrite Microwave Tecnhologies (Nashua, Estados Unidos), AMTek (Cedar Rapids, Estados Unidos), Püschner (Schwanewede, Alemanha) e AMT Advanced Microwave Technologies (Edimburgo, Reino Unido).

PRINCIPAIS APLICAÇÕES DA TECNOLOGIA DE MICRO-ONDAS

A indústria de alimentos está em constante desenvolvimento, seja para atender tendências novas de consumo, seja para melhorar a eficiência de seus processos, considerando os objetivos globais para o desenvolvimento sustentável (Nações Unidas, 2015). Nesse sentido, a energia de micro-ondas tem sido empregada na substituição de métodos convencionais de aquecimento ou em associação a outras tecnologias (Ekezie et al., 2017). Nos próximos subtópicos, são abordadas as principais aplicações industriais de micro-ondas para o processamento de alimentos: cozimento, assamento, branqueamento, pasteurização, esterilização, descongelamento, secagem e extração.

COZIMENTO E ASSAMENTO ASSISTIDOS POR MICRO-ONDAS

Desde os anos 1970, o cozimento assistido por micro-ondas tem sido implantado em escala industrial, com o objetivo de intensificar a transferência de calor e reduzir o tempo de processamento. As primeiras aplicações descritas na literatura foram o pré-cozimento de fatias de bacon em indústrias norte-americanas (Ohlsson e Bengtsson, 2001; Orsat, Raghavan e Krishnaswamy, 2017). Reduções em fatores importantes, como gastos de energia, encolhimento do produto, formação de nitrosaminas[7] e perdas de compostos voláteis, foram observadas durante o cozimento assistido por micro-ondas de fatias de bacon, estimulando assim a pesquisa e a aplicação a outros produtos cárneos (James et al., 2006). Como um exemplo de aplicação industrial, a Figura 9.7 apresenta um sistema de cozimento assistido por micro-ondas composto por uma cavidade, uma esteira transportadora e quatro geradores de micro-ondas com potência de 75 kW cada, operando em 915 MHz (*Ferrite Microwave Technologies*, Estados Unidos).

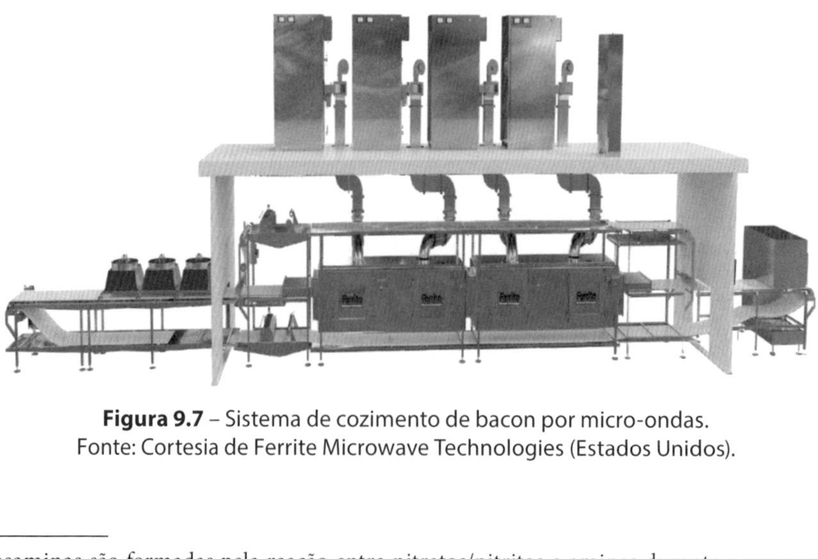

Figura 9.7 – Sistema de cozimento de bacon por micro-ondas.
Fonte: Cortesia de Ferrite Microwave Technologies (Estados Unidos).

[7] Nitrosaminas são formadas pela reação entre nitratos/nitritos e aminas durante o processamento de alimentos, como carne curada, bacon frito, queijo, cerveja e leite em pó. São classificadas pela Organização Mundial da Saúde (OMS) como substâncias provavelmente carcinogênicas a humanos.

Inicialmente, quando a energia de micro-ondas foi testada para o assamento de pães, biscoitos e massas, a rápida geração volumétrica de calor reduziu o tempo de assamento, mas ocasionou alterações de qualidade, como textura firme e resistente demais, rápido endurecimento, cor inadequada e ausência de crosta (Yin e Walker, 1995; Yolacaner, Sumnu e Sahin, 2017). A textura rígida e seca está associada à rápida gelatinização do amido e ao tempo insuficiente para expansão da massa. Além disso, o aquecimento por micro-ondas resultou em temperaturas de superfície baixas, restringindo a formação de crosta e as reações de escurecimento desejadas.

Nos últimos anos, fornos híbridos que combinam micro-ondas com outros mecanismos de aquecimento (ar quente, infravermelho, vapor) foram desenvolvidos com a finalidade de reduzir o tempo total de assamento, sem comprometer a qualidade final dos produtos de panificação (Datta e Rakesh, 2013). Fellows (2000) descreveu um sistema híbrido de micro-ondas e convecção forçada com ar quente, em que os geradores de micro-ondas estavam presentes na saída de um forno tipo túnel para reduzir a umidade final, diminuindo o tempo de assamento em 30%.

TRATAMENTO TÉRMICO ASSISTIDO POR MICRO-ONDAS

No tratamento térmico de alimentos, a alta temperatura é usada para a destruição de microrganismos e inativação de enzimas, de forma a obter um alimento inócuo e estável. Branqueamento, pasteurização e esterilização comercial são tratamentos térmicos com diferentes intensidades (binômio tempo/temperatura de processamento), que podem se beneficiar do uso de micro-ondas para o aquecimento do alimento.

O processo convencional de branqueamento consiste na exposição de um produto vegetal ao calor, por imersão em água quente ou aplicação de vapor saturado, para inativar enzimas e reduzir a carga microbiana, auxiliando nas operações subsequentes de preservação do alimento, como congelamento ou secagem (Fellows, 2000). A atividade das enzimas presentes em frutas e hortaliças, como lipoxigenase, polifenoloxidase, poligalacturonase, clorofilase e peroxidase, é utilizada como indicador de eficiência do processo de branqueamento. Quando um alimento é submetido a condições insuficientes para inativação de enzimas, o tecido vegetal é danificado pelo calor, e as enzimas são liberadas, mas não inativadas, acelerando a deterioração. Por outro lado, se um alimento é sobreprocessado, há redução de vitaminas, nutrientes e compostos bioativos por lixiviação.

Uma das principais vantagens do branqueamento assistido por micro-ondas é, diferente do processo convencional, o não emprego de água para atingir temperaturas de inativação enzimática, evitando assim a lixiviação de vitaminas e/ou nutrientes hidrossolúveis (Dorantes-Alvarez et al., 2017). Atualmente, há diferentes sistemas patenteados, conforme apresentado na Tabela 9.2. De modo geral, esses sistemas atingem rapidamente a temperatura desejada, resultando na preservação da textura e aparência do produto. Contudo, se o tempo de tratamento for curto e a potência das micro-ondas não for bem dimensionada, não é possível ter um aquecimento homogêneo, devido à lenta condução térmica dentro do alimento (difusão do calor). Por essa razão, novos sistemas de branqueamento são híbridos, combinado o aquecimento por micro-ondas com outro método de troca térmica, tornando a distribuição de temperatura mais uniforme, e o processo, mais rápido.

Tabela 9.2 – Sistemas de branqueamento assistido por micro-ondas para diferentes alimentos

Sistema	Aplicação	Referência
Sistema contínuo de branqueamento assistido por micro-ondas (potência máxima de 336 kW a 2.450 MHz) e simultaneamente por ar quente	Folhas de espinafre foram submetidas a radiação de micro-ondas e jatos de ar quente a 120 °C por 4 a 5 min antes do congelamento. Essa técnica reduziu a perda de água das folhas	Panaioli, Rotunno e Simeone, 2005
Aplicação de soluções de alginato de sódio e cloreto de cálcio em vegetais folhosos e associada a branqueamento assistido por micro-ondas (potência máxima de 400 W a 2.450 MHz)	Folhas de beldroega (hortaliça chinesa) foram aquecidas por micro-ondas durante 4 min a 200 W em uma solução alcalina, após imersão em soluções de alginato de sódio (0,3%) e cloreto de cálcio (0,3%) por 30 min. Depois do processo, foram observadas a inativação de clorofilase e a preservação de cor e textura	Huijun et al., 2012
Sistema híbrido de branqueamento assistido por micro-ondas (potência máxima de 80 kW a 2.450 MHz) e aplicação de vapor saturado	Esse sistema foi projetado para produção de polpas de frutas e vegetais. Após o branqueamento assistido por micro-ondas o vegetal é cortado e prensado. Seu sistema de controle garante uma temperatura de processamento entre 97 °C e 103 °C, resultando em uma polpa de alta qualidade	Deng, 2013
Sistema contínuo de branqueamento por duas fontes de calor simultâneas: água quente (temperatura de 98 °C) e energia de micro-ondas. O equipamento foi projetado com a finalidade de inativar enzimas presentes no alimento antes do seu congelamento	Menores tempos de processo foram observados para o branqueamento de cubos de batata (90 s) e espinafre (45 s), resultando na preservação de pelo menos 5% das vitaminas e minerais quando comparados a alimentos submetidos ao método tradicional	Cammaroto et al., 2014

Os sistemas tradicionais para pasteurização e esterilização de alimentos usam aquecimento indireto (trocadores de calor ou autoclaves) ou direto (injeção de vapor). No aquecimento indireto, o alimento entra em contato com uma superfície a alta temperatura, e o calor penetra por condução ou convecção até o centro. Pode ocorrer perda de qualidade e formação de incrustação próximo a essa superfície. No caso do aquecimento indireto, vapor saturado é injetado no alimento líquido, o que leva a um rápido aumento de temperatura e de umidade, além do risco aumentado de contaminação (Varzakas, 2015).

A aplicação da tecnologia de micro-ondas para a pasteurização ou esterilização de alimentos permite um rápido aumento da temperatura sem contato com uma superfície a alta temperatura ou injeção de vapor. Isso traz vantagens em relação aos métodos tradicionais, como menor tempo de processamento, menor degradação de nutrientes e maior preservação dos atributos sensoriais (Stanley e Petersen, 2017).

Uma unidade de pasteurização contínua por micro-ondas para alimentos líquidos foi apresentada pela primeira vez por Kluck (1970). A Figura 9.8 apresenta um esquema simplificado do processo, constituído de três trocadores de calor e uma seção de retenção. Em síntese, uma bomba de deslocamento positivo transporta o alimento do tanque de armazenamento, passando por um sistema de filtração, até um trocador de calor, que funciona como pré-aquecedor. Esse trocador recupera o calor residual de outras partes do processo e eleva a temperatura do produto até 54 °C a 93 °C. Em seguida, o produto escoa por um tubo de vidro (quartzo, 5 mm de diâmetro interno e 2 mm de espessura) dentro de uma cavidade conectada a um *magnetron* a 2.450 MHz resfriado por água. Dois dispositivos de detecção de micro-ondas são alojados na guia de ondas para monitorar a quantidade de energia fornecida e refletida. Na guia de ondas, há também um dispositivo de regulagem manual para minimizar a reflexão das micro--ondas e maximizar a quantidade de energia absorvida. Por fim, o produto escoa pela seção de retenção, a fim de manter o tempo desejado à temperatura de processamento, e então é resfriado no último trocador de calor.

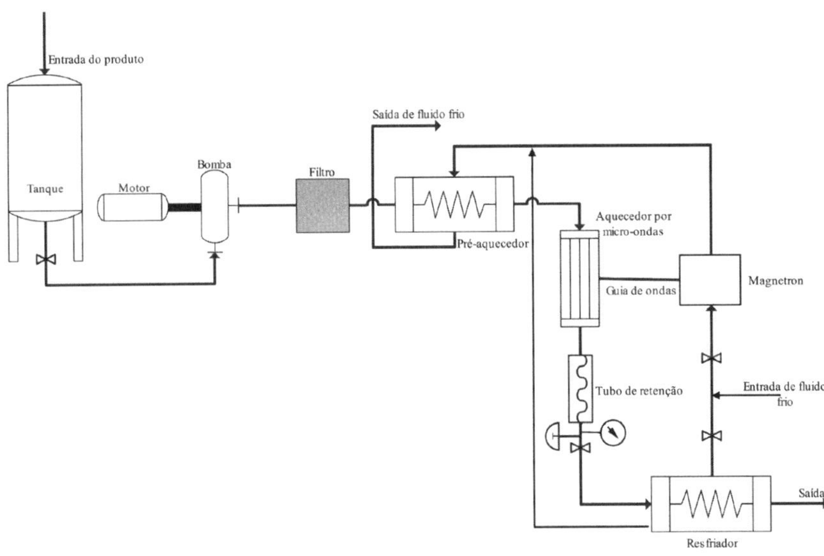

Figura 9.8 – Unidade de pasteurização contínua assistida por micro-ondas.
Fonte: Adaptado de Kluck (1970).

Atualmente, unidades de pasteurização ou esterilização assistidas por micro-ondas são produzidas a partir de uma ampla variedade de configurações de aplicadores e de guia de ondas (Hebbar e Rastogi, 2012). A Figura 9.9a apresenta um pasteurizador assistido por micro-ondas para alimentos líquidos (Sairem, Neyrom, França) com potência máxima de 200 kW, operando a 915 MHz, e capacidade máxima de produção de 3,5 ton/h. Outra configuração de equipamento é apresentada na Figura 9.9b, que consiste em uma unidade modular de pasteurização produzida por Püschner (Schwanewede, Alemanha) com potência máxima de 20 kW, a 2.450 MHz, e capacidade máxima de 1 ton/h.

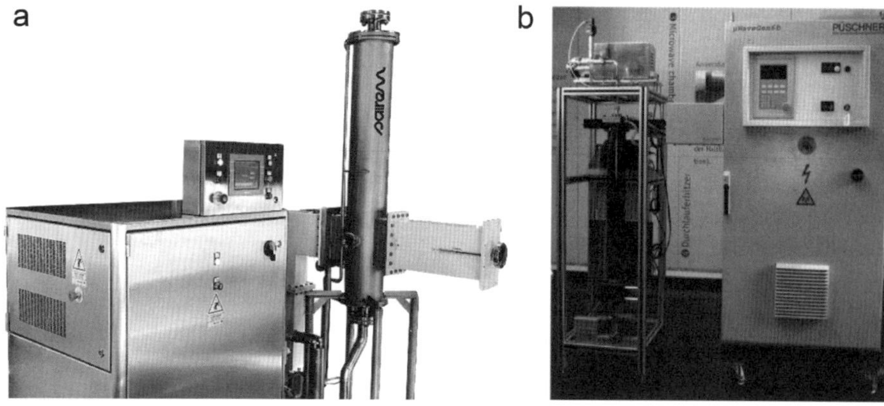

Figura 9.9 – Sistemas de pasteurização de alimentos líquidos por micro-ondas produzidos por: (a) Sairem; e (b) Püschner.
Fonte: Cortesia de Sairem (França) e Püschner GmbH & Co. (Alemanha).

Pasteurização ou esterilização contínua assistida por micro-ondas de alimentos sólidos ou semissólidos também é possível se acondicionados em bandejas ou embalagens flexíveis. Stenstrom (1974) patenteou um sistema híbrido de esterilização assistida por micro-ondas, água quente pressurizada e vapor saturado, nomeado Multitherm. O alimento embalado em um material transparente às micro-ondas é transportado por água quente enquanto irradiado por micro-ondas por cima, melhorando assim a uniformidade do tratamento térmico. Em seguida, o produto é conduzido para a seção de resfriamento com água fria pela correia transportadora.

A partir dessa patente, outros sistemas contínuos para alimentos embalados foram desenvolvidos, como o emprego de múltiplos geradores de micro-ondas e guias de ondas para melhor distribuição da energia eletromagnética ao longo da seção de aquecimento. A Figura 9.10 apresenta um exemplo de sistema em escala industrial para processos de pasteurização de alimentos sólidos ou semissólidos embalados a vácuo. Outra unidade de processamento, atualmente em escala-piloto e nomeada *Microwave assisted thermal pasteurization system* (MATS), foi patenteada em 2017 (Tang e Liu, 2017). Esse sistema visa a esterilização e pasteurização de produtos embalados pela imersão em um fluido quente e pela aplicação simultânea de micro-ondas a 915 MHz, provocando um rápido aquecimento uniforme e melhores aspectos nutricionais e sensoriais em diferentes alimentos (Hong et al., 2021; Jain et al., 2018; Luan et al., 2016; Peng et al., 2017).

Figura 9.10 – Sistema de pasteurização de alimentos sólidos produzida por MicVac.
Fonte: Cortesia de MicVac (Suécia).

DESCONGELAMENTO ASSISTIDO POR MICRO-ONDAS

Os métodos convencionais de descongelamento são baseados no aquecimento pelo contato do alimento com um fluido quente, como vapor d'água, água quente ou ar quente úmido. Por condução térmica, a energia é transferida para dentro do alimento, levando à fusão do gelo e ao aumento da temperatura. Todavia, há problemas associados aos métodos convencionais, como redução da qualidade sensorial, perda de exsudato em produtos cárneos e proliferação de microrganismos patogênicos e/ou deteriorantes durante o descongelamento (Fellows, 2000).

Devido ao rápido aquecimento volumétrico, o descongelamento assistido por micro-ondas é uma das principais aplicações na indústria de alimentos. Como a maior parte da água está no estado sólido, a absorção das micro-ondas é mais baixa, permitindo uma maior profundidade de penetração da radiação. Atualmente, diversos sistemas de descongelamento estão disponíveis por diferentes fabricantes, como Sairem (França), Ferrite Microwave Technologies (Estados Unidos), Shandong YeMai Commerce (China). Entre esses sistemas, a configuração mais frequente é de túnel com aplicadores de micro-ondas tipo multimodal, que permite uma distribuição de energia mais uniforme (Figura 9.11a). Além disso, para o processamento de pequenos lotes de produtos cárneos, vegetais e de panificação, há opções de sistemas em batelada, com capacidade de descongelamento de até 1,4 ton de produto (Figura 9.11b).

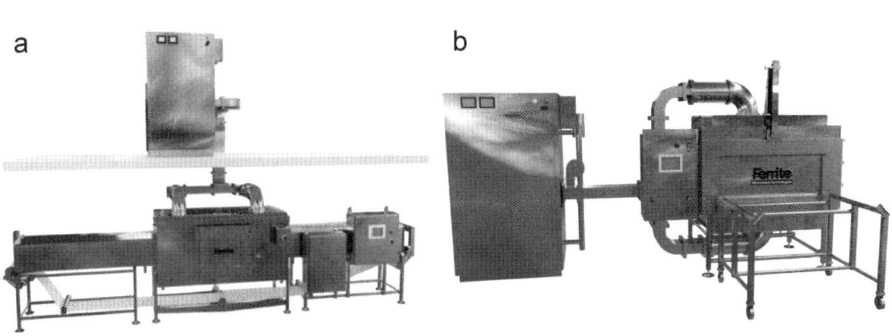

Figura 9.11 – (a) Túnel de descongelamento contínuo assistido por micro-ondas; e (b) sistema de descongelamento assistido por micro-ondas em batelada.
Fonte: Cortesia de Ferrite Microwave Technologies (Estados Unidos).

Apesar das vantagens descritas pelos fabricantes, como menor tempo de processamento, redução de perda de água por exsudação e melhoria da qualidade final do produto, pode ocorrer o cozimento acidental de algumas regiões em grandes blocos de alimento congelado (principalmente próximo à superfície e nos cantos), enquanto outras partes permanecem congeladas. Isso ocorre devido à grande variação nas propriedades dielétricas entre as zonas congeladas e não congeladas, ou seja, as regiões congeladas absorvem menos energia eletromagnética (baixo fator de perda do gelo) do que regiões não congeladas (James, James & Purnell, 2017). Na prática, o uso de micro-ondas no descongelamento é limitado a temperaturas de até – 2 °C, seguindo para um método convencional de aquecimento. Para superar a heterogeneidade da distribuição de temperatura, um sistema híbrido de vácuo e micro-ondas foi desenvolvido por Yagi e Shibata (2006), em que, com o emprego do vácuo, ocorre a sublimação da água na superfície do alimento, e, com a associação de micro-ondas a baixa potência (600 W), há maior uniformidade da distribuição de temperatura e menor tempo de descongelamento.

SECAGEM E EVAPORAÇÃO ASSISTIDAS POR MICRO-ONDAS

O método tradicional de secagem convectiva por ar quente apresenta velocidade decrescente de retirada de umidade do alimento, pois a umidade superficial é removida rapidamente, enquanto a do interior do alimento deve ser transportada à superfície para então ser retirada. Esse é um processo lento e controlado pela difusão da água pelos capilares do material seco. Tal método de secagem apresenta algumas desvantagens – entre elas, o longo tempo de processamento e a consequente perda de características sensoriais e nutricionais devido à longa exposição ao calor. O aquecimento rápido e volumétrico proporcionado pelas micro-ondas pode mitigar esses problemas (Gaukel, Sieber e Erle, 2017; Kumar e Karim, 2017) reduzindo o tempo total de secagem em até dez vezes (Schiffmann, 2001; Gaukel, Sieber e Erle, 2017) e resultando em grande economia de energia (Hnin et al., 2018). O aquecimento rápido e em profundidade faz com que a umidade seja vaporizada antes de se difundir à superfície. O gradiente de pressão de vapor resultante, do interior para a superfície do alimento, acelera na remoção de água, que é carregada por uma corrente de ar com temperatura inferior àquela adotada na secagem exclusivamente convectiva (Ohlsson e Bengtsson, 2001; Schiffmann, 2001, 2006).

Na indústria norte-americana, a tecnologia de micro-ondas foi, a princípio, introduzida para auxiliar na secagem final de chips de batata em um sistema híbrido. A secagem por micro-ondas hoje é muito utilizada em alimentos, como massas curtas, fatias de frutas e de legumes e ração animal (Ohlsson e Bengtsson, 2001; Schiffmann, 2006). Pesquisas recentes incluem aplicações em alimentos tão diversos quanto pó de abóbora (Izli, Yildiz e Berk, 2021), vagem (Cao et al., 2016), chips de mandioca (Gonçalves et al., 2016), fatias de maçã (Hazervazifeh, Moghaddam e Nikbakht, 2016; Lv et al., 2019) e de banana e kiwi (Östürk, Sakiyan e Alikafi, 2016).

A não uniformidade do aquecimento por micro-ondas acaba sendo benéfica em processos de secagem de alimentos, pois as regiões de maior umidade aquecem preferencialmente as mais secas, devido ao fator de maior perda da água com sais dissolvidos (Ohlsson e Bengtsson, 2001; Mehdizadeh, 2010). A combinação de secagem convectiva e por micro-ondas em sistemas híbridos atenua as desvantagens de aplicar cada tecnologia isoladamente: sistemas convectivos são mais lentos, mas sistemas de secagem exclusivamente por micro-ondas são mais caros pela alta potência exigida. A combinação das tecnologias reduz drasticamente o tempo necessário em comparação à secagem apenas convectiva. Em um primeiro momento, a secagem convectiva retira a umidade mais superficial a níveis de 5% a 30% em base de massa seca, e o aquecimento em volume/profundidade pela penetração das micro-ondas no alimento leva a umidade residual a níveis de até 1%. Aplicar aquecimento por micro-ondas durante ou depois da secagem convectiva é mais comum, embora seja possível aplicá-la antes para homogeneizar o alimento à temperatura de secagem (Ohlsson e Bengtsson, 2001; Schiffmann, 2006; Mehdizadeh, 2010; Kumar e Karim, 2017).

Como dito anteriormente, a secagem assistida por micro-ondas pode ser realizada em batelada, carregando e descarregando a câmara de secagem, ou em processo contínuo, usando uma esteira para o transporte do material pela câmara de secagem, integrada aos sistemas de ar quente, exaustão e de irradiação, com um ou mais geradores de micro-ondas (Schiffmann, 2006). A Figura 9.12 apresenta um exemplo de equipamento de uso industrial para secagem assistida por micro-ondas com transporte por esteira (velocidade de até 8 m/min) através de diversas cavidades com geradores que operam a 2.450 MHz (potência total de até 800 kW).

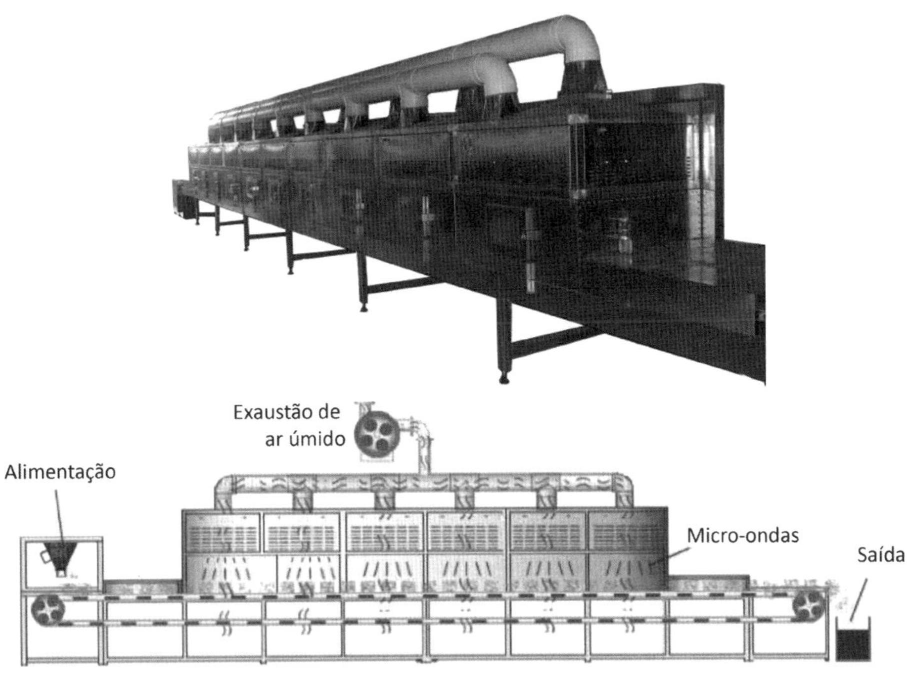

Figura 9.12 – Sistema contínuo de secagem assistida por micro-ondas.
Fonte: Cortesia de Jinan Tindo International Co. (China).

Além da secagem, a tecnologia de micro-ondas é também usada na concentração de alimentos líquidos, como sucos de frutas, leite e estratos de tomate e café, pela evaporação da água. Esse processo é realizado tradicionalmente com evaporadores de múltiplo efeito, abertos ou a vácuo. O uso de micro-ondas como fonte de calor, em vez de superfícies a alta temperatura, leva a menores tempos de processamento e a concentrados com maior retenção de aroma, cor e compostos bioativos (Ohlsson e Bengtsson, 2001; Fazaeli, Yousefi e Emam-Djomeh, 2013; Naderi et al., 2016; Bozkir e Baysal, 2017).

EXTRAÇÃO ASSISTIDA POR MICRO-ONDAS

Para a extração de compostos de alimentos sólidos, emprega-se um solvente e calor. O aquecimento por micro-ondas pode melhorar a extração de compostos bioativos presentes em alimentos frescos, devido ao rápido aquecimento volumétrico que não pode ser obtido por métodos tradicionais. A extração assistida por micro-ondas apresenta maior rendimento, menor tempo de extração e menor consumo de solvente (Zia et al., 2020). Diversos relatos indicam que essa tecnologia é vantajosa na extração de sucos por facilitar a liberação dos compostos bioativos presentes na matriz alimentar, como pigmentos, antioxidantes, fenólicos e antocianinas, melhorando suas propriedades nutricionais e sensoriais e minimizando alterações de sabor e cor (Dorantes-Alvarez et al., 2017; Orsat, Raghavan e Krishnaswamy, 2017). A extração assistida por micro-ondas pode também ser combinada a outras tecnologias, como novos solventes e ultrassom, para incrementos ainda maiores no rendimento, nas taxas de extração de compostos de interesse bioativo e na manutenção de propriedades de interesse (Ekezie et al., 2017; Ekezie, Sun e Cheng, 2017).

Há uma demanda crescente por novas técnicas de extração, com tempos de processamento mais curtos e menor consumo de solventes orgânicos e de energia. A extração assistida por micro-ondas é geralmente tida como mais sustentável frente a técnicas tradicionais de extração e permite processos mais rápidos e energeticamente eficientes, com equipamentos que ocupam menos espaço e uso de uma gama maior de solventes não tóxicos, além da extração de componentes de alto valor agregado a partir de resíduos alimentares (Angiolillo, Del Nobile e Conte, 2015).

Outra faceta da vantagem ambiental da extração assistida por micro-ondas é a extração na ausência de solventes, uma nova tecnologia sustentável na chamada química verde. Com a ajuda das micro-ondas, a extração agora pode ser concluída sem solventes, embora as aplicações desenvolvidas até o momento sejam limitadas à escala de laboratório (Chemat et al., 2015, 2017; Ekezie, Sun & Cheng, 2017; Orsat, Raghavan & Krishnaswamy, 2017). A técnica mais simples é a hidrodifusão e gravidade por micro-ondas, descrita como "um alambique invertido" que combina aquecimento por micro-ondas e gravidade à pressão atmosférica. Essa tecnologia permite a extração de pigmentos, componentes do aroma e antioxidantes de diferentes tipos de plantas. O aquecimento da água interna aos alimentos permite a destruição das células que contêm compostos bioativos. Esses compostos e a água do alimento são liberados e transferidos de dentro para fora da matriz, escoando pelo efeito da gravidade para um sistema de resfriamento fora do forno. Cabe ressaltar que esse método permite a extração de compostos bioativos sem destilação e evaporação do solvente, operações unitárias de alto consumo de energia (Chemat et al., 2015, 2017).

CONCLUSÃO

A tecnologia de micro-ondas tem sido aplicada em diversas operações unitárias da indústria de alimentos para substituir ou combinar com métodos tradicionais de processamento. Neste capítulo, os fundamentos do aquecimento por micro-ondas, as configurações básicas de um sistema e as principais aplicações na indústria de alimentos foram apresentados e discutidos.

A principal característica das micro-ondas no processamento de alimentos é o aquecimento rápido e volumétrico, resultando em processos de alta eficiência energética. No entanto, a previsão da distribuição de temperatura no alimento requer a compreensão da interação entre a energia eletromagnética e o alimento. A uniformidade da distribuição de temperatura no alimento depende da sua forma e tamanho, das suas propriedades térmicas e dielétricas e das configurações da unidade de aquecimento por micro-ondas, como guia de ondas, aplicadores, tipo de gerador e frequência das micro-ondas.

Com o desenvolvimento de métodos numéricos para a modelagem e simulação de problemas multifísicos, o processamento assistido por micro-ondas pode ser descrito de forma mais precisa, conduzindo às melhores configurações do sistema de aquecimento, controle dos parâmetros de processamento e uniformidade de temperatura. A aplicação industrial de micro-ondas permanece como uma tecnologia promissora para o processamento de alimentos, sendo suas principais limitações alto investimento inicial, alto custo operacional (treinamento especializado para manutenção e operação) e necessidade de configuração específica do sistema de aquecimento para determinado produto (Orsat, Raghavan e Krishnaswamy, 2017).

REFERÊNCIAS BIBLIOGRÁFICAS

Angiolillo, L., Del Nobile, M. A., & Conte, A. (2015). The extraction of bioactive com-pounds from food residues using microwaves. *Current Opinion in Food Science, 5*, 93-98.

Berk, E. (2009). *Food Process Engineering and Technology*. San Diego: Academic Press.

Bozkir, H., & Baysal, T. (2017). Concentration of apple juice using a vacuum microwave evaporator as a novel technique: Determination of quality characteristics. *Journal of Food Process Engineering, 40*, e12535.

Cammaroto, A., Di Principe, A., Rotunno, C., Esti, M., Liburdi, K., & Benucci, I. (2013). Food product preparation method, número da patente EP2692245A2, data de publicação 05 fevereiro 2014.

Cao, X., Zhang, M., Fang, Z., Mujumdar, A. S., Jiang, H., Qian, H., & Ai, H. (2016). Drying Kinetics and Product Quality of Green Soybean Under Different Microwave Drying Methods. *Drying Technology, 35*(2), 240-248.

Chandrasekaran, S., Ramanathan, S., & Basak, T. (2013). Microwave food processing: A review. *Food Research International, 52*(1), 243-251.

Chemat, F., Fabiano-Tixier, A. S., Albert-Vian, M., Allaf, T., & Vorobiev, E. (2015). Sol-vent-free extraction of food and natural products. *Trends in Analytical Chemistry. 71*, 157-168.

Chemat, F., Rombaut, N., Meullemiestre, A., Turk, M., Perino, S., Fabiano-Tixier, A. S., & Albert-Vian, M. (2017). Review of Green Food Processing techniques. Preservation, transformation, and extraction. *Innovative Food Science and Emerging Technologies, 41*, 357-377.

Coronel, P., Simunovic, J., & Sandeep, K. P. (2003). Temperature Profiles Within Milk After Heating in a Continuous-flow Tubular Microwave System Operating at 915 MHz. *Journal of Food Science, 68*(6), 1976-2003.

Coronel, P., Simunovic, J., Sandeep, K. P., & Kumar, P. (2008). Dielectric properties of pumpable food materials at 915 MHz. *International Journal of Food Properties, 11*(3), 508-518.

Datta, A. K., & Rakesh, V. (2013). Principles of microwave combination heating. *Comprehensive Reviews in Food Science and Food Safety, 12*(1): 24-39.

Decareau, R. V., & Peterson, R. A. (1986) *Microwave processing and engineering.* Florida: VCH Publishing.

Deng, H. *Microwave blanching multi-stage tandem rolling fruit and vegetable pulping machine*, número da patente CN102150927B, data de publicação 04 dezembro 2013.

Dibben, D. (2001). Electromagnetics: Fundamental aspects and numerical modeling. In A. K. Datta, & R. C. Anantheswaran (Eds.), *Handbook of microwave technology for food applications* (pp. 25-56). New York: CRC Press.

Ditchfield, C., & Matsui, K. N. (2016). Transferência de calor por radiação. In C. C. Tadini, V. R. N. Tellis, A. J. de A. Meirelles, & P. de A. Pessoa Filho (Eds.), *Operações Unitárias na Indústria de Alimentos* (pp. 407-442). Rio de Janeiro: LTC.

Dorantes-Alvarez, L., Ortiz-Moreno, A., Guzmán-Gerónimo, R., & Parada-Dorantes, L. (2017). Microwave-assisted blanching. In M. Regier, K. Knoerzer, & H. Schubert (Eds.), *The Microwave Processing of Foods,* 2nd edition (pp. 179-199). Cambridge: Woodhead Publishing.

Edgar, R. H., & Osepchuk, J. M. (2001). Consumer, Commercial, and Industrial Microwave Ovens and Heating Systems. In A. K. Datta, & C. A. Ramaswamy, (Eds.), *Handbook of Microwave Technology for Food Applications* (pp. 215-275). Nova York: Marcel Dekker Inc.

Ekezie, F. G. C., Sun, D. W., & Cheng, J. H. (2017). Acceleration of microwave-assisted extraction processes of food components by integrating technologies and applying emerging solvents: A review of latest developments. *Trends in Food Science & Technology, 67*, 160-172.

Ekezie, F. G. C., Sun, D. W., Han, Z., & Cheng, J. H. (2017). Microwave-assisted food processing technologies for enhancing product quality and process efficiency: A review of recent developments. *Trends in Food Science & Technology, 67*, 58-69.

Faruq, A. A., Zhang, M., Bhandari, B., Azam, S. M. R., & Khatun, M. H. A. (2019). New understandings of how dielectric properties of fruits and vegetables are affected by heat-induced dehydration: A review. *Drying Technology, 37*(14), 1780-1792.

Fazaeli, M., Yousefi, S., & Emam-Djomeh, Z. (2013). Investigation on the effects of microwave and conventional heating methods on the phytochemicals of pomegranate (Punica granatum L.) and black mulberry juices. *Food Research International, 50*, 568-573.

Fellows, P. J. (2001). *Food processing technology: principles and practice.* CRC: Boca Raton.

Franco, A. P., Tadini, C. C., & Gut, J. A. W. (2017). Predicting the dielectric behavior of orange and other citrus fruit juices at 915 and 2450 MHz. *International Journal of Food Properties, 20*(S2), S1468-S1488.

Fryer, P. J. (1997). Thermal treatment of foods. In P. J. Fryer, D. L. Pyle, D. L., & C. D. Rielly (Eds.), *Chemical Engineering for the Food Industry* (pp. 331-381). Londres: Blackie Academic & Professional.

Gaukel, V., Siebert, T., & Erle, U. (2017). Microwave-assisted drying. In M. Regier, K. Knoerzer & H. Schubert (Eds.), *The Microwave Processing of Foods, second edition* (pp. 152-178). Cambridge: Woodhead Publishing.

Gonçalves, L. T., Pereira, N. R., Almeida, S. B., Freitas, S. J., & Waldman, W. R. Microwave-hot air drying applied to selected cassava cultivars: drying kinetics and sensory acceptance. *International Journal of Food Science and Technology, 52*(2), 389-397.

Guo, W., Zhu, X., Liu, Y., & Zhuang, H. (2010). Sugar and water contents of honey with dielectric property sensing. *Journal of Food Engineering, 97*(2), 275-281.

Guo, W., & Zhu, X. (2014). Dielectric properties of red pepper powder related to radiofrequency and microwave drying. *Food and Bioprocess Technology, 7*(12), 3591-3601.

Guo, W., Llave, Y., Jin, Y., Fukuoka, M., & Sakai, N. (2017). Mathematical modeling of ohmic heating of two-component foods with non-uniform electric properties at high frequencies. *Innovative Food Science and Emerging Technologies, 39*, 63-78.

Hazervazifeh, A., Moghaddam, P. A., & Nikbakht, A. M. (2016). Microwave dehydration of apple fruit: Investigation of drying efficiency and energy costs. *Journal of Food Process Engineering, 40*(3), e12463.

Hebbar, H. U., & Rastogi, N. K. (2012). Microwave heating of fluid foods. In P. J. Cullen, B. K. Tiwari, & Valdramidis, V. P. (Eds). *Novel Thermal and Non-Thermal Technologies for Fluid Foods* (pp. 369-404). Elsevier.

Hnin, K. K., Zhang, M., Mujumdar, A. S., & Zhu, Y. (2018). Emerging food drying technologies with energy-saving characteristics: A review. *Drying Technology, 37*(12), 1465-1480.

Hong, Y. K., Liu, F., Tang, Z., Pedrow, P. D., Sablani, S. S., Yang, R., & Tang, J. (2021). A simplified approach to assist process development for microwave assisted pasteurization of packaged food products. *Innovative Food Science & Emerging Technologies, 68*, 102628.

Huijun, Z., Chunli, S., & Chunyu, G. (2012). *Fresh-keeping technology of microwave enzyme inactivation for leafy vegetables*, número da patente CN102499278A, data de publicação 20 junho 2012.

Izli, G., Yildiz, G., & Berk, S. E. (2021). Quality retention in pumpkin powder dried by combined microwave-convective drying. *Journal of Food Science and Technology-Mysore*, DOI 10.1007/s13197-021-05167-5.

Jacob, J., Chia, L. H. L., & Boey, F. Y. C. (1995). Thermal and non-thermal interaction of microwave radiation with materials. *Journal of Materials Science, 30*(21), 5321-5327.

Jain, D., Tang, J., Liu, F., Tang, Z., & Pedrow, P. D. (2018). Computational evaluation of food carrier designs to improve heating uniformity in microwave assisted thermal pasteurization. *Innovative Food Science & Emerging Technologies, 48*, 274-286.

James, C., Barlow, K. E., James, S. J., & Swain, M. J. (2006). The influence of processing and product factors on the quality of microwave pre-cooked bacon. *Journal of Food Engineering, 77*(4), 835-843.

James, S. J., James, C., & Purnell, G. (2017). Microwave-assisted thawing and tempering. In M. Regier, K. Knoerzer, & H. Schubert (Eds.), *The Microwave Processing of Foods,* 2nd edition (pp. 252-272). Cambridge: Woodhead Publishing.

Kluck, J. H. (1970). *Microwave apparatus for rapid heating of fluids*, número da patente US 3535482, data de publicação 20 outubro 1970.

Kubo, M. T. K., Siguemoto, É. S., Funcia, E. dos S., Augusto, P. E. D., Curet, S., Boillereaux, L., Sastry, S. K., & Gut, J. A. W. (2020). Non-thermal effects of microwave and ohmic processing on microbial and enzyme inactivation: a critical review. *Current Opinion in Food Science, 35*, 36-48.

Kumar, C., & Karim, M. A. (2017). Microwave-Convective Drying of Food Materials: A Critical Review. *Critical Reviews in Food Science and Nutrition, 59*(3), 379-394.

Luan, D., Tang, J., Pedrow, P. D., Liu, F., & Tang, Z. (2016). Analysis of electric field distribution within a microwave assisted thermal sterilization (MATS) system by computer simulation. *Journal of Food Engineering, 188*, 87-97.

Lv, W., Lv, H., Jin, X., Cui, Z., & Su, D. (2019). Effects of ultrasound-assisted methods on the drying processes and quality of apple slices in microwave drying. *Drying Technology, 38*(13), 1806-1816.

Matsushita, T. (2013). *Electricity and magnetism: new formulation by introduction of superconductivity*. Springer Science & Business Media.

Mehdizadeh, M. (2010). *Microwave/RF Applicators and Probes for Material Heating, Sensing and Plasma Generation: A Design Guide*. Elsevier.

Metaxas, A. C., & Meridith, R. J. (1983). *Industrial microwave heating*. London: The Institution of Engineering and Technology.

Nações Unidas (2015). *Objetivos de desenvolvimento sustentável*. Dispõe sobre os 17 objetivos no Brasil. Disponível em www.brasil.un.org/pt-br/sdgs.

Naderi, B., Maghsoudlou, Y., Aminifar, M., Ghorbani, M., & Rashidi, L. (2016). Comparison of microwave with conventional heating on phytochemical compounds of cornelian cherry (*Cornus mas* L.) concentrate. *Journal of Agricultural Science and Technology, 18*, 1197-1208.

Nelson, S. O. (2015). Measurement of Dielectric Properties. In *Dielectric Properties of Agricultural Materials and their Applications*. (pp. 11-32). Elsevier.

Nelson, S. O., & Datta, A. K. (2001). Dielectric Properties of Food Materials and Electric Field Interactions. In A. K. Datta, & C. A. Ramaswamy (Eds.), *Handbook of Microwave Technology for Food Applications* (pp. 69-107). Nova York: Marcel Dekker Inc.

Ohlsson, T., & Bengtsson, N. (2001). Microwave technology and foods. In S. Taylor (Ed.), *Volume 43 Advances in Food and Nutrition Research* (pp. 65-140). Elsevier.

Orsat, V., Raghavan, G. S. V., & Krishnaswamy, K. (2017). Microwave technology for food processing: an overview of current and future applications. In M. Regier, K. Knoerzer, & H. Schubert (Eds.), *The Microwave Processing of Foods*, 2nd edition (pp. 100-116). Cambridge: Woodhead Publishing.

Öztürk, S., Sakiyan, Ö., & Alikafi, Y. Ö. (2016). Dielectric properties and microwave and infrared-microwave combination drying characteristics of banana and kiwifruit. *Journal of Food Process Engineering, 40*(3), e12502.

Panaioli, S., Rotunno, C., & Simeone, V. (2005). *Blanching vegetables*, número da patente US20050037118A1, data de publicação 17 fevereiro 2005.

Peng, J., Tang, J., Luan, D., Liu, F., Tang, Z., Li, F., & Zhang, W. (2017). Microwave pasteurization of pre-packaged carrots. *Journal of Food Engineering, 202*, 56-64.

Raytheon Manufacturing Company. Percy Spencer. *Method of treating foodstuffs*, número da patente US 2495429, data de publicação 24 janeiro 1950.

Raytheon Manufacturing Company. Percy Spencer. *Means for treating foodstuffs*, número da patente US 2605383, data de publicação 29 julho 1952.

Regier, M., Knoerzer, K., & Schubert, H. (2017). Introducing microwave-assisted processing of food: fundamentals of the technology. In: *The Microwave Processing of Foods*, 2nd edition (pp. 1-22). Cambridge: Woodhead Publishing.

Regier, M., & Schubert, H. (2001). Microwave processing. In P. Richardson (Ed.), *Thermal Technologies in Food Processing* (pp.178-203). Boca Raton: CRC Press.

Salazar-González, C., Martín-González, M. F. S., López-Malo, A., & Sosa-Morales, M. E. (2012). Recent Studies Related to Microwave Processing of Fluid Foods. *Food Bioprocess Technology*, *5*(1), 31-46.

Sastry, S. K. Advances in Ohmic Heating and Moderate Electric Field (MEF) Processing. In M. P. Cano, M. S. Tapia & G. V. Barbosa-Canovas (Eds.), *Novel Food Processing Technologies* (pp. 491-498). Boca Raton: CRC Press.

Saxena, V. K., & Chandra, U. (2011). Microwave Synthesis: A Physical Concept. In U. Chandra (Ed.), *Microwave Heating* (pp.1-20). Viena: InTech.

Schiffmann, R. F. (2001). Microwave Processes for the Food Industry. In A. K. Datta, & R. C. Anantheswaran (Eds.), *Handbook of microwave technology for food applications* (pp. 299-338). New York: CRC press.

Schiffmann, R. F. (2006). Microwave and Dielectric Drying. In A. S. Mujumdar (Ed.), *Handbook of Industrial Drying*, 3rd edition (pp. 286-305). Boca Raton: CRC Press.

Sosa-Morales, M. E., Valerio-Junco, L., López-Malo, A., & García, H. S. (2010). Dielectric properties of foods: Reported data in the 21st Century and their potential applications. *LWT – Food Science and Technology, 43*(8), 1169-1179.

Stanley, R. A., & Petersen, K. (2017). Microwave-assisted pasteurization and sterilization-commercial perspective. In M. Regier, K. Knoerzer, & H. Schubert (Eds.), *The Microwave Processing of Foods,* 2nd edition (pp. 200-219). Cambridge: Woodhead Publishing.

Stenstrom, L. (1974). *Method and apparatus for treating heat-sensitive products*, número da patente US3809844, data de publicação 07 maio 1974.

Stuerga, D., & Delmotte, M. (2002). Wave-material interactions, microwave technology and equipment. In A. Loupy (Ed.), *Microwaves in Organic Synthesis* (pp. 1-34). Weinheim: Willey-VCH.

Tang, J. (2015). Unlocking Potentials of Microwaves for Food Safety and Quality. *Journal of Food Science*, *80*(8), E1776-E1793.

Tang, J., Hao, F., & Lau, M. (2002). Microwave Heating in Food Processing. In X. Yang, & J. Tang (Eds.), *Advances in Bioprocessing Engineering* (pp. 1-44). Cingapura: World Scientific Publishing Co. Pte. Ltd.

Tang, J., & Liu, F. (2017). *Microwave sterilization or pasteurization*, número da patente US9642385 B2, data de publicação 9 maio 2017.

Tewari, G. (2007). Microwave and Radio-Frequency Heating. In G. Tewari, & V. K. Juneja (Eds.) *Advances in Thermal and Non-Thermal Food Processing* (pp. 91-98). Ames: Blackwell Publishing.

Thippareddi, H., & Sanchez, M. (2006). Thermal Processing of Meat Products. In D. Sun (Ed.), *Thermal Food Processing: New Technologies and Quality Issues* (pp. 156-192). Boca Raton: CRC Press.

Varzakas, T. (2015). Heat exchangers. In T. Varzakas, & C. Tzia (Eds.), *Food Engineering Handbook: Food Engineering Fundamentals* (pp. 141-178). Boca Raton: CRC Press.

Wang, Y., Wig, T. D., Tang, J., & Hallberg, L. M. (2003). Dielectric properties of foods relevant to RF and microwave pasteurization and sterilization. *Journal of Food Engineering, 57*(3), 257-268.

Wäppling Raaholt, B., & Isaksson, S. (2017). Improving the heating uniformity in microwave processing. In M. Regier, K. Knoerzer, & H. Schubert (Eds.), *The Microwave Processing of Foods,* 2nd edition (pp. 381-406). Cambridge: Woodhead Publishing.

Yagi, S., & Shibata, K. (2006). *Microwave defrosting under reduced pressure*, número da patente EP 1049359 B1, data de publicação 20 setembro 2006.

Yin, Y., & Walker, C. E. (1995). A quality comparison of breads baked by conventional versus nonconventional ovens: a review. *Journal of the Science of Food and Agriculture, 67*(3), 283-291.

Yolacaner, E. T., Sumnu, G., & Sahin, S. (2017). Microwave-assisted baking. In *The Microwave Processing of Foods.* In M. Regier, K. Knoerzer, & H. Schubert (Eds.), *The Microwave Processing of Foods,* 2nd edition (pp. 117-141). Cambridge: Woodhead Publishing.

Zhu, X., Guo, W., & Wu, X. (2012). Frequency-and temperature-dependent dielectric properties of fruit juices associated with pasteurization by dielectric heating. *Journal of Food Engineering, 109*(2), 258-266.

Zhu, X., Guo, W., & Jia, Y. (2014). Temperature-dependent dielectric properties of raw cow's and goat's milk from 10 to 4,500 MHz relevant to radio-frequency and microwave pasteurization process. *Food and bioprocess technology, 7*(6), 1830-1839.

Zia, S., Khan, M. R., Shabbir, M. A., Maan, A. A., Khan, M. K. I., Nadeem, M., Khalil, A. A., Din, A., & Aadil, R. H. (2020). An Inclusive Overview of Advanced Thermal and Nonthermal Extraction Techniques for Bioactive Compounds in Food and Food-related Matrices. *Food Reviews International,* DOI 10.1080/87559129.2020.1772283.

CAPÍTULO 10

AQUECIMENTO ÔHMICO

Cássia Pereira Barros, Adriano Gomes da Cruz, Erick Almeida Esmerino, Monica Queiroz Freitas, Márcia Cristina Silva, Rui Rodrigues, Tatiana Colombo Pimentel, Ricardo Nunes Pereira, António A. Vicente

INTRODUÇÃO

UMA PERSPECTIVA HISTÓRICA

A utilização de tecnologias inovadoras baseadas na aplicação direta de eletricidade no processamento de alimentos tem atraído cada vez mais atenção. Entre as razões que justificam tal interesse, estão a garantia de maior qualidade e segurança alimentar associada à necessidade de tecnologias que ofereçam menor impacto ambiental, contribuindo assim para uma maior sustentabilidade. No entanto, vale ressaltar que muitas dessas tecnologias não devem ser consideradas inovadoras, mas sim emergentes, uma vez que o seu aparecimento é uma consequência natural da evolução tecnológica e do conhecimento científico fundamental e aplicado. Os antecedentes históricos que registram os primórdios da utilização da eletricidade no processamento de alimentos tiveram origem no século XIX, com várias patentes e estudos realizados no âmbito da pasteurização elétrica do leite. No século XX surgiu um documento intitulado *A study of the electro-pure process of treating milk*, sobre a utilização da eletricidade na pasteurização do leite por intermédio de um processo, que ficou conhecido como *electro-pure*. Curiosamente, muitos dos aspectos desse estudo ainda são objeto de investigação fundamental, principalmente os relacionados aos efeitos da corrente elétrica em microrganismos, enzimas e biomacromoléculas, como as proteínas.

Entre 1897 e 1968 foram realizadas diversas pesquisas e patentes sobre a pasteurização elétrica do leite, sobretudo para aumentar o conhecimento sobre os efeitos elétricos desta tecnologia nos aspectos relacionados à inativação microbiológica. Apesar do entusiamo e da tecnologia ter sido catalogada como uma "revolução" no processamento de laticínios nesse período, era evidente que ainda havia um longo caminho a ser percorrido. Alguns fatores, como a falta de controle do processo, a ausência de componentes tecnológicos robustos, o custo da eletricidade na época e os problemas relacionados à contaminação química do material dos eletrodos, limitaram a aplicação da tecnologia em escala industrial. Desde aquela época até o final do século XX, essa tecnologia foi de alguma forma esquecida sob o ponto de vista de aplicação comercial. Entretanto, nunca deixaram de existir a busca por maior conhecimento e a necessidade de uma melhor compreensão dos fenômenos associados à presença e à interação de campos elétricos com as diferentes propriedades bioquímicas e microbiológicas das formulações alimentares. O desenvolvimento da tecnologia em relação ao fornecimento de energia, a utilização de materiais inertes na construção dos eletrodos e o preço reduzido da eletricidade trouxeram a oportunidade de reviver as tecnologias de processamento baseadas em eletricidade, o que foi traduzido pelo aumento de fabricantes de equipamentos em escala industrial e estudos científicos cada vez mais relevantes realizados em parceria com a indústria.

PROCESSAMENTO POR CAMPOS ELÉTRICOS

Atualmente, existem duas tecnologias baseadas no uso de campos elétricos com aplicação industrial: os campos elétricos pulsados (CEP) e o aquecimento ôhmico (AO). Essas tecnologias dominam o processamento emergente e possuem vários nichos de aplicação em escala industrial. O CEP e o AO podem ser considerados tecnologias-irmãs, por compartilharem um aspecto em comum para o seu funcionamento: a capacidade incondicional dos alimentos de conduzir corrente elétrica. Embora as duas tecnologias sejam únicas em relação ao modo de ação e aos efeitos físico-químicos que promovem nos alimentos, a origem da sua aplicação e a eficiência dependem das características e composição do produto – em particular, da sua condutividade elétrica. De acordo com os fenômenos que se pretendem atingir, a natureza do tratamento (por exemplo, térmico ou não térmico), os componentes associados, os parâmetros de controle e o tipo de equipamento justificam sua relevância e distinção.

Para aplicação de CEP e AO, é necessário que os produtos sejam conectados a eletrodos (geralmente de aço inoxidável), que definem o volume da amostra a ser tratada e a intensidade de campo elétrico aplicado. O campo elétrico é definido como a razão entre a diferença de potencial aplicada através do produto e o espaçamento entre os eletrodos, sendo expresso em V/cm.

Os protocolos de CEP caracterizam-se pela aplicação de campos elétricos de intensidade elevada, que variam entre 1 e 60 kV/cm, em um curto período, na escala dos nano a microssegundos (dependendo da duração do pulso), e do número de vezes em que ele se repete. Em teoria, é considerada uma tecnologia de natureza não térmica, devido à dissipação de calor reduzida, bem como é reconhecida pela sua capacidade de promover a formação de poros nas membranas celulares (eletroporação), que ocorre devido ao acúmulo de cargas elétricas nas membranas celulares e, consequentemente, à alteração da diferença de potencial (ou tensão) transmembranar. Dependendo da intensidade do campo elétrico aplicado e do tipo de membrana celular, a eletroporação pode ser reversível ou irreversível – neste último caso, com a posterior lise celular. Por exemplo, dependendo do tipo de microrganismo (bactéria, levedura ou microalga) e protocolo elétrico aplicado, a intensidade do campo pode oscilar de 3,5 kV/cm até 25 kV/cm, a lise celular entre os 50% e os 99%, e os gastos de energia entre os 9 kJ/kg e os 500 kJ/kg. Fazendo uso desse efeito de eletroporação, a tecnologia CEP encontra diversas aplicações relacionadas à inativação não térmica, secagem, desidratação osmótica e liofilização. Além disso, pode auxiliar processos de extração de compostos de interesse pela permeabilização de estruturas celulares.

A tecnologia de AO consiste na aplicação de campos elétricos de baixa a moderada intensidade (geralmente entre 1 e 200 V/cm) através de corrente alternada (onda sinusoidal ou quadrática), com frequências elétricas que podem variar desde 50 Hz até 25 kHz e sem qualquer tipo de restrição na escala de tempo de tratamento. Quando um produto semicondutor é submetido a tais condições, em uma escala de tempo suficientemente grande, pode ocorrer a dissipação de calor interno, de acordo com a lei de Joule, resultando assim no AO. As principais vantagens estão na ausência de superfícies quentes e na capacidade de um aquecimento rápido, uniforme (dependendo da condutividade elétrica do produto) e direto, não estando, portanto, limitado aos fenômenos de transferência de calor por condução e convecção. Industrialmente, encontra aplicações em processos térmicos, como a pasteurização, e a esterilização, por intermédio do princípio de processamento HTST (abreviação em inglês de *high-temperature short-time*, ou seja, alta temperatura por curto tempo). O AO pode ser utilizado também nos processos de extração térmica de diferentes matrizes biológicas aproveitando a sinergia de efeitos térmicos e elétricos na permeabilização de estruturas celulares. Tem sido igualmente investigado os efeitos não térmicos na inativação de microrganismos contaminantes, assim como a influência do campo e frequência elétricos na ativação e inativação de enzimas importantes no contexto alimentar. É ainda controverso um eventual efeito de eletroporação promovido pelos campos elétricos característicos do AO, uma vez que podem também promover perturbações nas membranas celulares que acabam por determinar a morte celular. Pesquisas recentes destacaram a importância das variáveis elétricas, como a frequência e a intensidade do campo elétrico, na funcionalidade de proteínas do leite e da soja, com impacto nas suas propriedades funcionais e biológicas.

O AO possui algumas vantagens competitivas em relação aos CEP, pela sua capacidade volumétrica e direta de aquecimento, associados a uma eficiência energética elevada, geralmente acima dos 95%. Considerando que os tratamentos baseados na transferência de calor dominam as operações unitárias no processamento de alimentos, a utilização do AO pode com facilidade se adequar aos binômios de tempo e temperatura já estabelecidos e convencionalmente utilizados nas indústrias, com a vantagem de garantir maior qualidade (devido à ausência de superfícies quentes) e segurança microbiológica (como resultado dos efeitos adicionais promovidos pela presença de campo elétrico). No que diz respeito à aceitação dos produtos pelos consumidores, o AO promove a manutenção do calor durante o processamento, com mínimas alterações nas características sensoriais, por exemplo o sabor e a textura. Na pior das hipóteses, será semelhante aos produtos processados pelo aquecimento convencional. Outra vantagem é a responsabilidade ecológica: a tecnologia ôhmica pode ser perfeitamente integrada em uma lógica de utilização sustentável com o uso de eletricidade proveniente de fontes de energia renováveis, evitando assim o excesso de consumo de água e de combustíveis fosseis. Por se tratar de um aquecimento direto, não é necessário a utilização de caldeiras e transporte de vapor quente, por exemplo.

Apesar das particularidades e dos diferentes mecanismos de ação do CEP e do AO, ambas as tecnologias não devem ser limitadas à sua própria designação e rotuladas pela sua capacidade térmica e não térmica. Tal fato é compreensível, uma vez que podemos aplicar parâmetros operacionais elétricos do AO sem que realmente ocorra aquecimento, assim como utilizar protocolos elétricos do CEP em que ocorra dissipação de calor por efeito de AO. Nesse sentido, a expressão "aquecimento ôhmico", embora seja a designação mais usual e até comercial, pode não ser a mais apropriada, porque pode ser aplicado um campo elétrico de intensidade baixa ou moderada de forma a reduzir e controlar o efeito de dissipação de calor no interior do alimento, sendo este apenas um condutor de eletricidade. Por outro lado, surgem trabalhos com a designação de aquecimento ôhmico pulsado (AOP), cujas condições operacionais elétricas são estabelecidas com o objetivo de permitir a aplicação de pulsos elétricos e a dissipação de calor por AO.

O aumento da temperatura é sempre uma consequência inerente à forma de aplicação do campo elétrico. Por esse motivo, diversos trabalhos começaram a substituir a denominação de AO por campos elétricos moderados (CEM), com o intuito de diferenciar dos CEP, em que são aplicados campos elétricos de maior intensidade. A designação de CEM é empregada quando se pretende reforçar os efeitos elétricos nas propriedades dos alimentos, que ocorrem quando os efeitos térmicos são controlados, minimizados ou mimetizados utilizando a mesma cinética térmica e o campo elétrico aplicado é inferior a 1 kV/cm.

Neste capítulo, é dada uma atenção especial às aplicações de AO e CEM, por serem mais disseminadas no processamento de alimentos, considerando o número significativo de fabricantes em escala industrial e a maior simplicidade no seu protocolo elétrico. Entretanto, é importante ressaltar que as tecnologias de processamento baseadas na aplicação de campos elétricos integram uma visão holística daquilo que deve ser a produção de alimentos no futuro, alinhando aos seguintes fatores:

- Níveis elevados de eficiência de processo
- Alimentos minimamente processados com maior qualidade nutricional, segurança e potencial para a promoção da saúde e bem-estar
- Adaptabilidade e versatilidade de aplicações para diversos fins biotecnológicos
- Proteção dos ecossistemas e da sustentabilidade

TECNOLOGIA

PRINCÍPIOS BÁSICOS DO AQUECIMENTO ÔHMICO

O princípio da tecnologia de AO consiste em um sistema de aquecimento elétrico que utiliza a resistência elétrica do próprio material que se deseja aquecer para gerar energia dissipada sob a forma de calor. A produção de calor ocorre devido à passagem de uma corrente elétrica alternada através de um material condutor, resultando no aumento rápido e uniforme da temperatura dentro do material.

Em geral, pode-se afirmar que alimentos com condutividade elétrica compreendida entre 0,1 e 10 S/m sempre podem ser aquecidos ohmicamente. No entanto, materiais alimentares não condutores podem ter a sua condutividade aumentada por meio do acréscimo de eletrólitos, sais orgânicos solúveis ou solventes iônicos graças à sua natureza condutora.

A maioria dos alimentos possui grandes quantidades de água e sais solúveis que contribuem para o aumento da condutividade elétrica por condução eletrolítica. Quando o alimento é submetido a um campo elétrico, os íons presentes nos eletrólitos movem-se em direção aos eletrodos com cargas opostas. Tal mobilidade gera calor e, ao mesmo tempo, provoca colisões iônicas, o que cria resistência à sua movimentação, levando ao aumento da energia cinética e, consequentemente, elevando a temperatura do alimento. Portanto, o calor gerado no interior do alimento de forma volumétrica e instantânea é decorrente da movimentação dos íons. Fatores, como voltagem, corrente, campo elétrico e condutividade elétrica do alimento ou de frações individuais do alimento exercem influência sobre a taxa de geração de calor.

A passagem da corrente elétrica através do material alimentar é regida pela lei de Ohm, uma vez que o calor é gerado quando o alimento condutivo se comporta como um resistor elétrico, conforme descrito na Equação (10.1):

$$V = I \times R \tag{10.1}$$

Na qual V é a voltagem (volts) aplicada ao circuito por meio de uma fonte de alimentação, enquanto I é a intensidade do fluxo de corrente elétrica alternada (amperes) passada através do alimento e R é a resistência elétrica (Ohm) do alimento que se opõe ao fluxo de corrente e ao movimento do íon.

Conhecer a condutividade elétrica dos materiais alimentares é muito importante para manter a homogeneidade e a eficiência durante o processo. A condutividade elétrica é calculada pela Equação (10.2):

$$\sigma = \frac{L}{A} \times \frac{I}{V} \tag{10.2}$$

Na qual σ é a condutividade elétrica do alimento (S/m), L é a distância entre os eletrodos (m) e A é a área da seção transversal perpendicular à passagem da corrente elétrica (m^2).

A condutividade elétrica da maioria dos materiais alimentares é diretamente proporcional à temperatura, conforme determinado pela Equação (10.3). Portanto, o valor da condutividade não é constante, pois varia durante o processo de aquecimento, e o simples fato de aquecer o material alimentar contribui para aumentar a sua condutividade.

$$\sigma_T = \sigma_{ref}\left[1 + m\left(T - T_{ref}\right)\right] \tag{10.3}$$

Na qual σ_T e σ_{ref} se referem, respectivamente, à condutividade elétrica em dada temperatura (*T*) e na temperatura de referência (T_{ref}), e *m* representa um coeficiente de proporcionalidade. Conforme já mencionado, os alimentos que possuem elevados teores de materiais iônicos (sais) são altamente condutores. Enquanto aqueles que possuem baixa viscosidade e grandes quantidades de constituintes não ionizados têm baixa condutividade, o que limita a dissipação térmica no sistema.

PARÂMETROS QUE AFETAM O AQUECIMENTO ÔHMICO

Os parâmetros importantes relacionados ao alimento, processo e equipamento capazes de afetar a eficácia da tecnologia estão descritos na Figura 10.1. Como o AO baseia-se na conversão de energia elétrica em térmica para fornecer calor aos alimentos, as propriedades térmicas dos alimentos, como calor específico e condutividade térmica, exercem grande influência sobre o processo. O calor específico é definido como a quantidade de energia necessária para aumentar a temperatura de uma substância em dado intervalo. Portanto, está diretamente relacionado à distribuição de calor na substância que se deseja aquecer ohmicamente. Produtos que possuem calor específico mais baixo têm alta transferência de calor e, consequentemente, maior taxa de aquecimento.

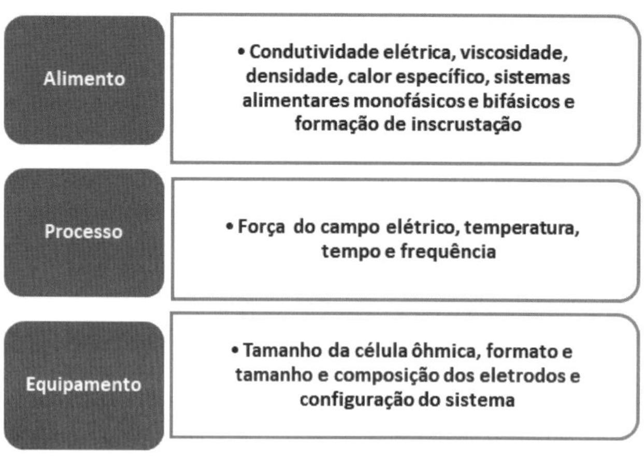

Figura 10.1 – Parâmetros que afetam a eficiência do aquecimento ôhmico.

A taxa de geração de calor é diretamente proporcional ao quadrado da força do campo elétrico e à condutividade elétrica, o que os torna parâmetros-chave para o sucesso do AO.

Já a condutividade elétrica é definida como a capacidade do alimento de facilitar o fluxo de corrente elétrica através de uma unidade de área. Embora produtos alimentícios cuja faixa de condutividade esteja entre 0,01 e 10 S/m possam ser processados pelo AO, a condição ideal está entre 0,1 e 5 S/m. Além da temperatura, a presença de compostos iônicos, teor de umidade, proteína, tipo de eletrólito e pH auxiliam no aumento da condutividade. Entretanto, outros componentes alimentares, como lipídios, álcool, açúcar e gordura contribuem para redução.

Em sistemas alimentares líquidos, a condutividade é aumentada linearmente de acordo com a temperatura em função do aumento da mobilidade iônica. Contudo, em sistemas alimentares bifásicos (líquido e sólido), o processo ôhmico é eficiente somente quando a composição do fluido carreador e das partículas sólidas possuírem valores de condutividade semelhantes. Caso contrário, o aquecimento não será uniforme, pois os componentes alimentares com maior condutividade serão aquecidos mais rapidamente do que os de menor condutividade, o que pode resultar em superprocessamento e subprocessamento, respectivamente. Os produtos superprocessados podem ter prejuízos na qualidade, enquanto os subprocessados podem ter a estabilidade microbiológica comprometida.

Outras propriedades físicas dos alimentos (densidade e tamanho ou formato das partículas) também influenciam a condutividade elétrica, que diminui à medida que o tamanho e a concentração das partículas aumentam. São consideradas partículas pequenas quando os tamanhos são inferiores a 5 mm e grandes quando na faixa entre 15 e 25 mm. Por outro lado, as propriedades reológicas, como a viscosidade, possuem uma relação positiva com a condutividade. Portanto, fluidos com viscosidade elevada tendem a aquecer mais rápido do que aqueles com viscosidade mais baixa.

O tratamento de matrizes lácteas por AO pode causar incrustações nas superfícies dos eletrodos devido à grande quantidade de minerais contida no leite. Isso ocorre porque o aquecedor ôhmico é muito sensível à presença de depósitos eletricamente isolantes no eletrodo, que impedem a passagem contínua do fluxo de corrente elétrica entre o eletrodo e o produto, gerando pequenas descargas elétricas locais com posterior queima e possibilidade de formação de incrustações. Estas, além de reduzir as taxas de transferência de calor, também afetam a qualidade intrínseca e a segurança microbiológica do produto. Embora possam ser usados para diminuir esses eventos, os eletrodos resfriados também podem reduzir a eficiência do aquecedor ôhmico. No entanto, os problemas relacionados à formação de incrustações são mais frequentes no processamento térmico indireto devido à existência de superfícies quentes.

A força/intensidade do campo elétrico pode variar em função da distância entre os eletrodos, ajustada de acordo com o tamanho da célula ôhmica e do gradiente de voltagem aplicado. A voltagem consiste na diferença de potencial entre os eletrodos, e o seu aumento intensifica o fluxo de corrente elétrica, aumentando a mobilidade de íons e outras moléculas carregadas, como proteínas. Quanto mais rápida for essa movimentação, maior será a temperatura. Conforme mencionado anteriormente, o aumento da temperatura provoca o aumento da condutividade elétrica, devido à relação linear entre os dois parâmetros. Nesse sentido, pode-se afirmar que, quanto maior a voltagem e, por conseguinte, maior a força do campo elétrico, maior é a condutividade, favorecendo uma taxa de aquecimento mais rápida com redução no tempo de processamento.

Em geral, a frequência da corrente elétrica empregada no AO para processamento de alimentos é baixa, em torno de 50 a 60 Hz. No entanto, frequências baixas podem favorecer reações eletroquímicas e erosão em eletrodos produzidos com materiais com tendência a oxidar. O uso de corrente alternada com frequências superiores a 20 kHz é indicado para inibir as reações de eletrólise com formação de produtos indesejados.

O tipo de célula ôhmica e os eletrodos podem influenciar a perda de calor da periferia do alimento, gerando gradientes de temperatura excessivamente altos no interior do produto. O eletrodo é o principal responsável pela perda de calor durante o processamento: quanto maior a espessura do eletrodo, maior a sua massa e menor a resistência elétrica, o que reduz a taxa de aquecimento. Além disso, a área e a composição do eletrodo também afetam o aquecimento. Foram relatadas temperaturas mais baixas na região da superfície de eletrodos de aço inoxidável em comparação aos de titânio com a mesma espessura. No que diz respeito às reações eletroquímicas, eletrodos de aço inoxidável demonstraram propensão à eletrólise, enquanto os de titânio platinizado não sofreram nenhuma oxidação quando submetidos ao AO com baixa frequência.

EQUIPAMENTOS

O uso do AO para o processamento de alimentos foi implementado em escala industrial em meados da década de 1990, no Reino Unido, Japão, França e Estados Unidos. Posteriormente, países como Suécia, Suíça e Itália também aderiram à tecnologia para tratamentos de aquecimento, pasteurização e esterilização de alimentos bombeáveis, como leite, creme de leite, ovos, geleias, algas, xaropes, sopas, extrato hidrossolúvel de soja, sucos/polpas/purês de frutas e produtos vegetais. Por outro lado, fatores, como a necessidade de investimento inicial elevado para aquisição de equipamentos e estruturas complexas que exigem operadores habilidosos para compreensão e manuseio da tecnologia, além do receio da receptividade dos consumidores em relação a alimentos produzidos por tecnologias emergentes, são os principais obstáculos que restringem a expansão de sistemas de AO nas indústrias de alimentos.

O aquecimento ôhmico pode ser usado para diversas aplicações, como branqueamento, descongelamento, evaporação, pasteurização, esterilização, desidratação, extração, destilação, inativação microbiana e enzimática, cocção, amolecimento de tecidos (favorecendo operações de descasque), além da produção asséptica de alimentos prontos para consumo, que podem ser armazenados à temperatura ambiente (sendo, por exemplo, ideais para militares e astronautas). A configuração do sistema de AO é determinada de acordo com a aplicação e o tipo de processo desejado (por exemplo, em lote ou contínuo). Entretanto, um equipamento ôhmico básico deve incluir os seguintes elementos: transformador de voltagem variável (0 e 400 V) para ajuste da voltagem, fonte de alimentação de corrente alternada (CA) para fornecer energia elétrica ao sistema, célula ôhmica para acondicionar a amostra, um par de eletrodos para transmitir energia elétrica ao alimento, termopar para aferir a temperatura, sistema de aquisição de dados para mensurar corrente e voltagem, e um computador para registrar os dados, conforme ilustrado no diagrama esquemático da Figura 10.2.

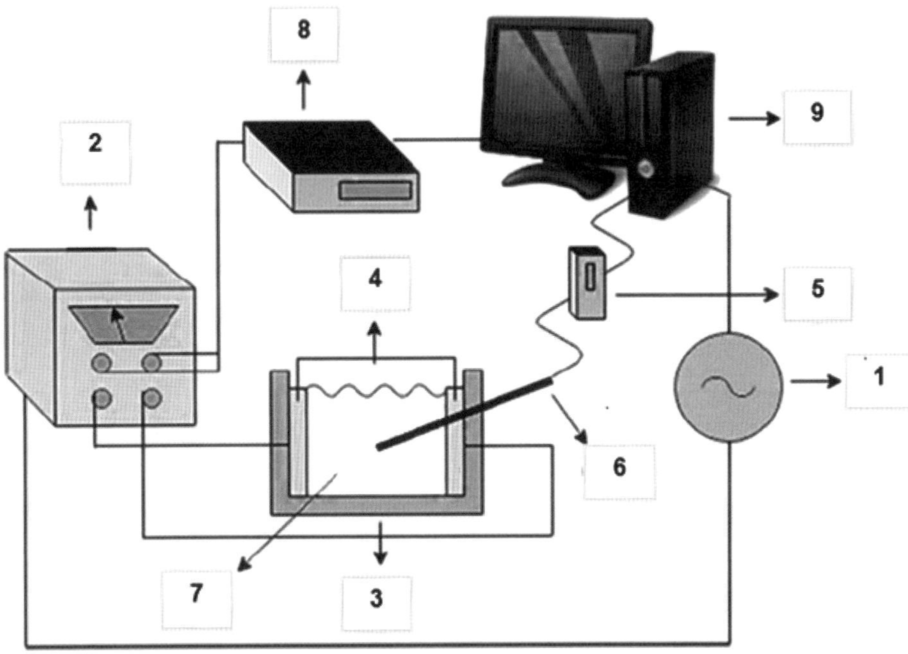

Figura 10.2 – Diagrama esquemático de um sistema de AO piloto. 1: fonte de alimentação de corrente alternada; 2: transformador de voltagem variável; 3: célula ôhmica; 4: eletrodos; 5: termopar; 6: sensor do termopar; 7: amostra; 8: data *logger*; 9: computador.
Fonte: Salari & Jafari, 2020.

O design de um aquecedor ôhmico pode seguir três tipos de configuração: em lote/batelada, transversal ou colinear (Figura 10.3). Na configuração em lote, não há escoamento, pois o fluxo do meio aquecido não é importante, tornando-se estático. Os eletrodos podem ser coaxiais ou planos e paralelos. Este último projeto é indicado para uso laboratorial, pois possui aplicação simples que facilita o cálculo de parâmetros importantes (condutividade elétrica, tempo de aquecimento e uniformidade do processo), assim como o monitoramento do efeito da tecnologia na qualidade final do produto. A configuração transversal utiliza principalmente um sistema contínuo, sendo ideal para produção em larga escala. Nesse layout, a amostra flui em paralelo aos eletrodos, perpendicular ao escoamento e à força do campo elétrico. Os eletrodos podem ser planos ou coaxiais com um leve espaçamento entre eles. Por fim, existe a configuração colinear, na qual o produto flui de um eletrodo para o outro, com fluxo paralelo à força do campo elétrico. A distância entre os eletrodos é maior nesse design quando comparado aos demais.

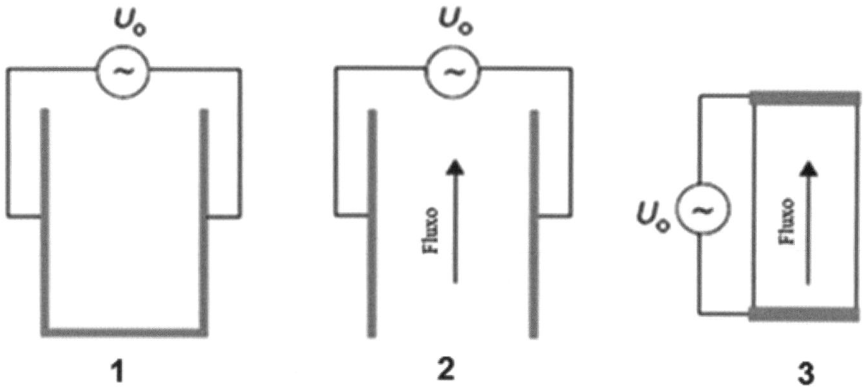

Figura 10.3 – Configurações utilizadas em projetos de sistemas ôhmicos: (1) lote; (2) transversal; e (3) colinear.
Fonte: Goullieux & Pain (2005).

Atualmente, os aquecedores ôhmicos contínuos utilizados em escala industrial são compactos e podem ser integrados com facilidade a linhas de processamento existentes sem transtornos em relação ao *layout*. Além disso, eles são construídos em uma base modular, o que permite adicionar módulos a fim de aumentar a potência e a capacidade de uma planta. Os aquecedores possuem uma tubulação oca com seções grandes, cerca de 50 a 100 mm, que permitem o bombeamento do produto com menores riscos de danos mecânicos pelo deslocamento. Nesses tubos, se intercalam seções eletricamente isolantes, que são tubos dielétricos responsáveis pelo aquecimento do produto, e seções eletricamente condutoras, que contêm eletrodos anulares.

Nos aquecedores ôhmicos com escoamento laminar, a amostra flui rapidamente pelo eixo do tubo, que pode atingir até o dobro da velocidade média e, assim, provocar o subaquecimento do produto. No entanto, diferentes fases de aquecimento podem ser empregadas com o intuito de minimizar oscilações de temperatura entre cada fase. Dessa forma, um tubo curvo é usado para conectar cada fase à seguinte, conforme ilustrado na Figura 10.4.

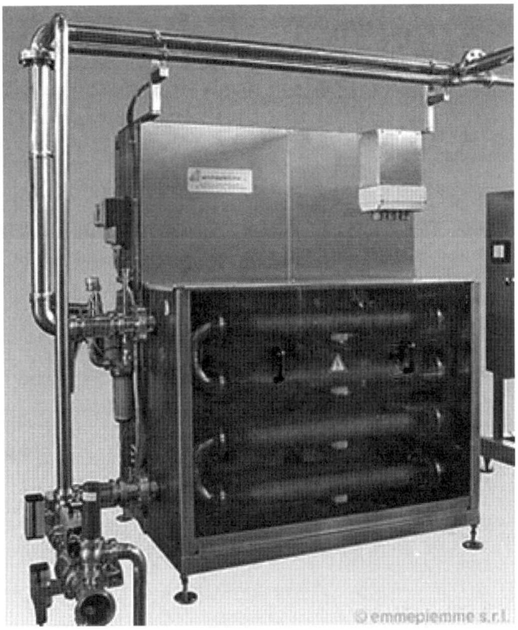

Figura 10.4 – Exemplo de aquecedor ôhmico com quatro fases de aquecimento.
Fonte: Emmepiemme SRL, 2021.

Geradores especiais são utilizados para transmitir energia elétrica aos eletrodos, com o objetivo de tanto isolar o circuito do eletrodo da rede elétrica quanto fazer o ajuste da resistência gerada pelo aquecimento do produto (impedância elétrica da carga) à rede elétrica. A quantidade de geradores necessários varia de acordo com as propriedades do produto, a diferença de temperatura que se deseja alcançar e a potência total requerida. A potência de um único gerador, dependendo da sua aplicação, pode variar de 5 a 100 kW, enquanto a potência total de um aquecedor industrial pode ser superior a 1 MW.

Os eletrodos são instalados no início e no final do aquecedor e interligados ao sistema e ao potencial de terra. Eles devem ser confeccionados com materiais altamente condutores e não corrosivos, a fim de evitar a corrosão com migração de íons metálicos (Fe, Cr, Ni, Mn e Mo), O_2, H_2 e radicais livres para os alimentos. Os íons metálicos, além de contaminantes considerados tóxicos, são responsáveis pela formação de complexos a partir dos constituintes dos alimentos e por catalisar reações de oxidação em lipídeos. Da mesma forma, o oxigênio e os radicais livres também provocam reações oxidativas indesejáveis em diversos constituintes alimentícios.

As reações eletroquímicas nas interfaces do eletrodo/produto podem ocorrer durante o AO devido à aplicação de corrente alternada com baixa frequência (50 ou 60 Hz), ao pH do produto, às propriedades físico-químicas do eletrodo e à largura e tempo de atraso do pulso. Eletrodos produzidos com titânio revestidos com platina são inertes à corrosão em diferentes valores de pH, sendo, portanto, indicados para evitar reações de eletrólise em aquecedores que operam em redes de baixa frequência. Por outro lado, aquecedores industriais em geral utilizam eletrodos de aço inoxidável, porque não operam em alta frequência (cerca de 20 kHz), ou seja, fenômenos eletrolíticos não são observados.

APLICAÇÕES

PROCESSAMENTO TÉRMICO

As tecnologias baseadas em protocolos elétricos de AO possuem diversas aplicações industriais. Na Tabela 10.1, constam exemplos de algumas das principais marcas de fabricantes de equipamentos e produtos associados em escala industrial. Em geral, o uso desse processo está mais relacionado ao processamento térmico de produtos com elevada viscosidade e sensíveis à degradação térmica e mecânica, como purês, sopas, molhos, geleias, polpas de fruta e alimentos ricos em proteína (por exemplo, ovo líquido). Muitos desses produtos possuem mais de uma fase na sua composição, podendo conter pequenas fibras e partículas sólidas (mais de 50 mm) dispersas na fase líquida.

Tabela 10.1 – Exemplos de fabricantes de equipamentos de aquecimento ôhmico (AO) em escala industrial

Fabricante	Especificações de produto (de acordo com o fabricante)	Designação	País
Alfa Laval	Frutas, vegetais, molhos, sumos, refeições prontas para comer e ovo líquido	Sterilohm	Suíça
Raztek	Clara de ovo e ovo líquido	Electroheating	Estados Unidos da América
Emmepiemme	Frutas e derivados, vegetais, laticínios, produtos à base de ovo, algas, xaropes, molhos e refeições prontas	Ohmic Heater	Itália
Yanagiya	Produção de tofu	Joule Heating (BIG-J)	Japão
Kasag	Molhos (caramelo, baunilha chocolate, tomate), vegetais, produtos à base de carne, sopas e outros materiais alimentares semifluidos	Ohmic Heating	Suíça
JBT Corporate	Produtos líquidos, semilíquidos, concentrados e de alta viscosidade (contendo fibras), purês, sopas, preparados de frutas (geleia de frutas em cubos); sopa e molhos (incluindo produtos contendo partículas grandes, 50-70 mm)	Sterideal Ohmic Heating	Estados Unidos da América

CFT group	Frutas, vegetais (inteiros, em cubos, purês, sumos, polpas e sopas), refeições prontas; molhos, compotas e produtos particulados	Ohmic Series	Itália
C-tech innovation	Desenvolvimento de equipamentos em escala laboratorial e piloto (10 ton/h com temperatura f ± 1,5 °C)	C-Joule	Reino Unido
Group IAI (Agro Process)	Produtos líquidos e semilíquidos à base de fruta	Ohmic heating	Canadá

Essas aplicações são facilmente compreensíveis devido ao aquecimento interno e volumétrico, decorrente da aplicação de campos elétricos. No caso de produtos fluidos, como o leite e o ovo, o AO oferece um controle melhor da temperatura, evitando a desnaturação proteica excessiva, o que pode resultar na sua coagulação e na consequente formação de incrustações nos equipamentos tradicionais de processamento térmico – os trocadores de calor.

As incrustações são um problema nos tradicionais trocadores de calor de placas, por diminuírem a eficiência da transferência de calor, poderem criar quedas de pressão no caudal do fluido e, assim, forçarem interrupções na produção para executar operações de limpeza. Todos esses aspectos contribuem para perda de eficiência no processo. Por outro lado, tradicionalmente são utilizados trocadores de superfície raspada para o tratamento de produtos que possuem na sua composição partículas com elevada viscosidade. A necessidade de agitação nesses trocadores implica muitas vezes em danos na integridade de partículas sólidas pequenas (por exemplo, pedaços de fruta). Nesse tipo de produto, o AO oferece a vantagem de apresentar um design normalmente tubular, sem obstáculos no seu percurso, nem a necessidade de agitação (método de aquecimento direto e interno), o que reduz significativamente os níveis de estresse mecânico a que o produto é submetido e contribui para uma maior economia de energia.

EFEITOS DO AQUECIMENTO ÔHMICO NA QUALIDADE DOS ALIMENTOS

Enquanto os tratamentos térmicos convencionais provocam uma deterioração térmica adicional na qualidade do produto devido à distribuição desigual da temperatura, no AO são produzidos alimentos de alta qualidade com mínimas alterações nutricionais, estruturais e sensoriais, em virtude da taxa de aquecimento mais rápida e uniforme. Porém, conforme mencionado anteriormente na seção "Parâmetros que afetam o aquecimento ôhmico", a eficácia da tecnologia está condicionada aos diferentes parâmetros relacionados às características intrínsecas do alimento, ao design do equipamento e ao processo em si. Nesse sentido, a compreensão de tais parâmetros é essencial para a otimização do processo.

Na Tabela 10.2, constam várias pesquisas científicas recentes que avaliaram os efeitos do AO em relação aos aspectos físico-químicos de diferentes produtos alimentícios, seja isoladamente, seja em comparação aos tratamentos térmicos convencionais, por intermédio de diversos indicadores de qualidade, como perfil de ácidos graxos livres (FFA), teor de hidroximetilfurfural (HMF), lactulose, furosina, carboximetilisina, índice fluorescência de produtos avançados de Maillard e triptofano solúvel (FAST), produtos de glicoxidação, desnaturação e agregação de proteínas (β-lactoglobulina), pH, viscosidade, compostos voláteis, medições de cor (L*, a*, b*), mobilidade da água e compostos bioativos (2,2-difenil-1-picrilhidrazil [DPPH], fenólicos totais, recuperação da fluorescência após a fotodegradação [FRAP], atividades inibitórias da enzima conservadora de angiotensina [ECA], α-amilase e α-glucosidase, e atividade antioxidante), além de avaliação sensorial por meio de testes de aceitação do consumidor, impulsionadores sensoriais, teste de elicitação de atributo preferencial (PAE) e método de verificação *Temporal Check-all-that-apply* (TCATA).

De uma forma geral, pode-se confirmar a importância da composição e das características físicas e reológicas dos alimentos para aumentar a condutividade elétrica e proporcionar um aquecimento uniforme. Embora a condutividade seja considerada o parâmetro mais relevante no AO, fatores como a frequência e principalmente a intensidade do campo elétrico e a voltagem também exercem forte influência sobre a taxa de aquecimento do processo. Portanto, a escolha adequada das condições operacionais aumenta a taxa aquecimento, o que reduz o tempo de processamento, aumenta a eficiência energética, evita perdas econômicas e, concomitantemente, reduz os danos térmicos, preservando os aspectos nutricionais, funcionais e sensoriais do produto.

Em 2021 foram publicadas as diretrizes de como relatar as condições de tratamento para tecnologias emergentes no processamento de alimentos com o escopo de padronizar métodos experimentais e, assim, assegurar a reprodutibilidade dos experimentos, além de fornecer à indústria uma forma de explorar essas tecnologias. Os autores reportaram que estudos envolvendo o efeito do AO na qualidade dos alimentos em comparação ao aquecimento convencional (AC) devem reportar os seguintes aspectos: composição do produto e condutividade elétrica em função da temperatura; diagramas do sistema detalhados com as dimensões e materiais; se foram utilizados aquecedores separados para AO e AC e qual o tipo (contínuo ou em lote); históricos de temperatura; e meio de aquecimento. Além disso, para o AO, devem ser inclusas a curva de condutividade elétrica-temperatura do produto, a tensão, a frequência e a distância entre os eletrodos, a direção do campo em relação ao fluxo (paralelo ou perpendicular) e a temperatura de entrada e saída. Para o AC, devem ser inclusos o tipo de trocador de calor, os materiais, a temperatura média, de entrada e de saída da amostra e do meio de aquecimento. Para ambos, descrevem-se a taxa de fluxo do produto, a geometria do tubo, a velocidade média do produto e os dados reológicos da amostra.

Tabela 10.2 – Exemplos dos efeitos do AO nos parâmetros de qualidade em diferentes tipos de alimentos

Alimento/ objetivo do processo	Parâmetros do processo	Principais efeitos	Referências
Camarões (4)	AO (15 A, 0-250 V, 50 Hz, 72 °C) AC (72 °C)	Não foram observadas diferenças para perda de cozimento e textura entre os métodos de cozimento. O tamanho do camarão influenciou o efeito do AO nas diferenças de cor, que foram maiores nos camarões grandes. Porém, camarões cozidos ohmicamente tiveram menor variação na cor quando comparados aos cozidos pelo AC	Lascorz et al. (2016)
Carne bovina (1)	AO (12 V/cm, 72 °C) AC (72 °C)	As carnes cozidas por AO tiveram menores danos às proteínas do que as cozidas por AC, o que contribui para a menor perda de cozimento, maior maciez e melhor cor	Tian et al. (2016)
Suco de manga (1)	AO (40 V/cm, 80 °C e tempo de espera por 60 s)	Maior inibição do polifenol oxidase e da pectina metil esterase, com menor temperatura e tempo de tratamento no AO. O AO melhorou as propriedades funcionais do suco (redução significativa no valor do ácido ascórbico, carotenoides totais e aumento no conteúdo fenólico) comparado ao AC	Abedelmaks et al. (2018)
Bebida láctea de acerola (1)	AO (10, 100 e 1.000 Hz, 25 V; 45, 60 e 80 V, 60 Hz; 65 °C/30 min) AC (65 °C/30 min)	As bebidas processadas com ambos os métodos tiveram comportamento pseudoplástico ($n < 1$), maior saturação ($C*$), menor coloração avermelhada ($h°$) e variações de cor mais altas ($\Delta E*$). Na análise de microestrutura, AO (1.000 Hz e 25 V; 80 V e 60 Hz) rompeu a estrutura celular. Os melhores resultados foram observados em frequências e voltagem mais baixas (≤ 100 Hz e 45 V)	Cappato et al. (2018a)
Bebida láctea de acerola (1)	AO (10, 100 e 1.000 Hz, 25 V; 45, 60 e 80 V, 60 Hz; 65 °C/30 min) AC (65 °C/30 min)	A redução da frequência (1.000-10 Hz) diminuiu os compostos bioativos e a capacidade antioxidante das amostras, exceto para os valores de DPPH. Houve diferença nos comportamentos térmicos, perfil de ácidos graxos e compostos voláteis, em função dos parâmetros utilizados (voltagem e frequência)	Cappato et al. (2018b)

Soro de leite doce (1)	AO (2, 4, 5, 7 e 9 V/cm, 60 Hz, 72-75 °C/15 s) AC (72-75 °C/15 s)	Os efeitos do AO nas características do soro de leite doce variaram em função da intensidade do campo elétrico aplicado. Maior saturação, maior variação de cor e luminosidade foram observadas em campos elétricos baixos. Afetaram negativamente os compostos bioativos (capacidade antioxidante e atividade inibitória da ECA dos peptídeos bioativos). AO (4 e 5 V/cm) exibiu um perfil sensorial semelhante de perfil sensorial e níveis mais elevados de compostos voláteis	Costa et al. (2018)
Gemas e clara do ovo (1)	AO (30 V, 20-90 °C, 20 kHz) AO (20-90 °C)	Mudança drástica de cor a partir de 75 °C. Correlação da mudança de cor com a desnaturação da proteína tanto para as gemas e claras, independentemente do tratamento aplicado	Llave et al., (2018a)
Carne bovina (1)	AO (5-65 °C, 50 V, 50 Hz-20 kHz)	Baixa perda de gotejamento devido ao cozimento e encolhimento nas amostras por AO (20 kHz e 50 V). O aumento da frequência causou uma queda na resistência e um aumento na taxa de aquecimento, diminuindo o tempo de aquecimento necessário para os músculos da carne, devido ao seu alto teor de água e baixo teor de gordura	Llave et al. (2018b)
Leite de vaca, búfala e misturado (50:50) (3)	AO (13,33 V/cm/75 min sob condições atmosféricas)	O AO aumentou significativamente os ácidos graxos livres, viscosidade aparente, teor de hidroximetilfurfural, valores de cor instrumental (vermelhidão -a* e amarelo -b*). Porém, o pH e a brancura (L*) do leite concentrado diminuíram significativamente. Além disso, o AO diminuiu drasticamente as contagens microbiológicas do leite	Parmar et al. (2018)
Ovo inteiro (1)	AO estático (65 °C/3 min, 70 °C/1 min, 67 °C/4,5 min, 20 kHz) AO contínuo (71 °C/0,6 min, 68 °C/1,4 min)	O AO piorou a viscosidade aparente (foi aumentada), mas melhorou as propriedades de formação de espuma e de gelificação do ovo inteiro, que foram semelhantes às do ovo não tratado	Alamprese, Cigarrini & Brutti (2019)

Carne suína (1)	AO (21 ± 1 V/cm, 2, 2,5 e 3 min, 70 °C) AC (70 °C)	A carne suína cozida ohmicamente apresentou menor tempo de processamento. Não foram observadas alterações significativas entre os dois tratamentos em relação à perda de cozimento na cor e na capacidade de retenção de água, exceto no cozimento ôhmico de 2 e 2,5 min	Ángel-Rendón et al. (2019)
Pão sem glúten (2)	AO (1.000 V, 12 kHz, diferentes perfis de aquecimento, 0,5-7,5 kW/0,25-10 min) AC (180 °C/60 min)	Os pães assados pelo AO tiveram melhores propriedades funcionais (vol. específico: 2,86-3,44 cm^3/g; elasticidade relativa: 45,05%–56,83%; porosidade: 35,17%–40,92%) do que os pães assados pelo AC (vol. específico: 2,60 cm^3/g; elasticidade relativa: 44,23%; porosidade: 37,63%) e em menor tempo de processamento	Bender et al. (2019)
Grãos de milheto (1)	AO (60 Hz, 98 °C ± 2 °C) AC (98 °C ± 2 °C)	O AO não afetou os índices de solubilidade em água (WSI) e absorção de água (WAI). Porém, a textura e a cor dos grãos decorticados foram significativamente afetadas pelo AO, resultando em maior L*, do que pelo AC, enquanto a viscosidade foi semelhante em ambos os métodos	Dias-Martins et al. (2019)
Bebida láctea de framboesa (1)	AO (10, 100 e 1.000 Hz, 25 V; 45, 60 e 80 V, 60 Hz, 65 °C/30 min) AC (65 °C/30 min)	Ambos os processos aumentaram os parâmetros de cor nos primeiros 30 min. Para os tratamentos 10 Hz e 1.000 Hz–25 V, observou-se maior viscosidade e aumento nos valores de D [4,3] e D [3,2], os quais estão relacionados com o tamanho das partículas. Os parâmetros térmicos foram semelhantes. A microestrutura confirmou a agregação da estrutura celular. As bebidas tratadas ohmicamente tiveram menor teor de antocianinas do que as tratadas no AC. Enquanto as condições intermediárias leves (10 e 100 Hz–25 V; 45 e 60 V–60 Hz) tiveram maior atividade antioxidante quando comparadas às condições mais extremas (1.000 Hz–25 V e 80 V–60 Hz)	Ferreira et al. (2019a, b)
Arroz (1)	AO (2 e 45 GHz, 7,5 min) AC (15 min) Micro-ondas (15 min)	O tratamento ôhmico afetou negativamente a cor. Porém, resultou em maiores taxas de amolecimento em comparação ao AC. Além disso, o AO consumiu apenas 69% da energia necessária no processo de micro-ondas para uma diminuição de 50% da dureza inicial dos grãos de arroz	Gavahian, Chu & Farahnaky (2019)

Macarrão instantâneo (1)	AO (10, 12,5, 15 e 17,5 V/cm; 30, 60, 90 e 120 s, 100 °C) AC (100 °C/2 min)	O tratamento por AO (15 V/cm/90 s) rendeu maior desempenho, proporcionando melhores qualidades texturais de dureza. Portanto, o AO promoveu a cocção rápida de macarrão instantâneo com boas qualidades texturais e eficiência energética	Jo & Park (2019)
Suco de laranja (1)	AO (30 V/cm, 50 Hz) Micro-ondas (75 °C/26 s) AC (76,8 °C, 15 s) Alta pressão (600 MPa/3 min)	Não houve diferenças significativas nos atributos de qualidade das amostras em todas as tecnologias aplicadas	Atuonwu et al. (2020)
Patê de peixe (2)	AO (5 V/cm, 50 Hz, 78 °C) AC (78 °C)	Comparado ao AC, o AO reduziu significativamente o tempo de processo, eficiência energética e consumo de energia, mantendo os parâmetros de qualidade do produto	Aydin, Kurt & Kaya (2020)
Caldo de cana-de-açúcar (1)	AO (75 °C, 7,8 V/cm, 25 min) AO (75 °C/25 min)	Amostras tratadas ohmicamente tiveram maior inativação enzimática do que as tratadas por AC. O açúcar da amostra promoveu um efeito estabilizador na estrutura da enzima quando exposta ao campo elétrico, atrasando a desnaturação	Brochier et al. (2020)
Suco de uva (melaço) (3)	AO (15, 20, 25 e 30 V/cm, 50 Hz) AC (90 °C)	Amostras tratadas pelo AO tiveram maior atividade antioxidante, menor acidez titulável e alteração de pH do que pelo AC. Os danos sensoriais também foram mínimos. Os métodos de aquecimento não tiveram efeito significativo no conteúdo de fenol. Portanto, o AO melhorou significativamente a qualidade do melaço	Darvishi et al. (2020a)
Suco de amora preta (3)	AO (15, 20, 25 e 30 V/cm, 50 Hz)	O maior campo elétrico aplicado causou menor alteração no pH e na concentração de compostos fenólicos comparado às amostras processadas pelo AO. A condutividade elétrica aumentou proporcionalmente a concentração da amostra e de demais variáveis do processo (conteúdo de água, temperatura da amostra e gradiente de tensão)	Darvishi et al. (2020b)

Atum congelado (4)	AO (40, 50 e 60 V), ar parado (25 °C) e água (27 °C e 40 °C) em diferentes concentrações de salmoura	O tempo de descongelamento no tratamento ôhmico por imersão (50 V: 0,3% de salmoura) foi 5,95 vezes menor do que nas condições convencionais. Menores perdas no degelo e no cozimento foram observadas nos tratamentos ôhmicos	Fattahi & Zamindar (2020)
Sobremesa láctea de mirtilo (1)	AO (1,82, 3,64, 5,45, 7,30, 9,1 V/cm, 90 °C/3 min) AC (90 °C/3 min)	À baixa intensidade de campo elétrico, as amostras apresentaram melhores características funcionais (concentração de compostos fenólicos, inibição de α-glicosidase, α-amilase e ECA [enzima conversora de angiotensina]) comparadas às do controle, enquanto a maior intensidade promoveu efeitos deletérios nas características funcionais	Kuriya et al. (2020)
Bebida láctea (1)	AO (6 V/cm, 60 Hz, 57,5-60 °C/4,5 por 38 min) AC (57,5-60 °C/4,5 por 38 min)	O AO causou maior taxa de inativação de *Listeria mococytogenes* do que o AC. Além disso, as bebidas tratadas por AO tiveram menores valores de pH e hidroximetilfurfural e melhores escores sensoriais, apesar do menor brilho observado nas medidas de cor	Pereira et al. (2020)
Fórmula infantil (1)	AO (8, 12, 16, 20 e 24 V/cm, 72-75 °C/15 s) AC (72-75 °C/15 s)	As fórmulas tratadas ohmicamente tiveram menor formação de hidroximetilfurfural, maior índice de alvura e menor viscosidade, resultando em boa preservação do valor nutricional. Adicionalmente, isoamilol, heptan-2-ona, octan-3-ona, nonan-2-ona, ácido butanoico e ácido isovalérico foram detectados nas fórmulas tratadas pelo AO, o que contribuiu para seu aroma	Pires et al. (2020)
Queijo Minas Frescal (5)	AO (4, 8 e 12 V/cm, 72 °C/15 s, 60 Hz) AC (72-75 °C/15 s)	Os queijos produzidos com leite processado pelo AO apresentaram maior atividade antioxidante, anti-hipertensiva e antidiabética, assim como maiores concentrações de ácidos graxos de cadeia curta, média e longa. O AO também reduziu a elasticidade, dureza e firmeza, melhorando a aceitação e o perfil sensorial. Não foram observadas diferenças significativas entre os queijos para a maioria dos atributos sensoriais	Rocha et al. (2020a, b)

Doce de leite (5)	AO (2, 4, 6, 8 e 10 V/cm, 72 °C/15 s, 60 Hz) AC (72-75 °C/15 s)	O leite tratado com AO melhorou os parâmetros de qualidade do doce de leite, reduziu os níveis de hidroximetilfurfural e aumentou a homogeneidade do produto. Além disso, a composição físico-química, o perfil de ácidos graxos e os índices de saúde dos produtos permaneceram inalterados. Campo elétricos mais altos (> 6 V/cm) reduziram de 14% a 78% o tempo de processo, melhoraram o perfil de voláteis e aumentaram os escores de brilho, fluidez e sabor de doce de leite, o que resultou na melhor percepção dos atributos sensoriais desejáveis	Silva et al. (2020a, b)
Suco de cereja (3)	AO (8,3-13,9 V/cm, 50 Hz) AC (amostras concentradas até o mesmo conteúdo de água do AO, temperatura medida)	A taxa de aquecimento foi maior no AO, principalmente nas voltagens mais altas. Não houve diferença significativa quanto à acidez entre as voltagens aplicadas, com exceção de 35 V = 9,7 V/cm, que foi semelhante ao AC. Menor turbidez e alterações na cor foram observadas no suco processado pelo AO comparado ao AC	Norouzi, Fadavi & Darvishi (2021)

1 – Pasteurização; 2 – Esterilização; 3 – Concentração; 4 – Descongelamento; e 5 – Pasteurização do leite destinado a elaboração de produtos lácteos. AO: aquecimento ôhmico; AC: aquecimento convencional; DPPH: 2,2-difenil-1-picrilhidrazil; e ECA: enzima conversora de angiotensina.

OUTRAS APLICAÇÕES

Concentração

A concentração é um processo que remove determinada quantidade de água do alimento líquido com o objetivo de evitar a deterioração por ação microbiana e enzimática, além de reduzir perdas de qualidade durante a estocagem e diminuir os custos com embalagem, transporte, armazenamento e distribuição. É particularmente importante para a preservação de algumas frutas frescas, consideradas valiosas por fornecerem diversos benefícios à saúde, como cereja, romã, amora e uvas, cuja colheita sazonal limita o seu consumo *in natura*. Portanto, o aumento da concentração de sucos de fruta tem sido uma estratégia eficaz para prolongar sua vida de prateleira e evitar perdas econômicas.

A utilização do aquecimento térmico convencional/evaporação térmica como processo de concentração resulta na formação de componentes indesejáveis que contribuem para a perda da qualidade geral e para o elevado consumo de energia, devido ao mecanismo indireto de transferência de calor para os alimentos, que estende o tempo total de processamento. Métodos alternativos de concentração por membrana e congelamento foram investigados, mas possuíam elevado custo para instalação e manutenção operacional, dificuldades para alcançar altos valores de sólidos solúveis totais, além de problemas com incrustação relacionada ao processo de membrana.

Em contraste, o AO tem sido usado como uma excelente técnica na produção de sucos de fruta concentrados de alta qualidade com maior conteúdo de sólidos totais, diminuição do tempo de processo e uso eficiente de energia. Por exemplo, para concentração de suco de tomate sob diferentes gradientes de voltagem, observou-se uma diminuição significativa nos tempos de processamento, de 28 a 32 minutos para 4,3 minutos, que resultou no menor consumo energético, de 4,63 para 3,05 MJ/kg de água. Os valores ideais de tempo de processamento, pH, cor e consumo específico de energia foram obtidos quando utilizada a maior intensidade do campo elétrico. Resultados semelhantes foram obtidos em outros estudos, que reportaram uma diminuição no tempo de processo e no consumo de energia específica conforme o aumento da intensidade do campo elétrico, o que proporcionou maior taxa de geração de calor em relação à evaporação convencional nos sucos de tomate, romã e cereja azeda.

Em relação aos parâmetros de qualidade, o AO teve um impacto positivo no suco de uva concentrado quando comparado ao AC. As amostras tratadas ohmicamente apresentaram maior atividade oxidante, influenciada pelo aumento do gradiente de voltagem. Além disso, as alterações no pH e na acidez titulável foram superiores nos sucos concentrados pelo AC do que pelo AO. O conteúdo total de fenol não foi afetado pelos tratamentos. Em relação ao tempo de processamento e economia de energia, foram cerca de 2,4 a 7,2 vezes e 6,3 vezes, respectivamente, menores nos tratamentos ôhmicos. Portanto, o AO melhorou significativamente a qualidade e a quantidade dos sucos de uva concentrados. No entanto, observou-se que o valor do conteúdo total de fenol foi cerca de 3 a 4,5 vezes maior nos sucos de amora preta concentrados pelo AO do que no AC, enquanto as alterações no pH foram mínimas no gradiente de voltagem mais alto e a energia consumida pelo AO foi cerca de 4,6 a 5,3 vezes menor do que pelo AC.

Além de sucos de fruta, o efeito do AO também foi avaliado em relação às características físico-químicas, reológicas, sensoriais e microbianas na concentração dos leites de vaca, búfala e na mistura de ambos (50:50) comparado à evaporação convencional. O AO aumentou significativamente os ácidos graxos livres (FFA), viscosidade aparente, o conteúdo de hidroximetilfurfural (HMF), e valores de cor instrumental (vermelhidão - a* e amarelo - b*). No entanto, o valor do pH e a brancura (L*) do leite concentrado foram reduzidos significativamente. O AO, além de causar uma elevada queda nas contagens microbianas, também proporcionou uma vida de prateleira prolongada ao leite concentrado.

Descongelamento

O congelamento envolve a redução da atividade de água por meio da conversão da água líquida na estrutura dos materiais alimentares em gelo, o que contribui para a redução das atividades microbianas e enzimáticas. Portanto, o processo de descongelamento é um fator crítico para o controle da segurança microbiológica e manutenção das características físico-químicas do produto congelado e deve ser realizado o mais rápido possível, em baixas temperaturas. No descongelamento convencional por refrigeração (4 °C) ou água corrente (4 °C), a superfície do alimento é rapidamente descongelada, porém forma-se uma camada-filme que retarda a transferência de calor entre o alimento e o ambiente, o que torna o descongelamento muito demorado, aumentando as chances de crescimento microbiano e de lixiviação de proteína solúvel, com posterior degradação da qualidade do produto. Além disso, há o risco de contaminação cruzada, elevado consumo de energia e água residual.

Por outro lado, no descongelamento por AO, a energia elétrica convertida em térmica devido à resistência do material alimentar é usada para aquecer o alimento congelado até sua temperatura inicial de descongelamento e, posteriormente, para a mudança de fase da água congelada para líquida. O método de descongelamento ôhmico proporciona vantagens, como a alta taxa de aquecimento e geração de calor distribuído de forma rápida e uniforme através do produto, o que reduz substancialmente o tempo de descongelamento, promovendo uma alta eficiência energética e, principalmente, minimizando as alterações nos atributos de qualidade e no crescimento microbiano dos produtos congelados.

O uso de AO no descongelamento de carne reduziu a perda de peso e o tempo do processo quando comparado aos métodos convencionais. Tais achados corroboram com os resultados observados no atum descongelado por AO, em que o tempo de descongelamento dos músculos foi diminuído após o aumento da frequência elétrica, o que provocou a redução da resistência e, consequentemente, o aumento na taxa de aquecimento. Além disso, verificou-se que a condutividade elétrica e a redução no tempo de processamento foram maiores no músculo que continha maiores teores de umidade e gordura.

As propriedades viscoelásticas de amostras de carne picada com quantidades diversas de gordura submetidas a diferentes métodos de descongelamento (água fria corrente, refrigeração e ôhmico) foram determinadas por meio de testes reológicos. Os valores dos módulos de armazenamento, perda e complexo, tangente de perda, viscosidade dinâmica e viscosidade complexa das amostras aumentaram proporcionalmente à quantidade de gordura. Verificou-se que os valores do módulo das amostras aumentaram em função do aumento da frequência elétrica, que, por sua vez, levou à redução dos valores de viscosidade dinâmica e complexa. As amostras de carne picada descongeladas por métodos distintos tiveram valores de conformidade recuperáveis. Além disso, foram observadas alterações na cor da carne descongelada ohmicamente conforme o aumento do teor de gordura, enquanto os valores referentes à perda por gotejamento se mantiveram em níveis aceitáveis. O tempo de degelo ôhmico foi reduzido em torno de 64% a 87% quando comparado aos demais métodos de descongelamento.

Também foram investigados descongelamento de cubos de atum por intermédio do AO por imersão em salmoura, variando os níveis de voltagem (40, 50 e 60 V) e de concentração salina (0,3, 0,4 e 0,5% p/v), e o descongelamento convencional por ar parado e por água a 27 °C e 40 °C. De acordo com os resultados obtidos, o descongelamento ôhmico por imersão reduziu de forma significativa o tempo do processo dos cubos de atum ($p \leq 0,01$). O tempo de degelo mais rápido foi atingido a 50 V e concentração salina de 0,3% p/v. Adicionalmente, as menores perdas por descongelamento ocorreram no tratamento ôhmico.

Fermentação

A fermentação é um dos processos mais antigos para a preservação de alimentos. Consiste em uma série de transformações químicas de compostos orgânicos complexos em componentes menores pela ação de enzimas produzidas por microrganismos. Atualmente, há perspectivas de que tecnologias emergentes, como alta pressão, ultrassom, CEP, CEM e AO, possam ser empregadas em indústrias com o intuito de auxiliar na redução do tempo de fermentação de bioprocessos e, assim, aumentar a eficiência energética, reduzindo os custos e aumentando o rendimento e, consequentemente, a qualidade final do produto fermentado. Por outro lado, até o momento, estudos sobre o potencial uso do AO em processos fermentativos ainda são limitados, quando comparados aos efeitos do campo elétrico na redução da viabilidade de microrganismos patogênicos e deteriorantes que têm sido extensivamente revisados, conforme descrito anteriormente na seção "Processamento térmico".

O AO é uma tecnologia adequada para fornecer de forma rápida, instantânea e volumétrica a temperatura necessária a um lote de fermentação e, assim, acelerar o processo fermentativo. O processo ôhmico, com baixa intensidade de campo elétrico, reduziu em 18 vezes o período de latência para a fermentação de culturas de *L. acidophilus* OSU133, incubadas a 30 °C, quando comparado ao tratamento por aquecimento convencional. Observou-se que a interação entre a temperatura de fermentação e o método de aquecimento com campo elétrico (ambos mais baixos) pode ter contribuído para facilitar o transporte de nutrientes para dentro da célula, devido à eletroporação da membrana celular.

Da mesma forma, o tratamento por AO contribuiu para o aumento da taxa de aquecimento e, por conseguinte, reduziu o tempo necessário para que a massa de pão alcançasse a taxa de expansão desejada (em torno de 50%) no processo fermentativo, por meio da diminuição da fase de latência no começo da fermentação – 58 minutos para o aquecimento térmico convencional e apenas 20 minutos para a fermentação assistida pelo AO. Por outro lado, verificou-se que o gradiente de voltagem na faixa compreendida entre 50 e 150 V não afetou a cinética da prova da massa de pão, enquanto na prova da massa sem glúten, também assistida por AO em um sistema semelhante, a tecnologia foi uma ferramenta eficiente para a melhor compreensão da formação da estrutura do miolo e controle da temperatura da fermentação para a estabilidade da massa, com o escopo de obter pães com maior volume e de miolo com estrutura mais fina.

O impacto do AO na redução da acidez do café Arábica durante a fermentação dos grãos sob diferentes condições de tempo e temperatura foi avaliado a fim de selecionar as condições ideais do processo fermentativo. De acordo com os resultados observados, a acidez total variou em função das condições operacionais: o menor tempo aliado à maior temperatura reduziu a acidez total de 0,53 para 0,18 durante 18 horas de fermentação nas temperaturas constantes de 30 °C. Nesse sentido, considerou-se que o processo de fermentação ôhmico é uma ferramenta eficiente para redução da acidez total dos grãos de café, contribuindo assim para produção de um café Arábica de alta qualidade.

Extração

Além de ser usado como método térmico de preservação de alimentos, o AO tem sido aplicado com sucesso na extração de compostos bioativos de materiais vegetais, com alto valor agregado, pois podem ser fontes de compostos fenólicos com potenciais efeitos biológicos positivos na saúde humana, como propriedades antioxidantes, anti-inflamatórias, antimicrobianas, anticancerígenas e antimutagênicas.

Os processos de extração convencionais possuem longos períodos de extração e elevadas temperaturas que podem levar à oxidação e à desnaturação dos compostos fenólicos, resultando em baixas concentrações de extração. O AO minimiza tais danos ao promover um aquecimento rápido e homogêneo. Além disso, o aumento da intensidade do campo elétrico, aliado ao aumento da temperatura, provoca a permeabilização da membrana celular, aumentando a liberação de compostos fenólicos dos tecidos vegetais.

Os efeitos do AO com campos elétricos moderados foram avaliados na extração de compostos fitoquímicos da batata colorida. De acordo com os resultados, o uso de campos elétricos de baixos níveis de energia quando combinados e otimizados com os efeitos térmicos, permitem a realização de um tratamento em uma única etapa com elevados rendimentos de extração de antocianinas e compostos fenólicos, com redução no tempo de tratamento e no consumo de energia. Posteriormente, em outro estudo, o AO foi aplicado como pré-tratamento elétrico para obtenção de antocianinas extraídas da casca de uva variando temperatura e tempo (40 °C/20 min e 40 °C a 100 °C/20 s). O pré-tratamento com AO contribuiu para o aumento da condutividade, bem como para os níveis de extração, a concentração de compostos fenólicos totais, os sólidos solúveis e a intensidade da cor vermelha dos extratos obtidos independentemente da temperatura.

Da mesma forma, quando aplicado na extração de pectina de resíduos de suco de laranja, verificou-se que o AO permitiu a obtenção de um rendimento de pectina significativamente maior do que o obtido pelo método convencional ($p < 0,05$). A temperatura foi o parâmetro mais determinante: os resultados comprovaram que o AO a 90 °C foi capaz de extrair a pectina de forma mais significativa do que a extração convencional, através da ruptura mais intensa da parede celular. Resultados semelhantes foram encontrados na extração de óleo de Gac aril em pó e de inulina a partir do pó do tubérculo de alcachofra de Jerusalém, cuja extração foi significativamente maior com o AO do que com o aquecimento convencional. O maior rendimento foi atribuído ao maior rompimento da parede celular do pó de Gac aril e à maior porosidade/permeabilidade do pó do tubérculo de alcachofra, ambos visualizados pela microscopia eletrônica de varredura.

A extração de compostos bioativos de resíduos da poda da videira foi realizada por meio do aquecimento convencional e do AO com variação da intensidade do campo elétrico e do tempo de extração. Foram analisados o conteúdo fenólico total, o perfil polifenólico e as atividades antioxidante, antimicrobiana e anticancerígena. O extrato obtido por AO com maior intensidade de campo elétrico apresentou melhor potencial anticancerígeno, assim como teor fenólico total significativamente maior em detrimento dos demais tratamentos ôhmicos que tiveram maior correlação com as atividades antioxidante, antimicrobiana e antiproliferativa. Os resultados obtidos sugerem que o AO é uma técnica eficaz para extração de compostos fenólicos de resíduos da poda de videira em relação aos métodos convencionais.

O AO usado em escala-piloto para extração de compostos bioativos de farelo de trigo sob diferentes intensidades de campo elétrico demonstrou economia de 63% do consumo de energia em relação ao método de extração convencional. Os extratos obtidos por AO continham maior teor de compostos bioativos e atividades antioxidantes do que os adquiridos pela extração convencional. Observou-se ainda que o aumento dos fenólicos totais e a eficácia antioxidante dos extratos estavam diretamente relacionados ao aumento da intensidade do campo elétrico. Além disso, a adição do extrato obtido por AO com a maior intensidade de campo elétrico no óleo de milho não só retardou a sua oxidação durante o período de estocagem de um mês, como prolongou a vida de prateleira por mais 15 dias.

EFEITOS NÃO TÉRMICOS

Outra grande vantagem do AO, ainda pouco explorada na área do processamento térmico, refere-se aos efeitos adicionais não térmicos na inativação microbiológica provocada pelo uso de campos elétricos. Diversos estudos indicaram possíveis efeitos de permeabilização nas membranas devido ao campo elétrico aplicado, o que traz a oportunidade de redefinir o binômio de tempo e temperatura do processamento térmico tradicionalmente estabelecido na indústria. No contexto da pasteurização de alimentos, o efeito e as vantagens do AO devem-se à sua natureza térmica, mas a presença de efeitos não térmicos, devido à permeabilização, ainda que com poucas estruturas celulares, pode resultar em menor tempo de processamento ou temperaturas mais baixas de aplicação para assegurar os níveis de inativação pretendidos, garatindo ainda mais as vantagens de processamento relatadas nas seções anteriores.

Na literatura, é possível encontrar diversas evidências científicas que comprovem o efeito adicional da eletropermeabilização durante o AO (Tabela 10.3), geralmente resultando em níveis mais elevados de inativação microbiológica. Os efeitos adicionais foram observados em bactérias como a *Escherichia coli*, *Salmonella enterica* e *Listeria monocytogenes* entre as temperaturas de 55 °C e 60 °C. Até mesmo em temperatura ambiente (menos de 30 °C) foi registrada a inativação adicional não térmica de soluções-modelo de *E. coli* ATCC 25922 quando submetidas a campos elétricos inferiores a 250 V/cm e com frequência elétrica de 50 Hz.

Igualmente interessantes são os efeitos reportados em formas mais resistentes à inativação, como é o caso dos esporos. Foi possível aumentar a letalidade de diferentes tipos de esporos – como exemplos, *Alicyclobacillus acidoterrestris* e *Bacillus coagulans* em sumos de laranja e tomate, respectivamente. Ainda não está claro se esse efeito pode ser consequência da frequência elétrica e possíveis efeitos de eletrólise, por exemplo, mas deve-se levar em consideração que esses mecanismos de inativação podem ser particulares de cada tipo de microrganismo, parâmetro operacional elétrico aplicado, e de outros fatores relacionados à própria composição da matriz alimentar e condutividade elétrica do produto.

Tabela 10.3 – Efeitos do AO na inativação de microrganismos em diversas matrizes alimentares

Microrganismos	Tratamento	Principais efeitos	Referências
Saccharomyces cerevisiae (em tampão fosfato)	20 °C-100 °C 10, 15 e 20 V/cm 60 Hz, 600 Hz, 6 kHz e 60 kHz *	Aumento da extração de material intracelular com o aumento do campo elétrico e frequência elétrica	Yoon et al., 2002
Escherichia coli em leite de cabra e *Bacillus licheniformis* (compota)	55 °C-80 °C 20-54 V/cm 50 Hz *	Diminuição do tempo de redução decimal	Pereira et al., 2007
Escherichia coli ATCC 25922 (em solução tampão)	< 25 °C 50-280 V/cm Onda sinusoidal a 50 Hz	Mudanças observadas na membrana celular Maior inativação	Machado et al., 2010
Esporos de *Alicyclobacillus acidoterrestris* (suco de laranja)	70 °C, 80 °C e 90 °C 30-50 V/cm 50 Hz *	Maior letalidade dos esporos com o tratamento elétrico. A intensidade do campo elétrica afeta a inativação nas temperaturas mais baixas	Baysal & Icier, 2010
Esporos de *Geobacillus stearothermophilus*	121, 125 e 130 °C 60 e 10 kHz *	Maior taxa de inativação dos esporos. Frequências de 10 kHz foram mais eficazes na inativação do que 60 Hz a 121 °C	Somavat et al., 2012

Escherichia coli O157:H7, *Salmonella Typhimurium* e *Listeria monocytogenes* (suco de laranja e tomate)	60 °C-80 °C 25-40 V/cm 60 Hz *	Aumento da taxa de inativação. Inativação dependente da intensidade de campo elétrico aplicado. Melhor preservação da cor e retenção de vitamina C	Lee et al., 2012
Escherichia coli O157:H7, *Salmonella enterica Serovar Typhimurium* e *Listeria monocytogenes* (em água peptonada e suco de maçã)	55 °C-60 °C 30-60 V/cm Onda sinusoidal a 20 kHz *	Eletroporação com efeitos adicionais na inativação a temperaturas subletais	Park & Kang, 2013
Escherichia coli O157:H7 e *Salmonella enterica Serovar Typhimurium* (em salsa)	90 °C 12,5 V/cm Onda quadrática, sinusoidal e de serra a 60-20.000 Hz	Inativação aumentou com a frequência. Não foi observada nenhuma influência dependente do tipo de onda aplicada	Lee, Ryu & Kang, 2013
Esporos de *Bacillus coagulans* (suco de tomate)	95 °C, 100 °C, 105 °C e 110 °C 13 V/cm 60 e 10 kHz *	Aumentou taxa de inativação	Somavat, Mohamed & Sastry, 2013
Esporos de *Bacillus cereus* (molho de soja comercial)	Unidade piloto de tratamento contínuo 105 °C (60 s) 26,7 V/cm Onda sinusoidal 25 kHz	Inativação de 5 log CFU/ml	Ryang et al., 2016

* Comparação com o aquecimento convencional utilizando a mesma cinética térmica, de forma a eliminar efeitos da variável temperatura

O mecanismo não térmico mais preponderante para as células vegetativas é a eletroporação. Os microrganismos têm compostos intracelulares eletricamente carregados, como cátions (K^+ e Na^+) e proteínas carregadas negativamente. A presença de um campo elétrico externo provoca um potencial transmembrana na membrana fosfolipídica, e compostos intracelulares carregados negativamente são atraídos pela carga positiva externa e vice-versa. Se a voltagem aplicada for superior ao limite da membrana, poros são formados na estrutura celular, resultando em lise da membrana e, consequentemente, morte microbiana. No caso de esporos, o ácido dipicolínico (DPA), que compreende 5% a 15% do peso seco dos esporos, é um dos principais fatores responsáveis por sua resistência térmica. A combinação de DPA e cálcio, formando o complexo Ca-DPA, está diretamente relacionada à desidratação do núcleo, característica do processo de esporulação. A interação desses compostos com o campo elétrico provoca um aumento na condutividade elétrica dos esporos, tornando-os mais suscetíveis aos efeitos elétricos. Esses resultados estão associados à maior eficiência do AO na inativação de micro-organismos, em comparação ao AC.

Tem sido reportado também um efeito adicional do AO relacionado à inativação química, atribuída à formação de radicais livres de oxigênio e hidrogênio, cloreto, hidroxila, hidroperoxila e íons metálicos. A formação de substâncias tóxicas temporárias, como o cloro livre, pode contribuir para a inativação microbiana durante o AO, e essas substâncias podem diminuir ou desaparecer imediatamente após o processo, não impactando na segurança do alimento.

A frequência utilizada no processo tem impacto significativo sobre os efeitos não térmicos. Em baixas frequências, o potencial transmembrana é menos oscilatório, estendendo o tempo para os íons intracelulares se conformarem ao campo elétrico. Assim, o número de íons unidos na parede celular interna é maior, aumentando o efeito não térmico. Por outro lado, em altas frequências, os mecanismos de inativação permanecem obscuros. Como o campo oscila mais vezes por segundo, pode ocorrer um maior número de colisões entre os íons e as paredes da membrana, o que pode causar mais danos às células. É importante enfatizar que o mecanismo sugerido carece de dados experimentais para verificação. A preponderância desses efeitos de baixa ou alta frequência depende da morfologia do microrganismo (por exemplo, seu conteúdo iônico) e das características do alimento analisado.

Outros efeitos não térmicos do AO promovidos pelas variáveis elétricas são reportados em várias enzimas alimentares, como polifenoloxidase, lipoxigenase, pectinase, fosfatase alcalina, β-galactosidase e α-amilase. Em alguns desses estudos, o AO foi comparado ao tratamento térmico convencional, sendo ambos realizados sob a mesma cinética térmica a fim de eliminar a temperatura como uma variável. No caso da lipoxigenase e polifenoloxidase, o AO possui um efeito adicional que permite reduzir o tempo de redução logarítmica da população enzimática, o que pode estar relacionado à interação do campo elétrico com os grupos proteicos das enzimas.

Efeitos mais complexos foram descritos para a pectina metilesterase, quando submetida a campos elétricos entre 5 e 10 V/cm e a temperaturas entre 65 °C e 95 °C. As temperaturas mais baixas resultaram na ativação enzimática, enquanto as mais elevadas promoveram a sua inativação. Por outro lado, esses efeitos também estão relacionados à frequência aplicada e apenas são significativos acima de 60 Hz.

As atividades da α-amilase foram igualmente determinadas *in situ* com aplicação de campos elétricos de baixa intensidade (aproximadamente 1 V/cm) e frequência variável (1 Hz a 1 MHz) à temperatura constante de 60 °C e comparadas a um tratamento térmico convencional. Foi possível concluir que os efeitos não térmicos resultaram da frequência elétrica aplicada, tendo sido obtido um aumento da atividade enzimática em 41% para frequências entre 1 e 60 Hz.

Os resultados demostram que os efeitos elétricos em microrganismos devem ser analisados individualmente e que os diferentes parâmetros da onda elétrica aplicada, em particular frequência e campo elétrico, devem ser investigados através de delineamentos experimentais.

FUNCIONALIDADE DAS PROTEÍNAS ALIMENTARES

A funcionalidade de proteínas alimentares é uma área de atuação emergente no processamento por campos elétricos. Na última década, diversos estudos têm reportado os efeitos do AO e do CEM em proteínas de diferentes frações proteicas do leite bovino e produtos derivados da soja e do peixe, por exemplo. No caso do leite, algumas das primeiras observações descrevem os efeitos do AO na desnaturação e agregação das proteínas do soro do leite, utilizando isolados de β-lactoglobulina (Blg) como modelo de estudo. Esse mecanismo de ação parece estar relacionado às alterações conformacionais da estrutura tridimensional da proteína, fazendo com que haja um menor desdobramento da estrutura nativa e menor exposição dos grupos tióis reativos, que normalmente estão retidos na zona hidrofóbica da proteína. Tais alterações conformacionais resultam na formação de agregados proteicos de menor tamanho e de diferentes morfologias, o que, por sua vez, permite a produção de géis de proteína com comportamento reológico diferente. Por outro lado, a própria natureza da tecnologia de AO permite aumentar as taxas de aquecimento e reduzir a carga térmica, o que contribui para a redução da desnaturação de proteínas mais sensíveis ao calor. Os agregados proteicos funcionam como "blocos de construção" para outro tipo de micro e nanoestruturas – por exemplo, produção de hidrogéis, desenvolvimento de emulsões, bases para o desenvolvimento de filmes e revestimentos, *scaffolds*. Essas estruturas possuem diversas aplicações que não se limitam à área de alimentos, incluindo as farmacêuticas e de engenharia de tecidos. Mais recentemente, os efeitos promovidos pelo AO têm sido avaliados ao nível das propriedades imunorreativas de proteínas do leite e da soja com reconhecido potencial alergênico. Embora ainda não sejam claros os mecanismos de ação responsáveis por algumas das diferenças observadas, o AO pode contribuir para uma menor reatividade da Blg (alergênico Bos d 5) e do inibidor da tripsina de soja (alergênico Gly m Ti), dependendo da cinética térmica, da frequência aplicada e do grau de eletrólise, com consequente liberação dos metais dos eletrodos.

Essa área de atuação está cada vez mais relevante na busca por uma alimentação mais segura e funcional, com efeitos benéficos para a saúde e o bem-estar. A transição da proteína animal para vegetal e microbiana aumentará nos próximos anos; portanto, será importante um conhecimento fundamental sobre os efeitos e interações que as novas tecnologias de processamento podem acrescentar às propriedades das proteínas de origem não animal.

CONCLUSÕES E PERSPECTIVAS FUTURAS

Nos últimos anos, o processamento por campo elétrico ganhou potencial para novas aplicações e estabeleceu novos desafios na indústria e tecnologia de alimentos. Porém ainda existem diversos aspectos que necessitam de maior conhecimento e investigação para que a tecnologia possa ser explorada em escala comercial. A aposta na ciência fundamental, aliada a equipes multidisciplinares com competências em diferentes campos da ciência, como engenharia alimentar e biológica, biologia molecular, biofísica e bioinformática, é cada vez mais necessária para compreender o impacto dessa nova forma de processamento nas propriedades biológicas, físicas e químicas dos alimentos para diferentes aplicações. Por outro lado, o fato de essa tecnologia se basear na utilização de energia elétrica com elevados níveis de eficiência no processamento térmico, com reduções no consumo de água e na utilização de combustíveis fosseis, fornece uma oportunidade para o alinhamento necessário com as políticas da descarbonização e sustentabilidade.

Algumas das principais linhas de pesquisas futuras e/ou barreiras a serem superadas podem ser resumidas da seguinte forma:

- Redefinição dos binômios de pasteurização e esterilização em relação às vantagens que AO apresenta nos efeitos térmicos e elétricos
- Maior conhecimento entre a interação de campos elétricos com células vivas
- Padronização de metodologias e variáveis de tratamento para melhor comparação dos resultados de diferentes grupos de pesquisa
- Maior conhecimento do impacto físico-químico dos campos elétricos em micro e macronutrientes
- Design e configuração de equipamentos direcionados para outras aplicações e processos, além dos já disponíveis para pasteurização e esterilização de fluidos
- Avaliação do impacto das tecnologias baseadas em eletricidade na saúde e bem-estar, principalmente na digestibilidade e potencial alergênico
- Análise econômica e do ciclo de vida da utilização da tecnologia nos diferentes processos de interesse industrial

REFERÊNCIAS BIBLIOGRÁFICAS

Aamir, M., & Jittanit, W. (2017). Ohmic heating treatment for Gac aril oil extraction: Effects on extraction efficiency, physical properties and some bioactive compounds. *Innovative Food Science & Emerging Technologies*, *41*, 224-234.

Abedelmaks, T. G., Mohsen, S. M., Duedahl-Ol, L., Elnikeety, M. M., & Feyissa, A. H. (2018). Effect of Ohmic Heating Parameters on Inativation of Enzymes and Quality of Not-from-Concentrado Mango Juice. *Asian Journal of Scientific Research*, 383-392.

Alamprese, C., Cigarini, M., & Brutti, A. (2019). Effects of ohmic heating on technological properties of whole egg. *Innovative Food Science & Emerging Technologies*, *58*, 102244.

Al-Hilphy, A. R., Al-Musafer, A. M., & Gavahian, M. (2020). Pilot-scale ohmic heating-assisted extraction of wheat bran bioactive compounds: Effects of the extract on corn oil stability. *Food Research International*, *137*, 109649.

Alkanan, Z. T., Altemimi, A. B., Al-Hilphy, A. R. S., Watson, D. G., & Pratap-Singh, A. (2021). Ohmic Heating in the Food Industry: Developments in Concepts and Applications during 2013-2020. *Applied Sciences*, *11*, 2507.

Alwis, A. A. P., & Fryer, P. J. (1990a). The use of network theory in the finiteelement analysis of coupled thermo-electric fields. *Communications in Applied Numerical Methods*, *6*, 61-66.

Alwis, A. A. P., & Fryer, P. J. (1990b). The use of direct resistance heating in the food industry. *Journal of Food Engineering*, *11*, 3-27.

Alwis, A. A. P., Halden, K., & Fryer, P. J. (1989). Shape and conductivity effects in the ohmic heating of foods. *Chemical Engineering Research and Design*, *67*, 159-168.

Anderson, A. K., & Finkelstein, R. (1919). A Study of the Electro-Pure Process of Treating Milk. *Journal of Dairy Science*, *2*, 374-406.

Ángel-Rendón, S. V., Filomena-Ambrosio, A., Cordon-Díaz, S., Benítez-Sastoque, E. R., & Sotelo-Díaz, L. I. (2019). Ohmic cooking: Application of a novel technology in pork and influences on water holding capacity, cooking loss and colour. *International Journal of Gastronomy and Food Science*, *17*, 100164.

Atuonwu, J. C., Leadley, C., Bosman, A., & Tassou, S. A. (2020). High-pressure processing, microwave, ohmic, and conventional thermal pasteurization: Quality aspects and energy economics. *Journal of Food Process Engineering*, *43*, 13328.

Ayadi, M. A., Leuliet, J. C., Chopard, F., Berthou, M., & Lebouché, M. (2004). Experimental Study of Hydrodynamics in a Flat Ohmic Cell-Impact on Fouling by Dairy Products. *Journal of Food Engineering*, *70*, 489-498.

Aydin, C., Ünal, K., & Kaya, Y. (2020). Comparison of the Effects of Ohmic and Conventional Heating Methods on Some Quality Parameters of the Hot-smoked Fish Pâté. *Journal of Aquatic Food Product Technololgy*, *29*, 407-416.

Baysal, A. H., & Icier, F. (2010). Inactivation Kinetics of Alicyclobacillus acidoterrestris Spores in Orange Juice by Ohmic Heating: Effects of Voltage Gradient and Temperature on Inactivation. *Journal of Food Protection*, *73*, 299-304.

Bender, D., Gratz, M., Vogt, S., Fauster, T., Wicki, B., Pichler, S., Kinner, M., Jäger, H., & Schönlechner, R. (2019). Ohmic heating - a novel approach for gluten-free bread baking. *Food and Bioproess Technology*, *12*, 1603-1613.

Boldaji, M. T., Borghei, A. M., Beheshti, B., & Hosseini, S. E. (2015). The process of producing tomato paste by ohmic heating method. *Journal of food Science and Technology, 52*, 3598-3606.

Brochier, B., Hertz, P. F., Marczak, L. D. F., & Mercali, G. D. (2020). Influence of ohmic heating on commercial peroxidase and sugarcane juice peroxidase inactivation. *Journal of Food Engineering, 284*, 1100066.

Cappato, L. P., Ferreira, M. V. S., Guimarães, J. T., Portela, J. B., Costa, A. L. R., Freitas, M. Q., Cunha, R. L., Oliveira, C. A. F., Mercali, G. D., Marzack, L. D. F., & Cruz, A. G. (2017). Ohmic heating in dairy processing: Relevant aspects for safety and quality. *Trends Food Science & Technology, 62*,104-1012.

Cappato, L. P., Ferreira, M. V., Pires, R. P. S., Cavalcanti, R. N., Bisaggio, R. C., Freitas, M. Q., Silva, M. C., & Cruz, A. G. (2018a). Whey acerola-flavoured drink submitted ohmic heating processing: Is there an optimal combination of the operational parameters? *Food Chemistry, 245*, 22-28.

Cappato, L. P., Ferreira, M. V. S., Moraes, J., Pires, R. P. S., Rocha, R. S., Silva, R., Neto, R. P. C., Tavares, M. I. B., Freitas, M. Q., Rodrigues, F. N., Calado, V. M. A., Raices, R. S. L., Silva, M. C., & Cruz, A. G. (2018b). Whey acerola-flavoured drink submitted Ohmic Heating: Bioactive compounds, antioxidant capacity, thermal behavior, water mobility, fatty acid profile and volatile compounds. *Food Chemistry, 263*, 81-88.

Castro, I., Macedo, B., Teixeira, J. A. A., & Vicente, A. A. (2006). The Effect of Electric Field on Important Food-processing Enzymes: Comparison of Inactivation Kinetics under Conventional and Ohmic Heating. *Journal of Food Science, 69*(9), C696-C701.

Cevik, M., & Icier, F. (2018). Effects of voltage gradient and fat content on changes of electrical conductivity of frozen minced beef meat during Ohmic thawing. *Journal of Food Process Engineering, 41*, 12675.

Cevik, M., & Icier, F. (2019). Characterization of viscoelastic properties of minced beef meat thawed by ohmic and conventional methods. *Food Science and Technology International, 26*, 277-290.

Cevik, M., & Icier, F. (2020). Comparison of quality attributes of minced beef samples thawed by ohmic and conventional methods. *Journal of Food Processing and Preservation, 45*, e15122.

Cho, H. Y., Yousef, A. E., & Sastry, S. K. (1996). Growth kinetics of Lactobacillus acidophilus under ohmic heating. *Biotechnology and Bioengineering, 49*, 334-340.

Coelho, C. S., Cerqueira, M. A., Pereira, R. N., Pastrana, L. M., Freitas-Silva, O., Vicente, A. A., Cabral, L. M. C., & Teixeira, J. A. (2017). Effect of moderate electric fields in the properties of starch and chitosan films reinforced with microcrystalline cellulose. *Carbohydrate Polymers, 174*, 1181-1191.

Costa, N. R., Cappato, L. P., Ferreira, M. V. S., Pires, R. P. S., Moraes, J., Esmerino, E. A., Silva, R., Cucinelli Neto, R. P., Tavares, M. I. B., Freitas, M. Q., Silveira Júnior, R. N., Rodrigues, F. N., Bisaggio, R. C., Cavalcanti, R. N., Raices, R. S. L., Silva, M. C., & Cruz, A. G. (2018). Ohmic heating: a potential technology for sweet whey processing. *Food Research International, 106*, 771-779.

Darvishi, H., Hosainpour, A., Nargesi, F., & Fadavi, A. (2015). Exergy and energy analyses of liquid food in an Ohmic heating process: A case study of tomato production. *Innovative Food Science and Emerging Technologies, 31*, 73-82.

Darvishi, H., Koushesh Saba, M., Behroozi-Khazaei, N., & Nourbakhsh, H. (2020a). Improving quality and quantity attributes of grape juice concentrate (molasses) using ohmic heating. *Journal of Food Science and Technology, 57*, 1362-1370.

Darvishi, H., Salami, P., Fadavi, A., & Koushesh Saba, M. (2020b) Processing kinetics, quality and thermodynamic evaluation of mulberry juice concentration process using Ohmic heating. *Food and Bioproducts Processing, 123*, 102-110.

Dias-Martins, A. M., Cappato, L. P., da Costa Mattos, M., Rodrigues, F. N., Pacheco, S., & Carvalho, C. W. P. (2019). Impacts of ohmic heating on decorticated and whole pearl millet grains compared to open-pan cooking. *Journal of Cereal Science, 85*, 120-129.

Döner, D., Çokgezme, Ö. F., Çevik, M., Engin, M., & Icier, F. (2020). Thermal image processing technique for determination of temperature distributions of minced beef thawed by ohmic and conventional methods. *Food and Bioprocess Technology, 13*, 1878-1892.

Duygu, B., & Ümit, G. (2015). Application of ohmic heating system in meat thawing. *Procedia Social and Behavioral Sciences, 195*, 2822-2828.

El Darra, N., Grimi, N., Vorobiev, E., Louka, N., & Maroun, R. (2013). Extraction of Polyphenols from Red Grape Pomace Assisted by Pulsed Ohmic Heating. *Food and Bioprocess Technology, 6*, 1281-1289.

Emmepiemme s.r.l. (2015). *Ohmic heater.* Disponível em: https://www.emmepiemme-srl.com/ohmic-heating.

Fadavi, A., Yousefi, S., Darvishi, H., & Mirsaeedghazi, H. (2018). Comparative study of Ohmic vacuum, ohmic, and conventional vacuum heating methods on the quality of tomato concentrate. *Innovative Food Science and Emerging Technologies, 47*, 225-230.

Fattahi, S., & Zamindar, N. (2020). Effect of immersion ohmic heating on thawing rate and properties of frozen tuna fish. *Food Science and Technology International, 26*, 453-461.

Ferreira, M. V. S., Cappato, L. P., Silva, R., Rocha, R. S., Neto, R. P. C., Tavares, M. I. B., Esmerino, E. A., Freitas, M. Q., Bissagio, R. C., Ranadheera, S., Raices, R. S. L., Silva, M. C., & Cruz, A. G., (2019a). Processing raspberry-flavored whey drink using ohmic heating: Physical, thermal and microstructural considerations. *Food Reserach International, 123*, 20-26.

Ferreira, M. V. S., Cappato, L. P., Silva, R., Rocha, R. S., Guimarães, J. T., Balthazar, C. F., Esmerino, E. A., Freitas, M. Q., Rodrigues, F. N., Granato, D., Neto, R. P. C., Tavares, M. I. B., Silva, P. H. F., Raices, R. S. L., Silva, M. C., & Cruz, A. G. (2019b). Ohmic Heating for processing of whey-raspberry flavored beverage. *Food Chemistry, 297*, 125018.

Figueiredo Furtado, G., Pereira, R. N., Vicente, A. A., & Cunha, R. L. (2018). Cold gel-like emulsions of lactoferrin subjected to ohmic heating. *Food Research International, 103*, 371-379.

Gally, T., Rouaud, O., Júri, V., Havet, M., Ogé, A., & Le-Bail, A. (2017). Proofing of bread dough assisted by ohmic heating. *Innovative Food Science & Emerging Technologies, 39*, 55-62.

Gavahian, M., & Tiwari, B. (2020). Moderate electric fields and ohmic heating as promising fermentation tools. *Innovative Food Science & Emerging Technologies, 64*, 102422.

Gavahian, M., Chu, Y. H., & Farahnaky, A. (2019). Effects of ohmic and microwave cooking on textural softening and physical properties of rice. *Journal of Food Engineering, 243*, 114-124.

Getchell, B. E. (1935). Electric Pasteurization of Milk. *Agricultural Engineering, 16*(10), 408-410.

Ghnimi, S., Flach-Malaspina, N., Dresch, M., Delaplace, G., & Maingonnat, J. F. (2008). Design and performance evaluation of an ohmic heating unit for thermal processing of highly viscous liquids. *Chemical Engineering Research and Design, 86*, 626-632.

Gomez-Lopez, V. M., Pataro, G., Tiwari, B., Gozzi, M., Meireles, M. A. A., Wang, S., Guamis, B., Pan, Z., Ramaswamy, H., Sastry, S., Kuntz, F., Cullen, P. J., Vidyarthi, S. K., Ling, B., Quevedo, J. M., Strasser, A., Vignali, A., Veggi, P. C., Gervilla, R., Kotilainen, H. M., Pelacci, M., Vigano. J., & Morata, A. (2021). Guidelines on reporting treatment conditions for emerging technologies in food processing. *Critical Reviews in Food Science and Nutrition*, 1-25.

Goullieux, A., & Pain, J.-P. (2005). Ohmic Heating. In D.-W. Sun (Ed.), *Emerging technologies for food processing* (p. 469-549). Elsevier.

Goullieux, A., & Pain, J.-P. (2014). Ohmic Heating. In D.-W. Sun (Ed.), *Emerging technologies for food processing* (p. 399-426). Elsevier.

Icier, F., Yildiz, H., Sabanci, S., Cevik, M., & Cokgezme, O. F. (2017). Ohmic heating assisted vacuum evaporation of pomegranate juice: Electrical conductivity changes. *Innovative Food Science & Emerging Technologies, 39*, 241-246.

Jaeger, H., Roth, A., Toepfl, S., Holzhauser, T., Engel, K., Knorr, D., Vogel, R. R., Bandick, N., Kulling, S., Heinz, V., & Steinberg, P. (2016). Opinion on the use of ohmic heating for the treatment of foods. *Trends in Food Science & Technology, 55*, 84-97.

Jesus, M. S., Ballesteros, L. F., Pereira, R. N., Genisheva, Z., Carvalho, A. C., Pereira-Wilson, C., Teixeira, J. A., & Domingues, L. (2020). Ohmic heating polyphenolic extracts from vine pruning residue with enhanced biological activity. *Food Chemistry, 316*, 126298.

Jo, Y. J., & Park, S. H. (2019). Evaluation of energy efficacy and texture of ohmically cooked noodles. *Journal of Food Engineering, 248*, 71-79.

Jun, S., Sastry, S., & Samaranayake, C. (2007). Migration of electrode components during ohmic heating of foods in retort pouches. *Innovative Food Science and Emerging Technologies, 8*, 237- 243.

Kang, T., & Jun, S. (2021). Fundamentals of Ohmic Processing: Modeling and Commercial Applications. *Innovative Food Processing Technologies: A Comprehensive Review, 1*, 689-698.

Kaur, N., & Singh, A. K. (2016). Ohmic Heating: Concept and Applications: A Review. *Critical Reviews in Food Science and Nutrition, 56*, 2338-2351.

Kulshrestha, S. A., & Sastry, S. K. (2010). Changes in permeability of moderate electric field (MEF) treated vegetable tissue over time. *Innovative Food Science and Emerging Technologies, 11*, 78-83.

Kumar, J. P., Ramanathan, M., & Ranganathan, T. V. (2014). Ohmic heating technology in food processing: A review. *International Journal of Engineering Research & Technology*, 1236-1241.

Lascorz, D., Torella, E., Lyng, J. G., & Arroyo, C. (2016). The potential of ohmic heating as an alternative to steam for heat processing shrimps. *Innovative Food Science & Emerging Technologies, 37*, 329-335.

Lee, S.-Y., Sagong, H.-G., Ryu, S., & Kang, D.-H. (2012). Effect of continuous ohmic heating to inactivate Escherichia coli O157:H7, Salmonella Typhimurium and Listeria monocytogenes in orange juice and tomato juice. *Journal of Applied Microbiology, 112*, 723-731.

Lee, S.-Y., Ryu, S., & Kang, D.-H. (2013). Effect of frequency and waveform on inactivation of Escherichia coli O157:H7 and Salmonella enterica Serovar Typhimurium in salsa by ohmic heating. *Applied and Environmental Microbiology, 79*, 10-17.

Liu, L., Llave, Y., Jin, Y., Zheng, D-Y., Fukuoka, M., & Sakai, N. (2017). Electrical conductivity and Ohmic thawing of frozen tuna at high frequencies, *Journal of Food Engineering, 197*, 68-77.

Llave, Y., Fukuda, S., Fukuoka, M., Shibata-Ishiwatari, N., & Sakai, N. (2018a). Analysis of color changes in chicken egg yolks and whites based on degree of thermal protein denaturation during ohmic heating and water bath treatment. *Journal of Food Engineering, 222*, 151-161.

Llave, Y., Udo, T., Fukuoka, M., & Sakai, N. (2018b). Ohmic heating of beef at 20 kHz and analysis of electrical conductivity at low and high frequencies. *Journal of Food Engineering, 228*, 91-101.

Lyng, J. G., McKenna, B. M., & Arroyo, C. (2018). Alternatives to conventional food processing. In A. Proctor (Ed.), *Ohmic Heating of Foods* (pp. 95-99). Cambridge: Royal Society of Chemistry.

Machado, L. F., Pereira, R. N., Martins, R. C., Teixeira, J. A., & Vicente, A. A. (2010). Moderate electric fields can inactivate Escherichia coli at room temperature. *Journal of Food Engineering, 96*, 520-527.

Makroo, H. A., Rastogi, N. K., & Srivastava, B. (2020). Ohmic heating assisted inactivation of enzymes and microorganisms in foods: A review. *Trends in Food Science & Technology, 97*, 451-465.

Martínez, J. M., Delso, C., Álvarez, I., & Raso, J. (2020). Pulsed electric field-assisted extraction of valuable compounds from microorganisms. *Comprehensive Reviews in Food Science and Food Safety, 19*, 530-552.

Masure, H. G., Wouters, A. G. B., Fierens, E., & Delcour, J. A. (2019). Electrical resistance oven baking as a tool to study crumb structure formation in gluten-free bread. *Food Research International, 116*, 925-931.

McKenna, B. M., Lyng, J., Brunton, N., & Shirsat, N. (2006). Advances in radio frequency and ohmic heating of meats. *Journal of Food Engineering, 77*, 215-229.

Müller, W. A., Marczack, L. D. F., & Sarkis, J. R. (2020). Microbial Inactivation by Ohmic Heating: Literature Review and Influence of Different Process Variables. *Trends Food Science & Technololy, 99*, 650-659.

Norouzi, S., Fadavi, A., & Darvishi, H. (2021). The ohmic and conventional heating methods in concentration of sour cherry juice: Quality and engineering factors. *Journal of food Enginering, 291*, 110241.

Onsekisoglu, P. (2013). Production of high-quality clarified pomegranate juice concentrate by membrane processes. *Journal of Membrane Science, 442*, 264-271.

Palaniappan, S., & Sastry, S. K. (1991). Electrical conductivities of selected solid foods during ohmic heating. *Journal of Food Process Engineering, 14*, 221-236.

Park, I.-K., & Kang, D.-H. (2013). Effect of electropermeabilization by ohmic heating for inactivation of Escherichia coli O157:H7, Salmonella enterica serovar Typhimurium, and Listeria monocytogenes in buffered peptone water and apple juice. *Applied and Environmental Microbiology, 79*, 7122-7129.

Parmar, P., Singh, A. K., Meena, G. S., Borad, S., & Raju, P. N. (2018). Application of ohmic heating for concentration of milk. *Journal of Food Science and Technology, 55*, 4956-4963.

Pereira, M. O., Guimarães, J. T., Ramos, G. L. P. A., Prado-Silva, L., Nascimento, J. S., Sant'Ana, A. S., Franco, R. M., & Cruz, A. G. (2020). Inactivation kinetics of Listeria monocytogenes in whey dairy beverage processed with ohmic heating. *LWT – Food Science and Technology, 127*, 109420.

Pereira, R. N., Coelho, M. I., Genisheva, Z., Fernandes, J. M., Vicente, A. A. Z., Pintado, M. E., & Teixeira, J. A. (2020). Using Ohmic Heating effect on grape skins as a pretreatment for anthocyanins extraction. *Food and Bioproducts Processing, 124*, 320-328.

Pereira, R. N., Costa, J., Rodrigues, R. M., Villa, C., Machado, L., Mafra, I., & Vicente, A. (2020). Effects of ohmic heating on the immunoreactivity of β-lactoglobulin: a relationship towards structural aspects. *Food & Function, 11*, 4002-4013.

Pereira, R. N., Rodrigues, R. M., Genisheva, Z., Oliveira, H., Freitas, V., Teixeira, J. A., & Vicente, A. A. (2016). Effects of ohmic heating on extraction of food-grade phytochemicals from colored potato. *LWT – Food Science and Technology, 74*, 493-503.

Pereira, R., Martins, J., Mateus, C., Teixeira, J. A., & Vicente, A. A. (2007). Death kinetics of Escherichia coli in goat milk and Bacillus licheniformis in cloudberry jam treated by ohmic heating. *Chemical Papers, 61*, 121-126.

Pereira, R. N., & Vicente, A. A. (2010). Environmental impact of novel thermal and non-thermal technologies in food processing. *Food Research International, 43*, 1936-1943.

Pereira, R. N., Rodrigues, R. M., Ramos, Ó. L., Xavier Malcata, F., Teixeira, J. A., & Vicente, A. A. (2016). Production of Whey Protein-Based Aggregates Under Ohmic Heating. *Food and Bioprocess Technology, 9*, 576-587.

Pereira, R. N., Souza, B. W. S., Cerqueira, M. A., Teixeira, J. A., & Vicente, A. A. (2010). Effects of electric fields on protein unfolding and aggregation: Influence on edible films formation. *Biomacromolecules, 11*(11).

Pereira, R. N., Teixeira, J. A., & Vicente, A. A. (2011). Exploring the denaturation of whey proteins upon application of moderate electric fields: A kinetic and thermodynamic study. *Journal of Agricultural and Food Chemistry, 59*, 11589-11597.

Pereira, R. N., Rodrigues, R. M., Machado, L., Ferreira, S., Costa, J., Villa, C., Barreiros, M. P., Mafra, I., Teixeira, J. A., & Vicente, A. A. (2021). Influence of ohmic heating on the structural and immunoreactive properties of soybean proteins. *LWT – Food Science and Technology, 148*, 111710.

Pires, R. P. S., Cappato, L. P., Guimarães, J. T., Rocha, R. S., Silva, R., Balthazar, C. F., & Cruz, A. G. (2020). Ohmic heating for infant formula processing: Evaluating the effect of different voltage gradient. *Journal of Food Engineering, 280*, 109989.

Pires, R. P. S., Guimarães, J. T., Barros, C. P., Balthazar, C. F., Chincha, A. I. A., Freitas, M. Q., Duarte, M. C. K. H., Silva, P. H. F., Pimentel, T. C., Abud, Y. K. D., Sant'Anna, C., Sant'Ana, A. S., Silva, M. C., Nascimento, J. S., & Cruz, A.

G. (2021). Ohmic heating increases inactivation and morphological changes of *Salmonella* sp. and the formation of bioactive compounds in infant formula. *Food Microbiolology, 97*, 103737.

Priyadarshini, A., Rajauria, G., O'Donnell, C. P., & Tiwari, B. K. (2019). Emerging Food Processing Technologies and Factors Impacting their Industrial Adoption. *Critical Reviews in Food Science and Nutrition, 59*, 3082-3101.

Remondetto, G. E., Paquin, P., & Subirade, M. (2002). Cold Gelation of β-lactoglobulin in the Presence of Iron. *Journal of Food Science, 67*, 586-595.

Reta, Mursali, Salengke, Junaedi, M., Mariati, & Sopade, P. (2017). Reducing the acidity of Arabica coffee beans by ohmic fermentation technology. *Food Research, 1*, 157-160.

Richa, R., Shahi, N. C., Singh, A., Lohani, U. C., Omre, P. K., Kumar, A., & Bhattacharya, T. K. (2017). Ohmic Heating Technology and Its Application in Meaty Food: A Review. *Advances in Research, 10*, 1-10.

Rocha, R. S., Calvalcanti, R. N., Silva, R., Guimarães, J. T., Balthazar, C. F., Pimentel, T. C., Esmerino, E. A., Freitas, M. Q., Granato, D., Costa, R. G. B., Silva, M. C., & Cruz, A. G. (2020). Consumer acceptance and sensory drivers of liking of Minas Frescal Minas cheese manufactured using milk subjected to ohmic heating: Performance of machine learning methods. *LWT – Food Science and Technology, 126*, 109342.

Rocha, R. S., Silva, R., Guimarães, J. T., Balthazar, C. F., Pimentel, T. C., Neto, R. P. C., Tavares, M. I. B., Esmerino, E. A., Freitas, M. Q., Cappato, L. P., Cavalcanti, R. N., Rodrigues, F. N., Raices, R. S. L., Silva, M. C., & Cruz, A. G. (2020a). Possibilities for using ohmic heating in Minas Frescal cheese production. *Food Research International, 131*, 109027.

Rodrigues, R. M., Avelar, Z., Machado, L., & Pereira, R. N. (2020). Electric field effects on proteins: Novel perspectives on food and potential health implications, *Food Research International, 137*, 109709.

Rodrigues, R. M., Avelar, Z., Vicente, A. A., Petersen, S. B., & Pereira, R. N. (2020). Influence of moderate electric fields in β-lactoglobulin thermal unfolding and interactions. *Food Chemistry, 304*, 125442.

Rodrigues, R. M., Genisheva, Z., Rocha, C. M. R., Teixeira, J. A., Vicente, A. A., & Pereira, R. N. (2019). Ohmic heating for preservation, transformation, and extraction. In *Green Food Processing Techniques* (pp. 159-191). Elsevier.

Rodrigues, R. M., Martins, A. J., Ramos, O. L., Malcata, F. X., Teixeira, J. A., Vicente, A. A., & Pereira, R. N. (2015). Influence of moderate electric fields on gelation of whey protein isolate. *Food Hydrocolloids, 43*, 329-339.

Rodrigues, R. M., Claro, B., Bastos, M., Pereira, R. N., Vicente, A. A., & Petersen, S. B. (2020). Multi-step thermally induced transitions of β-lactoglobulin: An *in situ* spectroscopy approach. *International Dairy Journal, 100*, 104562.

Rodrigues, R. M., Pereira, R. N., Vicente, A. A., Cavaco-Paulo, A., & Ribeiro, A. (2021). Ohmic heating as a new tool for protein scaffold engineering. *Materials Science and Engineering: C, 120*, 111784.

Ryang, J. H., Kim, N. H., Lee, B. S., Kim, C. T., Lee, S. H., Hwang, I. G., & Rhee, M. S. (2016). Inactivation of Bacillus cereus spores in a tsuyu sauce using continuous ohmic heating with five sequential elbow-type electrodes. *Journal of Applied Microbiology, 120*, 175-184.

Sabanci, S., & Icier, F. (2017). Applicability of ohmic heating assisted vacuum evaporation for concentration of sour cherry juice. *Journal of Food Engineering, 212*, 262-270.

Sabanci, S., & Icier, F. (2020). Enhancement of the performance of sour cherry juice concentration process in vacuum evaporator by assisting ohmic heating source. *Food and Bioproducts, 122*, 269-279.

Saberian, H., Hamidi-Esfahani, Z., Gavlighi, H. A., & Barzegar, M. (2017). Optimization of pectin extraction from orange juice waste assisted by ohmic heating. *Chemical Engineering and Processing: Process Intensification, 117*, 154-161.

Salari, S., & Jafari, S. M. (2020). The Influence of Ohmic Heating on Degradation of Food Bioactive Ingredients. *Food Engineering Reviews, 12*, 191-208.

Samaranayake, C. P., & Sastry, S. K. (2016). Effects of controlled-frequency moderate electric fields on pectin methylesterase and polygalacturonase activities in tomato homogenate. *Food Chemistry, 199*, 265-272.

Samaranayake, C. P., & Sastry, S. K. (2018). In-situ activity of α-amylase in the presence of controlled-frequency moderate electric fields. *LWT - Food Science and Technology, 90*, 448-454.

Sastry, S. (2009). Ohmic heating and moderate electric field processing. *Food Science and Technology International, 14*, 419-422.

Silva, A. B., Scudini, H., Ramos, G. L. P. A., Pires, R. P. S., Guimarães, J. T., Balthazar, C. F., Rocha, R. S., Margallo, L. P., Pimentel, T. C., Silva, M. C., Sant'Ana, A. S., Esmerino, E. A., Freitas, M. Q., Duarte, C. K. H., & Cruz, A. G. (2021). Ohmic heating processing of milk for probiotic fermented milk production: Survival kinetics of *Listeria monocytogenes* as contaminant post-fermentation, bioactive compounds retention and sensory acceptance. *International Journal of Food Microbiology, 348*, 109204.

Silva, R., Rocha, R. S., Guimarães, J. T., Balthazar, C. F., Scudino, H., Ramos, G. L. P. A., Pimentel, T. C., Silva, M. C., Silva, P. H. F., Duarte, M. C. K. H., Freitas, M. Q., Cruz, A. G., & Esmerino, E. A. (2020). Dulce de leche submitted to ohmic heating treatment: Consumer sensory profile using preferred attribute elicitation (PAE) and temporal check-all-that- apply (TCATA). *Food Research International, 134*, 109217.

Silva, R., Rocha, R. S., Guimarães, J. T., Balthazar, C. F., Pimentel, T. C., Neto, R. P. C., Tavares, M. I. B., Esmerino, E. A., Duarte, M. C. K. H., Freitas, M. Q., Silva, P. H. F., Cappato, L. P., Raices, R. S. L., Silva, M. C., & Cruz, A. G. (2020). Advantages of using ohmic heating in Dulce de Leche manufacturing. *Innovative Food Science & Emerging Technologies*, *65*, 102475.

Silva, V. L., Santos, L. M., & Silva, A. M. (2017). Ohmic heating: An emerging concept in organic synthesis. *Chemistry - A European Journal, 23*, 7853-7865.

Singh, R. P., & Heldman, D. R. (2014). *Introduction to Food Engineering.* Elsevier.

Somavat, R., Mohamed, H. M. H., & Sastry, S. K. (2013). Inactivation kinetics of Bacillus coagulans spores under ohmic and conventional heating. *LWT - Food Science and Technology*, *54*, 194-198.

Somavat, R., Mohamed, H. M. H., Chung, Y.-K., Yousef, A. E., & Sastry, S. K. (2012). Accelerated inactivation of Geobacillus stearothermophilus spores by ohmic heating. *Journal of Food Engineering*, *108*, 69-76.

Stancl, J., & Zitny, R. (2010). Milk Fouling at Direct Ohmic Heating. *Journal of Food Engineering*, *99*, 437-444.

Termrittikul, P., Jittanit, W., & Sirisansaneeyakul, S. (2018). The application of ohmic heating for inulin extraction from the wet-milled and dry-milled powders of Jerusalem artichoke (*Helianthus tuberosus* L.) tuber. *Innovative Food Science & Emerging Technologies*, *48*, 99-110.

Tian, X., Wu, W., Yu, Q., Hou, M., Jia, F., Li, X., & Dai, R. (2016). Quality and proteome changes of beef *M. longissimus* dorsi cooked using a water bath and ohmic heating process. *Innovative Food Science & Emerging Technologies*, *34*, 259-266.

Tian, X., Yu, Q., Wu, W., & Dai, R. (2018). Inactivation of microorganisms in foods by ohmic heating: A review. *Journal of Food Protection*, *81*(7), 1093-1107.

Utoro, P., Sukoyo, A., Sandra, S., Izza, N., Dewi, S., & Wibisono, Y. (2019). High--throughput microfiltration membranes with natural biofouling reducer agent for food processing. *Processes*, *7*, 1.

Varghese, K. S., Pandey, M. C., Radhakrishna, K., & Bawa, A. S. (2014). Technology, applications and modelling of ohmic heating: a review. *Journal of Food Science and Technology*, *51*, 2304-2317.

Won, Y. S., Chungyung, J. L., Ki-Myung, K., Cherl-Ho, L., Yoon, S. W., Lee, C. H., Kim, K. M., & Lee, C. H. (2002). Leakage of cellular materials from Saccharomyces cerevisiae by ohmic heating, *Journal of Microbiology and Biotechnology*, 12, 183-188.

Yildiz-Turp, G., Sengun, I. Y., Kendirci, P., & Icier, F. (2013). Effect of ohmic treatment on quality characteristic of meat: a review. *Meat Science*, *93*, 441-448.

Zell, M., Lyng, J. G., Morgan, D. J., & Cronin, D. A. (2009a). Development of rapid response thermocouple probes for use in a batch ohmic heating system. *Journal of Food Engineering, 93*, 344-347.

Zell, M., Lyng J. G., Cronin, D. A., & Morgan, D. J. (2009b). Ohmic heating of meats: electrical conductivities of whole meats and processed meat ingredients. *Meat Science, 83*, 563-570.

Zell, M., Lyng, J. G., Morgan, D. J., & Cronin, D. A. (2011). Minimising heat losses during batch ohmic heating of solid food. *Food and Bioproducts Processing, 89*, 128-134.

CAPÍTULO 11

PULSO ELÉTRICO

Elane Schwinden Prudencio, Maria Helena Machado Canella,
Celso Fasura Balthazar

INTRODUÇÃO

O pulso elétrico é uma tecnologia emergente que vem sendo readaptada e reutilizada no processamento de alimentos. Na década de 1960, essa tecnologia foi utilizada na Alemanha. Entre 1960 e 1961, foi avaliado o efeito do tratamento do pulso elétrico na ruptura de células em matrizes alimentares, inclusive na inativação de *Salmonella* spp. em salmoura, que atingiu uma redução de 96%. Em 1967, a aplicação do pulso elétrico em alimentos visava a inativação de microrganismos, objetivando definir os melhores parâmetros a serem empregados, como os valores da força do campo elétrico, o tempo de tratamento, o número de pulsos e a intensidade do pulso. Como resultado, observou-se que o pulso elétrico enquanto processo não gera elevado aumento de temperatura; já pulsos se repetem muitas vezes durante intervalos de tempo muito pequenos (μs ou ms). Assim, o pulso elétrico emprega uma corrente elétrica que passa através do alimento, mas não o aquece.

A finalidade principal do pulso elétrico seria a inativação de enzimas e a destruição de microrganismos, mas atualmente estas não são as únicas aplicações: tem sido empregado para substituir ou até mesmo para ser usado conjuntamente a outros processos. Quando empregado como uma tecnologia alternativa ao processamento térmico tradicional, visa minimizar os efeitos negativos do aumento de temperatura sobre a qualidade nutritiva e sensorial de alimentos. Em alimentos líquidos, foi verificado que o uso do pulso elétrico contribuiu para a destruição de microrganismos tanto deteriorantes quanto patogênicos, bem como para a inativação de enzimas. Em alguns alimentos sólidos, observaram-se modificações estruturais que resultaram na mudança de textura e até mesmo na melhor extração de componentes.

O pulso elétrico é considerado favorável ao meio ambiente em comparação aos tratamentos térmicos tradicionalmente empregados em alimentos e, desta forma, é uma opção sustentável, em decorrência do menor uso de energia e água. Sendo considerado um conceito essencial ao aprimoramento social, técnico e econômico, a sustentabilidade visa a formação de uma economia circular e o atendimento às necessidades da sociedade. Os sistemas alimentares atuais enfrentam diferentes preocupações em relação à sua sustentabilidade, como desafios ambientais, e sistemas de produção com alta eficiência e baixo consumo de energia. A indústria de alimentos tem demostrado interesse em tecnologias inovadoras de processamento não térmico de alimentos, como o pulso elétrico. Enquanto tecnologia sustentável, o pulso elétrico tende a contribuir para o processamento sustentável de alimentos sem comprometer a segurança ou a qualidade dos produtos, além de promover vantagem econômica no setor alimentício. Na Figura 11.1, estão descritas as aplicações do pulso elétrico e suas relações com o processamento sustentável de alimentos.

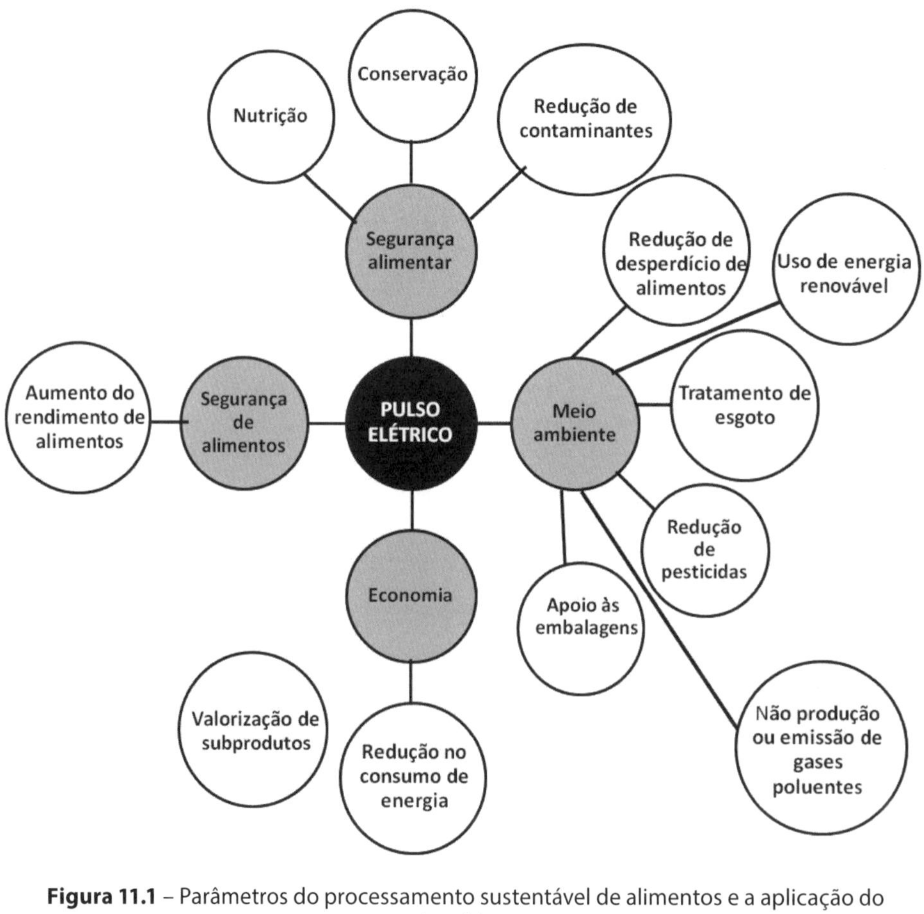

Figura 11.1 – Parâmetros do processamento sustentável de alimentos e a aplicação do pulso elétrico.

COMO É APLICADO O PULSO ELÉTRICO?

A tecnologia de aplicação do pulso elétrico em alimentos é composta principalmente por uma câmara de tratamento e de um sistema de envase asséptico. O sistema que gera os pulsos elétricos é formado por componentes eletrônicos comuns a vários sistemas elétricos, além de uma fonte de alta voltagem, um banco de capacitores, resistências elétricas e um osciloscópio para medir a intensidade dos pulsos gerados. A maioria dos sistemas de processamento com pulso elétrico utiliza eletrodos feitos de aço inoxidável, alumínio, banhados a ouro e prata. Cloreto de polivinila (PVC), pirex-vidro, polieterimida, polipropileno e polissulfona têm sido recomendados como materiais isolantes. Na Figura 11.2, são descritas as etapas envolvidas na utilização da tecnologia de pulso elétrico. No processamento, a matriz alimentar é geralmente colocada em contato direto com eletrodos monopolares ou bipolares carregados (Figura 11.3) ou em câmara de tratamento contínuo (Figura 11.4), onde o alimento é exposto a repetitivos pulsos de campo elétrico de curta duração (μs ou ms) de intensidade baixa (0,1 a 1 kV/cm), moderada (1 a 5 kV/cm) ou alta (15 a 40 kV/cm), fornecidos por um gerador de pulsos de alta tensão. Contudo, não há consenso na literatura em relação a essa intensidade.

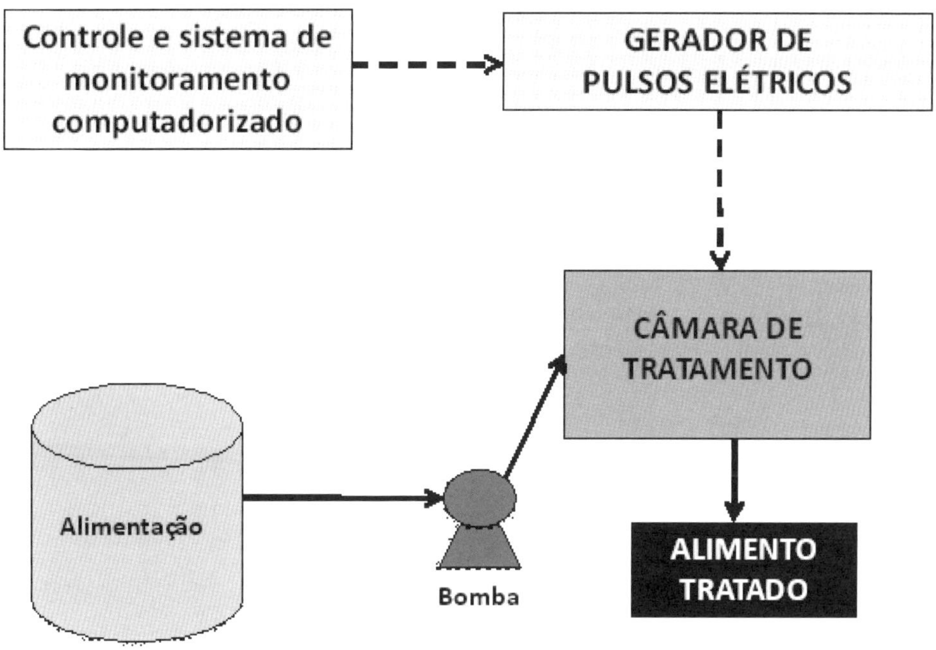

Figura 11.2 – Etapas envolvidas na aplicação do pulso elétrico em alimentos.

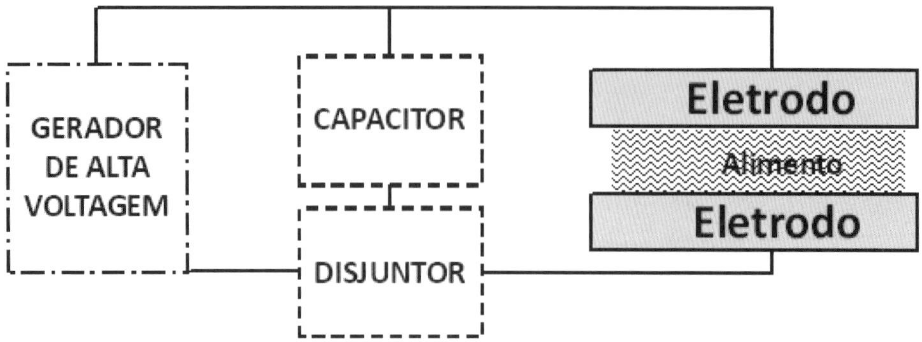

Figura 11.3 – Representação de um eletrodo bipolar.

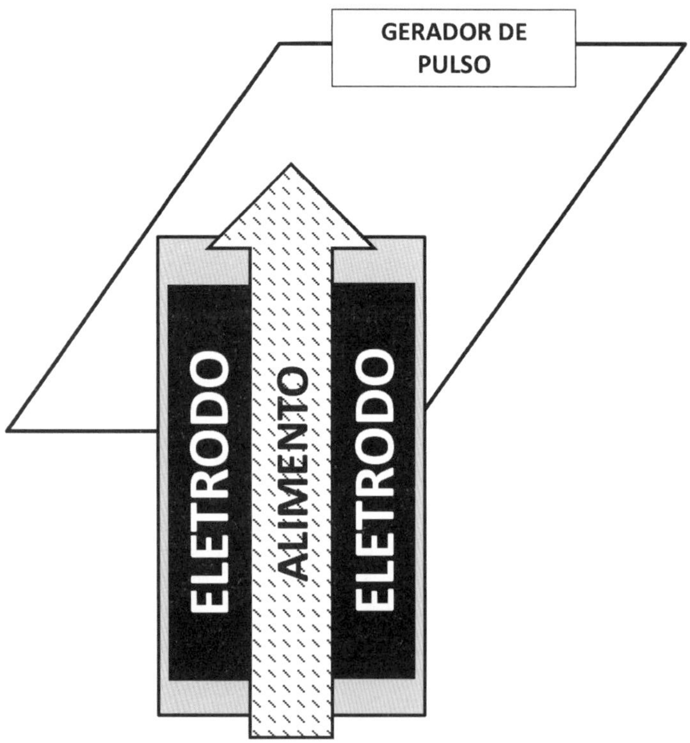

Figura 11.4 – Esquema simplificado de um sistema de pulso elétrico de fluxo contínuo com configuração de câmara de placa paralela.

Condições amenas (baixa intensidade) são usadas normalmente para obtenção e bioacumulação de metabólitos em alimentos, enquanto as condições moderadas e altas são usadas para a destruição microbiológica, visando a segurança alimentar. Por exemplo, o uso de campo elétrico de intensidade moderada para extração de compostos bioativos requer baixo aporte energético, podendo até gerar novos compostos em tecido metabolicamente ativo. Por outro lado, a alta intensidade pode ser aplicada na pasteurização de alimentos líquidos, como alternativa aos tratamentos térmicos convencionais, sendo considerada segura e estável, com potencial de manter os compostos bioativos nos alimentos processados como se fossem em produtos frescos sem processamento algum.

FORMAS DO PULSO ELÉTRICO

As formas da onda do pulso elétrico no processamento de alimentos podem ser retangulares, com decaimento exponencial ou uma combinação destas. A maioria das pesquisas utilizam ondas com formas retangulares ou exponenciais no tratamento de alimentos. Assim, pulsos de forma retangular com bordas de subida e descida rápidas são os mais eficientes, porque o processo resulta em baixas temperaturas. Entretanto, produzir onda com uma forma exatamente retangular é mais complexo, resultando em um custo alto. O formato da onda com decaimento exponencial resulta em um pico estreito quando usado campo elétrico de alta intensidade; já o campo elétrico de baixa intensidade gera uma curva longa. Além das formas das ondas com decaimento exponencial ou retangular, há uma terceira forma, representada por uma forma de exponencial dupla, ou seja, duas magnitudes iguais com um declínio exponencial que rapidamente mostra um pico e cai gradualmente até o valor zero. Essa terceira forma é utilizada para permeabilizar células biológicas que são sobretudo dependentes da parte dos pulsos aplicados (tempo), durante os quais a intensidade do campo elétrico excede um valor crítico específico. Na Figura 11.5 pode-se verificar o desenho das três formas de ondas. A parte sombreada representa a parte efetiva do pulso elétrico; desta forma, pode-se observar que a forma de quase uma dupla exponencial seria mais eficiente do que a de decaimento exponencial, pois é caracterizada pela diminuição da perda de energia.

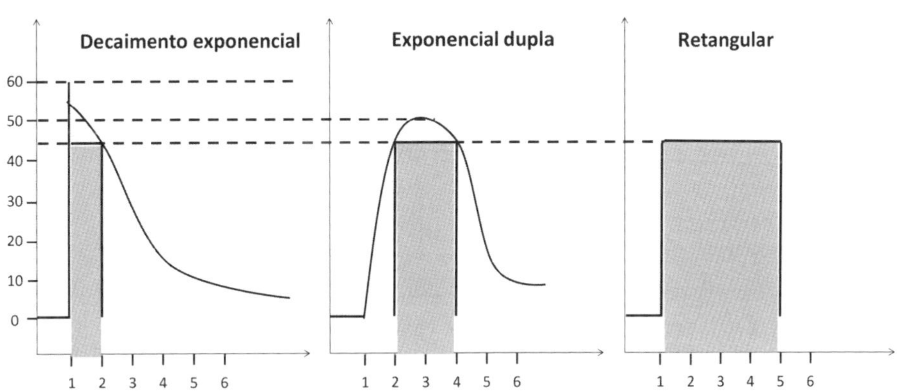

Figura 11.5 – Área efetiva (sombreada) de diferentes formas de onda para processamento de alimentos com base no pulso elétrico; decaimento exponencial, exponencial duplo e retangular.

ELETROPORAÇÃO

O mecanismo pelo qual o campo elétrico pulsado (CEP) torna-se um método de extração de compostos desejáveis de células vegetais ou microrganismos e destruição da microbiótica contaminante ou patogênica está relacionado a compostos dielétricos presentes na membrana ou parede celular. A presença de íons de cargas opostas em ambos os lados da membrana leva à geração de potencial transmembrana de aproximadamente 10 mV. Quando um campo elétrico é aplicado à célula, o composto dielétrico é convertido em moléculas carregadas que se movem em direção ao eletrodo oposto. O movimento de íons cria um estresse eletromecânico dentro da membrana celular quando o campo elétrico externo aplicado é maior que o campo elétrico crítico da célula. Cada célula tem um campo elétrico crítico diferente, que depende em grande parte do tamanho e forma da célula, orientação da parede celular para o campo elétrico e condutividade elétrica do fluido celular.

O tratamento com pulso elétrico leva à formação de poros na membrana celular, denominada eletroporação. A eletroporação ocorre quando as células biológicas são expostas ao campo elétrico externo na forma de pulsos elétricos curtos e intensos. A eletroporação pode ser temporária (reversível) ou permanente (irreversível). A formação de poros temporários ou permanentes depende dos diferentes parâmetros aplicados no pulso elétrico, como a intensidade do tratamento (intensidade do campo elétrico, forma do pulso, número do pulso e o tempo total), tamanho da célula, orientação no campo elétrico, meio extracelular e sua condutividade.

Com baixa intensidade de campo elétrico, uma eletroporação reversível poderia ser alcançada, o que significa que os poros selam novamente após a remoção do campo elétrico, garantindo a sobrevivência das células estimuladas eletricamente. Quando se emprega campo elétrico com alta intensidade, ocorre a permeabilização irreversível do tecido, ou seja, um dano permanente à membrana e, consequentemente, a morte celular pode ocorrer.

A eletroporação irreversível tem sido amplamente estudada na indústria de alimentos, particularmente visando o mesmo efeito da pasteurização de alimentos líquidos, da desativação de enzimas e das aplicações no tratamento de biomassa. Entretanto, a eletroporação reversível também pode ser aplicada no processamento de alimentos devido a suas características, que incluem principalmente a inativação microbiana não térmica, a recuperação de compostos valiosos de matrizes vegetais e a melhora dos processos de congelamento e secagem de alimentos (nestes dois casos, como um tratamento inicial). Para indução da eletroporação, normalmente é usada uma força de campo elétrico acima de 10 kV/cm, sendo a zona de irreversibilidade, ou seja, para inativação microbiana, maior que 30 kV/cm. São quatro os atributos relacionados ao uso do CEP:

1. Os parâmetros do CEP e modulados: tensão, temperatura (entrada-saída), duração, número e formato dos pulsos (unipolar, bipolar), distância entre os eletrodos, temperatura do produto e tempo de tratamento. Geralmente, processamentos de

alimentos com temperaturas abaixo de 60 °C são usados para manter a qualidade sensorial e nutricional do alimento, como vitaminas e compostos antioxidantes

2. Espécie microbiada: organismos maiores, como leveduras, necessitam de uma força de campo elétrico menor que bactérias para inativação. Assim, como bactérias Gram-positivas apresentam maior resistência, provavelmente devido à composição da parede celular, deve ser aplicado campo elétrico mais intenso para elas do que para Gram-negativas
3. Estado fisiológico e tamanho celular: microrganismos na fase logarítmica são mais sensíveis ao tratamento por CEP do que na fase estacionária, assim como células menores são mais resistentes
4. Propriedades intrínsecas dos alimentos: é preciso avaliar níveis de proteínas e gorduras, pH, força iônica e condutividade

O campo elétrico pode levar a três resultados diferentes na eletroporação de células (Figura 11.6), definidos por três valores de limiar. Quando o campo elétrico aplicado está abaixo do valor crítico, nenhum processo de eletroporação ocorre na célula. Entretanto, quando a intensidade do campo elétrico exceder o limite da célula, pode surgir poros reversíveis ou irreversíveis. Poros reversíveis aparecem quando a intensidade do campo elétrico excede levemente os seus valores críticos, o que resulta na permeabilização temporária da membrana celular. Nesse caso, o campo elétrico ainda está abaixo da eletroporação irreversível-limite, e as células podem recuperar sua integridade e permanecer viáveis após o fim da exposição ao campo elétrico. Quando os valores da intensidade do campo elétrico excedem excessivamente os limites da membrana celular, ocorre a permeabilização permanente, que resulta em um extenso extravasamento do conteúdo intracelular e, por fim, na morte celular.

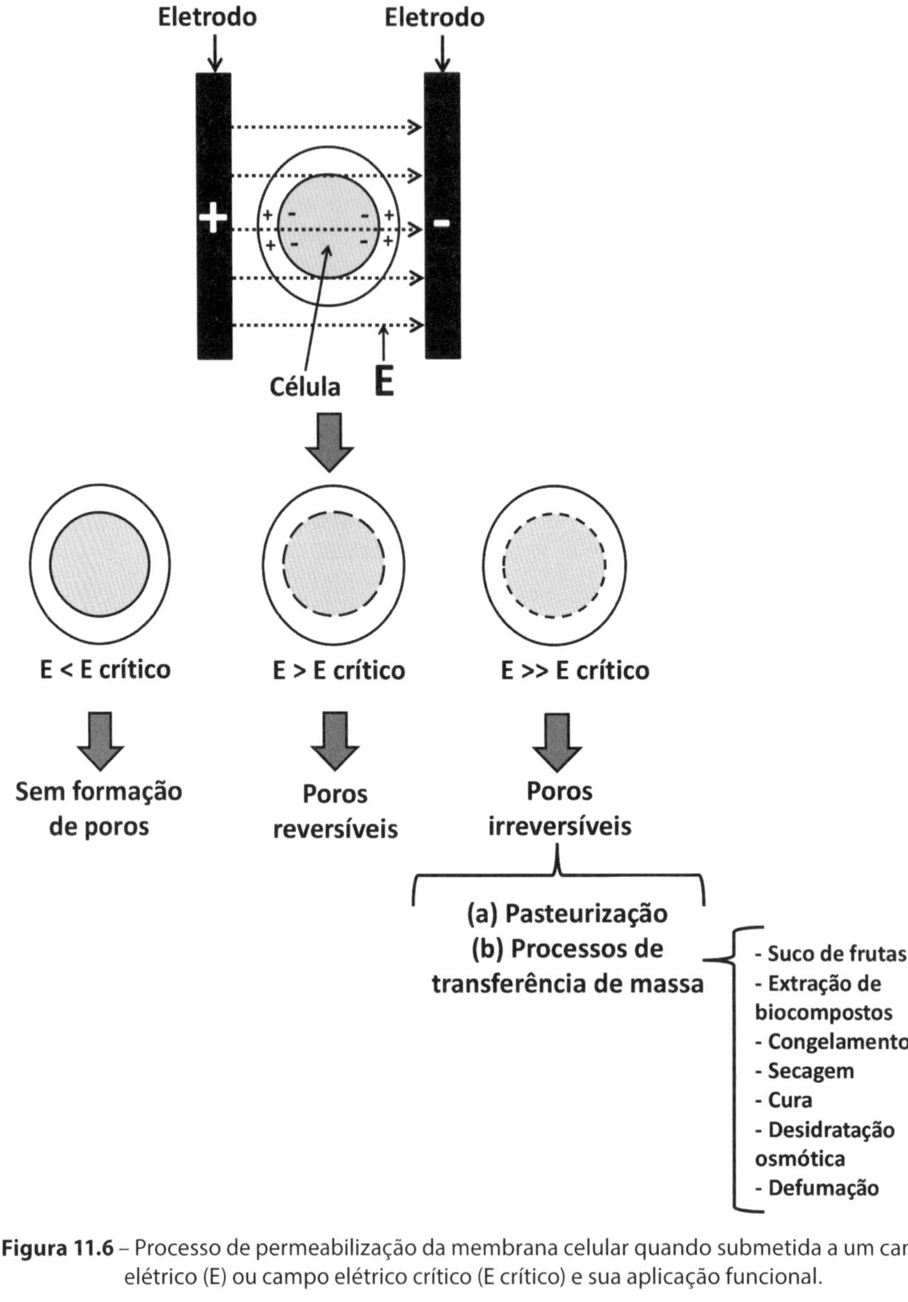

Figura 11.6 – Processo de permeabilização da membrana celular quando submetida a um campo elétrico (E) ou campo elétrico crítico (E crítico) e sua aplicação funcional.

Como citado anteriormente, no pulso elétrico o alimento é submetido a um intenso fluxo elétrico em um espaço de tempo reduzido. Entretanto, o intervalo entre dois pulsos deve ser muito maior que sua duração, de forma que a geração dos pulsos envolva a descarga rápida de energia acumulada lentamente no capacitor, evitando a ruptura dielétrica da célula. Com a ruptura da célula, podem ser formados poros com aproximadamente 0,5 nm de diâmetro, ocorrendo à entrada de líquido que se encontra externamente à célula e, por fim, a ocorrência do extravasamento do conteúdo intracelular (Figura 11.7).

O uso do pulso elétrico está relacionado ao fluxo osmótico e à redistribuição de umidade dentro da amostra. Dessa forma, alimentos líquidos conduzem bem a eletricidade do campo elétrico, devido à presença de eletrólitos, compostos por íons e substâncias carregadas. Assim, os poros formados, ou seja, o fenômeno de eletroporação é causado por uma diferença de potencial elétrico através da membrana celular, induzido pelo campo elétrico externo. Esse fenômeno é mais evidente quando uma célula é exposta a um campo elétrico externo de alta voltagem, desestabilizando a bicamada lipídica e proteica da membrana, o que resulta na formação de poros. O dano irreversível na membrana celular é mais frequente quando empregado pulso elétrico de alta intensidade. Entretanto, o fenômeno de eletroporação depende da intensidade do campo elétrico externo, da forma e do número de pulso, do tempo de tratamento e do tamanho da célula. O tipo de eletroporação gerado em uma amostra tem sido amplamente investigado na ciência dos alimentos, especialmente, mas não somente, na inativação microbiana e em processos de extração.

O tratamento de alimentos empregando o pulso elétrico conjuntamente a outras tecnologias, como tratamentos térmicos, desidratação e congelamento, já foram investigados. Isso porque, quando empregadas unicamente tecnologias convencionais, são notadas mudanças indesejáveis nas características dos mesmos. Por exemplo, na produção de alimentos desidratados, os produtos além de apresentarem mudanças na textura, apresentam mudança de cor e perda de alguns compostos bioativos. O crescente interesse do consumidor em obter produtos de maior qualidade nutricional e sensorial levou a indústria de alimentos e a academia a elaborarem novas estratégias no desenvolvimento de produtos e processos, como o emprego do tratamento de pulso elétrico.

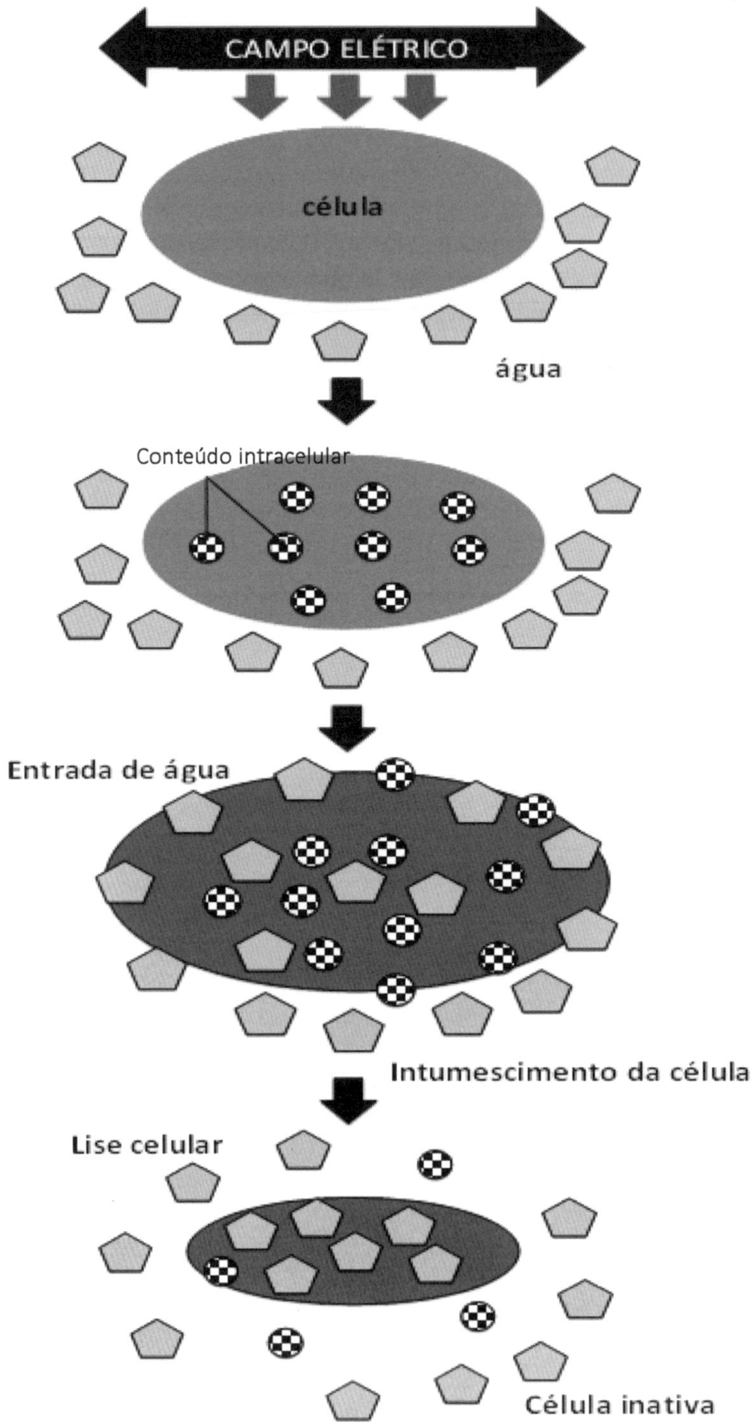

Figura 11.7 – Etapas da ruptura da membrana celular durante o tratamento do alimento com o processo de pulso elétrico.

APLICAÇÃO DO TRATAMENTO DE PULSO ELÉTRICO EM ALIMENTOS

A aplicação do pulso elétrico em alimentos é baseada na eletroporação da membrana sem alteração significativa dos materiais celulares. O pulso elétrico já foi utilizado no processamento de alimentos líquidos, semilíquidos e sólidos. O funcionamento do pulso elétrico tem sido empregado em muitas linhas de produção de alimentos; além disso, muitos estudos têm avaliado o seu impacto nos processos de inativação microbiana e enzimática, na desidratação e congelamento de alimentos, no aumento do rendimento em processos de extração, na recuperação de compostos considerados nutricionalmente valiosos em uma grande variedade de alimentos, na redução de compostos tóxicos e contaminantes, na melhora da textura, do sabor e das propriedades sensoriais entre outros. Dessa forma, uma série de aplicações do pulso elétrico já foi proposta para uso na indústria de alimentos. Entretanto, as aplicações do pulso elétrico implantadas com sucesso na indústria de alimentos foram o seu uso visando à conservação de sucos de frutas e na qualidade de batatas.

Estudos demonstraram que, com o aumento da intensidade do campo elétrico, o rendimento da extração aumenta significativamente, devido ao maior aporte de energia que facilita a ruptura da membrana celular. A literatura também cita que combinações de parâmetros de CEP e temperatura (30 kV/cm/200µs a 20 °C e 40 kV/cm/50µs a 40 °C) são suficientes para redução de 3 log UFC/mL de *Listera monocytogenes*, bactéria mais resistente do que a *Escherichi coli* e Staphylococcus *aureus*, por exemplo. A aplicação de CEP prolonga a vida de armazenamento de diferentes alimentos líquidos, reduzindo a deterioração e o número de microrganismos patogênicos. Os pulsos de tratamento CEP mais amplos são mais eficazes do que a força de pulso mais alta com largura de pulso mais curta.

O número de pulsos é o total de pulsos aplicados durante o tratamento CEP. Quando um pulso elétrico é aplicado, ele permanece no pico de sua amplitude por determinado tempo, conhecido como duração do pulso ou largura do pulso. A taxa de poração da membrana celular aumenta proporcionalmente à duração do pulso, e o tempo que o pulso leva para atingir novamente sua amplitude máxima é conhecido como tempo de repetição do pulso ou tempo de atraso do pulso. Em tratamentos por CEP com um tempo de repetição de pulso mais longo, observa-se maior eficiência com mais poros formados na membrana celular.

Os pulsos elétricos têm diferentes formatos de onda, como quadrado, quadrado bipolar, decaimento exponencial, decaimento exponencial bipolar e exponencial duplo. Os pulsos de decaimento exponencial têm a menor potência, porque fornecem uma alta intensidade de campo elétrico por um tempo muito curto. Em pulsos do tipo quadrado, a intensidade do campo elétrico permanece em alta magnitude por mais tempo, aumentando a efetividade dos pulsos; no entanto, é mais caro produzi-los.

A forma da onda produzida pelo pulso elétrico também se diferencia em monopolar e bipolar. Em pulsos bipolares, a erosão dos eletrodos é reduzida devido à troca contínua de cátodo e ânodo, levando a uma menor deposição de carga. Pulsos quadrados bipolares são mais eficazes do que monopolares em células microbianas em meio líquido, pois seu mecanismo pelo qual afeta a célula microbiana está relacionado a frequentes mudanças na polaridade dos eletrodos, causando estresse na membrana celular, seguido de danos à célula. Já os pulsos quadrados monopolares são mais eficazes do que pulsos quadrados bipolares na extração de compostos de células de microalgas, pois na aplicação há neutralização das cargas na membrana celular, dificultando a formação dos poros após o primeiro pulso, cuja carga residual na membrana é cancelada ou neutralizada pela aplicação de pulso consecutivo de polaridade oposta.

Estudos indicam que o CEP pode ser utilizado como pré-tratamento de alimentos com objetivo de extração e disponibilização de compostos desejáveis, pois o mesmo aumenta a permeabilidade celular, acarretando a liberação dos compostos benéficos contidos no interior de células, tanto vegetais quanto de microrganismos. Assim, o CEP é uma técnica não térmica que facilita o maior rendimento de extração de diferentes constituintes da matriz alimentar desejada em comparação aos métodos convencionais. Exemplo para seu uso é a extração de sulforafanos em brócolis, cujo prévio tratamento levou ao aumento de 50% do composto em relação aos métodos tradicionais de extração. Assim, o aumento da permeabilidade da célula resulta em menor dependência do uso nocivo de solventes orgânicos, o que torna o CEP uma tecnologia verde que promove a sustentabilidade nos processos de extração. A aplicação de CEF em frutas aumenta substancialmente o suco extraído, assim como óleos em vegetais, mas também ocorre a liberação de enzimas responsáveis pela degradação da qualidade nos sucos. Da mesma forma, no caso das oleaginosas, os parâmetros de qualidade como acidez livre e índice de peróxido do óleo são impactados negativamente.

O aumento na intensidade do campo elétrico e a frequência dos pulsos aplicados pode afetar substancialmente a degradação de pesticidas, pois uma maior voltagem aumenta a vibração e rotação de moléculas polares, auxiliando na degradação daquelas moléculas. A pasteurização por CEP elimina 100% da necessidade de gás natural e reduz o consumo de eletricidade em 20% em relação à pasteurização convencional. Alguns desafios técnicos, desvantagens econômicas, adoção de mercado, implicações regulatórias e riscos de toxicidade permanecem e precisam ser resolvidos, especialmente na aplicação de CEP em alta intensidade.

Contudo, para aplicação do processamento de alimentos em escala industrial, o consumo energético deve ser calculado, objetivando a combinação ideal de tempo/temperatura/gasto energético para otimização do processamento. Encontrar o equilíbrio ideal entre a inativação microbiana e o consumo de energia do processamento é a chave para maximizar sua adoção na aplicação comercial, não apenas para fins de segurança alimentar, mas também em relação a questões ambientais.

O pulso elétrico já foi adicionado em plantas industriais na Europa e na Ásia, a fim de aumentar a conservação de sucos de frutas. O processamento térmico é o método mais comum para aumentar a validade de sucos, porque as altas temperaturas levam à inativação tanto de microrganismos quanto de enzimas. No entanto, esses altos níveis de segurança gerados pelo processamento térmico são acompanhados pela degradação sensorial e nutricional, resultando na formação de sabores indesejáveis, oxidação, além das perdas de pigmentos e vitaminas. A combinação do pulso elétrico com uma temperatura de aquecimento entre 30 °C e 40 °C demonstrou efeito sinérgico na inativação de microrganismos. Um campo elétrico com a intensidade de 20 kV/cm foi suficiente para alcançar uma redução de até 6 log de microrganismos patogênicos. O processamento de sucos com pulso elétrico detectou a redução de bactérias patogênicas, como *Escherichia coli*. O uso de pulso elétrico em sucos resultou em um tempo de permanência mais curto em temperaturas menores quando comparado ao uso somente de tratamentos térmicos convencionais. Com isso, o processamento com pulso elétrico fornece uma validade maior aos sucos de frutas (meses), não sendo capaz de afetar negativamente suas propriedades sensoriais e nutricionais.

Outro tipo de indústria que faz uso padrão do pulso elétrico é a de processamento de batatas, como batatas fritas e chips. Nesse tipo de indústria, o uso do pulso elétrico na etapa de lavagem teve impacto positivo no processo de fritura e nos atributos de qualidade. Com o uso do pulso elétrico e a ocorrência da eletroporação na membrana celular, ocorre maior perda de água da batata e diminuição do seu teor de açúcares redutores. Com a perda de água, o tempo de fritura é reduzido, e, portanto, há diminuição da perda de nutrientes; caso o teor de açúcares redutores seja baixo, tem-se a chance de uma redução no teor de acrilamida, além de efeito benéfico na cor e qualidades do produto. Vale ressaltar que o tratamento prévio da batata com pulso elétrico resulta na menor absorção de óleo durante o processo de fritura, gerando também efeito benéfico para a qualidade nutritiva do produto. Os efeitos benéficos observados na obtenção de batata chips tratada com pulso elétrico prévio são igualmente verificados na obtenção de outros vegetais em chips, cuja cor pode ser visualizada na Figura 11.8.

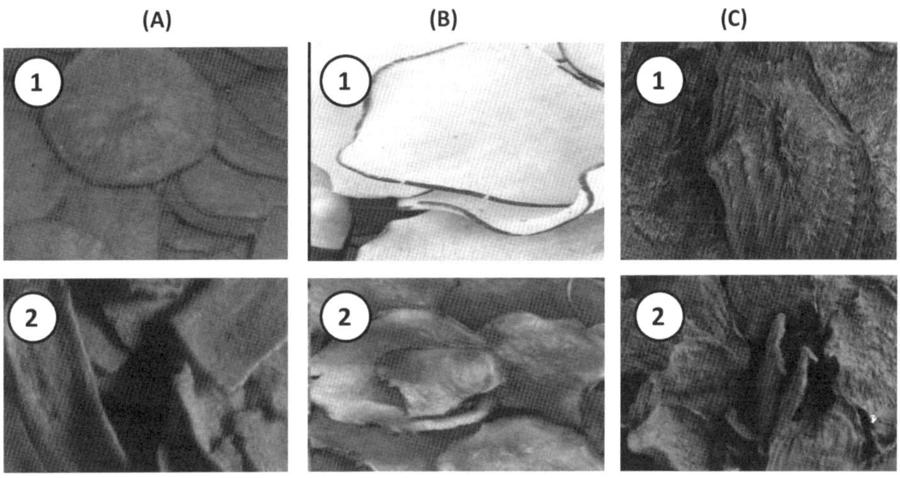

Figura 11.8 – Tonalidade de chips de: (A) cenoura, (B) batata doce e (C) beterraba. (1) tratados previamente com pulso elétrico; e (2) sem tratamento com pulso elétrico.

Em relação ao pulso elétrico, uma das conclusões comuns é a necessidade de estudar o processo-alvo, a matriz, e os compostos para aperfeiçoar as condições de processamento. A aplicação do pulso elétrico para vários processos, como a inativação de microrganismos e/ou enzimas, apresenta diferentes parâmetros de processamento, por exemplo a intensidade do campo elétrico (kV/cm), o tempo dos pulsos elétricos (ms ou µs) e a energia específica (kJ/kg).

O grau de letalidade para os microrganismos em alimentos durante a aplicação do pulso elétrico vai depender: das características do microrganismo-alvo, como espécie e cepa; da morfologia, concentração e fase de crescimento; da temperatura utilizada; do valor do pH; da condutividade do alimento; e da intensidade, do número e da duração dos pulsos elétricos aplicados. As bactérias Gram-positivas são mais resistentes ao tratamento por pulso elétrico do que as Gram-negativas, pela existência de parede celular. No uso de pulso elétrico, geralmente as células nas fases logarítmicas são mais sensíveis ao estresse do que aquelas na fase lag ou estacionária. A aplicação do pulso elétrico na preservação de alimentos líquidos é recomendada para líquidos de baixa força iônica e condutividade. Em sucos e óleos, a aplicação do tratamento por pulso elétrico pode ser capaz de melhorar o rendimento e a qualidade, porque não gera temperaturas elevadas. Por exemplo, a extração do pigmento do alimento pode ser alcançada em temperaturas mais baixas.

O pulso elétrico também pode induzir mudanças nas características estruturais de alergênicos alimentares, como as mudanças conformacionais na ovoalbumina após o tratamento com o pulso elétrico, diminuindo a interação anticorpo-alérgeno.

A presença do pulso elétrico em processos de secagem de frutas, carnes e peixes são empregadas em temperaturas mais baixas, o que é benéfico para o valor nutritivo do alimento. Em carnes, o pulso elétrico tem efeito amaciante, o que facilita o corte. Ressalta-se também a inativação de microrganismos e enzimas, além da recuperação de compostos bioativos.

Entre todas as vantagens de aplicação do pulso elétrico, tem-se o seu uso combinado a outras tecnologias, como a alta pressão hidrostática e o ultrassom, possibilitando obter melhores resultados do que usar o processo individualmente. Além da sinergia com outras tecnologias emergentes em alimentos, o pulso elétrico pode ser utilizado de forma combinada a tecnologias convencionais, como os tratamentos térmicos, a desidratação e o congelamento. Na Tabela 11.1 têm-se as diferentes aplicações do pulso elétrico em alimentos.

Outra vantagem da aplicação do pulso elétrico seria na prevenção do surgimento da reação de Maillard, que pode ocorrer durante o cozimento e tratamentos térmicos em alimentos que contenham açúcares redutores e aminoácidos ou peptídeos livres. Essa reação química é responsável pela deterioração de proteínas durante o processamento e armazenamento de alimentos, ocorrendo a formação de uma série de compostos, como acrilamida e 5-(hidroximetil) furfural contaminantes. Esses compostos são considerados provável ou potencialmente cancerígenos ou metabolizados em compostos com potencial cancerígenos para humanos. Dessa forma, observa-se a necessidade do emprego de processos não térmicos, a fim de evitar a formação desses compostos no processamento de alimentos.

Entretanto, o tratamento de alimentos com pulso elétrico pode também apresentar algumas limitações. No emprego do pulso elétrico visando a preservação de alimentos, verificou-se as incrustações formadas nas superfícies do eletrodo, principalmente soluções ricas em proteínas, geram bolhas e gases dissolvidos, culminando em problemas operacionais. O uso do pulso elétrico no tratamento de alimentos congelados pode gerar desordem estrutural, deformação e danos à forma poliédrica das células. Empregando o pulso elétrico para inativação enzimática, observou-se que algumas enzimas ainda permaneciam ativas, e, assim, era necessário o uso de campo elétrico com alta intensidade, resultando na geração de bolhas. Da mesma forma, quando usado campo elétrico de alta intensidade em carnes, foram observados efeitos negativos na aparência devido ao indesejável aumento de temperatura. Vale ressaltar que a literatura ainda é limitada para diferentes tipos de alimentos, como os frutos do mar, em diferentes condições de processamento.

Tabela 11.1 – Aplicações do tratamento com pulso elétrico em alimentos

Aplicação no alimento	**Tipo de alimento**	**Variação do tratamento**			**Efeitos no alimento**
		Intensidade (kV/cm)	**Tempo (μs)**	**Energia específica (kJ/kg)**	
Preservação	Leite e leite de cabra; sucos de maçã, cenoura e tomate; clara de ovo	1-30	1-20	10-210	Pasteurização sem mudança de cor, aparência e manutenção de nutrientes
Extração	Maçã, beterraba, laranja, uvas, manga, azeite de oliva e grãos	0,5-6	10-100	1-15	Aumenta o rendimento do suco com melhora na composição nutritiva
Desidratação	Batata, cenoura, maçã, manga, morango e pimenta	0,2-4	20-200	1-20	Tempos de secagem reduzidos
Congelamento	Batata, cenoura, ervilha, espinafre e maçã	0,4-2	$10 - 10^7$	1-20	Melhora o congelamento porque acelera o processo de resfriamento
Recuperação de compostos bioativos	Azeitona, batata, beterraba, cana-de-açúcar, cenoura, chicória e tomate	0,5-10	100-50.000	1-100	Aumenta a extração de compostos bioativos

Inativação de enzimas	Sucos de maçã, tomate e morango	10-70	1-20	100-250	Inativação de enzimas indesejáveis
Processamento de carnes	Carne, frango, peixe e carne de porco	1,5-4	5-30	20-100	Contribuiu para a maciez, retém água e reduz o tempo de amaciamento
Tratamento de grãos	Trigo, soja e semente de girassol	0,5-3	0,1-10	10-100	Aumenta a absorção de água, a germinação de sementes e os parâmetros de crescimento de mudas; e controla de forma não químico a presença de ervas daninhas
Processamento de vinho	Vinhos	3-12	0,1-10	10-100	Substitui o uso de SO_2 na preservação do vinho

CONSIDERAÇÕES FINAIS

É possível verificar que o tratamento de alimentos empregando pulso elétrico pode contribuir para que a indústria obtenha produtos de alta qualidade devido às seguintes vantagens: alto rendimento e melhor qualidade durante a extração de suco e óleos; aumento da transferência de massa em processos de secagem utilizando uma temperatura mais baixa; melhor extração do pigmento em temperaturas mais baixas; redução da energia necessária para o corte de produtos cárneos; redução no tempo de processamento em temperaturas mais baixas; menor custo no processamento do alimento; menor quantidade de resíduos industriais em relação às tecnologias convencionais, além de redução do o uso de água e de produção de baixa ou nenhuma emissão de gases prejudiciais em comparação com o processamento térmico, sendo portanto uma tecnologia ecologicamente correta; maior eficiência e melhor resultado quando combinado a outras tecnologias.

Apesar desses benefícios, também existem limitações que dificultam a adoção do tratamento de alimentos com pulso elétrico, por exemplo: o alto custo de capital inicial; a ineficácia contra a inativação de algumas enzimas e esporos; a dificuldade de ser empregada com materiais condutores; a geração de bolhas e gases dissolvidos, causando problemas operacionais e a ruptura dielétrica; e protocolos para emprego ainda limitados para alguns alimentos.

Logo, leva-se em consideração que a aplicação do pulso elétrico permite a desintegração celular e a descontaminação microbiana de produtos alimentícios. Além disso, os endosporos bacterianos podem ser inativados pelo uso combinado de processos térmicos e pulso elétrico. Desenvolvimentos recentes de sistemas de energia pulsada têm apoiado a transferência de tecnologia com sucesso, da escala de laboratório para a aplicação industrial no processamento de suco de frutas e vegetais. As aplicações futuras visam o aumento da validade de bebidas à base de proteínas, temperos, sopas, laticínios, cerveja e vinho, bem como na produção de micro e macroalgas.

Enfim, o uso de pulso elétrico de alimentos resulta em produtos com superiores propriedades sensoriais e atributos de qualidade, como sabor e cor, além de prazo mais longo de armazenamento de alimentos, sendo estes produtos considerados mais nutritivos e saudáveis, além de empregarem um processo considerado ecologicamente correto, não emissor de gases nocivos e/ou poluentes, reduzindo o uso de água e energia renovável no processamento de alimentos.

Atualmente, a capacidade de processamento (L/h) é um entrave para produção em grande escala na indústria, pois o design dos eletrodos e o fluxo de alimento tratado devem ser observados para que haja pontos frios durante o processamento, o que levaria à sobrevivência de microrganismos.

O contato do alimento com os eletrodos sob um campo elétrico pode levar a corrosão do metal, alteração de pH, formação de bolhas de gás, migração do metal para o alimento e reação redox. Assim, é recomendado o uso de eletrodos de titânio revestido de alumina (Al2O3), por ser um material condutivo com alta permissividade e maior resistência à corrosão, porém de alto valor.

É necessário um investimento inicial cerca de 2 a 3 milhões de dólares para equipamento com capacidade de processamento de cinco toneladas de alimento por hora, com intensidade de campo elétrico de 20 a 40 kV/cm e a entrada de energia variando de 100 a 1.000 kJ/kg.

REFERÊNCIAS

Arshad, R. N., Abdul-Malek, Z., Roobab, U., Munir, M. A., Naderipour, A., Qureshi, M. I., Bekhit, A. E.-D., Liu, Z.-W., & Aadil, R. M. (2021). Pulsed electric field: A potential alternative towards a sustainable food processing. *Trends in Food Science & Technology, 111*, 43-54

Arshad, R. N., Abdul-Malek, Z., Munir, A., Buntat, Z., Ahmad, M. H., Jusoh, Y. M. M., El-Din Bekhit, Alaa, Roobab, U., Manzoor, F., & Aadil, R. M. (2020). Electrical systems for pulsed electric field applications in the food industry: An engineering perspective. *Trends in Food Science & Technology, 104*, 1-13.

Arshad, R. N., Abdul-Malek, Z., Roobab, U., Munir, M. A., Naderipour, A., Qureshi, M. I., El-Din Bekhit, A., Liu, Z., & Aadil, R. M. (2021). Pulsed electric field: A potential alternative towards a sustainable food processing. *Trends in Food Science & Technology, 111*, 43-54.

Binoti, M. L., & Ramos, A. M. (2015). Conservação de alimentos: uma visão mais saudável. *HU Revista, 41*(3/4), 171-179.

Costa, M. C. da, Deliza, R., & Rosenthal, A. (1999). Revisão: tecnologias não convencionais e o impacto no comportamento do consumidor. *Boletim do CEPPA, 17*(2), 187-210.

Dadan, M., Nowacka, M., Czyzewski, J., & Witrowa-Rajchert, D. (2020). Modification of food structure and improvement of freezing processes by pulsed electric field treatment. In F. J. Barba, O. Parniakov, & A. Wiktor (Eds.), *Pulsed electric fields to obtain healthier and sustainable food for tomorrow* (pp. 203-222). London: Elsevier Inc.

Gentès, M.-C., Caron, A., & Champagne, C. P. (2022). Potential applications of pulsed electric field in cheesemaking. *International Journal of Dairy Technology, 1*, 1-19.

Giteru, S. G., Oey, I., & Ali, M. A. (2018). Feasibility of using pulsed electric fields to modify biomacromolecules: A review. *Trends in Food Science & Technology, 72*, 91-113.

Khaneghah, A. M., Gavahian, M. G., Xia, Q., Denoya, G. I., Roselló-Soto, E., Barba, F. J. (2020). Effect of pulsed electric field on Maillard reaction and hydroxymethylfurfural production. In F. J. Barba, O. Parniakov, & A. Wiktor (Eds.), *Pulsed electric fields to obtain healthier and sustainable food for tomorrow* (pp. 129-137). London: Elsevier Inc.

Lammerskitten, A., Wiktor, A., Parniakov, O., & Lebovka, N. (2020). An overview of the potential applications to produce healthy food products based on pulsed electric field treatment. In F. J. Barba, O. Parniakov, & A. Wiktor (Eds.), *Pulsed electric fields to obtain healthier and sustainable food for tomorrow* (pp. 33-40). London: Elsevier Inc.

Li, J., Shi, J., Huang, X., Zou, X., Li, Z., Zhang, D., Zhang, W., & Xu, Y. (2020). Effects of pulsed electric field on freeze-thaw quality of Atlantic salmon. *Innovative Food Science and Emerging Technologies, 65*, 102454.

Mohamad, A., Shah, N. N. A. K., Sulaiman, A., Adzahan, N. M., & Aadil, R. M. (2020). Impact of the pulsed electric field on physicochemical properties, fatty acid profiling, and metal migration of goat milk. *Journal of Food Processing, 44*(12), e14940.

Naliyadhara, N., Kumar, A., Girisa, S., Daimary, U. D., Hegde, M., & Kunnumakkara, A. B. (2022). Pulsed electric field (PEF): Avant-garde extraction escalation technology in food industry, *Trends in Food Science & Technology, 122*, 238-255.

Ostermeier, R., Hill, K., Töpfl, S., & Jäger, H. (2020). Pulsed electric field as a sustainable tool for the production of healthy snacks. In F. J. Barba, O. Parniakov, & A. Wiktor (Eds.), *Pulsed electric fields to obtain healthier and sustainable food for tomorrow* (pp. 103-123). London: Elsevier Inc.

Poojary, M. M., Lund, M. N., & Barba, F. J. (2020). Pulsed electric field (PEF) as an efficient technology for food additives and nutraceuticals development. In F. J. Barba, O. Parniakov, & A. Wiktor (Eds.), *Pulsed electric fields to obtain healthier and sustainable food for tomorrow* (pp. 65-91). London: Elsevier Inc.

Ramos, A. M., Teixeira, L. J. Q., Stringheta, P. C., Chaves, J. B. P., & Gomes, J. C. (2006). Aplicação de campos elétricos pulsados de alta intensidade na conservação de alimentos. *Revista Ceres, 53*(308), 425-438.

Thirumdas, R., Sarangapani, C., & Barba, F. J. (2020). Pulsed electric field applications for the extraction of compounds and fractions (fruit juices, winery, oils, by-products etc.). In F. J. Barba, O. Parniakov, & A. Wiktor (Eds.), *Pulsed electric fields to obtain healthier and sustainable food for tomorrow* (pp. 227-240). London: Elsevier Inc.

Toepfl, S., Kinsella, J., & Parniakov, O. (2020). Industrial scale equipment, patents, and commercial applications. In F. J. Barba, O. Parniakov, & A. Wiktor (Eds.), *Pulsed electric fields to obtain healthier and sustainable food for tomorrow* (pp. 269-280). London: Elsevier Inc.

Tylewicz, U. (2020). How does pulsed electric field work? In F. J. Barba, O. Parniakov, & A. Wiktor (Eds.), *Pulsed electric fields to obtain healthier and sustainable food for tomorrow* (pp. 3-18). London: Elsevier Inc.

Whiktor, A., Singh, A. P., Parniakov, O., Mykhailyk, V., Mandal, R., & Witrowa-Rajchert, D. (2020). PEF as an alternative tool to prevent thermolabile compound degradation during dehydration processes. In F. J. Barba, O. Parniakov, & A. Wiktor (Eds.), *Pulsed electric fields to obtain healthier and sustainable food for tomorrow* (pp. 155-202). London: Elsevier Inc.

Zhu, Z., Wang, F., Xia, Q., Lu, Y., Roohinejad, S., Marszałek, K., Roselló-Soto, E., & Barba, F. J. (2020). Health promoting benefits of PEF: bioprotective capacity against the oxidative stress and its impact on nutrient and bioactive compound bioaccessibility. In F. J. Barba, O. Parniakov, & A. Wiktor (Eds.), *Pulsed electric fields to obtain healthier and sustainable food for tomorrow* (pp. 51-64). London: Elsevier Inc.

CAPÍTULO 12

ASPECTOS SENSORIAIS E PERCEPÇÃO DO CONSUMIDOR

Jéssica Ferreira Rodrigues, Lorena Eduarda Aparecida de Oliveira, Tatiana Colombo Pimentel, Adriano Gomes da Cruz, Erick Almeida Esmerino, Adriana Gámbaro

INTRODUÇÃO

A demanda cada vez maior pela melhoria da qualidade e da segurança dos alimentos é um desafio para os produtores de alimentos, a comunidade científica e os engenheiros de processos. O objetivo é desenvolver tecnologias emergentes que permitam a produção de alimentos saudáveis, minimizem o impacto ambiental, garantam a segurança microbiana e mantenham a qualidade com uma vida de prateleira prolongada. Durante o século XX, houve um grande aumento no desenvolvimento de novas tecnologias, que, em muitos casos, surgiram para substituir métodos convencionais. Assim, surgiram novas tecnologias térmicas e não térmicas de processamento e conservação de alimentos, incluindo irradiação, micro-ondas, infravermelho, aquecimento ôhmico, alta pressão, radiação ultravioleta, campo elétrico pulsado, ultrassom, plasma frio e ozônio.

Essas novas tecnologias estão ganhando popularidade em todo o mundo devido às várias vantagens relacionadas à segurança dos alimentos, extensão da vida de prateleira e qualidade nutricional e sensorial. No entanto, a aceitação dessas tecnologias pelos consumidores ainda é um grande obstáculo havendo portanto, a necessidade de estudos envolvendo a percepção do consumidor com relação às tecnologias emergentes aplicadas ao processamento de alimentos.

Otimizar a qualidade sensorial é um ponto crítico para o seu sucesso no mercado. No entanto, a qualidade sensorial por si só não é uma garantia, uma vez que as percepções da qualidade dos alimentos não dependem apenas de suas características intrínsecas, mas são fortemente influenciadas por uma série de fatores que são extrínsecos ao produto. Assim, as percepções do consumidor sobre segurança, custo e risco/benefício associados às novas tecnologias são considerações importantes que afetam diretamente a escolha e as decisões de compra.

Além disso, o conhecimento do consumidor é importante em todas as etapas do processo decisório de compra: desde o reconhecimento da necessidade, passando pela busca de informação, avaliação de alternativas e escolha, até a análise pós-compra. Portanto, conhecer os fatores que interferem nesse processo é fundamental para o estabelecimento de estratégias de comercialização exitosas. Dessa forma, neste capítulo são discutidos os fatores que afetam a aceitação por produtos submetidos a tecnologias emergentes, bem como apresentados estudos acerca dessa temática, pontuando os riscos e benefícios percebidos pelos consumidores a fim de estabelecer estratégias para o marketing e comercialização dos alimentos.

FATORES QUE AFETAM AS ATITUDES E A ACEITAÇÃO DOS CONSUMIDORES POR TECNOLOGIAS EMERGENTES

A disposição do consumidor em aceitar novas tecnologias de processamento de alimentos é fortemente influenciada por suas atitudes. A Figura 12.1 faz uma representação esquemática dos processos envolvidos na formação de atitudes dos consumidores frente às tecnologias emergentes. Nela, constam as características determinantes por meio de processos ascendentes e descendentes.

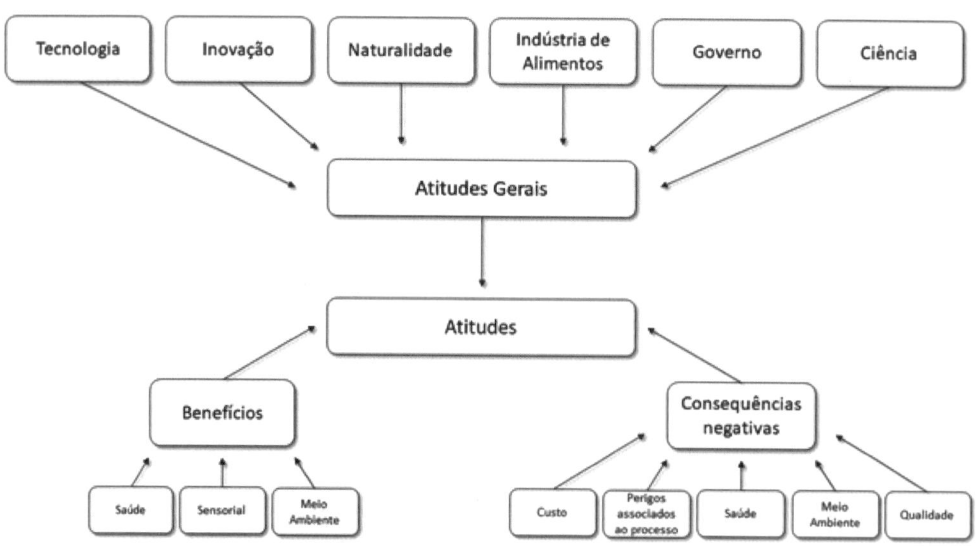

Figura 12.1 – Representação esquemática dos processos envolvidos na formação das atitudes dos consumidores em relação às novas tecnologias de alimentos.

Observa-se que o reconhecimento dos potenciais benefícios ligados à saúde e ao meio ambiente, das características sensoriais e das percepções de perigo, custo e qualidade influenciam de forma ascendente nas atitudes dos consumidores, bem como na aceitação dos produtos. Processos ascendentes implicam que atitudes em relação às novas tecnologias sejam formadas por meio de uma avaliação cognitiva e afetiva de suas características, ou seja, os consumidores usam seu conhecimento prévio e informações disponíveis para estimar os benefícios e as consequências negativas em relação às novas tecnologias, o que indica a importância da disponibilização de conhecimento e informação prévia aos mesmos.

As atitudes do consumidor em relação às tecnologias emergentes variam de acordo com o tipo de tecnologia e o produto alimentício ao qual é aplicado. Na Tabela 12.1, são apresentados os resultados de estudos que avaliaram as percepções dos consumidores acerca de diferentes produtos processados por tecnologias emergentes.

Tabela 12.1 – Exemplos de percepções dos consumidores sobre diferentes produtos processados com tecnologias emergentes

Tecnologia aplicada	Produto	Principais resultados
Irradiação	Chips de maçã	Doses de 2,5 kGy e 3,0 kGy promoveram valores mais elevados de atributos sensoriais (cor, textura, sabor e aceitabilidade geral) em comparação ao controle e outros tratamentos irradiados
Aquecimento ôhmico (AO)	Suco de cenoura pasteurizado	O suco tratado com AO apresentou maior preferência de cor e um alto nível de aceitação. Além disso, a aplicação da tecnologia não alterou o sabor em relação ao suco-controle
	Bebidas de soro de leite aromatizadas com acerola	Apresentaram maior preferência e foram associadas ao conceito de inovação e a atributos sensoriais típicos. Houve uma maior receptividade dos consumidores quando foram demonstrados os benefícios e os aspectos positivos em relação ao meio ambiente
	Doce de leite	Foram observados maior brilho, fluidez e pontuações de sabor, bem como menores intensidades em consistência e arenosidade, resultando em uma maior aceitação
	Suco misto (cenoura, abóbora, aipo e frutas cítricas)	O suco tratado com AO obteve notas de aceitação sensorial superiores para os atributos aroma e aparência
Pasteurização Pressurização Prensado a frio	Suco de frutas	Foi observada a influência da neofobia na aceitação de novas tecnologias. Além disso, elas foram associadas a produtos processados e insalubridade

Alta pressão hidrostática (APH)	Suco de romã	Os consumidores valorizaram informações sobre a saúde e benefícios dos antioxidantes, bem como sobre a tecnologia, sugerindo que ambos os tipos de informações podem ser ferramentas relevantes para aumentar a intenção de compra do produto. A aplicação de APH foi percebida positivamente pelos consumidores
Ozônio	Ovos	O apelo visual e a aceitação sensorial dos ovos tratados com ozônio não foram significativamente diferentes dos ovos-controle. Além disso, foram obtidos melhores resultados em comparação aos tratamentos térmicos convencionais
Campo elétrico pulsado	Azeite de oliva	A análise sensorial determinou que a aplicação não modifica o sabor. Além disso, não há perda nos parâmetros físico-químicos que determinam a qualidade do azeite

De modo geral, nota-se que as tecnologias, quando aplicadas em doses adequadas, contribuem positivamente para a aceitação sensorial dos produtos, aumentando a percepção de atributos sensoriais positivos. Além disso, há uma melhor receptividade das tecnologias emergentes quando são demonstrados os aspectos positivos e benefícios ao meio ambiente e à saúde. As atitudes em relação à inovação foram positivamente correlacionadas à aceitação de novas tecnologias, pois os consumidores que consideram a inovação positiva para o desenvolvimento e bem-estar estavam geralmente mais dispostos a aceitar novas tecnologias.

Existem diversos fatores que influenciam a percepção do consumidor acerca de tecnologias emergentes, incluindo fatores sociodemográficos (idade, gênero, nível educacional, classe social), percepção dos benefícios tangíveis, atitudes e valores gerais (por exemplo, atitudes relacionadas com o progresso tecnológico, natureza e meio ambiente), preocupações éticas e morais, percepção dos riscos associados, relevância para o indivíduo e para a sociedade, incerteza percebida ou real sobre os possíveis riscos desconhecidos e conhecimento, compreensão e informação disponível.

As tecnologias emergentes não são aceitas de forma similar por todos os consumidores, devido às suas implicações para a segurança dos alimentos ou outros impactos potenciais, e as preocupações e expectativas dos consumidores e seu grau de apreciação variam de uma tecnologia para outra. Para serem aceitas, as tecnologias emergentes devem possuir duas características: serem conhecidas e, portanto, ter disponibilização de informação adequada, e serem percebidas como livres de riscos. Consequentemente, é importante disponibilizar informações corretas sobre as vantagens e desvantagens das tecnologias emergentes, o que reduz o seu risco percebido e promove sua aceitação.

Os resultados reforçam a importância de conhecer a influência dos diversos fatores mencionados para a aceitação dos produtos, a fim de estabelecer estratégias para disponibilizar as informações que contribuam para a aceitação das tecnologias. Assim, cada atributo é discutido em separado.

FATORES INTRÍNSECOS

CARACTERÍSTICAS SOCIODEMOGRÁFICAS

Diversas variáveis individuais afetam as atitudes dos consumidores em relação às novas tecnologias. Mulheres são mais preocupadas e, portanto, estão menos propensas a perceber benefícios e menos dispostas a aceitar novas tecnologias alimentares do que os homens, em especial tecnologias percebidas como "perigosas", como a irradiação. Os indivíduos com maiores níveis educacionais apresentam uma maior propensão a aceitar tecnologias emergentes. Idosos também são mais preocupados sobre questões de segurança dos alimentos relacionadas às novas tecnologias do que os mais jovens, porém o impacto da faixa etária ainda não é consenso, pois há alguns estudos que não verificaram diferenças entre os grupos. O conhecimento prévio do consumidor também é um ponto-chave para a redução da percepção de risco e aumento da aceitação dos produtos fabricados com essas tecnologias.

A área geográfica onde vive o consumidor pode ter um efeito no interesse por tecnologias emergentes. Por exemplo, em um estudo realizado na Itália, os habitantes da região Sul estavam mais interessados que os habitantes das regiões Norte e Centro em obter informações sobre produtos irradiados. Esse resultado possivelmente se deva ao fato de que o sul da Itália tem uma cultura alimentar profundamente enraizada, e os habitantes prestam mais atenção ao consumo de alimentos seguros e de qualidade.

NEOFOBIA

Além dos elementos já mencionados que influenciam a aceitabilidade das novas tecnologias aplicadas em produtos alimentícios pelos consumidores em geral, outro fator de impacto se refere aos aspectos psicológicos do indivíduo. A adoção de tecnologias alimentares emergentes tem sido relacionada, pelos consumidores, a traços específicos de personalidade, como a neofobia alimentar, que pode ser considerada como a resistência na experimentação de novos alimentos.

Assim, a neofobia alimentar pode ser relacionada à aceitação de novos produtos alimentícios, mas também à aceitação de novas tecnologias utilizadas na produção e processamento de alimentos. É necessário distinguir a diferença entre aceitação de novos alimentos e aceitação de alimentos produzidos por novas tecnologias, porque as tecnologias podem ser rejeitadas, independentemente do produto em que estão incorporadas.

Algumas tecnologias emergentes estão mais sujeitas à rejeição do consumidor, como a modificação genética e a irradiação. Todavia, os consumidores menos neofóbicos em relação à alimentação apresentam maiores níveis de satisfação com a vida e com os alimentos e indicam maior aceitação de embalagens e alimentos produzidos com nanotecnologia (tecnologia emergente). Uma percepção positiva do valor nutricional e do ponto de vista sustentável estão atrelados a esse aspecto. Portanto, incluir informações sobre novas tecnologias no rótulo do produto pode aumentar a conscientização, a percepção de controle pessoal sobre o consumo de produtos fabricados com elas e melhorar a aceitação do consumidor.

Estudos relataram que a inclusão de informações sobre os benefícios oferecidos pela alta pressão nas embalagens de suco de frutas teve uma influência positiva na intenção de compra dos consumidores. No entanto, incluir informações extensas sobre irradiação ou produtos geneticamente modificados pode ser considerado um sinal de alerta que afasta os consumidores.

FATORES EXTRÍNSECOS

PREÇO

Em geral, estudos com foco no consumidor mostraram que os indivíduos estão dispostos a pagar mais por produtos consistentes e de alta qualidade, proporcionando uma oportunidade para o setor alimentício de aumentar os lucros, diversificar as ofertas e, portanto, garantir a competitividade global.

No entanto, o impacto do preço sobre a aceitação de produtos processados por tecnologias emergentes ainda é controverso. Por um lado, acredita-se que a agregação de valor ao produto destaca-se como uma barreira potencial para aceitação das novas tecnologias, pois os consumidores não estão dispostos a pagar um pouco a mais por esses itens alimentícios. Pesquisas relataram que os consumidores britânicos e alemães eram resistentes à compra de produtos processados com novas tecnologias se eles fossem mais caros do que os produtos convencionais. Ao mesmo tempo, há estudos que indicam que os participantes estavam dispostos a pagar mais por produtos fabricados com novas tecnologias, se estes estivessem associados a uma maior qualidade. A exemplo disso, o preço mais alto foi percebido como um benefício das novas tecnologias quando aplicados em papinhas infantis, uma vez que os pais desejavam produtos de alta qualidade para seus filhos. Entretanto, alguns autores sugerem que o custo é a barreira menos importante para a aceitação de novas tecnologias alimentares.

Nesse âmbito, ressalta-se que o preço pode influenciar na intenção de compra de duas formas: reduz a intenção de compra – devido a um maior requisito monetário; engaja a intenção de compra – associação de preços elevados a produtos de melhor qualidade.

SAÚDE

Existe uma tendência das novas tecnologias em melhorar os aspectos relacionados à qualidade nutricional e a segurança dos alimentos. Dessa forma, os consumidores desejam conhecer quais riscos são reduzidos e quais são oferecidos pela aplicação das tecnologias emergentes. Ao longo dos anos, mais pessoas passaram a ter interesse no efeito da ingestão de alimentos irradiados na saúde humana, além do seu impacto no sabor dos produtos, porque o sabor pode ser determinado pela experiência pessoal, mas o efeito a longo prazo na saúde requer informações adicionais, além das capacidades sensoriais do indivíduo.

Em um estudo executado em Massachusetts, foi solicitado a diversos consumidores para descrever seu nível de preocupação com tecnologias alimentares específicas. O uso de bacteriocinas gerou a maior preocupação, seguido por irradiação, processamento asséptico, aquecimento ôhmico e ultrassom. Já os consumidores europeus têm uma tendência em comprar produtos fabricados com novas tecnologias, desde que apresentem aspectos benéficos associados à saúde. Em outro estudo, notou-se que os consumidores brasileiros possuem uma maior expectativa ao serem informados sobre a conservação do teor de vitaminas e preservação do sabor de fruta fresca no rótulo de suco de maracujá. Uma maior intenção de compra para suco de abacaxi processado em alta pressão também foi observada quando a embalagem teve a seguinte alegação: "Nutritivo e com mais sabor. A tecnologia de alta pressão no processamento mantém o sabor e preserva as vitaminas".

Logo, a conscientização do consumidor e reconhecimento dos benefícios ligados à saúde, como a preservação de compostos nutricionais, constitui uma estratégia importante para uma melhor aceitação dos alimentos processados por tecnologias emergentes.

MEIO AMBIENTE

As questões ambientais também são relevantes na escolha de produtos fabricados com novas tecnologias, uma vez que os consumidores se sentem responsáveis pela natureza, gerações futuras e humanidade. No contexto geral, as novas tecnologias são percebidas como ambientalmente corretas ao usarem menos energia e produzir menos resíduos do que os processos convencionais. Entretanto, para alguns consumidores céticos, existe a ideia de que uma abordagem de baixa tecnologia promoveria a sustentabilidade ambiental e a saúde.

Consumidores que se preocupam mais com a natureza e o meio ambiente em geral rejeitam novas tecnologias e preferem produtos naturais e frescos. Além disso, os consumidores com fortes valores pró-ambientais normalmente estão mais preocupados com as novas tecnologias de alimentos.

Por fim, os benefícios das novas tecnologias para a saúde e o meio ambiente são atributos de credibilidade, que envolvem um alto nível de incerteza. Os consumidores não podem avaliar diretamente essas características e, portanto, precisam confiar nas informações fornecidas pelos produtores ou outras organizações governamentais e não governamentais. Por esse motivo, é muito importante a disseminação de informações precisas, compreensíveis e confiáveis.

PERCEPÇÃO DE RISCOS POTENCIAIS

Algumas tecnologias costumam provocar certo nível de preocupação e desconfiança, levando os consumidores a uma maior necessidade de adquirir informações sobre seus benefícios e riscos associados. Em particular, a aplicação da irradiação ainda é limitada, apesar dos seus múltiplos benefícios para a descontaminação de alimentos, previamente demonstrados neste livro e reconhecidos por órgãos internacionais. Isso está relacionado ao fato de que vários estudos demonstraram potenciais riscos percebidos pelos consumidores, provavelmente relacionados ao seu nome, que remete à radiação nuclear. Nesse sentido, uma pesquisa realizada com consumidores brasileiros destacou que muitas pessoas desconfiaram de alimentos irradiados em razão do desconhecimento dos efeitos da irradiação ionizante e seus benefícios para a segurança dos alimentos.

OUTROS FATORES

Existem outros fatores que influenciam a percepção do consumidor em aceitar, rejeitar ou se manter neutro diante das novas tecnologias, como o medo da manipulação excessiva e de se afastar dos produtos naturais. Os benefícios tecnológicos, econômicos, sociais e ambientais e os riscos percebidos de uma nova tecnologia podem não ser aparentes para os consumidores. As atitudes do consumidor em relação a uma nova tecnologia aplicável não estão apenas associadas a benefícios pessoais e efeitos na saúde, mas levam em consideração aspectos morais e éticos.

Outro fator considerado determinante nas atitudes é o conhecimento que os consumidores possuem sobre ciência e tecnologia. Consumidores que confiam e acreditam que ambas contribuem para melhorar o padrão de vida geralmente estão mais dispostos a consumir produtos fabricados por intermédio de tecnologias emergentes.

ESTRATÉGIAS PARA MUDAR AS ATITUDES DO CONSUMIDOR EM RELAÇÃO ÀS NOVAS TECNOLOGIAS

Para o estabelecimento de estratégias, é importante conhecer bem as percepções de risco e benefícios do consumidor sobre novas tecnologias e sua influência na aceitação dos alimentos por elas processados. Portanto, para auxiliar na condução das estratégias, devem ser discutidos os riscos e benefícios potenciais percebidos pelos consumidores.

RISCOS PERCEBIDOS

Os fatores negativos mais relevantes na formação de atitude e na intenção de compra referentes a produtos tratados por tecnologias emergentes são os riscos inerentes a esse tipo de tecnologia. Os riscos constatados como os mais ameaçadores referem-se àqueles compreendidos como desconhecidos, involuntários, inobserváveis, fora do controle dos consumidores e associados a efeitos potencialmente fatais para a saúde. Esse é geralmente o caso de novas tecnologias de alimentos. Os consumidores em geral não estão cientes dos processos aplicados aos produtos alimentícios e não podem reverter seu efeito uma vez aplicados, o que aumenta a percepção de risco das novas tecnologias, embora tenham baixo risco do ponto de vista técnico.

Estudos demonstraram que o nível de preocupação em relação ao uso de tecnologias variou entre níveis baixos (liofilização, processamento térmico, pasteurização por calor e preservação a frio) a muito altos (modificação genética, irradiação e energia ionizante). Certas técnicas não térmicas (campos elétricos pulsados) e térmicas (esterilização por radiofrequência) também produziram níveis relativamente altos de preocupação, enquanto outras (alta pressão e ultrassom) produziram preocupação relativamente menor.

A percepção de preocupação dos consumidores com relação aos riscos potenciais da irradiação para a saúde está relacionada principalmente ao medo de que ela possa tornar os alimentos radioativos ou levar à formação de compostos prejudiciais. Assim, uma fração considerável de consumidores apresenta relutância a produtos rotulados como irradiados, por considerarem isso um alerta de saúde. Esse é um ponto-chave a ser trabalhado na conscientização dos consumidores. Além disso, em um contexto geral, os consumidores também relataram preocupações relacionadas à perda de qualidade e percepção de riscos inerentes aos processos e riscos ambientais, embora sejam menos relevantes do que riscos potenciais à saúde.

BENEFÍCIOS

Uma das vantagens mais importantes das novas tecnologias (como a alta pressão, campos elétricos pulsados e aquecimento ôhmico) consiste na preservação do valor nutricional dos produtos e suas características sensoriais. O fato de grande parte de não usarem conservantes também é um fator que auxilia na percepção de saudabilidade. Os consumidores igualmente destacam como benefícios as características sensoriais melhoradas dos produtos submetidos a essas tecnologias. Assim, esses pontos devem ser destacados durante a conscientização do consumidor, bem como na rotulagem.

CONSIDERAÇÕES FINAIS

A utilização de novas tecnologias no processamento de alimentos possibilita produtos de alta qualidade que atendam aos anseios dos consumidores. No entanto, a consciência e o conhecimento dos mesmos sobre as novas tecnologias alimentares ainda são limitados, o que, em muitos casos, promove percepções e atitudes negativas ao produto.

Portanto, a desinformação é um dos principais determinantes da rejeição a novas tecnologias. Assim, fornecer informações de confiança e conscientizar os consumidores acerca dos reais riscos e benefícios nas fases iniciais da introdução de novas tecnologias no mercado é uma estratégia valiosa. As informações devem ser claras e compreensíveis, além de facilitar aos consumidores a experimentação de produtos fabricados com novas tecnologias, antes de sua introdução no mercado. É importate ressaltar que a utilização de fontes e veículos considerados confiáveis é de extrema importância na vinculação dessas informações.

A maioria dos consumidores está frequentemente interessada em buscar informações sobre o processo tecnológico envolvido na produção de um alimento que eles compram e consomem. No entanto, estão menos inclinados a formar uma atitude baseada no conhecimento em relação a uma determinada tecnologia. O fornecimento correto e oportuno de informações, declarações claras por meio de fortes canais de comunicação relacionados à garantia de segurança e os benefícios tecnológicos associados podem melhorar a aceitação. Em geral, o conhecimento dos benefícios aumenta a aceitação do consumidor e a disposição para pagar por produtos alimentícios.

Além disso, nota-se que mais pesquisas sobre a influência da informação acerca das diversas tecnologias aplicadas a diferentes categorias de alimentos são necessárias para garantir uma comunicação bem-sucedida acerca dos benefícios das novas tecnologias e romper as barreiras existentes com os consumidores. Em vista disso, um programa educacional eficaz e uma campanha de informação são necessários para estabelecer a confiança do público nas novas tecnologias de processamento de alimentos.

REFERÊNCIAS BIBLIOGRÁFICAS

Abadio-Finco, F. D. B., Deliza, R., Rosenthal, A., & Silva, C. H. O. (2010). The effect of extrinsic product attributes of pineapple juice on consumer intention to purchase. *Journal of International Food & Agribusiness Marketing, 22*, 125-142.

Backstrom, A., Pirttila-Backman, A. M., & Tuorila, H. (2004). Willingness to try new foods as predicted by social representations and attitude and trait scales. *Appetite, 4*, 75-83.

Bouyer, M., Bagdassarian, S., Chaabanne, S., & Mullet, E. (2001). Personality correlates of risk perception. *Risk Analysis, 21*, 457-465.

Bruhn, C. M. (2011). Consumer and Sensory Issues for Development and Marketing. ln H. Q. Zhang, G. V. Barbosa-Cánovas, V. M. Balasubramaniam, C. P. Dunne, D. F. Farkas, & J. T. C. Yuan (Eds.), *Nonthermal processing Technologies for Food* (p. 475-481). Reino Unido: Jonh Wiley & Sons Ltd.

Bruhn, C. M., Schutz, H. G., & Sommer, R. (1987). Food irradiation and consumer values. *Ecology of Food and Nutrition, 21*, 219-235.

Bruhn, C. M. (1995). Strategies for communicating the facts on food irradiation to consumers. *Journal of Food Protection, 58*, 213-216.

Butz, P., Needs, E. C., Baron, A., Bayer, O., Geisel, B., Gupta, B., Oltersdorf, U., & Tauscher, B. (2003). Consumer attitudes to high pressure food processing. *Food, Agriculture & Environment, 1*, 30-34.

Cardello, A. V., Kluter, R., & Wright, A. O. (2011). Consumer and Sensory Issues for Development and Marketing. In H. Q. Zhang, G. V. Barbosa-Cánovas, V. M.

Balasubramaniam, C. P. Dunne, D. F. Farkas, & J. T. C. Yuan (Eds.), *Nonthermal processing Technologies for Food* (pp. 482-501). Reino Unido: Jonh Wiley & Sons Ltd.

Cardello, A. V., Schutz, H. G., & Lesher, L. L. (2007). Consumer perceptions of foods processed by innovative and emerging technologies: A conjoint analytic study. *Innovative Food Science & Emerging Technologies, 8*, 73-83.

Cardello, A. (2003). Consumer concerns and expectations about novel food processing technologies: effects on product liking. *Appetite, 40*, 217-233.

Coimbra, L. O., Vidal, V. A. S., Silva, R., Rocha, R. S., Guimarães, J. T., Balthazar, C. F., Pimentel, T. C., Silva, M. C., Granato, D., Freitas, M. Q., Pollonio, M. A. R., Esmerino, E. A., & Cruz, A. G. (2020). Are ohmic heating-treated whey dairy beverages an innovation? Insights of the Q methodology. *LWT - Food Science and Technology, 134*, 1-7.

Costa-Font, M., Gil, J. M., & Traill, B. W. (2008). Consumer acceptance, valuation of and attitudes towards genetically modified food: Review and implications for food policy. *Food Policy, 33*, 99-111.

Cox, D. N., & Evans, G. (2008). Construction and validation of a psychometric scale to measure consumers' fears of novel food technologies: The food technology neophobia scale. *Food Quality and Preference, 19*, 704-710.

Darby, M., & Karni, E. (1973). Free competition and the optimal amount of fraud. *Journal of Law and Economics, 16*, 67-88.

Deliza, R., Rosenthal, A., Abadio, F. B. D., Silva, C. H. O., & Castillo, C. (2005). Application of high-pressure technology in the fruit juice processing: Benefits perceived by consumers. *Journal of Food Engineering, 67*, 241-246.

Dima, F., Istrati, D., Garnai, M., Serea, V., & Vizireane, C. (2015). Study on obtaining vegetables juices with high antioxidant potential, preserved by ohmic pasteurization. *Journal of Agroalimentary Processes and Technologies, 2*, 67-74.

Eagly, A. H., & Chaiken, S. (1993). *The psychology of attitudes. Harcourt Brace Jovanovich*: Fort Worth, TX.

Finucane, M. L., Alhakami, A., Slovic, P., & Johnson, S. M. (2000). The affect heuristic in judgments of risks and benefits. *Journal of Behavioral Decision Making, 13*, 1-17.

Fischoff, B., Slovic, P., Lichenstein, S., Read, S., & Combs, B. (1978). How safe is safe enough? A psychometric study of attitudes towards technological risks and benefits. *Policy Studies, 9*, 127-152.

Fishbein, M. (1963). An investigation of the relationships between beliefs about an object and the attitude toward that object. *Human Relations, 26*, 233-240.

Frenzen, P. D., DeBess, E. E., Hechemy, K. E., Kassenborg, H., Kennedy, M., McCombs, K., McNees, A., & Foodnet Working Group. (2001). Consumer acceptance of irradiated meat and poultry in the United States. *Journal of Food Protection, 64*, 2020-2026.

Frewer, L. J., Howard, C., & Shepherd, R. (1996). The influence of realistic product exposure on attitudes towards genetic engineering foodstuffs. *Food Quality and Preference, 7*, 61-67.

Frewer, L. J., Bergmann, K., Brennan, M., Lion, R., Meertens, R., Rowe, G., Siegrist, M., & Vereijken, C. (2011). Consumer response to novel agri-food technologies. Implications for predicting consumer acceptance of emerging food technologies. *Trends in Food Science & Technology, 22*, 442-456.

Galati, A., Tulone, A., Moavero, P., & Crescimanno, M. (2019). Consumer interest in information regarding novel food technologies in Italy: The case of irradiated foods. *Food Research International, 119*, 291-296.

Greehy, M. G., McCarthy, M. B., Henchion, M. M., Dillon, E. J., & McCarthy, S. N. (2013). Complexity and conundrums. Citizens' evaluations of potentially contentious novel food technologies using a deliberative discourse approach. *Appetite, 70*, 37-46.

Grunert, K. G., Bredahl, L., & Scholderer, J. (2003). Four questions on European consumers' attitudes toward the use of genetic modification in food production. *Innovative Food Science and Emerging Technologies, 4*, 435-445.

Gunes, G., & Tekin, M. D. (2006). Consumer awareness and acceptance of irradiated foods: Results of a survey conducted on Turkish consumers. *LWT - Food Science and Technology, 39*, 443-444.

He, S., Fletcher, S., & Rimal, A. (2005). Unwillingness to consume irradiated beef. *Journal of Food Distribution Research, 36*, 71-78.

Hussain, P. R., Wani, I. A., Rather, S. A., Suradkar, P., & Ayob, O. (2021). Effect of post-processing radiation treatment on physico-chemical, microbiological and sensory quality of dried apple chips during storage. *Radiation Physics and Chemistry, 182*, 1-13.

Jahn, G., Schramm, M., & Spiller, A. (2005). The reliability of certification: Quality labels as a consumer policy tool. *Journal of Consumer Policy, 28*, 53-73.

Kamotani, S., Hooker, N., Smith, S., & Lee, K. (2010). Consumer Acceptance of Ozone-Treated Whole Shell Eggs. *Journal of Food Science, 75*, 103-107.

Laboissiere, L. H. E. S., Deliza, R., Barros-Marcellini, A. M., Rosenthal, A., Camargo, L. M. A. Q., & Junqueira, R. G. (2007). Food processing innovation: A case study with pressurized passion fruit juice. *Journal of Technology Management & Innovation, 2*, 108-123.

Lähteenmäki, L., Grunert, K., Ueland, O., Aström, A., Arvola, A., & Bech-Larsen, T. (2002) Acceptability of genetically modified cheese presented as real product alternative. *Food Quality and Preference, 13*, 523-533.

Lee, P. Y., Kebede, B. T., Lusk, K., Mirosa, M., & Oey, I. (2017). Investigating consumers' perception of apple juice as affected by novel and conventional processing Technologies. *International Journal of Food Science and Technology, 52*, 1-8.

Lyndhurst, B. (2009). *An evidence review of public attitudes to emerging food technologies. Social Science Research Unit.* London: Food Standards Agency.

Marcellini, A. M. B., Deliza, R., Laboissiére, L. H. E. S., Camargo, L. M. A. Q., Rosenthal, A. (2007). Does high pressure really preserve pineapple juice sensory attributes? *High Pressure Bioscience and Biotechnology, 1*, 302-307.

Matin, A. H., Goddard, E., Vandermoere, F., Blanchemanche, S., Bieberstein, A., Marette, S., & Roosen, J. (2012). Do environmental attitudes and food technology neophobia affect perceptions of the benefits of nanotechnology? *International Journal of Consumer Studies, 362*, 149-157.

Martins, I. B. A., Oliveira, D., Rosenthal, A., & Ares, G. (2019). Brazilian consumer's perception of food processing technologies: A case study with fruit juice. *Food Research International, 125*, 1-9.

Miles, S., Brennan, M., Kuznesof, S., Ness, M., Ritson, C., & Frewer, L. J. (2004). Public worry about specific food safety issues. *British Food Journal, 106*, 9-22.

Mireaux, M., Cox, D. N., Cotton, A., & Evans, G. (2007). An adaptation of repertory grid methodology to evaluate Australian consumers' perceptions of food products produced by novel technologies. *Food Quality and Preference, 18*, 834-848.

Nielsen, H., Sonne, A. M., Grunert, K. G., Banati, D., Pollák-Tóth, A., Lakner, Z., Olsen, N. V., Zontar, T. P., & Peterman, M. (2009). Consumer perception of the use of high-pressure processing and pulsed electric field technologies in food production. *Appetite, 52*, 115-126.

O'Fallon, M. J., Gursoy, D., & Swanger, N. (2007). To buy or not to buy: Impact of labeling on purchasing intentions of genetically modified foods. *International Journal of Hospitality Management, 26*, 117-130.

Olsen, N. V., Grunert, K. G., & Sonne, A. M. (2010). Consumer acceptance of high--pressure processing and pulsed-electric field: A review. *Trends in Food Science & Technology, 21*, 464-472.

Pérez, M., López-Yerena, A., Lozano-Castellón, J., Olmo-Cunillera, A., Lamuela--Raventós, R. M., Martin-Belloso, O., & Vallverdú-Queralt, A. (2021) Impact of Emerging Technologies on Virgin Olive Oil. Processing, Consumer Acceptance, and the Valorization of Olive Mill Wastes. *Antioxidants, 10*(3), 417.

Pliner, P., & Hobden, K. (1992). Development of a scale to measure the trait of food neophobia. *Appetite, 19*, 105-120.

Rimal, A. P., McWatters, K. H., Hashim, I. B., & Fletcher, S. M. (2004). Intended vs. actual purchase behavior for irradiated beef: A simulated supermarket setup (sss) experiment. *Journal of Food Products Marketing, 10*, 1-15.

Rodríguez, L. M. N., Arias, R., Soteras, T., Sancho, A., Pesquero, N., Rossetti, L., Tacca, H., Aimaretti, N., Cervantes, M. L. R., & Szerman, N. (2021). Comparison of the quality attributes of carrot juice pasteurized by ohmic heating and conventional heat treatment. *LWT - Food Science and Technology, 145*, 1-9.

Rollin, F., Kennedy, J., & Wills, J. (2011). Consumers and new food technologies. *Trends in Food Science & Technology, 22*, 99-111.

Romano, K. R., Rosenthal, A., & Deliza, R. (2015). How do Brazilian consumers perceive a non-traditional and innovative fruit juice? An approach looking at the packaging. *Food Research International, 74*, 1-32.

Ronteltap, A., Van Trijp, J. C. M., Renes, R. J., & Frewer, L. J. (2007). Consumer acceptance of technology-based food innovations: Lessons for the future of nutrigenomics. *Appetite, 49*, 1-17.

Rosenthal, A., Deliza, R., Welti-Chanes, J., & Barbosa-Cánovas, G. V. (2018). *Fruit Preservation: Novel and Conventional Technologies*. New York: Springer.

Scholderer, J., & Frewer, L. (2003). The biotechnology communication paradox: Experimental evidence and the need for a new strategy. *Journal of Consumer Policy, 26*, 125-157.

Schnettler, B., Crisóstomo, G., Sepúlveda, J., Mora, M., Lobos, G., Miranda, H., & Grunert, K. G. (2013). Food neophobia, nanotechnology and satisfaction with life. *Appetite, 69*, 71-79.

Schutz, H. G., Bruhn, C. M., & Diaz-Knauf, V. (1989). Consumer attitude toward irradiated foods: Effects of labeling and benefit information. *Food Technology, 43*, 80-86.

Siegrist, M. (1998). Belief in gene technology: The influence of environmental attitudes and gender. *Personality and Individual Differences, 24*, 861-866.

Siegrist, M., & Hartmann, C. (2020). Consumer acceptance of novel food technologies. *Nature Food, 1*(6), 343-350.

Silva, R., Rocha, R. S., Guimarães, J. T., Balthazar, C. F., Scudino, H., Ramos, G. L. P. A., Pimentel, T. C., Silva, M. C., Silva, P. H. F., Duarte, M. C. K. H., Freitas, M. Q., Cruz, A. G., & Esmerino, E. F. (2020). Dulce de leche submitted to ohmic heating treatment: Consumer sensory profile using preferred attribute elicitation (PAE) and temporal check-all-that- apply (TCATA). *Food Research International, 134*, 1-8.

Slovic, P. (1987). Perception of risk. *Science, 236*, 280-285.

Sonne, A. M., Grunert, K. G., Olsen, N. V., Granli, B. S., Szabó, E., & Banati, D. (2010). Consumers' perceptions of HPP and PEF food products. *British Food Journal, 114*, 85-107.

Troy, D. J., Ojha, K. S., Kerry, J. P., & Tiwari, B. K. (2016). Sustainable and consumer-friendly emerging technologies for application within the meat industry: An overview. *Meat Science*, *120*, 2-9.

Vidigal, M. C. T. R., Minim, V. P. R., Simiqueli, A. A., Souza, P. H. P., Balbino, D. F., & Minim, L. A. (2015). Food technology neophobia and consumer attitudes toward foods produced by new and conventional technologies: A case study in Brazil. *LWT - Food Science and Technology*, *60*, 832-840.

GRÁFICA PAYM
Tel. [11] 4392-3344
paym@graficapaym.com.br